普通高等教育“十四五”规划教材

石油化工工艺学

张　健　封瑞江　主编

中国石化出版社
·北京·

内 容 提 要

本书构筑以乙烯生产工艺为主线的石油化工生产原理与过程知识体系，以基本有机化工原料的生产工艺过程为主线，从原料筛选、化学反应和净化分离，延伸到高分子产品的生产工艺。主要介绍了化学工业原料来源及利用、化工生产过程基础、烯烃生产、烯烃衍生物、芳烃生产、高分子化工及碳一化工等内容。

本书可作为高等院校化学工程与工艺及相关专业的教材，也可供石油化工企业管理人员、技术人员学习参考。

图书在版编目(CIP)数据

石油化工工艺学 / 张健，封瑞江主编．—北京：中国石化出版社，2023.3

ISBN 978-7-5114-6980-9

Ⅰ.①石…　Ⅱ.①张…②封…　Ⅲ.①石油化工-工艺学　Ⅳ.①TE65

中国国家版本馆 CIP 数据核字(2023)第 031088 号

中国石化出版社出版发行

地址:北京市东城区安定门外大街 58 号

邮编:100011　电话:(010)57512500

发行部电话:(010)57512575

http://www.sinopec-press.com

E-mail:press@sinopec.com

北京富泰印刷有限责任公司印刷

全国各地新华书店经销

*

787 毫米×1092 毫米 16 开本 18.5 印张 435 千字

2024 年 1 月第 1 版　2024 年 1 月第 1 次印刷

定价:68.00 元

前　　言

《石油化工工艺学》是为满足石油化工类院校化学工程与工艺及相关专业的教学需要而编写，充分体现石油化工特色，在拓宽专业范围的同时，增强专业学习的针对性。本书的编写参考了《基本有机化工工艺学》《有机合成工艺学》和《化学工艺学》等教材，以工程实践能力培养为核心，构筑以乙烯生产工艺为主线的石油化工生产原理与过程知识体系，以基本有机化工原料的生产工艺过程为主线，从原料筛选、化学反应和净化分离，延伸到高分子产品的生产工艺。并引入工程实际案例，强化学生应用型能力培养。本书内容力求体现加强基础、面向实际、便于自学、引导思维、启发创新的原则，使学生在获得石油化工工艺知识的同时，培养学生理论联系实际的能力，为其将来从事石油化工相关过程的生产、设计、研究和科学管理打下牢固的基础。

本书由辽宁石油化工大学和山东京博控股集团有限公司联合编写。全书共八章，第一章由辽宁石油化工大学张健编写，第二章和第三章由辽宁石油化工大学梁飞雪编写，第四章由辽宁石油化工大学张健、张海娟和张晓欣编写，第五章由辽宁石油化工大学张健编写，第六章由辽宁石油化工大学鞠佳编写，第七章由辽宁石油化工大学韩乔编写，第八章由辽宁石油化工大学李文深编写。全书由辽宁石油化工大学张健和封瑞江负责统稿，由王璐璐、王彦娟和赵崇峰负责校稿。书中部分应用案例出自京博NIN 教学实训平台，由山东京博控股集团有限公司贵来全、邹雄、韩德求、吴凯编写。其工艺原料、产品规格、工艺参数、工艺流程等资料均贴合企业生产实际工艺过程，具有代表性和实用性。本书出版受到教育部“产学合作协同育人项目”资助。

由于编者水平及资料掌握的局限性，书中错误和缺点不可避免，恳请读者批评指正。

目　录

第一章 绪论

第一节 石油化工与化学工业

以石油和天然气为原料，通过一系列物理、化学加工过程最终生产出化工产品的工业称作石油化学工业，简称石油化工，它属于化学工业的一部分。石油化工工艺学是研究实现这一过程的生产技术、方法、原理、设备、催化剂、工艺流程、能量利用、三废(废气、废液、废渣)处理，解决单元间的匹配、链接、优化操作条件等的一门学科。它包括实现这种转变的全部的物理和化学变化过程，是实现技术上先进、经济上合理、生产上安全可靠的化工生产工艺的学科。

在早期，人类进行化工生产仅处于感性认识的水平，随着生产规模的发展，各种经验的积累，特别是许多化学定律的发现和各种科学原理的提出，人们从感性认识提升到理性认识的水平，利用这些定律和原理来研究和指导化工生产，从而产生了石油化工工艺学这门学科。

化工工艺具有个别生产的特殊性，即生产不同的化工产品可采用不同的工艺路线，即使生产相同产品，由于原料路线的不同，也可能要采用不同的化工工艺。尽管如此，石油化工工艺学所涉及的范畴大致是相同的，一般包括：原料的选择和预处理；生产方法的选择及方法原理；设备的作用、结构和操作；催化剂的选择和使用；操作条件的影响和确定；流程组织；生产控制；产品和副产物的分离与利用；能量的回收和利用；对不同工艺路线和流程的技术经济评比；等等。

石油化工工艺学与化学工程学都是化学工业的基础学科。前者主要研究以石油和天然气为原料的化工生产工艺，范畴如前所述；后者主要研究化学工业和其他过程工业生产中所进行的化学过程和物理过程的共同规律，它的一个重要任务就是研究有关工程因素对过程和装置的效应，特别是工程放大中的效应。石油化工工艺学与化学工程相配合，可以解决化工过程开发、装置设计、流程组织、操作原理及方法等方面的问题；此外，解决化工生产实际中的问题也需要这两门学科的理论指导。化学工业的发展促进了这两门学科不断发展和完善，它们反过来能更加促进化学工业迅速发展和提高。

现在化学工业有80%以上都是以石油和天然气为原料的，也就是说，石油化工工艺学在现在的化学工业中占有举足轻重的地位。掌握了石油化工工艺学的学习方法，在工作实际中，如果遇到别的无机化工工艺，应用此分析方法去学习它，也会变得轻松自如。

石油按其加工和用途来划分包括两大分支：一是石油炼制体系，将石油加工成各种燃料油、润滑油、石蜡、沥青等产品；二是石油化工体系，将石油通过分馏、裂解、分离、合成等一系列过程生产各种石油化工产品。石油加工及化工产品生产过程如图1－1所示。

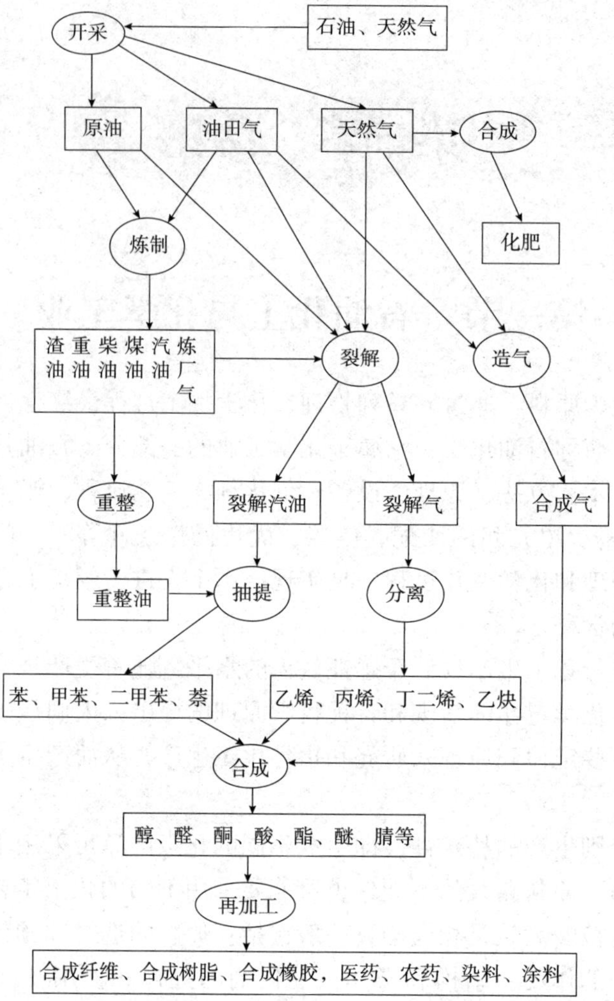

图1－1　石油加工及化工产品生产过程示意图

1. 基本有机化工生产过程

以石油和天然气为起始原料，经过炼制、热裂解、分离等步骤制得三烯(乙烯、丙烯、丁二烯)、三苯(苯、甲苯、二甲苯)、乙炔和萘等基本有机原料的生产过程。

2. 有机化工生产过程

在“三烯、三苯、乙炔、萘”的基础上，通过各种合成步骤制得醇、醛、酮、酸、酯、醚、酚、腈、卤代烃等有机原料的生产过程。

3. 高分子化工生产过程

在以上基本有机原料和有机原料的基础上，通过各种聚合、缩合步骤制得合成纤维、合成树脂、合成橡胶等最终产品及医药、农药、染料、涂料、香料、胶黏剂等高分子化工产品的生产过程。

石油化工工艺学主要介绍以上三大生产过程，此外，精细石油化工、生物化工、绿色化工等也占有一定比例。

第二节 化学工业的发展历程及其作用

化学工业是应人类生活和生产的需要而发展起来的一门学科，化工产品的开发与发展也推动了社会的发展。

在18世纪以前，化工生产均为作坊式手工工艺，像早期的制陶、酿造、冶炼等。在18世纪初期建成了第一个典型的化工厂，即以含硫矿石和硝石为原料的铅室法硫酸厂。1791年开发了路布兰法制碱工艺，满足了纺织、玻璃、肥皂等工业对碱的大量需求，有力地推动了当时在英国开始的工业革命。该法对化工的发展有很大贡献，其中的洗涤、结晶、过滤、干燥等单元过程的原理一直沿用至今。在18世纪到20世纪，随着钢铁工业的发展，炼焦过程产生的大量焦炉气、粗苯和煤焦油得到重视和应用。在德国首创了肥料工业和煤化学工业，人类进入了化学合成的时代，染料、农药、香料、医药等有机化工迅速发展，化肥和农药在农作物增产中也起了重要作用。20世纪初，化学家F. 哈伯发明了合成氨技术，并于1913年在化学工程师C. 博施的协助下建成了世界上第一个合成氨化工厂，使氮肥及炸药等工业得到了迅速发展。合成氨工艺是工业上实现高压催化反应的第一个里程碑，在原料气制造及其精制方法、催化剂研制和开发应用、工艺流程组织、高压设备设计、耐高温高强度材料的制造、能量合理利用等方面均得到了发展，积累了丰富的资料和经验，有力地促进了无机和有机化工的发展。

自20世纪初期以来，石油和天然气得到大量开采和利用，向人类提供了各种燃料和丰富的化工原料。1920年，美国新泽西标准石油公司采用了C. 埃利斯发明的丙烯(来自炼厂气)水合制异丙醇工艺，标志着石油化工的兴起。在20世纪40年代，管式炉裂解烃类工艺和临氢重整工艺开发成功，使有机化工基本原料如乙烯等低碳烯烃和苯等芳烃有了丰富、廉价的来源。从此，石油化工突飞猛进地发展起来，很快便取代了煤在有机化工中的统治地位。

高分子化工经历了天然高分子加工、改性，以煤焦油和电石乙炔为原料的合成，直到以石油化工为基础的单体原料聚合等几个阶段。自1931年氯丁橡胶实现工业化到1937年聚己二酰己二胺(尼龙66)合成以来，高分子化工也迅速蓬勃发展，到20世纪50年代初期形成了大规模生产塑料、合成橡胶和合成纤维的工业，人类进入了合成材料的时代，更进一步地推动了工农业生产水平和科学技术的发展，从此人类生活水平得到了显著提高。

在石油化工和高分子化工发展的同时，为满足人们生活更高的需求，产品批量小、品种多、功能优良、附加产值高的精细化工也发展起来。当今，化学工业的发展重点之一是提高化工生产的精细化率。

近年来，世界各国都高度重视发展高新技术，新材料的开发与生产成为推动科技进步、培植经济新增长点的一个重要基础。重点发展的是复合结构材料(例如航天、汽车、电子、能源等领域所需的高性能碳纤维复合材料、陶瓷复合材料和金属基树脂复合材料等)、信息材料(例如磁盘、磁带的基膜和磁性介质，光盘、光导纤维及其涂膜材料、硅系高分子功能材料等)、纳米材料(由粒度1~100nm的颗粒构成的固态聚集体，具有优于普通材料对光、电、磁的反应和机械、催化性能，例如纳米碳管的强度比钢铁高5倍左右)

以及高温超导材料等。以上这些材料的设计和制备技术有许多必须运用化工技术和工艺过程。不断创新的化工技术在新材料的制造中发挥了非常关键的作用。

化学工程与生物技术相结合，引起了世界各国的广泛重视，已经或正在形成具有广阔发展前景的生物化工产业，也给化学工业增添了新的活力。

化学工业为工农业、现代交通运输业、国防军事、尖端科技等领域提供了各类基础材料和新结构材料、新功能材料、能源(包括一般动力燃料、航空航天高能燃料和燃料电池等)和必需的化学品，保证并促进了这些部门的发展和技术进步。化学工业与人类生活更是息息相关，在现代人类生活中，从衣、食、住、行、战胜疾病等物质生活到文化艺术、娱乐消遣等精神生活都离不开化工产品。有些化工产品的开发生产和应用对工业革命、农业发展和人类生活水平起到划时代的作用。

第三节　石油化工的特点和发展方向

一、石油化工的特点

1. 原料、生产方法具有灵活性，石油化工的产品具有多样性

用同一种原料可以制造多种不同的化工产品；或同一种产品可采用不同原料或不同方法和工艺路线来生产(例如，就生产乙烯的原料来说，可以是气态、液态；可以是石脑油馏分、煤油馏分、柴油馏分甚至是重油、渣油、原油)；一个产品可以有不同用途，而不同产品可能会有相同用途。由于这些多样性，化学工业能够为人类提供越来越多的新物质、新材料和新能源。同时，多数化工产品的生产过程是复杂且多步骤的，有的步骤很复杂，其影响因素也是复杂的。

2. 石油化工向大型化、综合化发展，精细化率也在不断提高

装置规模增大，其单位容积单位时间的产出率也更大。例如，近 50 年来氨合成反应器的尺寸扩大了 3 倍，其产出率却增大了 9 倍以上。而且设备增大并不需要增加太多的投资，更不需要增加更多的生产人员和管理人员，故单产成本明显降低。一套日产 1360t 合成氨的设备与日产 600t 的设备相比，每个劳动力生产的产品量增加 70%，而成本降低了 36%。再以制取乙烯的装置为例，在 20 世纪 50 年代中期，生产规模只有年产乙烯 50kt，成本很高，无法盈利；到 70 年代初扩大为年产 200kt，成本降低了 40%，成为能获利的工艺；自 70 年代以后，新建乙烯装置均在年产乙烯 300kt 以上，许多是年产 500～1000kt 乙烯的大型厂。当然，考虑到设计、仓库、运输、安装、维修和安全等诸多因素的制约，设备尺寸的增大也应有度。

生产的综合化可以使资源和能源得到充分、合理的利用，可以就地利用副产物和“废物”，将它们转化成有用产品，做到没有废物排放或排放最少。综合化不仅局限于不同化工厂的联合体，也应该涉及化工厂与其他工厂联合的综合性企业，例如：火力发电厂与化工厂的联合，可以利用煤的热能发电，同时又可利用生成的煤气来生产化工产品；在核电站建化工厂，可以利用反应堆的尾热来使煤转变成合成气($CO + H_2$)，用于生产汽油、柴油、甲醇以及许多 C_1 化工产品。

精细化不仅指生产小批量的化工产品，更主要的是指生产技术含量高、附加产值高的具有优异性能或功能的产品，并且能适应变化快的市场需求，改变产品品种和型号。化学工艺和化学工程也更精细化，深入原子水平进行化学品的合成，使产品的生产更加高效、节能、省资源、利润高。

3. 多学科合作，形成生产技术密集的石油化工生产企业

石油化工是高度自动化和机械化的过程，并逐渐向智能化方向发展。当今石油化工的持续发展越来越多地依靠采用高新技术和多学科交叉合作，并需要迅速将科研成果转化为生产力。例如生物与化学工程、微电子与化学、材料与化工等不同学科的相互结合，可创造出更多优良的新物质和新材料；计算机技术的高水平发展，已经使化工生产实现了远程自动化控制，也将给石油化工产品的合成提供强有力的智能化工具；将组合化学、计算化学与计算机方法结合，可以准确地进行新分子、新材料的设计与合成，节省大量实验时间和人力。因此，石油化工需要高水平、有创造性和开拓能力的多种学科不同专业的技术专家，以及受过良好教育及训练的、懂得生产技术的操作和管理人员。

4. 炼油化工

石油是不可再生能源，如何使有限的石油资源得到合理利用，是专家学者们所关注的事。炼油化工一体化在合理灵活利用石油资源、提高石油化工公司的投资收益、增强企业的成本竞争力方面具有较大的优势，已引起业内的普遍重视。炼化一体化有利于提高投资回报率；炼化一体化有利于减少原料与产品的运输、储存、管理费用，增强企业成本竞争力；炼化一体化有利于保证原料供应来源和副产品出路；炼化一体化可以合理利用公用工程，减少公用工程系统和服务系统的投资与管理费用。

5. 重视能量合理利用，积极采用节能新工艺和新方法

化工生产是由原料物质主要经化学变化转化为产品物质的过程，同时伴有能量的传递和转换，必须消耗能量。化工生产部门是耗能大户，合理用能和节能显得极为重要，许多生产过程的先进性体现在采用了低能耗工艺或节能工艺。例如，以天然气为原料的合成氨生产过程，在近年来出现许多低能耗工艺、设备和流程，也开发出一些节能型催化剂，已将每生产 1t 液氨的能耗由 35.87×10^6kJ 降低至 28.04×10^6kJ。那些耗能大的生产方法或工艺已经或即将遭到淘汰，例如聚氯乙烯单体的生产方法，过去氯乙烯是用乙炔与氯化氢合成的，而乙炔由电石法制造。该工艺消耗大量电能，产生大量废渣，现已逐渐被淘汰，由能耗和成本均较低的乙烯氧氯化法所取代。又如食盐溶液电解制烧碱和氯气的石棉隔膜法也是耗能大、污染重且生产效率低的工艺，现在已被先进的离子膜法取代。一些具有提高生产效率和节约能源前景的新方法、新过程的开发和应用将受到高度重视，例如膜分离、膜反应、等离子体化学、生物催化、光催化和电化学合成等。

6. 资金密集，投资回收速度快，利润高

现代石油化工的装备复杂，技术程度高，基建投资大，产品更新迅速，需要大量的投资。然而石油化工产品产值较高，成本低，利润高，一旦工厂建成投产，可很快收回投资并获利(小型化工厂一般 3 ~5 年)。

7. 石油化工生产涉及易燃、易爆、易腐、有毒等问题

石油化工生产从原料到石油化工产品都会涉及易燃、易爆、腐蚀、有毒的问题，因此石油化工生产过程中的防火、防爆、防腐、防毒显得尤为重要。在生产过程中要采用安全的生产工艺，要有可靠的安全技术保障、严格的规章制度及监督机构。创建清洁生产环境，大力发展绿色化工，尽量采用无毒无害的方法和过程，生产环境友好的产品，这是化学工业赖以持续发展的关键之一。

石油化工是每个国家的最重要的支柱产业之一，石油化工产品遍布各行各业，石油化工的发展同时受到各国政府部门的高度重视。

二、石油化工的发展方向

人类生活和生产的不断发展，也带来了市场竞争激烈、自然资源和能源减少、环境污染日益加剧等问题。化学工业同样面临着这些问题的挑战，要走可持续发展的道路，必须大力发展石油化工，具体体现在以下几个方面。

(1) 面向市场竞争激烈的形势，积极开发高新技术和新产品，缩短新技术、新产品、新工艺工业化的周期，加快产品更新和升级换代的速度。

(2) 最充分、最彻底地利用现有资源。除了发展大型的综合性生产企业，使原料、产品和副产品得到综合利用外，提倡设计和开发原子经济性反应。

(3) 大力发展绿色化工，主要包括：采用无毒、无害的原料、溶剂和催化剂；应用反应选择性高的工艺和催化剂；将副产物或废物转化为有用的物质；采用原子经济性反应，提高原料中原子的利用率，节能减排，尽量实现零排放；淘汰污染环境和破坏环境生态平衡的产品，开发和生产环境友好型产品等。

(4) 化工过程尽量向高效、节能和智能化发展。

(5) 实施废弃物的再生利用工程。

(6) 大力开发可再生资源。

(7) 发展低碳经济，开发低碳产品。

(8) 大力开发天然气的化工利用。

欲将以上几方面付诸实践，需要所有化学家和化学工程师的艰苦努力，也需要多学科、多部门的精诚合作，更需要依赖科学的不断进步和高新技术的发展。

第四节　现代石油化工智能系统

随着工业 4.0 和中国制造 2025 的逐步推进，中国在移动互联领域技术突飞猛进。由移动互联的带动，多学科交叉的云技术已悄然打开制造业的大门。近年来，国内大数据、5G 通信业务、人工智能技术的普及，基于大数据互联网的智能制造技术加快了传统石化行业的发展变革，诸如智能化工厂、原油精密配输、机泵动态监测等新兴系统逐步投用到石化生产领域。

一、炼化物料优化与排产系统(APS)

炼化物料优化与排产系统(Advanced Planning System，APS)是基于线性规划的资源优化配置、排产优化与经济效益测算的过程测算软件。APS系统主要应用于企业原油选择、生产方案制订、产品结构调整、多周期排产等方面，同时APS系统通过灵敏度分析，计算原料及产品的边际效益，根据边际效益明确加工方案的调整方向。

各炼化企业通过对模型进行数据统计、分析，结合最新价格体系、供应链运载能力、企业加工能力及市场情况，对资源进行调控，优化下属企业的资源配置。

二、制造企业生产过程执行系统(MES)

制造企业生产过程执行系统(Manufacture Execution System，MES)最早是由美国先进制造中心1990年11月提出的制造执行系统概念。1997年，MES贸易联合会(MESA International)发布MES白皮书，其中对MES的定义及功能、系统流程、应用效益、软件评估以及发展趋势进行了详细阐述。

MES能够通过对石油化工装置内的仪表、销售、生产数据进行采集，从订单建立到产品产销出厂形成数据流的资源整合利用。MES结合实时数据系统通过数据统计分析功能对石油化工企业生产状态进行捕捉，对生产装置月、日、班次加工量及完成进度进行监控。当工厂内发生实时情况时，MES能够对此做出判断并生成报告，分析事故原因及平衡各装置间生产加工负荷。MES的全面开发与应用取代了传统工作中的人为计量及装置间物料平衡的烦琐工作，提高数据统计效率，降低人工成本。

炼化企业MES主要应用于计划层与执行层，一般由生产调度层管理，车间层执行。炼化企业加工规模逐年扩大，工艺系统复杂化给传统生产制造管理系统算法模型的开发带来挑战。

三、先进控制系统(APC)

1. 系统介绍

炼化企业中传统控制系统为单回路控制，通过PID仪表控制系统对生产过程进行自动化管理。为提升装置运行平稳性及报警可预测性，近年来开发出新型控制理论技术，如模型预测控制(MPC)、统计质量控制(IMC)以及自适应性控制等技术，统称为先进控制系统(Advanced Process Control，APC)。

2. 先进控制系统重点技术

(1)基本回路整定技术。先进控制系统建立在基本回路控制系统之上，通过先进控制系统输出PID值进行回路控制。因此，基本回路控制系统决定APC应用的稳定性。通过对PID系统的参数整定，可以降低APC系统的架设强度，将基础控制系统性能调整至最佳状态，为APC系统搭建良好的基础平台。

(2)软仪表技术。软仪表技术是基于过程机理模型或统计模型对产品质量的在线评估，其结果通常作为被控变量CV(Control Variable)，实现产品在线控制。

(3)多变量预估控制技术。多变量预估控制技术是先进控制技术的核心技术，要求通过对装置进行阶跃测试，得到测试数据后，对模型进行辨识，从而得到装置的多变量控制模型。多变量控制模型对被控变量进行预测，根据被控变量变化幅度进行调整，以满足全装置的稳定性控制。

(4)在线优化技术。在线优化技术是在先进控制技术的运用基础上，通过针对装置工艺机理的分析，进行实时动态多变量控制的技术。在线优化技术通过优化器对装置中各变量变化情况进行非线性分析，通过数据整定技术找出稳定操作点，执行器对变量进行控制，调整装置平稳运行。

3. 先进控制系统特点

从炼化企业全局性来考虑，先进控制系统的投用是在线调和优化实施的前提，实现炼化企业全厂综合控制。相比于传统控制系统，APC 系统具有更好的鲁棒性和适应能力，可对多变量进行控制，消除多变量对控制系统的影响。目前，中国石化、中国石油及中国海油下属企业已普及 APC 系统投用。通过测算，APC 系统的投用只需在原有的生产成本上增加不到20%的生产成本，但带来的效益增值远超40%。

四、实验室信息管理系统(LIMS)

1. 系统简介

实验室信息管理系统(Laboratory Information Management System，LIMS)是以数据库为核心的实验室信息化集成系统。相比炼化企业实验室传统管理流程，LIMS 集成质量管理、设备管理及信息传递等功能。LIMS 的投用，改变以往传统人工录入化验数据，提高实验室检测效率。同时，LIMS 的信息流共享，实现炼化企业质量工作的全面管理。

LIMS 为实验室建立一套完善的质量管理体系，对影响实验室质量的相关要素进行管理和控制，同时严格规范实验室的操作标准流程。LIMS 采用先进的工作流技术，结合数据库管理及物联网技术为实验室提供全生命周期的化验流程：化验申请—样品分配—分析—结果复核—报告发布。

2. LIMS 工作流程

(1)化验申请。炼化企业各部门通过 LIMS 对所需要化验的样品进行网上申请，填报采样点、化验物种类、分析项目等信息，经化验中心确认后进行采样与送样操作。

(2)样品分配及化验。化验中心接收待检物后需要对待化验样品的信息进行比对，确认接收样品信息与申请信息一致后，根据样品所需检测项目及检测方法将其分配给相应的分析科室，实现样品的分配。

炼化企业中常用的化验仪器有实沸点蒸馏仪、全自动干馏仪、气相色谱分析仪、开口闪点测定仪、康氏残炭仪、汽油辛烷值分析仪、电导仪等设备，检测涵盖馏程、饱和蒸气压、辛烷值、十六烷值、盐含量、残炭等项目。

(3)结果发布。油品经化验分析后，需要把化验数据上传至 LIMS 中。上传方式有两种：一种是传统手工进行数据录入；另一种是将化验仪器与 LIMS 接口进行对接，LIMS 直接采集数据。

3. LIMS 样品信息和数据检索

LIMS 作为化验数据管理平台，其保存了实验室所有的样品信息、检测数据、检测费用及相关检测规定。通过使用丰富灵活的统计报表，可以使测试结果和数据得到有效的利用和发掘，预测炼厂产品质量趋势，总结不合格产品的产生原因。

在实验室管理系统开发过程中，数据报表模块的开发是不可缺少的重要环节，其决定LIMS运行的有效性及系统架构的完成性。然而，用户对数据报表的要求却是经常变化不定的，以往项目建设初期所确定的报表项目在实际使用过程中经常不能满足用户使用需求。因此，理想的统计报表应具有设计方便、用户可开发性高、报表工具稳定性好等特点。

五、企业资源计划(ERP)

1. ERP 概述

企业资源计划(Enterprise Resource Planning，ERP)是由美国 Gartner Group 公司于 1990 年提出的企业资源管理概念。ERP 是企业制造资源计划(MRP)的发展与延伸。在传统 MRP Ⅱ已有的资源计划、制造、财务、销售、采购等功能的基础上，ERP 系统融合了资源管理、质量管理、产品数据管理、存货与分销管理等管理功能。

ERP 是集成物流、人流、财流、信息流于一体化的管理软件，以管理会计为核心，将生产活动、采购活动输入的信息自动计入财务系统，生成财务总账、会计报表，取消了烦琐的人工录入过程，减少输入所产生的人工误差及时间、人力成本损耗，提高企业财务系统效率。

2. ERP 软件主要模块

(1)销售与分销模块。在销售与分销模块中可以对企业客户信息及销售业务员信息进行维护，建立客户信息档案，根据客户以往交易数据评定客户信用等级，方便提供差异化服务。销售模块根据产品库存、订单、客户资料等相关信息进行销售计划制订，生成月(日)销售报表及回笼资金表。

(2)生产计划与控制模块。生产计划与控制模块可以根据原料及订单情况进行生产计划的制订，进行 MPS(主生产计划)的信息维护、MPS 粗能力平衡及 MPS 审核，同时生成月、旬、日生产进度表。ERP 系统支持各种日报生成，同时具有良好的可编辑性，使用者可根据自身需要生成相应报表。

(3)物料管理模块。物料管理模块支持多仓库、多地点物料 ABC 分析(帕累托分析)、计量盘点等管理模式对库存物料进行计量、审核。物料管理模块对库存物料进行出库、入库、移库、盘点等管理，根据库存情况进行采购计划生成、调整及审核。同时，此模块提供采购成本分析、库存原材料、半成品、产品统计，生成库存台账。

(4)质量管理模块。质量管理模块对原材料、制成品、操作规范等过程进行抽检信息维护，提供退货、换货、索赔等管理，生成原材料、中间品及成品质量抽检表，维护公司产品质量体系。

3. ERP 软件投用优势及弊端

ERP 软件的优点主要在于：通过多平台资源流整合，可以将资金流与物流相关联，提高企业对资源成本的敏感性；物流与 MPS 整合加强物料与生产计划监管，降低经营环境、供应链环境变化对生产经营活动所带来的影响。然而，ERP 软件的投用受企业数据准确性的制约，数据库准确性决定 ERP 系统可投用效率。同时，ERP 软件商作为第三方服务机构往往不能全面了解企业主体经营架构，所架设系统往往与企业经营结构存在分歧，使得企业不能深入 ERP 系统投用与开发环节中。

六、精密配输与在线调和系统

1. 系统简介

目前，国内炼化企业的原油加工方案普遍为多种原油混合加工，通过调整加工原油的掺炼比以满足二次加工工序的生产需求。为了应对原油种类复杂化、加工方案多样化以及常减压装置平稳化的发展要求，炼化企业引进原油精密配输及在线调和技术。

基于计算机的原油精密配输是通过关联原油采购计划、船期到岸时间以及原油储罐实时情况预测原油供应链对加工方案的影响。原油精密配输系统可以监控炼化企业原油加工情况，智能化调整原油储存，避免发生原油堵库情况，实现分储分炼；通过计算机对原油调和比智能计算，借助流量计及控制阀实现对油品输送比例的有效调节。

2. 系统组成

(1)精密配输。炼化企业为了保障生产稳定性及加工方案的多样性，对原油的馏程、金属含量、硫含量等指标有着明确要求。相比于传统罐混输送方式，精密配输具有原油混合均匀、实现多种控制方式、最大化掺炼劣质油的优点。精密配输过程中使用多条罐出口汇管，每条罐出口汇管根据实际情况配置输油泵与流量计及控制阀，实现对每条输油线的输油量实时监控及流量控制。

(2)原油近红外快评技术。混合原油性质能否满足生产装置加工要求是原油精密配输的最终目标，对于混合原油性质的估算则需要明确原油调和组分及调和后原油性质。目前，虽然各种实验方式可以进行原油评价，但样品用量大、自动化程度低、分析时间长，不能满足原油精密配输对分析的频次需求。近红外光谱仪器简单，分析速度快，自动化程度高，能够做到快速、准确进行原油性质分析。

(3)原油在线调和系统。原油调和组分进行混合后能否满足输送要求取决于调和比例，在线调和系统根据原油采购及输油计划、原油库存情况、混合原油性质等多变量参数对原油混炼比例进行计算，自动对混合原油性质进行切割，预测常减压各组分收率，并传递切割组分性质给管理层，为确定加工方案提供技术指标。在线调和系统抽取 DCS 系统数据，同时串联控制输油控制阀，可基于各调和线流量对控制阀开度进行实时控制。

(4)操作流程。经营计划部门对原油采购及供应链情况信息进行维护，生产部门根据原油供应及下游装置排产情况制订原油在线调和方案。调度中心通过在线调和系统将原油调和方案下发至储运作业部门，待储运作业部门确认调和指令后，将调和比例导入在线调和执行系统，根据 DCS 流量变化判断调和作业执行情况。

(5)应用效果。因输油管线具有架设距离长、管线数少的特点，输送不同种类原油的性质差异明显，传统人工经验配比难免造成一定经济损失和能耗损失。精密配输与在线调和系统的应用，改进混油方式存在的诸多不足，全面提高自动化控制水平和工艺运行稳定性，实现多种原油分储分炼，提高安全系数，降低工人劳动强度。

七、智能化调度指挥系统

现代工业企业，生产环节多，协作关系复杂，生产连续性强，情况变化快，某一局部发生故障，或某一措施没有按期实现，往往会波及整个生产系统的运行。传统的生产调度管理，各专业调度管理仅依靠相关信息系统提供的分散信息，靠经验决策，日常调度和应急指挥没有形成有机联动，难以适应日益精细化的生产管理要求。因此，借助先进的信息技术，实现各类信息的有效集成，建立及时、全面、可视化的智能调度指挥系统，已成为各企业信息化建设的重要发展方向。

1. 系统简介

智能化调度指挥系统将炼厂实时数据库、生产执行、生产监控等系统有机融合，为企业生产指挥提供智能化管理方案，诸如智能化预报警、调度令、调度会、生产日报、储运管理；通过运用互联网、大数据等现代化手段取代传统人工管理，降低信息传递过程中人为失误的概率，提高生产指挥效率。

2. 系统模块

(1)智能化预报警。预报警系统与装置数据采集系统进行接口对接，将实时数据引入预报警系统。预报警系统通过实时数据库趋势进行大数据分析，预测数据趋势是否会超过系统设防值。当系统分析数据走势超过设防值时，预报警系统将会向生产管理部门、作业车间及操作班组推送预警信息，降低事故发生风险。

(2)智能化调度令。传统调度指挥部门通过电话语音系统向车间、装置下发调度指令，指令下发难免因人工传递造成指令信息偏差。智能化调度令通过指挥系统将调度指令由服务器下发至车间、装置计算机及移动客户端，发令人与接令人点对点匹配，消除中间传递过程。智能调度令设有指令跟踪系统，发令人可实时监控指令完成情况，提高调度指挥的工作效率。

(3)智能化储运管理。智能化储运管理通过对炼化企业储罐数据参数进行采集，对储罐罐位、温度、压力进行监控，同时将储运管理模块与计量系统及 LIMS 进行结合，可为储运管理人员直接呈现储运及进出厂状态。

第二章　化学工业原料来源及利用

化学工业原料来源广泛，可来自矿产资源、海洋资源、空气和水，也可取自农、林、牧、渔产品及其副产物等，其中矿产资源是化学工业的最主要原料来源。矿产资源包括石油、天然气、煤炭和化学矿等，在自然界中分布很不均匀，只有那些品位较高、储藏量丰富的矿藏才有工业开采价值。海洋资源生产化工产品虽然还处于开发阶段，但其潜力巨大。空气和水都是人类的宝贵资源，也是化工生产的重要原料，因此，保护与合理利用空气和水资源对化工生产十分重要。农、林、牧、渔产品及其副产物也是化学工业的原料，但由于收购和储存困难、品种单调，难以建设规模较大的工业生产装置。

第一节　石油

一、石油的性质、组成和分类

1. 石油的一般性质

世界各地所产的石油在外观性质上有不同程度的差异。从颜色上看，大部分石油是黑色的，也有暗绿或暗褐色的，少数呈赤褐、浅黄色。相对密度一般为0.80～0.98，个别原油如伊朗石油相对密度高达1.016，美国加利福尼亚州的石油相对密度低至0.707。与国外原油相比，我国主要油区原油的凝点及蜡含量较高、沥青质含量低，相对密度为0.85～0.95，属偏重的常规原油。近年来，国内外相继对蕴藏较为丰富的重质原油进行开采。这类原油相对密度一般大于0.93，黏度较高。石油这些外观性质的差异反映了其化学组成的不同。

2. 石油的元素组成

尽管世界上的原油性质差别很大，但它主要是由碳(C)和氢(H)两种元素组成的。其中碳含量一般为83.0%～87.0%，氢含量为11.0%～14.0%，两者合计为95%～99%。由碳和氢两种元素组成的碳氢化合物称为烃，在石油化工生产过程中它们是加工和利用的主要对象。除此之外，石油中还含有1%～5%非碳氢的其他元素。硫、氮、氧3种主要非碳氢元素的存在对石油加工过程和石油产品质量有着很大影响。除硫、氮、氧主要非碳氢元素之外，石油中还含有微量的金属元素和非金属元素，如钒、镍、铁、铜、砷、氯、磷、硅等，虽然它们的含量甚微，但它们对石油加工，特别是对石油催化加工过程的影响也不容忽视。

3. 石油的馏分组成

石油是多组分的复杂混合物，其中的每个组分都有其各自不同的沸点，从常温一直到

500℃以上。炼油厂加工的第一步就是初馏，即按照石油中各组分沸点的差别，用蒸馏的方法使石油得到初步的分离。初馏时，通常把石油按沸点不同“切割”成几个“馏分”。“馏分”意为馏出的部分，即在蒸馏过程中得到的沸点在某一温度范围内的混合物，其所含组分数比原油少得多。而每个馏分的沸点范围简称为沸程或馏程。从原油直接蒸馏得到的馏分称为直馏馏分。

通常将原油从常压蒸馏开始馏出的温度（初馏点）和200℃（或180℃）之间的轻馏分称为汽油馏分或低沸点馏分；常压蒸馏200℃（或180℃）和350℃之间的中间馏分称为煤柴油馏分；大于350℃的馏分称为常压渣油或常压重油馏分。由于原油从350℃开始即有明显的分解现象，所以对于沸点高于350℃的馏分，需在减压条件下进行蒸馏。一般将相当于常压下350～500℃的减压馏分称为润滑油馏分或减压瓦斯油馏分或高沸点馏分；而大于500℃的馏分称为减压渣油馏分。

值得注意的是，馏分还不是真正的石油产品。石油产品必须达到相应产品要求的质量标准，需要进一步加工。同一馏分可以加工成不同的石油产品。

4. 石油的烃类组成

石油的主要成分是烃类，石油中究竟有多少种烃，至今尚无法证明。石油中的烃类主要由烷烃、环烷烃和芳香烃构成。原油中一般不含烯烃，只有在二次加工产品中才含有烯烃。在不同的石油中，各烃类含量相差较大，往往同一石油的烃类在各馏分中的分布也有很大差异。

（1）烷烃。烷烃是石油的主要成分之一。烷烃以气、液、固三态存在于石油中。常温常压下，C_1～C_4烷烃为气态，是天然气和炼厂气的主要成分；C_5～C_{15}烷烃为液态，主要存在于汽油和煤油馏分中；C_{16}及以上烷烃为固态，一般多以溶解状态存在于石油中，当温度降低时，以结晶的形式析出，这就是工业上的蜡。蜡分为石蜡和地蜡。石蜡主要由正构烷烃组成，而地蜡的主要成分是环烷烃。

烷烃一般化学性质较为稳定，不易与其他物质发生反应，但在光照、加热或催化剂等作用下，会发生氧化、卤化、硝化、裂化等反应。

（2）环烷烃。环烷烃是环状的饱和烃，也是石油的主要组分。石油中的环烷烃主要是环戊烷、环己烷及其衍生物。环烷烃在石油馏分中的含量一般随馏分沸点的升高而增多。通常，汽油馏分中的环烷烃主要是单环的，煤柴油馏分中含有单环、双环和三环环烷烃，而高沸点馏分中还含有三环以上的环烷烃。

环烷烃的抗爆性能较好、凝点低。环少而链长的环烷烃具有较好的黏温性能和润滑性能，是汽油、喷气燃料及润滑油的良好组分。环烷烃的化学性质比烷烃稍活泼，一定条件下可发生氧化、卤化、硝化、热分解、脱氢等反应。

（3）芳香烃。芳香烃也是石油的主要组分之一，它在石油中的含量一般比烷烃和环烷烃少。同一种原油中，随着馏分沸程的升高，芳香烃的含量逐渐增多。汽油馏分中主要含有单环芳香烃，煤柴油馏分中含有单环、双环和三环芳香烃，而高沸点馏分中还含有多环、稠环芳香烃。

芳香烃具有良好的抗爆性，是汽油的良好组分，但会影响煤油和喷气燃料的燃烧性能。润滑油馏分中的多环短侧链芳香烃的黏温性差，易氧化成胶质，必须精制除去。芳香烃的化学性质较烷烃稍活泼，可与浓硫酸反应生成苯磺酸，可用于油品精制分离芳香烃。在不同的催化剂作用下，芳香烃和烯烃可发生烷基化反应制取高辛烷值汽油。在一定条件下，芳香烃上的侧链会被氧化成有机酸，进一步氧化可生成胶状物质，使油品变质。

(4)烯烃。石油及其直馏产品一般不含烯烃。烯烃主要存在于石油的二次加工产品中。烯烃化学性质较活泼，在空气中易氧化生成酸性物质和胶质，因此油品的安定性与烯烃含量有关。

5. 石油的非烃类组成

石油中的非烃类化合物主要指含硫、氮、氧的化合物和胶状、沥青状物质。非烃类化合物在石油各馏分中大部分集中在重质馏分和残渣油中。非烃类化合物对油品的使用性能和石油加工过程影响很大，需要除去。如能适当处理，综合利用，可以变害为利，生产一些重要的化工产品。

(1)含硫化合物。原油中约90%的硫集中在占原油40%~60%的渣油中。由于硫对石油加工和产品质量影响很大，所以含硫量常作为评价石油的一项重要指标。硫在石油中以有机硫化物形式存在，例如硫醇(RSH)、硫醚(RSR′)、二硫化物(RSSR′)、噻吩(C_4H_4S)等。硫醇能和金属直接作用而腐蚀金属设备，被称为活性硫化物，而硫醚、二硫化物等则被称为非活性硫化物。

(2)含氮化合物。石油中的氮含量一般小于1%，主要集中在渣油中，我国大多数原油的渣油集中了约90%的氮。目前已检测到的石油含氮化合物多为氮杂环系化合物，在石油中很少发现脂肪族含氮化合物。石油中的含氮化合物可分为碱性氮化合物和非碱性氮化合物两类。碱性氮化合物主要有吡啶类、喹啉类及其衍生物，吡啶类属于弱碱性氮化合物；非碱性氮化合物主要有咔唑类、吲哚类及其衍生物。油品中的含氮化合物不稳定，易氧化生成胶质，使油品颜色变深，气味变臭，导致石油二次加工油品颜色变深、产生沉淀。

(3)含氧化合物。通常，石油中的氧含量为千分之几，主要集中在胶状、沥青状物质中。胶质、沥青质以外的含氧化合物分为酸性氧化物和中性氧化物两类，其中以酸性氧化物为主。酸性氧化物包括环烷酸、脂肪酸和酚类，总称石油酸。其中，环烷酸和酚类约占石油酸总量的90%，而且在石油中的分布也很特殊，主要集中在中间馏分中。环烷酸和酚类分离后是很重要的有机化工原料。

(4)胶状沥青状物质。胶质、沥青质是石油中结构最复杂、相对分子质量最大的物质，在其组成中除含碳、氢外，还含有硫、氮、氧以及微量元素。它们在石油中的含量相当可观，从百分之几到百分之几十，绝大部分存在于减压渣油中。胶质可生产道路沥青、建筑沥青、防腐沥青等沥青产品。沥青质则可生产房屋、道路、水利设施等的重要黏结、密封、防水材料，也可用作电缆等绝缘材料。

二、石油及其产品的物理性质

石油及其产品的物理性质是设计和计算石油加工过程的必要依据，与其化学组成密切相关，因此，通过物理性质可大致判断油品的化学组成。石油及其产品的分子组成难以准确地确定，为了便于比较和对照，其理化性质通常采用条件性试验来测定。石油及其产品的主要理化性质有蒸发性质、密度、流动性质、燃烧性质、热性质、表面性质和溶解度等。

石油和油品性质测定方法规定了不同级别的统一标准，其中有国际标准(简称 ISO)、国家标准(简称 GB)、石油化工行业标准(简称 SH)、企业标准(简称 QB)等。

三、石油基本加工过程

1. 原油常减压蒸馏

(1)原油预处理。由于地下水的存在及油田注水等原因，采出的原油一般都含有水分，并且这些水中都有一定量的钠、钙、镁等盐类溶解。各地原油的含水量和含盐量由于油田地质条件的区别、开发年限和开采方式的不同而有很大的差异。尽管开采出的原油在油田需要经过脱盐脱水装置，要求油田外输原油含水 <0.5%、含盐 <50mg/L，但实际由于运输过程中混入水分等原因，原油在进入炼厂进行常减压蒸馏之前必须再一次进行脱盐脱水。

(2)原油蒸馏工艺流程。原油蒸馏流程是指用于原油蒸馏生产的炉、塔、泵、换热设备、工艺管线及控制仪表等按原料生产的流向和加工技术要求的内在联系而形成的有机组合。每个炼油生产装置都有它自己的工艺流程，而整个炼油厂则有全厂工艺流程。工艺流程的确定主要取决于原料的来源和性质、对产品的要求、采用的工艺路线或生产方法以及当地具体的技术、经济条件等因素。常见的原油蒸馏工艺流程主要包括燃料－润滑油型和燃料－化工型。

燃料－润滑油型：当原油的性质适于生产润滑油时，产品方案可以是生产轻、重质燃料和各种品种的润滑油，通常采用常减压蒸馏流程；当原油和产品要求与燃料型相同时，其流程与常压系统相同，而减压系统流程较燃料型复杂。燃料－润滑油型原油蒸馏流程见图 2－1。

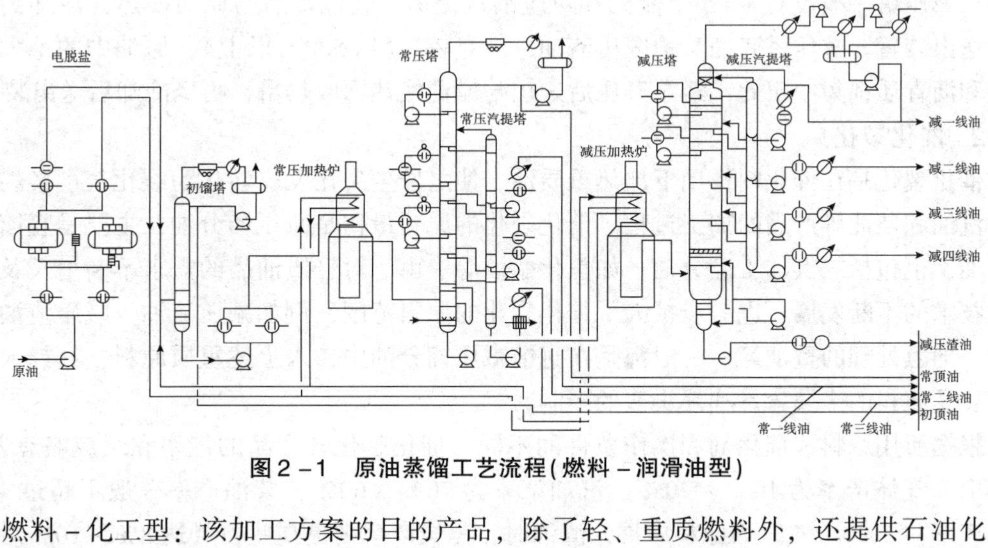

图 2－1 原油蒸馏工艺流程(燃料－润滑油型)

燃料－化工型：该加工方案的目的产品，除了轻、重质燃料外，还提供石油化工原料。大型石油化工联合企业中的炼厂蒸馏装置，通常采用常减压蒸馏流程方案(见图 2－2)。常压系统一般只设闪蒸塔而不设初馏塔，闪蒸塔顶油气引入常压塔的中上部，常压塔产品作为裂解原料，分离要求不高，因此塔板数可减少，只设 2～3 个侧线，且不设汽提塔。减压系统与燃料－润滑油型的基本相同。

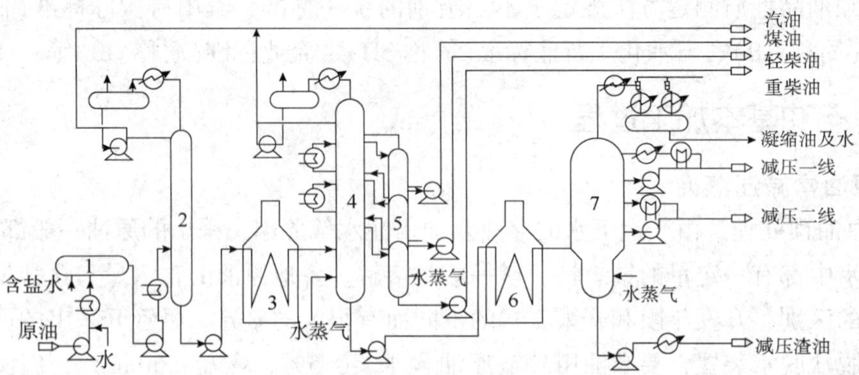

图2－2　三段汽化式原油常减压蒸馏工艺流程

1—脱盐罐；2—初馏塔；3—常压炉；4—常压塔；5—汽提塔；6—减压炉；7—减压塔

经过脱盐脱水后的原油由泵输送，经过一系列换热器，与温度较高的蒸馏产品换热，使其温度达200～250℃。此时，原油中所含水分已全部汽化，原油中轻组分也已部分汽化。油气、水蒸气和尚未汽化的原油一起进入初馏塔，塔顶馏出水蒸气和轻组分，经冷凝冷却后可作为催化重整原料或汽油组分。

初馏塔底的液相油称为拔头原油，经泵送至加热炉加热到约370℃，此时拔头原油已部分汽化，经过管线进入常压塔。拔头原油在常压塔中进行精馏，塔顶馏出汽油馏分(或重整原料油)，塔的各侧线抽出口依次引出煤油、轻柴油和重柴油馏分等侧线产物，塔底产物是原油中沸点约高于350℃的重组分，称为常压重油。常压重油经减压炉加热到390～420℃后进入减压塔。塔顶分出不凝气和水蒸气，进入冷凝器，经冷凝冷却后，用二级至三级蒸气抽空器抽出不凝气，维持塔内残压0.027～0.1MPa，以利于馏分油充分蒸馏出来。减压塔一般设有4～5个侧线和对应的汽提塔，经汽提后与原油换热并冷却到适当温度送出装置。减压塔底油又称减压渣油，沸点较高(约500℃以上)，原油中的绝大部分胶质和沥青质都集中于此，经泵升压后送出与原油换热回收热量，再经冷却后送出装置。

2. 催化裂化

催化裂化是在催化剂作用下加热重质油，使之发生裂化反应转化为裂化气、辛烷值较高的汽油和柴油等产品的加工过程。催化裂化的原料最初是减压馏分油，主要是直馏减压馏分油，也包括二次加工馏分油，如焦化蜡油等。由于对轻质油品的需求不断增长及催化裂化技术的不断发展，进一步扩大了催化裂化的原料范围，例如减压渣油、减压渣油脱沥青油、加氢处理的重油等。一般都是在直馏减压馏分油中掺入上述重质原料，其掺入的比例主要受原料的金属含量和残炭值的限制。

根据所用原料、催化剂和操作条件的不同，催化裂化各产品的产率和组成略有差异。大体上，气体产率为10%～20%，汽油产率为30%～60%，柴油产率一般不超过40%，焦炭产率在5%～7%。当原料中掺入渣油时，焦炭产率则更高些，可达8%～10%。从以上产品产率和产品质量情况可以看出，催化裂化过程的主要目的是生产汽油。随着我国交通运输和农业的发展，对柴油的需求量很大，调整操作条件，可在生产汽油的同时，提高柴油的产率。催化裂化装置一般由三个部分组成，即反应－再生系统、分馏系统和吸收－稳定系统。在处理量较大、反应压力较高的装置中，常常还有烟气能量回收系统。

1)反应－再生系统

原料在催化剂上进行催化裂化，发生缩合反应生成的焦炭沉积在催化剂表面而使催化剂的活性下降，需要在再生器中用空气烧去积炭。由此可见，一个工业催化裂化装置必须包括反应和再生两个部分。反应－再生系统是催化裂化装置的核心部分，不同类型的催化裂化装置，其主要区别就在于它们的反应－再生系统的形式不同。

20世纪60年代以来，为了配合高活性的沸石催化剂，流化床反应器又发展为提升管反应器。一方面为了增加提升管长度以满足对反应时间的要求，另一方面要提高再生压力，以利于烧焦，降低再生催化剂的含碳量，因此在布置上采用高低并列式——反应器位置较高，再生器位置较低，两器不在一条轴线上。我国典型的高低并列式催化裂化装置如图2－3所示。

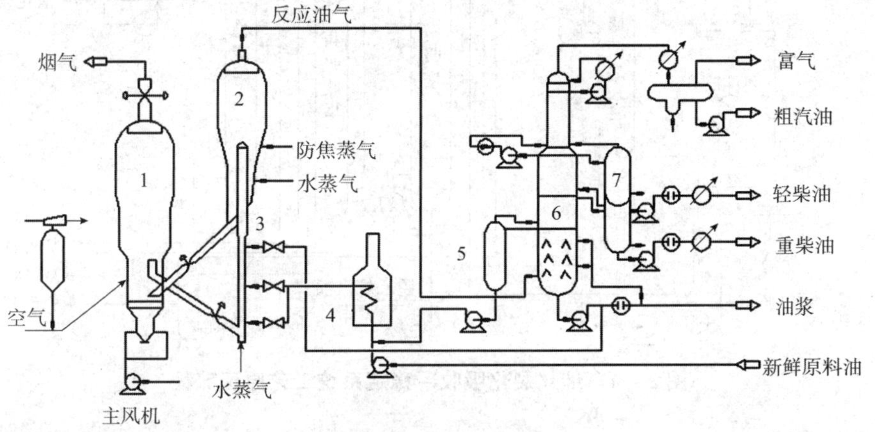

图2－3 高低并列式催化裂化反应－再生及分馏系统工艺流程

1—再生器；2—沉降器；3—提升管反应器；4—加热炉；5—回炼油罐；6—分馏塔；7—汽提塔

新鲜原料油与回炼油混合，进入加热炉加热到200～400℃至提升管反应器下部的喷嘴，由雾化蒸汽雾化喷入提升管反应器下部，与来自再生器的高温(650～700℃)催化剂接触并立即汽化进行反应。油气在提升管内的停留时间很短，一般只有几秒钟，反应产物经旋风分离器分离出夹带的催化剂后离开反应器进入分馏系统。

2)分馏系统

分馏系统的主要作用是将反应－再生系统的产物进行初步分离，按沸点范围分割成富气、粗汽油、轻柴油、重柴油、回炼油和油浆等馏分。其分馏原理是精馏操作原理，但与常压塔相比，催化分馏塔还有其独特的工艺特点。

3)吸收－稳定系统

吸收－稳定系统主要由吸收塔、再吸收塔、解吸塔及稳定塔组成。从分馏塔顶油气分离器出来的富气中带有汽油组分，而粗汽油中则溶解有C_3、C_4组分。吸收－稳定系统的作用就是，利用吸收和精馏的方法将富气和粗汽油分离成干气、液化气和蒸气压合格的稳定汽油。

尽管经过反应－再生系统得到的反应油气较多，但能否最终切割得到更多的产品则取决于分馏和吸收－稳定系统的操作水平。在吸收和解吸过程中，一方面要通过吸收塔尽可

能多地将 C_3、C_4 组分吸收下来；另一方面，还要通过解吸塔尽量将 C_2 组分解吸出去。吸收剂一般是分馏部分的石脑油，并根据吸收率的要求以稳定汽油作为补充吸收剂。

早期的催化裂化装置一般是吸收与解吸在同一塔内进行，优点是布置紧凑、流程简单。但从工艺过程来看，吸收与解吸在同一塔内，两者相互干扰较大。为了减少这种干扰，提高吸收和解吸效率，便于控制调节，新装置大多采用吸收与解吸过程分别在两个塔内进行的双塔流程。典型的双塔流程见图 2－4。

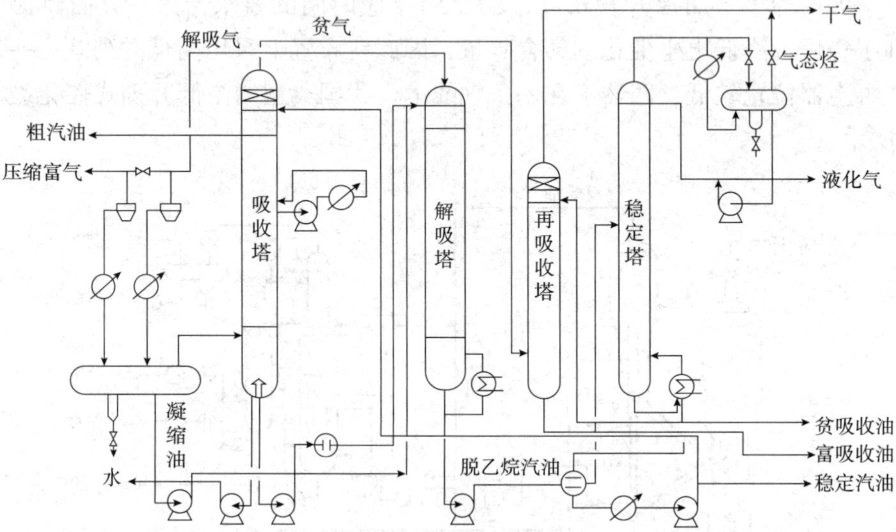

图 2－4　催化裂化吸收－稳定系统工艺原理流程

3. 催化重整

催化重整是指在催化剂的作用下对汽油馏分进行分子重新排列的过程。采用铂催化剂的叫铂重整；采用铂铼催化剂或多金属催化剂的叫铂铼重整或多金属重整。催化重整是现代炼油工艺中重要的二次加工方法，其目的是用以生产高辛烷值汽油或化工原料——芳香烃，同时副产大量氢气。鉴于环保要求，世界各国对汽油质量要求越来越高，而一般直馏油达不到高辛烷值要求，烷基化油虽然质量高，但产量少，只有在很大程度上应用重整油，因而发展重整工艺是生产高质量汽油的重要手段之一。生产的目的产品不同时，采用的工艺流程也不同。当以生产高辛烷值汽油为主要目的时，其工艺流程主要包括原料预处理和重整反应两大部分(见图 2－5)。当以生产轻芳烃为主要目的时，则工艺流程中还应设有芳烃分离部分。

(1)原料预处理。原料的预处理包括原料的预分馏、预脱砷和预加氢三部分，其目的主要是得到馏分范围和杂质含量都合乎要求的重整原料。预分馏的作用是切割合适馏程的重整原料。在预分馏塔，切去小于 80℃或小于 60℃的轻馏分，同时也脱去原料油中的部分水分。预加氢的作用是脱除原料油中对催化剂有害的杂质，使烯烃饱和，同时减少催化剂积炭。典型的预加氢反应条件为：压力 2.0～2.5MPa；氢油体积比(标准状态)100～200；空速 4～10h^{-1}；氢分压约 1.6MPa。

(2)重整反应部分。重整反应部分按反应系统催化剂再生方式不同又可分为固定床半再生式、固定床循环再生式和移动床连续再生式三种类型。现以固定床半再生式为例来介绍其工艺流程(见图2-6)，其主要特征是采用3~4个固定床反应器串联，每半年到一年停止进油，全部催化剂就地再生一次。

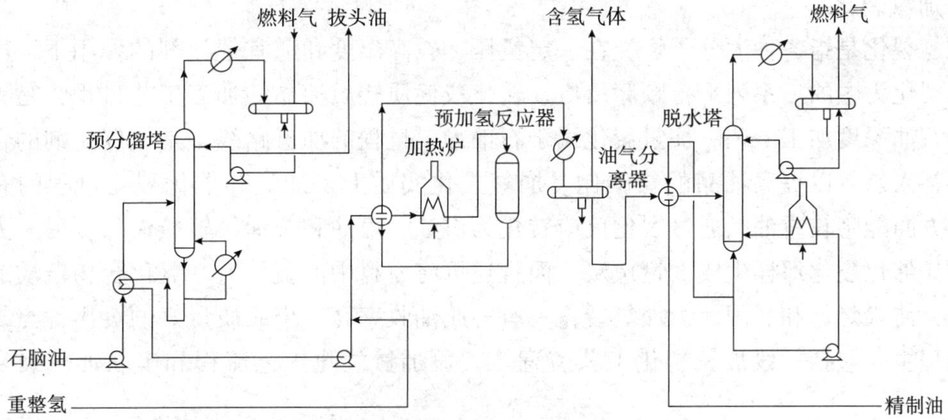

图2-5　催化重整装置工艺原理流程(原料预处理部分)

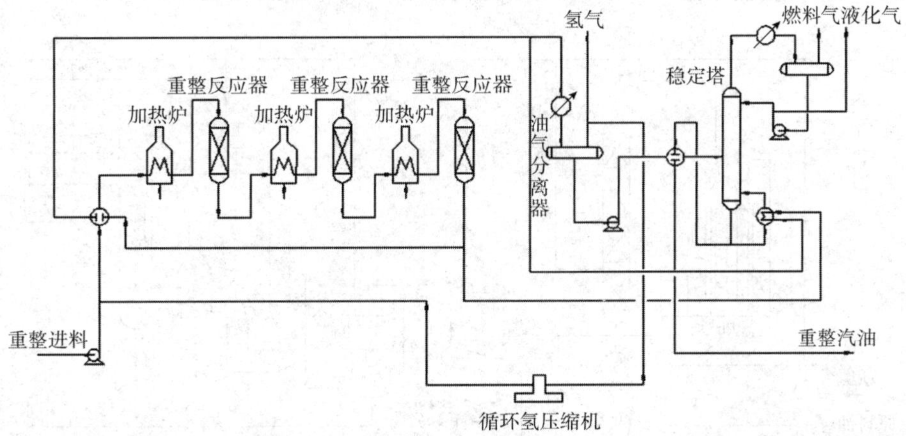

图2-6　催化重整装置工艺原理流程(固定床半再生式重整反应部分)

(3)芳烃抽提。当以生产芳烃产品为目的时，重整反应产物脱戊烷油中一般含有30%~60%的芳烃，其余为非芳烃组分。由于混合物中的芳烃和非芳烃的沸点相近或存在共沸现象，一般用精馏的方法难以将其分离。为了得到纯度较高的芳烃，一般通过抽提的方法分离出混合芳烃，然后对芳烃进行精馏。

(4)芳烃精馏。溶剂抽提得到的芳烃是一种混合物，其中包括苯、甲苯和各种二甲苯的异构体，乙基苯以及各种不同结构的 C_9 和 C_{10} 芳烃，通过精馏可得到各种单体芳烃。芳烃精馏的工艺流程一般有两种类型：三塔流程和五塔流程。三塔流程主要用来生产苯、甲苯、混合二甲苯和重芳烃；五塔流程主要用来生产苯、甲苯、邻二甲苯、乙基苯和重芳烃。

4. 催化加氢

催化加氢是石油产品精制、改质和重油加工的重要手段。催化加氢对于提高原油加工深度、合理利用石油资源、改善产品质量、提高轻质油收率以及减少大气污染都具有重要意义。催化加氢指在氢气存在下对石油馏分进行催化加工的过程。目前，炼油厂采用的加氢过程主要包括加氢裂化和加氢精制两类。此外，还有加氢处理、临氢降凝、加氢改质、润滑油加氢等。

1)加氢裂化

加氢裂化是指各种大分子烃类在一定氢压、较高温度和适宜催化剂的作用下，产生以加氢和裂化为主的一系列平行顺序反应，转化成优质轻质油品的加工工艺过程，是重要而灵活的石油深度加工工艺。加氢裂化属于石油加工过程的加氢路线，是在催化剂的存在下从外界补入氢气以提高油品的氢碳比。加氢裂化实质上是加氢和催化裂化过程的有机结合，一方面能将较重油品通过裂化反应转化为汽油、煤油和柴油等轻质油品；另一方面又可防止如催化裂化那样生成大量焦炭，而且还可将原料中的硫、氮、氧化合物杂质通过加氢除去，使烯烃饱和。因此，加氢裂化具有轻质油收率高、产品质量好的突出优点。加氢裂化流程主要包括一段加氢裂化工艺流程、二段加氢裂化工艺流程和串联加氢裂化工艺流程。

一段加氢裂化工艺流程，是指流程中只有一个或一组反应器，原料油的加氢裂化反应在同一个或一组反应器中进行，其原理流程见图 2-7。

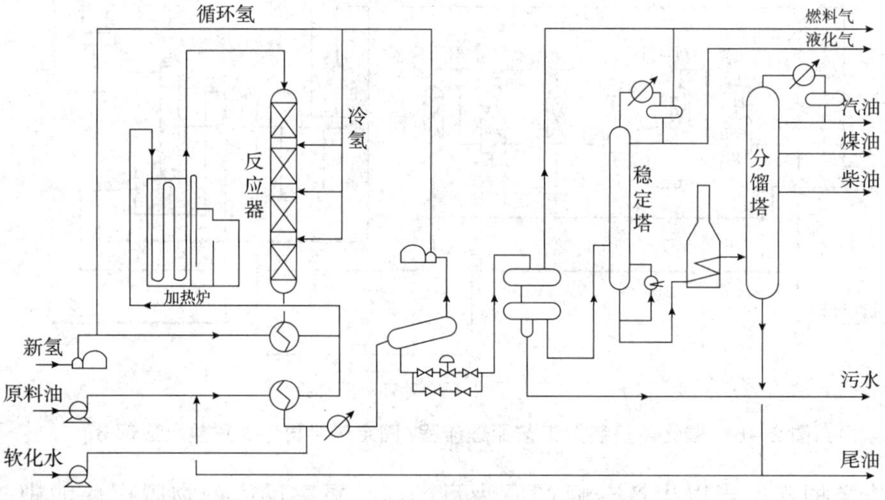

图 2-7　一段加氢裂化工艺流程图

二段加氢裂化工艺流程，是指流程中设置两个或两组反应器，一反为加氢精制反应器，二反则为加氢裂化反应器，两个反应器分别装有不同性能的催化剂。其原理流程见图 2-8。

串联加氢裂化工艺流程：串联流程是二段流程的发展。由于抗氨抗硫化氢的分子筛加氢裂化催化剂的应用，使脱氨塔得以取消，而加氢精制和加氢裂化两个反应器直接串联起来，这也是其与二段加氢裂化流程的主要区别。与一段加氢工艺相比，串联工艺的产品方案灵活，仅通过改变操作条件，就可以最大限度地生产汽油、煤油和柴油。另外，串联工艺对原料的适应性也比较强，可以加工如高干点的重质减压馏分油及溶剂脱沥青油等更重的原料。串联加氢裂化具体工艺流程见图 2-9。

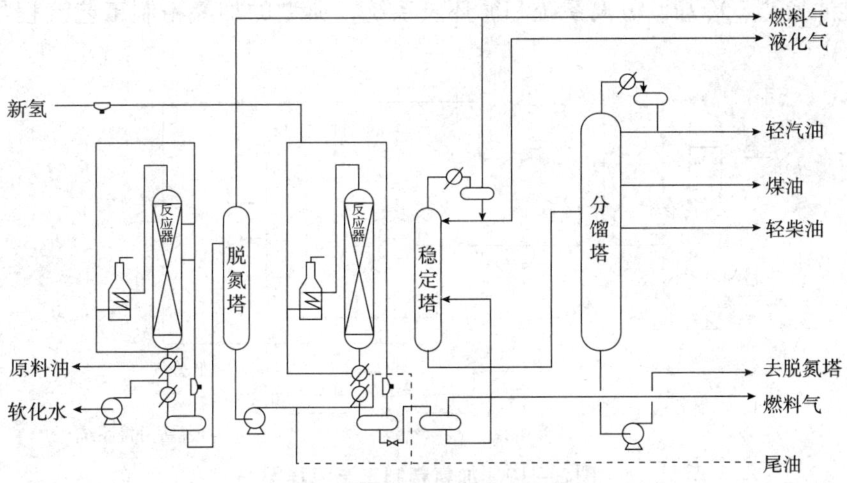

图2-8　二段加氢裂化工艺流程

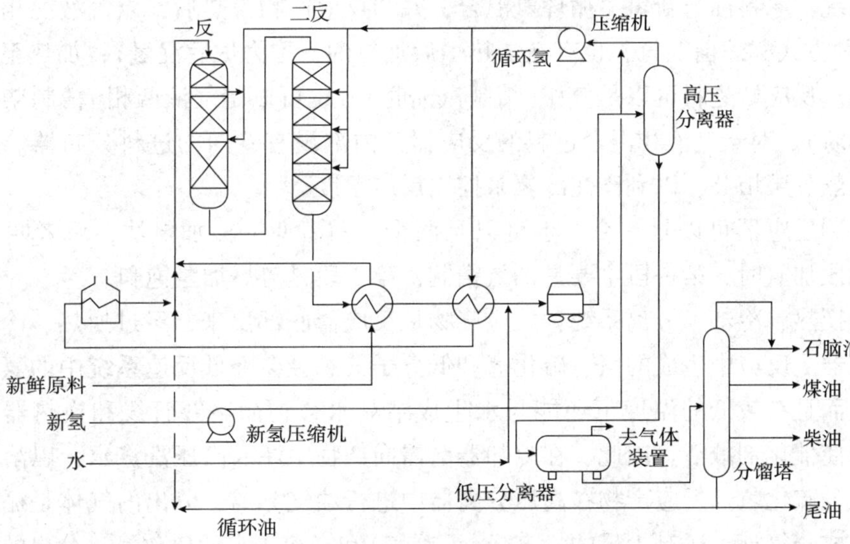

图2-9　串联加氢裂化工艺流程

2)加氢精制

加氢精制主要用于油品精制，其目的是除去油品中的硫、氮、氧等杂原子及金属杂质，有时还对部分芳烃进行加氢，以改善油品的使用性能。在催化剂和氢气存在下，石油馏分中的含硫、含氮、含氧和金属有机化合物发生氢解，从而达到精制的目的。加氢精制的原料范围极广，从轻质馏分(汽油)、中间馏分(柴油)、减压馏分(蜡油)到减压渣油。含硫原油的各个直馏馏分都需要加氢精制后才能达到产品的质量要求，石油热加工产物含有烯烃和二烯烃等不饱和组分，也必须通过加氢精制来提高其安定性和改善其质量。

我国馏分油加氢精制，主要有二次加工汽、柴油的精制和含硫、芳烃高的直馏煤油馏分的精制，以及重油渣油的加氢脱硫。加氢精制装置一般采用固定床绝热反应器，所用氢气大多来自催化重整的副产氢气，只有当副产氢不能满足需要时，或者无催化重整装置时，才另建制氢装置。加氢精制的工艺流程因原料而异，但基本原理是相同的，包括反应系统，生成油换热、冷却、分离系统和循环氢系统。典型的加氢精制工艺流程如图2－10所示。

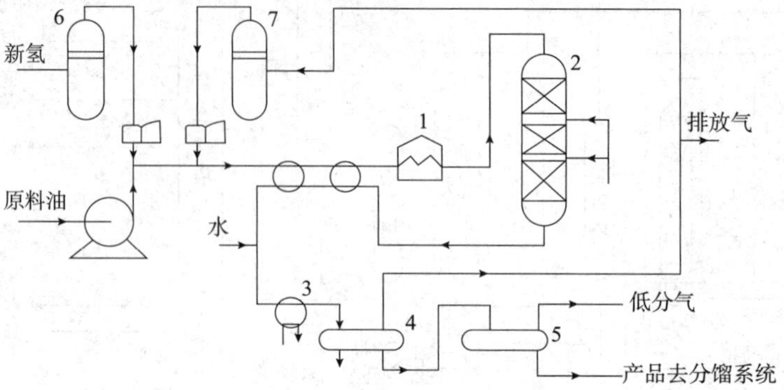

图2－10　加氢精制工艺流程图

1—加热炉；2—反应器；3—冷却器；4—高压分离器；5—低压分离器；6—新氢储罐；7—循环氢储罐

反应系统：原料油与新氢、循环氢混合，并与反应产物换热后，以气液混相状态进入加热炉(这种方式称炉前混氢，也有在加热炉后加氢的，称为炉后混氢)，加热至反应温度进入反应器。反应器进料可以是气相(精制汽油时)，也可以是气液两相(精制柴油或比柴油更重的油时)。对于气液相混合进料的反应器，内部设有专门的进料分布器。反应器内的催化剂一般分层填装，以利于注冷氢来控制反应温度。

加氢精制反应器可以是一个，也可以是两个。前者叫一段加氢法，后者叫二段加氢法。采用二段加氢时，第一段主要是加氢精制，第二段是芳烃加氢饱和。

生成油换热、冷却、分离系统：反应产物从反应器底部出来，经过换热、冷却后，进入高压分离器。反应中生成的氨、硫化氢和低分子气态烃会降低反应系统中的氢分压，不利于反应，而且在较低的温度下还能与水生成结晶水合物而堵塞管线和换热器管束，另外，氨还能使催化剂减活。因此，在冷却器前需向产物中注入高压洗涤水，以溶解反应生成的氨和部分硫化氢。反应产物在高压分离器中进行油气分离，分出的气体是循环氢，其中除了主要成分氢外，还有少量的气态烃(不凝气)和未溶于水的硫化氢；分出的液体产物是加氢生成油，其中也溶解有少量的气态烃和硫化氢，生成油经过减压再进入低压分离器进一步分离出气态烃等组分，产品去分馏系统分离成合格产品。

循环氢系统：为了保证循环氢的纯度，避免硫化氢在系统中积累，由高压分离器分出的循环氢经乙醇胺脱硫除去硫化氢，然后再经循环氢压缩机升压至反应压力送回反应系统。循环氢的主要部分(70%)送去与原料油混合，其余部分不经加热直接送入反应器制冷氢。

第二节　天然气

世界上天然气资源极其丰富，在世界能源消费结构中，仅次于石油。我国天然气用作城市燃气数量猛增，化工用气占天然气总量的比例在逐渐下降。与发达国家相比，我国的天然气化工处于起步阶段，发展空间巨大。

一、天然气的分类和组成

天然气是埋藏在地下的可燃性气体，它可以单独存在。例如，四川自贡的天然气井；还可与石油和煤伴生，称为油田伴生气(油田气)和煤田伴生气(煤层气)。从组成来看，可将天然气划分为干气和湿气。

干气主要成分是CH_4，其次是C_2H_6、C_3H_8和C_4H_{10}，并含有少量的C_3以上重组分，以及CO_2、N_2、H_2S和NH_4等。它稍加压缩不会有液体产生，故被称为干气。属于这一类的有天然气井和煤田伴生气。

湿气除CH_4和C_2H_6等低碳烷烃外，还含有少量轻汽油，对它稍加压缩就有汽油析出来，故称湿气。属于这一类的天然气有油田伴生气。天然气的成分随产地不同而有所差异，甚至随开采的时间和气象条件的变化而变化。我国几种天然气组成见表2-1，表2-2给出了两种油田气的组成。

表2-1　我国几种天然气的组成　　单位:%

编号	相对密度	CH_4	C_2H_6	C_3H_8	H_2S	不饱和烃	CO_2	H_2	N_2
1	0.6222	89.99	0.19	0.10	1.46	0.03	3.1	0.07	5.01
2	0.5783	97.55	0.54	0.15	0.50	—	1.0	0.04	1.33
3	0.5614	97.88	0.41	0.04	0.097	—	0.295	0.12	1.18

表2-2　油田气的组成　　单位:%

A	CH_4	C_2H_6	C_3H_8	C_4H_{10}	C_5H_{12}	CO_2
干气	83.7	0.6	0.2	—	—	11.5
湿气	10.7	17.8	35.7	19.7	8.4	7.5

现在，开采行业内天然气常分为常规天然气和非常规天然气两类。常规天然气是指正常开采多年的天然气井和油田伴生气等，非常规天然气是指近期才少量开采或正在开发的煤层气、页岩气、致密岩气和可燃冰(甲烷水合物)等。地质勘探表明，非常规天然气储量相当丰富，仅可燃冰资源就相当于目前全世界油气资源总量的1~2倍。相信不久的未来煤层气、页岩气和致密岩气将能大规模开采，可燃冰的开采技术将得以突破。

二、天然气的初步加工

由天然气井、油田、煤层中产生的天然气，不宜直接用作化工原料，还需脱除有害组分，并将各组分分离，然后才能将所得各种组分合理利用。图2-11给出了通常的天然气初步加工处理工艺流程。天然气经加工处理后，可得到硫黄、纯天然气和低级烷烃。硫黄目前主要用来制造硫酸；纯天然气大量用作燃料，少部分用作化工原料；低级烷烃主要用作化工原料。

天然气中的H_2S是在制硫装置中转化为硫黄的，该装置常采用克劳斯法流程。在克劳斯氧化燃烧器中，于1200℃下硫化氢部分燃烧生成二氧化硫，释放出的热量可用于制造水蒸气。随后，气体进入克劳斯催化反应器，用铝土矿作催化剂，于300~350℃将进料气转

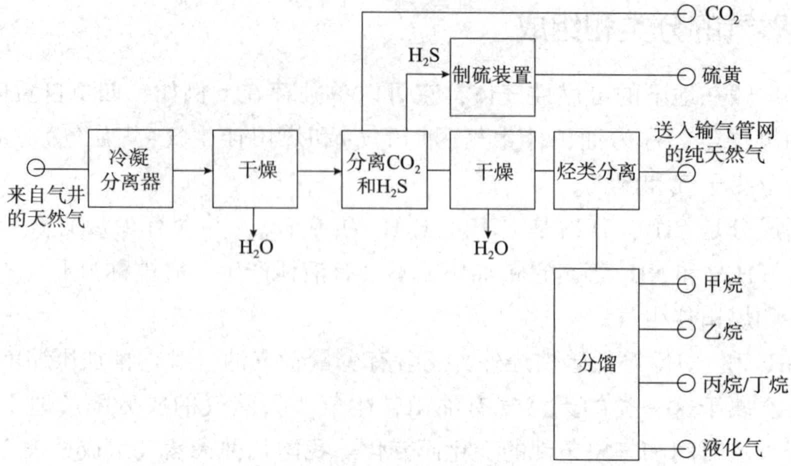

图2－11　天然气初步加工处理工艺流程

化为气态硫，用水喷淋冷却即析出液态硫黄。过程的反应如下：

$$H_2S + 1\frac{1}{2}O_2 \longrightarrow SO_2 + H_2O$$

$$SO_2 + 2H_2S \longrightarrow 3S + 2H_2O$$

$$H_2S + \frac{1}{2}O_2 \longrightarrow S + H_2O$$

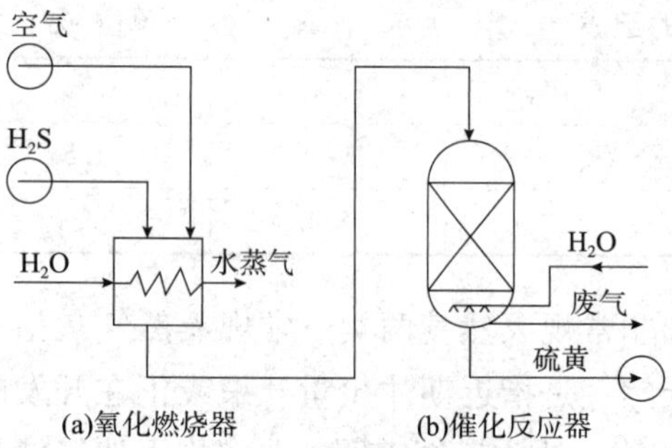

图2－12　克劳斯法工艺流程

图2－12所示的流程俗称传统克劳斯工艺流程。它一般设立2～4个催化反应器，硫黄回收率可分别达到93%、95%和97%，尾气中$\varphi(SO_2)=0.8\%\sim1.8\%$。

针对传统克劳斯工艺存在硫黄回收率低、尾气中SO_2过高的弊病，开发出超级克劳斯工艺和超优克劳斯工艺。超级克劳斯工艺在传统克劳斯工艺中最后一级转化器后，添加1个选择性催化氧化反应器(又称超级克劳斯转化器)，在通入过量空气的情况下将尾气中剩余的H_2S选择性氧化为元素硫，可使硫黄回收率提高至99%。若在转化器和选择性氧化反应器之间设立1个加氢还原转化器，将尾气中的SO_2、COS、CS_2还原成H_2S，则硫黄回收率可达到99.5%。克劳斯法工艺技术已广泛地应用于天然气、煤气和石油馏分加氢后所得H_2S的尾气处理，是目前由H_2S制取硫黄的重要工艺。

三、天然气的化工利用

天然气的化学加工见图2－13，化工利用途径主要包括：

(1)经转化先制成合成气($CO+H_2$)，或含氢很高的合成氨原料气，然后进一步合成甲醇、氨、高级醇和羰基化产品。

(2)经部分氧化制乙炔。

(3)经热裂解制乙烯、丙烯、丁烯、丁二烯和乙炔。

(4)直接制造化工产品，例如制造炭黑、氢氰酸、各种氯甲烷、硝基甲烷、甲醇和甲醛等。

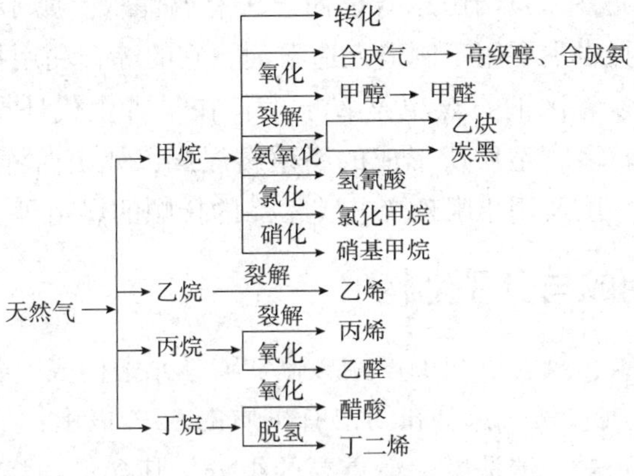

图2－13　天然气的化学加工

第三节　煤炭

我国煤炭资源比石油和天然气丰富得多，主要用作燃料，在一次性能源消费中约占70%。有人估计，随着中国天然气的大量开采，这一比例会有所降低。煤炭及其加工副产物用作化工原料已有相当长的历史，并为有机化学工业的发展做出过巨大的贡献。20世纪50年代前，有机化工产品主要是以煤、电石、乙炔为基础组织生产的。50年代后，原料路线转向石油和天然气。主要原因是石油和天然气开采、运输和加工方便，因而价廉易得；石油和天然气是由低相对分子质量有机化合物组成的混合物，可以采用简单的物理(例如蒸馏和萃取等)和化学(例如催化裂化和催化重整等)加工方法将它们彼此分离或改变它们的结构，从而制得大量的有机化工产品。而煤是一种巨大的高相对分子质量化合物，必须经过深度加工(例如焦化、气化和液化等)才能打破它们的分子键，获得组成极其复杂的低相对分子质量化合物，想进一步制得纯品，将是十分困难的。采用从前的乙炔路线生产化工产品，生产成本比以石油和天然气为原料制得的产品要高得多，缺乏商业竞争力，因此煤化工的发展不快。但是，地质勘探资料显示，石油资源已日趋枯竭(有人估计它的储量仅够人类今后50～60年的消费)，未来的有机化学工业的资源将主要来自煤炭和天然气。因此，世界各国都在努力开发煤炭和天然气的化工应用技术，以期在不久的将来，能以煤炭和天然气为原料大量制取廉价优质的有机化学品。

一、煤的形成与分类

由于成煤植物和生成条件的不同，煤一般可以分为三大类：腐殖煤、残殖煤和腐泥煤。由高等植物形成的煤称为腐殖煤。由高等植物中稳定组分(角质、树皮、孢子、树脂等)富集而形成的煤称为残殖煤。这两类煤都在沼泽环境中形成。主要由湖沼、潟湖中的藻类等浮游生物在还原环境下经过腐败分解而形成的煤称为腐泥煤。在自然界中分布最广最常见的是腐殖煤，如泥炭、褐煤、烟煤、无烟煤就属于这一类。

残殖煤的分布不广，储量也不大，云南省禄劝的角质残殖煤，江西省乐平、浙江省长广的树皮残殖煤，以及山西省大同煤田的少量孢子残殖煤夹层等属于这一类。腐泥煤的储量并不多，研究也较不完整，我国山东省鲁西煤田有腐泥煤。属于腐泥煤类的还有藻煤、胶泥煤、油页岩等。油页岩主要用于制造人造石油，它的综合利用技术正在进行广泛的研究和开发。我国南方许多省区的石煤也是属于生长在早古生代地层中的一种腐泥煤。另外，还有主要由藻类和较多腐殖质所形成的腐殖腐泥煤，如山西浑源和大同，山东新汶、兖州、枣庄等地的烛煤，以及用于雕琢工艺美术品的抚顺的煤精等。

二、煤的化学组成与分子结构

煤中有机物主要由碳、氢、氧和少量氮、硫、磷等元素构成，各种煤所含的主要元素组成见表2-3。而碳、氢、氧三者总和约占有机质的95%以上；煤中的无机质也含有少量的碳、氢、氧、硫等元素。碳是煤中最重要的组分，其含量随煤化程度的加深而增高。煤中硫是最有害的化学成分。煤燃烧时，其中硫生成SO_2，腐蚀金属设备，污染环境。煤中硫的含量可分为5级：高硫煤，大于4%；富硫煤，为2.5%~4%；中硫煤，为1.5%~2.5%；低硫煤，为1.0%~1.5%；特低硫煤，小于或等于1%。煤的化学组成和分类对其化学加工有着重要的意义。

表2-3　煤的元素组成

组成	种类			
	泥炭	褐煤	烟煤	无烟煤
C/%	60~70	70~80	80~90	90~98
H/%	5~6	5~6	4~5	1~3
O/%	25~35	15~25	5~15	1~3

煤的分子结构相当复杂。尽管人们尚不了解煤中有机质大分子的确切结构，但可以将煤中有机质大分子的结构分为两大部分，即含有芳环和脂环的结构单元部分及连接结构单元的桥键部分。由于煤中含有大量的芳核结构，以它为原料来制取芳烃、稠环和杂环类化合物(如苯类、酚类、喹啉、吡啶、咔唑等)，要比以石油为原料方便。目前，世界上由煤得到的苯约占苯总产量的25%，萘约占85%，蒽、苊、芘占90%以上，咔唑、喹啉占100%，炭黑占25%。

三、煤化程度与煤的分类

煤化程度指煤化作用的程度，而煤化作用指由泥炭向褐煤、烟煤和无烟煤转化的地球化学过程。广义的亦可理解为由植物经泥炭转变为煤的过程。根据煤化程度，将所有煤分为褐煤、烟煤和无烟煤。从我国煤炭生产的品种来看，无烟煤约占总产量的20%，烟煤约占75%，褐煤只有5%。不同类型煤的基础结构单元示意图见图2-14。

根据煤化程度的不同，腐殖煤类又可分为泥炭、褐煤、烟煤及无烟煤四个大类。

(1)泥炭。又称草炭，是棕褐色或黑褐色的不均匀物质，含水量高达85%~95%。经自然风干燥后水分可降至25%~35%，相对密度可达1.29~1.61。泥炭中含有大量未分解的植物根茎、叶的残体，有时用肉眼就可以看出，因此泥炭中的木质素和碳水化合物的含量较高，但是含碳量小于50%。此外，泥炭中还含有腐殖酸和酸性沥青。

(2)褐煤。煤化程度最低的煤，外观多呈褐色或褐黑色，水分高。元素组成中碳含量低，氧含量高，氢含量变化大。褐煤主要作为燃料及气化原料用，优质褐煤可作化工原料。

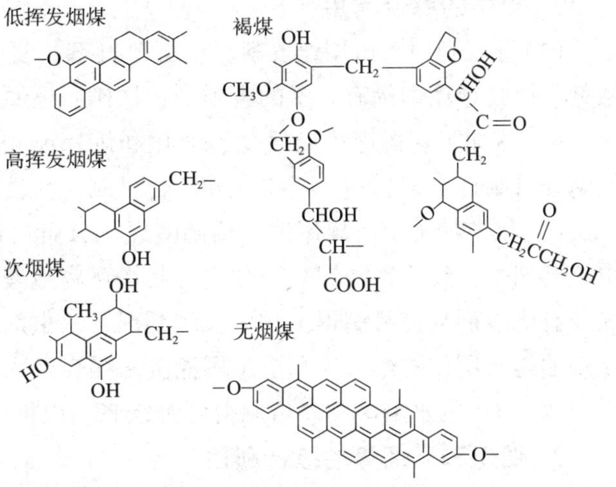

图2-14 不同类型煤的基础结构单元示意图

(3)烟煤。多呈黑色，具沥青光泽至金刚光泽，条带状结构较明显，没有原生腐殖酸。按其用途，可分为炼焦煤和非炼焦用煤两部分。炼焦煤包括气煤、肥煤、焦煤、瘦煤和部分弱黏煤。非炼焦用煤包括长焰煤、不黏煤、大部分弱黏煤和贫煤。不黏煤和弱黏煤是成煤作用初期受不同程度氧化，而惰性组分、过渡组分含量较高的低、中煤化程度的烟煤，可作为动力用煤，也可作气化用煤。

(4)无烟煤。煤化程度最高，碳含量高，通常在90%以上，可达98%；氢含量低于4%。外貌呈钢灰色或古铜色，金属状光泽；硬度高，密度大，燃点高，化学反应性弱。反应性能好、热稳定性高的无烟煤用作制造氮肥的原料，某些优质无烟煤还可用于制造碳电极、碳化硅、碳纤维、单晶石墨以及电石等。

四、煤炭的综合利用

1. 泥炭的综合利用

(1)直接利用或不用化学处理而经过其他加工方法的间接利用。泥炭可以做保温材料、泥炭纤维板、农用肥料，通过生化加工制农用肥料、饲料、甲烷等，用作工业废水废气处理剂，也可直接用作民用和工业燃料(最高热值可达16.7MJ/kg)。

(2)从泥炭中分离出有价值的产品。经水解可得单糖水解物，进而可制得乙醇、糠醛、甲醇、乙二醇、多元醇、乙酸、草酸、丙酮、甘油及葡萄糖等；水解残渣可制活性炭。泥炭经溶剂抽提或碱抽提可制得泥炭蜡或腐殖酸。

(3)化学处理。用浓硫酸处理可制得磺化泥炭用作离子交换剂；用生石灰处理可得纸浆，用氨水(或液氨)处理可制氨化泥炭，后者是一种含氮较高的优质肥料。泥炭也可用来制氢，在高温下氧化可制得各种有机酸。

(4)热加工。泥炭可作气化、液化和低温干馏的原料，从泥炭分出的纤维经适度氧化，用金属盐的水溶液(如醋酸铜)浸渍，再经干燥，在惰性介质中炭化可制得金属碳纤维，用来制造导电混凝土、硬纸板等。泥炭也可制成活性炭，作为金属催化剂的载体。

2. 褐煤的综合利用

(1)直接利用。可用作燃料、土壤改良剂、复合肥料、建筑用隔热材料、植物生长刺激剂、回收金属和稀有元素的吸附剂、铁矿石还原剂等。

(2)热加工。褐煤可经气化、液化和炼焦制得合成气、合成液体燃料、焦炭等产品，经焙烧可制得炭素材料，经炭化和活化可制得活性炭。

(3)化学加工。褐煤用浓、稀硝酸氧化分解可制得硝基腐殖酸，用作土壤改良剂、杀虫杀菌剂等；经重铬酸钾氧化分解可制得铬腐殖酸，用作钻井泥浆的调整剂和稳定剂。褐煤经有机溶剂抽提可制得植物生长刺激剂、杀虫剂、钻井泥浆处理剂；经氟化可制得氯氟化碳油类，用作防爆液体和电工用油类。褐煤经水解可制得脂肪羧酸、苯酚等。此外，褐煤与 Na_2CO_3 的水溶液共煮可制得纤维纸浆。以褐煤为原料还可制得 10 多种氨基酸等。

3. 烟煤和无烟煤的综合利用

烟煤和无烟煤(特别是烟煤)是目前煤炭资源中经济价值最高的两类煤，与化工、发电、城市民用燃料关系密切。表 2-4 列出了它们的主要用途。

表 2-4　几种煤种的主要利用途径

煤种	主要利用途径	煤种	主要利用途径
无烟煤	民用燃料，合成氮肥、炭素材料、活性炭、磺化煤等的原料，烧制钙、镁磷肥，烧石灰、水泥，直接作为还原剂、瘦化剂、过滤剂等	弱黏煤	配煤炼焦，气化原料，电厂燃料
贫煤	民用、动力发电、工业锅炉的燃料，气化原料	不黏煤	动力和民用燃料，气化原料
瘦煤	配煤炼焦的瘦化成分	天然焦	民用和锅炉燃料，烧石灰和砖瓦等，制造煤气、合成氨和小高炉炼铁用原料
焦煤	优质炼焦的原料	半石墨	民用燃料，制造碳化硅、电石、电极等炭素材料的原料
肥煤	配煤炼焦成分，干馏制城市煤气的原料	煤矸石	燃料，制造煤气、建筑材料、造型砂、提炼结晶氯化铝等化工产品的原料
长焰煤	动力发电，气化、民用燃料和低温干馏原料	石煤	燃料，制造建筑材料，提炼化工原料，肥料

应该指出，我国 70% 左右的煤炭被用作燃料，对环境污染十分严重，节能减排已刻不容缓，急需实现煤炭的综合利用。行之有效的办法有实行煤矿-电力-建材-化工、煤矿-电力-煤气-化工、钢铁-炼焦-化工-煤气-建材等行业的组合；实行煤炭气化-F-T合成-煤气、煤炭气化-化工合成-低级烯烃、煤炭气化-化工合成-液体燃料等煤化工单元工艺组合。

第三章　化工生产过程基础知识

第一节　化工生产过程基本步骤

一个化工生产过程一般包括原料预处理、化学反应和产品分离与精制等三大部分(有的还包括原料储运)。

一、原料预处理

原料预处理的主要目的是使初始原料达到反应所需要的状态和规格。例如固体需要破碎、过筛；液体需要加热或汽化；有的需要干燥；有些反应物要预先脱除杂质，或配制成一定浓度的溶液。在多数生产过程中，原料预处理本身就很复杂，要用到许多物理和化学的方法及技术，有些原料预处理成本占总生产成本的大部分。

二、化学反应

通过该步骤完成由原料到产物的转变，是化工生产过程的核心。反应温度、压力、浓度、催化剂(多数反应需要)或其他物料的性质以及反应设备的尺寸和技术水平等各种因素对产品的数量和质量有着重要影响，是石油化工工艺学研究的重点内容。

(1)化学反应类型。化学反应类型繁多，若按反应特性分，有氧化、还原、加氢、脱氢、歧化、异构化、烷基化、脱基化、分解、水解、水合、偶合、聚合、缩合、酯化、磺化、硝化、卤化、重氮化等反应；若按反应体系中物料的相态分，可分为均相反应和非均相反应(多相反应)；若根据是否使用催化剂来分，可分为催化反应和非催化反应。

(2)反应器种类。实现化学反应过程的设备称为反应器。工业反应器的类型众多，不同反应过程所用的反应器形式不同。反应器若按结构特点分，有管式反应器、床式反应器(装填催化剂，有固定床、移动床、流化床及沸腾床等)、釜式反应器和塔式反应器等；若按操作方式分，有间歇式、连续式和半连续式反应器；若按换热状况分，有等温反应器、绝热反应器和变温反应器；若按换热方式分，有间接换热和直接换热的反应器。

三、产品的分离与精制

化工生产的目的是获取符合规格的产品，并回收、利用副产物。在多数反应过程中，由于诸多原因，致使反应后产物是包括目的产物在内的许多物质的混合物，有时目的产物的浓度甚至很低。因此，必须对反应后的混合物进行分离、提浓和精制才能得到符合规格的产品，同时要回收剩余反应物，以提高原料利用率。在石油化工生产中产品分离、精制、未反应的反应物回收、副产物利用、三废处理等不论是从设备数量上，还是从投资费用上都占有绝大部分比例，其操作好坏对厂家的经济效益有着至关重要的影响。

分离和精制的方法与技术是多种多样的，通常有冷凝、吸附、吸收、冷冻、萃取、闪蒸、精馏、渗透膜分离、结晶、过滤和干燥等，到目前为止，应用最多、最广泛的是精馏。不同生产过程可以有针对性地采用相应的分离和精制方法，并将分离出来的副产物和三废加以利用或处理。

四、化工生产工艺流程

1. 工艺流程和流程图

原料需要经过包括物质和能量转换的一系列加工过程，方能转变成所需产品，实施这些转换需要有相应的功能单元来完成，按物料加工顺序将这些功能单元有机地组合起来，则构成工艺流程，用图的形式描绘出来就叫作工艺流程图。将原料转变成化工产品的工艺流程称为化工生产工艺流程。工艺流程(图)可描述为将一个过程的主要设备、机泵、控制仪表、工艺管线等按其内在联系结合起来，实现从原料到产品的过程所构成的图。

化工生产中的工艺流程是多姿多彩的，不同产品的生产工艺流程固然不同，同一产品用不同原料来生产，工艺流程也大不相同；有时即使原料相同，产品也相同，若采用的工艺路线或加工方法不同，在流程上也有区别。

石油化工工艺学教科书中主要采用工艺流程示意图，它简明地反映出由原料到产品过程中各物料的流向和经历的加工步骤，从中可了解每个操作单元或设备的功能以及相互间的关系，掌握能量的传递和利用、副产物和三废的排放及其处理方法等重要工艺和工程知识。

2. 化工生产工艺流程的组织

工艺流程的组织或合成是化工过程的开发和设计中最重要、最复杂的环节，也是变数最多、最难掌握的内容，它贯穿着整个设计过程。组织工艺流程需要有化学、物理的理论基础以及工程知识，还要结合生产实践，借鉴前人的经验，同时，要运用推论分析、功能分析、形态分析等方法论来进行化工工艺流程的设计。要设计好一个工艺流程，难度非常大，设计出的工艺流程没有最好，只有更好。本书仅就化工工艺流程的设计方法做简要的介绍，详细内容可阅读化工设计类有关书籍。

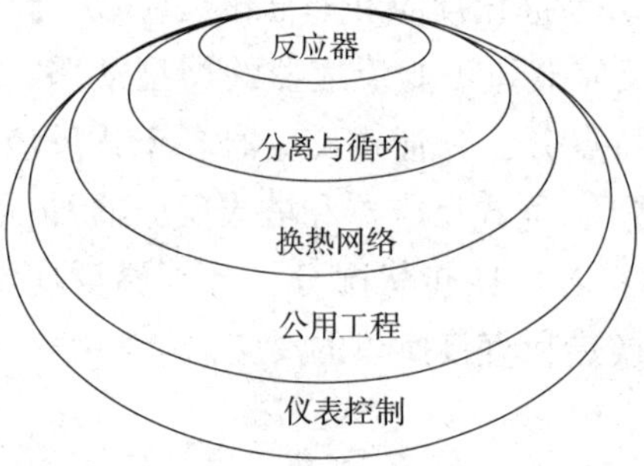

图3－1 化工生产工艺流程组织“洋葱”模型

(1)推论分析法。推论分析法是从目标出发，寻找实现此目标的前提，将具有不同功能的单元进行逻辑组合，形成一个具有整体功能的系统。该方法可用“洋葱”模型来表示，见图3－1。

通常，化工过程设计以反应器为核心开始作为洋葱模型的最内层；由反应器产生的未反应的原料、产品、副产品这一混合物需要进一步分离和循环再利用，反应器的设计决定了分离与再循环系统所涉及要解决的问题，由此紧挨反应器设计的就是产物分离与未反应原料的再循环设计，这就构成了洋葱模型的第二层；反应器的设计和分离与再循环设计决定了全过程的冷、热负荷，因此，洋葱模型第三层就是换热网络设计；经过热量回收而不能满足的冷、热负荷决定了外部公用工程(水、电、汽等)的选择与设计，这就出现了洋葱模型的第四层；最外层是仪表控制系统设计。

推论分析法采用的是洋葱模型逻辑结构，整个过程可由图3－1形象地表示出来，只是通常的工艺流程图或教科书中所看到的工艺流程图不含公用工程与仪表控制，只有内三层主工艺所构成的流程图。

(2)功能分析法。功能分析法是缜密地研究每个单元的基本功能和基本属性，然后组成几个方案以供选择参考。因为每个功能单元的实施方法和设备形式通常有许多种可供选择，因而可组织出具有相同整体功能的多种流程方案。

(3)形态分析法。形态分析法是对每种可供选择的方案进行精确的分析和评价，择优汰劣，选择其中最优方案。评价需要有判据，而判据是针对具体问题来拟定的，原则上应包括：①是否满足所要求的技术指标；②技术资料的完整性和可信度；③经济指标的先进性；④环境、安全等。

3. 化工生产工艺流程设计

化工生产工艺流程设计的主要任务包括两个方面：一是确定生产流程中各个生产过程的具体内容、顺序和组合方式，完成由原料制得所需产品的目的；二是绘制工艺流程图，要求以图解的形式来表示，主要描绘出在生产过程中，当原料经过各个单元操作过程制得产品时，物料和能量发生的变化及其流向，以及采用了哪些化工过程和设备。

为了使设计出来的工艺流程能够实现优质、高产、低消耗和安全，化工生产工艺流程中应主要解决以下问题。

①确定整个流程的组成。工艺流程反映了由原料制得产品的全过程。应确定采用多少生产过程或工序来构成全过程，确定每个单元过程的具体任务(物料通过时要发生什么物理变化、化学变化以及能量变化)，以及每个生产过程或工序之间是如何连接的；同时确定出每个过程或工序的组成，应采用多少设备和由哪些设备来完成这一生产过程，以及各种设备之间应如何连接，并明确每台设备的作用和它的主要工艺参数；等等。

②确定操作条件。为了使每个过程、每台设备正确地起到预定作用，应当确定整个生产工序或每台设备的各个不同部位要达到和保持的操作条件。

③控制方案的确定。为了正确保持各生产工序和每台设备本身的操作条件，以及生产过程之间、各设备之间的正确联系，需要确定正确的控制方案，选用合适的控制仪表。

④合理利用原料及能量。计算出整个装置的技术经济指标，应当合理地确定各个生产过程的效率，由此得出全装置的总收率，同时要合理地做好能量回收与综合利用，降低能耗。据此确定水、电、蒸汽的消耗，决定公用工程的配套措施。

⑤制定三废的治理方法。除了产品和副产品外，对全流程中所出现的三废要尽量综合利用，对于那些暂时无法回收利用的，则须进行妥善处理。

⑥制定安全生产措施。应当对设计出来的化工装置在开车、停车、长期运转以及检修过程中，可能存在哪些不安全因素进行认真分析，再遵照国家的各项有关规定，结合以往的经验教训，制定出切实可行的安全措施，例如设置安全阀、阻火器和事故贮槽等。

⑦保温、防腐的设计。这是在工艺流程设计中的最后一项工作，也是施工安装时最后

一道工序。流程中应根据介质的温度、特性和状态以及周围环境状况决定管道和设备是否需要保温和防腐。

第二节　化工生产过程主要指标

一、技术指标

1. 生产能力

生产能力是指一个设备、一套装置或一个工厂在单位时间内生产的产品量，或在单位时间内所处理的原料量。其单位为 kg/h、t/d 或 kt/a 等。如 1000×10^4t/a 的炼油厂，100×10^4t/a 的乙烯化工厂，其中 1000×10^4t 指该厂每年的原油加工能力，指原料；而 100×10^4t 指该厂每年的乙烯生产能力，指产物，这些均指该厂的生产能力。

化工生产过程包括化学反应和能量、质量、动量的传递过程，在许多设备中可能同时进行上述几个过程，需要分析每个过程的影响，然后进行综合和优化，找出最佳操作条件，使总过程速率加快，有效地提高设备生产能力。设备或装置在最佳条件下可以达到的最大生产能力称为设计能力。一般装置的实际生产能力低于设计能力。由于技术水平所限，同类设备或装置的设计能力一般不同，使用设计能力大的设备或装置能够降低投资和成本，提高设备的生产率。

2. 生产程度

生产程度是指设备在单位特征几何量上的生产能力，即设备单位体积的生产能力，或单位面积的生产能力。其单位为 kg/(h·m^3)、kg/(h·m^2)等。生产强度主要用于比较那些相同反应过程或物理加工过程的设备或装置的优劣。设备中进行的过程速率高，其生产强度就高。

在分析对比催化反应器的生产强度时，通常要看在单位时间内单位体积催化剂或单位质量催化剂上所获得的产品量，亦即催化剂的生产强度，有时也称为时空收率或空时得率。单位为 kg/(h·m^3 催化剂)或 kg/(h·kg 催化剂)。

3. 开工因子

工厂的有效生产周期经常用开工因子来表示，开工因子通常在 0.9 左右，开工因子大意味着停工检修时间短，设备先进可靠，催化剂寿命较长，一般效益好。开工因子的计算如式(3－1)所示。

$$\text{开工因子}=\text{全年开工生产天数}/365 \tag{3-1}$$

二、效率指标

1. 原子经济性

原子经济性的概念是由美国斯坦福大学的 B. M. Trost 教授(曾获 1998 年美国"总统绿色化学挑战奖"的学术奖)提出的，如式(3－2)所示。

$$\text{原子经济性}\ AE=\frac{\sum_{i=1}^{n}(P_iM_i)}{\sum_{j=1}^{m}(F_jM_j)}\times100\% \tag{3-2}$$

式中，P_i 为目的产物分子中各类原子数；F_j 为反应原料中各类原子数；M 为相应各类原子的相对质量。

例 3－1：制取苯乙烯的方法有以甲苯为原料合成苯乙烯和由苯直接合成苯乙烯等，试比较一下两种方法的原子经济性。

解：

(1)以甲苯为原料合成苯乙烯反应式为：

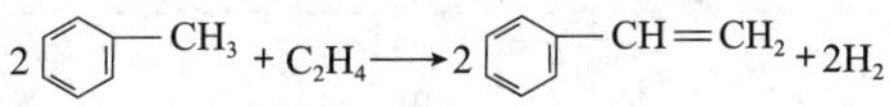

其原子经济性 AE_1 为：

$$\frac{2C_6H_5CH=CH_2}{2C_6H_5CH_3+C_2H_4}\times 100\%=\frac{104\times 2}{92\times 2+28}\times 100\%=98\%$$

(2)由苯直接合成苯乙烯反应式为：

$$C_6H_6+1/2O_2+C_2H_4\longrightarrow C_6H_5CH=CH_2+H_2O$$

其原子经济性 AE_2 为：

$$\frac{C_6H_5CH=CH_2}{C_6H_6+\frac{1}{2}O_2+C_2H_4}\times 100\%=\frac{104}{78+16+28}\times 100\%=85\%$$

由以上计算可以看出，以甲苯为原料合成苯乙烯这种方法的原子经济性更高一些。

2. 环境因子 E

环境因子 E 由荷兰化学家 Sheldon 提出，可由式(3－3)表示。

$$E=\text{废物质量}/\text{目标产物质量} \tag{3－3}$$

原子经济性 AE 和环境因子 E 从本质上反映了其合成工艺是否最大限度地利用了资源，避免了废物的产生和由此带来的环境污染。

3. 转化率

转化率是指某一反应物参加反应而转化的数量占该反应物起始量的百分率，其定义式为

$$\text{转化率}=(\text{转化掉的原料量}/\text{投入反应器的总原料量})\times 100\% \tag{3－4}$$

转化率表征原料的转化程度，反映了反应进度。对于同一反应，若反应物不止一个，可以计算某个反应物组分的转化率，也可计算原料的总转化率，不同反应组分的转化率在数值上可能是不同的。对于反应 $\gamma_A A+\gamma_B B\rightarrow\gamma_R R+\gamma_S S$，反应物 A 和 B 的转化率分别可表示为：

$$\text{反应物 A 的转化率}=(\text{转化掉 A 原料的量}/\text{投入反应器 A 的总原料量})\times 100\% \tag{3－5}$$

$$\text{反应物 B 的转化率}=(\text{转化掉 B 原料的量}/\text{投入反应器 B 的总原料量})\times 100\% \tag{3－6}$$

人们常常对关键反应物的转化率感兴趣，所谓关键反应物指的是反应物中价值最高的组分或者希望都反应掉的那个组分，为使其尽可能转化，常使其他反应组分过量。对于不可逆反应，关键组分的转化率最大为 100%；对于可逆反应，关键组分的转化率最大为其平衡转化率。

计算转化率时，反应物起始量的确定很重要。对于间歇过程，以反应开始时装入反应器的某反应物的量为起始量；对于连续过程，一般以反应器进口物料中某反应物的量为起始量。在计算过程中要注意计算公式中分子、分母单位一致，因为转化率是无量纲的。

在实际生产中，由于受到平衡转化率或副反应等的影响，大多反应物都不能一次性全部反应，都要将其分离再循环反应，如图3-2所示。

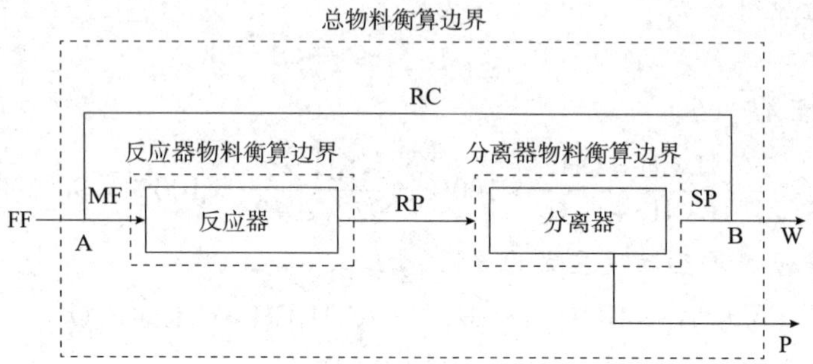

图3-2 具有循环过程的流程示意图

图3-2中，FF指新鲜进料，RC指循环进料，MF指混合进料，P指产物，SP指未反应的原料，W指排放物，RP指中间物料，A、B为节点。在稳定状态下，循环物料总是以不变的组成和数量在反应系统中循环。根据质量守恒定律，各物料流的关系如下：

$$MF = FF + RC$$

$$MF = RP$$

$$RP = RC + P + W$$

$$FF = W + P$$

其中，SP、RC和W的组成相同。在循环过程中循环比是一个重要参数，一般用RC/FF，但也有用RC/MF、RC/W、RC/P的。在循环过程中必须有部分放空(防止惰性物积累)。

对于上述情况，就出现了单程转化率和全程(总)转化率的概念。单程转化率系指原料每次通过反应器的转化率；全程转化率又称总转化率，系指新鲜原料进入反应系统到离开该系统所达到的转化率。原料中组分A的单程转化率和总转化率分别表示为：

反应物A的单程转化率=

(原料A在反应器中转化掉的量/反应器进口物料中A的总量)×100%　(3-7)

反应物A的全程转化率=

(原料A在反应器中转化掉的量/反应器进口物料中新鲜A的量)×100%　(3-8)

式中，反应器进口物料中A的总量=新鲜原料中组分A的量+循环物料中组分A的量。

转化率可以在任何反应时间内进行计算，考察反应的程度。对于可逆反应，还存在平衡转化率，也就是在此条件下的最大转化率(在后文介绍)。

4. 选择性

对于复杂反应体系，同时存在有生成目的产物的主反应和生成副产物的许多副反应，只用转化率来衡量是不够的。因为，尽管有的反应体系原料转化率很高，但大多数转变成副产物了，目的产物很少，意味着许多原料浪费了。所以需要用选择性这个指标来评价反应过程的效率。选择性是指体系中转化成目的产物的某反应物量与参加所有反应而转化的该反应物总量之比，是对产物来说的，其定义式表示为：

选择性=(生成目的产物所消耗的原料量/转化掉的原料量)×100%　　(3-9)

或写成：

选择性=(实际生成目的产物的量/理论目的产物的量)×100%　　(3-10)

式(3-10)中的分母即理论目的产物的量是按主反应式的化学计量关系来计算的，并假设转化掉的所有反应物全部转变成目的产物。

在复杂反应体系中，产物的选择性是个很重要的指标，它表达了主、副反应进行程度的相对大小，能确切反映原料的利用是否合理。

5. 收率

产物的收率亦称为产率，是从产物角度来描述反应过程的效率。其定义式可表示为：

收率=(生成目的产物所消耗的原料量/投入反应器的总原料量)×100%　　(3-11)

或写成：

收率=转化率×选择性×100%　　(3-12)

有循环物料时，也有单程收率和总收率之分。与转化率相似，对于单程收率而言，式(3-11)中的分母系指反应器进口处混合物中的该原料量，即新鲜原料与循环物料中该原料量之和；而对于总收率，式(3-11)中分母系指新鲜原料中该原料量。

6. 质量收率

质量收率的定义是，投入单位质量的某原料所能生产的目的产物的质量，其定义式可表示为：

质量收率=(生成目的产物的质量/投入反应器的原料质量)×100%　　(3-13)

质量收率主要针对复杂反应，难以写出定量反应式的过程，如乙烯厂乙烯收率的计算一般均采用质量收率。

例3-2：乙烷脱氢生产乙烯时，原料乙烷处理量为8000kg/h，产物中乙烷为4000kg/h，获得产物乙烯为3200kg/h，求乙烷转化率、乙烯的选择性及收率。

解：乙烷的转化率=(8000-4000)/8000×100%=50%

乙烯的选择性=(3200×30/28)/4000×100%=85.7%

乙烯的收率=50%×85.7%×100%=42.9%

乙烯的质量收率=3200/8000×100%=40%

例3-3：将纯乙烷裂解制乙烯，已知乙烷的单程转化率为60%，每小时进入裂解炉100kg乙烷，获得乙烯46.4kg。裂解气经分离后，未反应的乙烷大部分循环回裂解炉继续反应，在产物中除乙烯和其他气体外，还含有4kg的乙烷。求生成乙烯的选择性、乙烷的全程转化率、乙烯的单程收率、乙烯的全程收率、乙烯的全程质量收率。

解：反应式为 $C_2H_6 \rightarrow C_2H_4 + H_2$

乙烷分子质量为30，乙烯分子质量为28

乙烷转化掉60kg/h

剩余40kg/h，循环(40-4)=36kg/h

新鲜进料为(100-36)=64kg/h

生成乙烯的选择性 = (46.4 × 30/28)/60 × 100% = 82.86%

乙烷的全程转化率 = 60/64 × 100% = 93.75%

乙烯的单程收率 = (46.4 × 30/28)/100 × 100% = 49.71%

乙烯的全程收率 = (46.4 × 30/28)/64 × 100% = 77.68%

乙烯的全程质量收率 = 46.4/64 × 100% = 72.5%

7. 平衡转化率和平衡收率的计算

可逆反应达到平衡时的转化率称为平衡转化率，此时所得产物的收率(产率)为平衡收率(产率)。平衡转化率和平衡产率是可逆反应所能达到的极限值(最大值)，但是，反应达平衡往往需要相当长的时间。因为随着反应的进行，正反应速率降低，逆反应速率升高，所以净反应速率不断下降直到零。在实际生产中应保持较高的净反应速率，不能等待反应达平衡，故实际转化率和产率比平衡值要低一些。若平衡产率高，则可获得较高的实际产率。工艺学的任务之一是，通过热力学分析，寻找提高平衡产率的有利条件，并计算出平衡产率。在进行这些分析和计算时，必须用到化学平衡常数，它的定义及其应用在许多化学、化工书籍中都有论述，此处仅写出其定义式。

对于反应 $$v_A A + v_B B \rightarrow v_R R + v_S S$$

若为气相反应体系，其标准平衡常数表达式为：

$$K_p = \frac{\left(\frac{P_R}{P^\ominus}\right)^{v_R}\left(\frac{P_S}{P^\ominus}\right)^{v_S}}{\left(\frac{P_A}{P^\ominus}\right)^{v_A}\left(\frac{P_B}{P^\ominus}\right)^{v_B}} \tag{3-14}$$

式(3-14)中 P_A、P_B、P_R、P_S 分别为反应物组分 A、B 和产物 R、S 的平衡分压(其单位与 $P^\ominus$ 相同)(纯固体或液体取 1)；v_A、v_B、v_R、v_S 分别为组分 A、B、R、S 在反应式中的化学计量系数；$P^\ominus$ 为标准态压力。

值得注意的是，现在国际上规定标准态压力 $P^\ominus$ 为 100kPa，过去曾定为 101.325kPa，因此它们对应的标准平衡常数值是略有区别的。另外，在较早出版的书刊文献中，压力单位多用“标准大气压”，所以组分的平衡分压单位也用大气压，标准态压力 $P^\ominus$ 为 1 大气压，此时平衡常数的表达式可如式(3-15)所示。

$$K_p = \frac{P_R^{v_R} P_S^{v_S}}{P_A^{v_A} P_B^{v_B}} \tag{3-15}$$

因此，在查找文献和手册中的平衡常数时，一定要注意 K_p 的表达式是何种形式 。理想气体的 K_p 只是温度的函数，与反应平衡体系的总压和组成无关；在低压下或压力不太高(3MPa 以下)和温度较高(200℃以上)的条件下，真实气体的性质接近理想气体，此时可用理想气体的平衡常数及有关平衡数据，即可忽略压力与组成的影响。

在高压下，气相反应平衡常数应该用逸度商来表达，详细情况与具体计算参考有关物理化学的书籍。

若为理想溶液反应体系，其平衡常数 K_c 的表达式如式(3-16)所示。

$$K_c = \frac{\left(\frac{c_R}{c^\ominus}\right)^{v_R}\left(\frac{c_S}{c^\ominus}\right)^{v_S}}{\left(\frac{c_A}{c^\ominus}\right)^{v_A}\left(\frac{c_B}{c^\ominus}\right)^{v_B}} \tag{3-16}$$

式(3－16)中 c_A、c_B、c_R、c_S 分别为组分 A、B、R、S 的平衡浓度，mol/L(纯溶剂取 1)；$c^\ominus$ 为标准浓度，统一规定为 1mol/L。

真实溶液反应体系的平衡常数式形式与式(3－16)相似，但式中各组分浓度应该用活度来替代。只有当溶液浓度很稀时，才能用式(3－16)来计算平衡常数。

平衡常数可通过实验来测定，现在许多化学书籍、化工手册、文献资料及计算机有关数据库中收集有相当多反应体系的平衡常数，或有与温度的关系图表，有的也给出了相应的计算公式。但查找时一定要注意适用的温度、压力范围及平衡常数的表达形式。

例 3－4：已知正丁烷在 1000K 温度下脱氢反应的标准吉布斯函数变 ΔG_0 为 －5.94kJ/mol，系统压力为 1atm，标准压力 $P^\ominus$ 为 1atm，求其平衡常数 K_p 和平衡转化率 x。

解：$\Delta G_0 = -RT\ln(K_p)$

$-5940 = -8.314 \times 1000 \times \ln(K_p)$

$\ln(K_p) = 0.714$

$K_p = 2.042$

$P = 1\text{atm}$，$P^\ominus = 1\text{atm}$

$C_4H_{10} \longrightarrow C_4H_8 + H_2$

开始：1　0　0

平衡：$1-x$　x　x　总摩尔数为$(1+x)$

$$K_p = \frac{\left(\frac{x}{1+x}P\right)^2}{\frac{1-x}{1+x}P} = \frac{x^2}{1-x^2}P$$

$K_p = 2.042$

代入解得：$x = 82\%$

三、经济指标

1. 静态指标

静态指标主要是根据损益表中的利润及税后利润计算的投资利润率、投资利税率和资本金利润率。

2. 投资利润率

投资利润率指项目达到设计生产能力后的一个正常的生产年份的年利润总额与项目总投资的比率，它是考察项目单位投资盈利能力的静态指标，对生产期内各年的利润总额变化幅度较大的项目，应计算生产期平均利润总额与项目总投资的比率。本书取生产期平均利润总额进行计算，计算方法如下：

投资利润率 = 年利润总额/项目总投资 × 100% ≥26%(化工行业标准)

其中：年利润总额 = 年产品销售收入 - 年产品销售税金及附加 - 年总成本费用

3. 投资利税率

投资利税率指项目达到设计生产能力后的一个正常生产年份的年利税总额或项目生产期内的平均利税总额与项目总投资的比率。

计算方法如下：

投资利税率 = 年利税总额/项目总投资 ×100% ≥38%（化工行业标准）

其中：

年利税总额 = 年产品销售收入 - 年总成本费用 = 年利润总额 + 年销售税金及附加

4. 资本金利润率

资本金利润率反映了投入项目的资本金的盈利能力。

资本金利润率 = 年利税总额/资本金 ×100% >25%（化工行业标准）

5. 静态投资回收期

静态投资回收期（从建设开始年算起）=（累计净现金流量开始出现正值的年份数）-1 +（上年累计净现金流量绝对值/当年净现金流量）≤14 年（化工行业标准）

6. 财务内部收益率（IRR）

它指项目在整个计算期内各年净现金流量现值累计等于零时的折现率，它反映项目所占用资金的盈利率，是考察项目盈利能力的主要动态评价标准。计算方法如下：

$$\sum_{T=0}^{n} CF_T(1 + IRR)^{-T} = 0$$

式中，IRR 为内部收益率；CF 为净现金流量；n 为项目方案的寿命期。

7. 权益投资内部收益率（FIRR）

权益投资内部收益率是指息税前内部收益率，即能使项目隔年息税前净现金流量现值累计等于零时的折现率，它是考察项目基本盈利能力的相对指标，其表达式如下：

$$\sum_{T=0}^{n} CF'_T(1 + FIRR)^{-T} = 0 \tag{3-17}$$

式中，$FIRR$ 为权益投资内部收益率；CF' 为税前净现金流量；n 为项目方案的寿命期。

8. 财务净现值（NPV）

它指按行业的基准收益率或设定的折现率，将项目的计算期内各年净现金流量折现到建设初期的现值之和，它是考察项目盈利能力的动态评价指标。

$$NPV = \sum_{T=0}^{n} (CI - CO)_T(1 + i_0)^{-T} = \sum_{T=0}^{n} CF_T(1 + i_0)^{-T} \tag{3-18}$$

式中，NPV 为净现值；i_0 为项目投资基准折现率；CI 为现金流入；CO 为现金流出；CF 为净现金流量；n 为项目方案的寿命期。

9. 动态投资回收期

动态投资回收期（从建设开始年算起）=（累计净现金流量现值开始出现正值的年份数）-1 +（上年累计净现金流量现值绝对值/当年净现金流量现值）≤14 年（化工行业标准）。

第三节　反应条件对化学平衡和反应速率的影响

一、温度

1. 温度对化学平衡的影响

对于不可逆反应不需考虑化学平衡，而对于可逆反应，其平衡常数与温度的关系由式(3－19)表示。

$$\lg K=\frac{-\Delta H^{\ominus}}{2.303RT}+C \tag{3-19}$$

式中，K 为平衡常数；$\Delta H^{\ominus}$ 为标准反应焓差，kJ/mol；R 为通用气体常数；T 为反应温度，K；C 为积分常数。

对于吸热反应，$\Delta H^{\ominus}>0$，K 值随着温度升高而增大，有利于反应，产物的平衡产率增加；

对于放热反应，$\Delta H^{\ominus}<0$，K 值随着温度升高而减小，平衡产率降低。故只有降低温度，才能使平衡产率增高。

2. 温度对反应速率的影响

反应速率是指单位时间、单位体积某反应物组分的消耗量，或某产物的生成量。反应速率方程通常可用浓度的幂函数形式来表示，例如对于反应：

$$a\mathrm{A}+b\mathrm{B}\longrightarrow d\mathrm{D}$$

其反应速率方程为：

$$r=k_{正}\,C_{\mathrm{A}}^{a}C_{\mathrm{B}}^{b}-k_{逆}\,C_{\mathrm{D}}^{d} \tag{3-20}$$

式中，$k_{正}$ 为正反应速率常数；$k_{逆}$ 为逆反应速率常数；C_{A}、C_{B}、C_{D} 分别为 A、B、D 的浓度，mol/L；a、b、d 分别为 A、B、D 的化学计量系数。

反应速率常数与温度的关系可用阿伦尼乌斯方程来表示：

$$k=A\exp\left(\frac{-E}{RT}\right) \tag{3-21}$$

式中，k 为反应速率常数；A 为指前因子或频率因子；R 为通用气体常数；T 为反应温度，K；E 为反应活化能。

由式(3－21)可知，k 总是随温度的升高而增加的(有极少数例外者)，一般反应温度每升高 10℃，反应速率常数增大 2～4 倍；在低温范围增加的倍数比高温范围大些；活化能大的反应，其速率随温度升高而增长更快些。

对于不可逆反应，逆反应速率忽略不计，故产物生成速率总是随温度的升高而加快；对于可逆反应而言，正、逆反应速率之差即为产物生成的净速率。温度升高时，正、逆反应速率常数都增大，所以正、逆反应速率都提高，净速率是否增加呢？经过对速率方程式的分析得知：对于吸热的可逆反应，净速率 r 总是随着温度的升高而增高的；而对于放热的可逆反应，净速率 r 随温度变化有如下三种可能性，即：

$$\left(\frac{\partial r}{\partial T}\right)_c>0,\ \left(\frac{\partial r}{\partial T}\right)_c=0,\ \left(\frac{\partial r}{\partial T}\right)_c<0 \tag{3-22}$$

当温度较低时，净反应速率随温度的升高而增高；当温度超过某一值后，净反应速率开始随着温度的升高而下降。净速率有一个极大值，此极大值对应的温度称为最佳反应温度，亦称最适宜反应温度。

二、压力

一般来说，压力对液相和固相反应的平衡影响较小。气体的体积受压力影响大，故压力对有气相物质参加的反应的平衡影响很大，其规律为：

①对分子数增加的反应，降低压力可以提高平衡产率；

②对分子数减少的反应，压力升高，产物的平衡产率增大；

③对分子数没有变化的反应，压力对平衡产率无影响。

在一定的压力范围内，加压可减小气体反应体积，且对加快反应速率有一定好处，但效果有限，因为压力过高，能耗增大，对设备要求高，反而不经济。究竟采用多高压力，要以实际而定。

惰性气体的存在，可降低反应物的分压，对反应速率不利，但有利于分子数增加的反应的平衡。是否添加惰性组分，添加多少，也要根据实际而定。

三、浓度

根据反应平衡移动原理，反应物浓度越高，越有利于平衡向产物方向移动。当有多种反应物参加反应时，往往使价廉易得的反应物过量，从而可以使价贵或难得的反应物更多地转化为产物，提高其利用率。从反应速率方程式(3－20)可知，反应物浓度越高，反应速率越快。一般在反应初期，反应物浓度最高，反应速率最大，随着反应的进行，反应物逐渐消耗，反应速率逐渐下降。

提高溶液浓度的方法有：对于液相反应，采用能提高反应物溶解度的溶剂，或者在反应中蒸发或冷冻部分溶剂等；对于气相反应，可适当压缩或降低惰性物的含量等。

对于可逆反应，反应物浓度与其平衡浓度之差是反应的推动力，此推动力越大则反应速率越快。所以，在反应过程中不断从反应区域取出生成物，使反应远离平衡，既保持了高速率，又使平衡不断向产物方向移动，这对于受平衡限制的反应来说，是最有利于提高产率的有效方法。近年来，反应－精馏、反应－膜分离、反应－吸附(或吸收)等新技术、新过程应运而生，这些过程使反应与分离一体化，产物一旦生成，立刻被移出反应区，因而反应始终是远离平衡的，可使转化率和产率大大提高，理论上可使转化率达到100%。

四、停留时间和空速

停留时间是指物料从进入设备到离开设备所需要的时间，若有催化剂存在，指物料与催化剂的接触时间(反应时间)，单位一般用秒(s)来表示。

一般停留时间越长，原料转化率越高，产物的选择性越低，设备的生产能力越小，空速越小；反之亦然。

空速为停留时间的倒数，一般空速越大，停留时间越短，原料转化率越低，产物的选择性越高，设备的生产能力越大；反之亦然。

五、原料配比的影响

对于有多个反应物参加的反应，一般实际原料配比与理论配比是不一样的。实际中总是使那些廉价易得的、易回收的、无毒的、无腐蚀的、无污染的反应物过量(大于理论配比)，以提高另外一个或几个昂贵的、难回收的反应物的转化率。过量太多会降低设备的生产能力，增加分离、回收的费用，过量太少，效果不明显，究竟过量多少要由实验来决定。此外，原料纯度、催化剂的种类、用量等对反应都有影响。

第四节 催化剂在化工生产中的应用

据统计，当今90%以上的化学工业中均包含有催化过程，催化剂在化工生产中占有不可替代的重要地位。

所谓催化剂就是指能改变化学反应速率而其本身的量和性质在反应前后均不发生变化的物质。能加快化学反应速率的催化剂称作正催化剂；能减缓化学反应速率的叫负催化剂或阻化剂；有些反应所产生的某种产物也会使反应速率加快，这种现象称为自催化作用。工业上用得最多的是加快反应速率的催化剂。

一、催化剂简介

1. 催化剂的基本特征

在一个反应系统中加入了某种催化剂可使化学反应速率明显加快，主要是因为它能与反应物生成不稳定的中间化合物，改变了化学反应途径，使反应的活化能得以降低。由阿伦尼乌斯公式可知，活化能降低可使反应速率常数增大，从而加速了反应。催化剂有以下三个基本特征。

①催化剂是参与了化学反应的，但反应终了时，催化剂本身未发生化学性质和数量的变化。

②催化剂只能缩短达到化学平衡的时间(加速作用)，但不能改变平衡。

③催化剂具有明显的选择性，特定的催化剂只能催化特定的化学反应。

2. 催化剂的主要作用

(1)提高反应速率和选择性。有许多反应虽然在热力学上是可行的，但反应速度太慢或选择性太低，没有实用价值，一旦发明并使用了催化剂，则可以投入工业应用，为人类生产出重要的化工产品。例如，合成氨工业就是以催化剂为基础建立起来的。近年来，合成氨的催化剂性能不断改善，提高了产率，降低了操作条件和能耗。再如环氧乙烷的生产，不用催化剂乙烷(会被氧化成二氧化碳和水)，而采用了银催化剂，使乙烷会被选择性地氧化成环氧乙烷。

(2)改变操作条件。采用合适的催化剂会使操作条件变缓和，降低能耗，提高化学反应效率。例如，乙烯聚合反应若以有机过氧化物为引发剂，要在200～300℃及100～300MPa下进行，采用烷基铝－四氯化钛配位化合物催化剂后，反应只需在85～100℃及2MPa下就可进行，使反应条件大大降低。高选择性的催化剂可以明显提高过程效率，因为副产物大大减少，降低了环境污染，从而提高了过程的原子经济性，简化了分离流程。

(3)有助于开发新反应。工业上甲醇羰基化合成乙酸就是一个成功的例子。工业乙酸以前通过乙醛氧化法生产，原料昂贵，生产成本高。在20世纪60年代，德国BASF公司借助钴配位化合物催化剂，开发出以甲醇和一氧化碳为原料，羰基化合成乙酸的新工艺；美国孟山都公司于20世纪70年代又开发出铑配位催化剂，使该反应条件变得更温和，乙酸收率高达99%，成为当今世界上生产乙酸的主要工艺。

(4)在能源开发与环境友好方面作用显著。催化剂在石油、天然气、煤的综合利用方面都起着重要作用，借助催化剂从这些基础资源出发，可以生产出数量多、用途广、质量好的二次原料。一些新能源的开发也需要借助催化剂的作用，例如：光分解水获取氢能源，其关键是催化剂；燃料电池中的电极也是由具有催化作用的镍、银等金属细粉附着在多孔陶瓷上做成的。

高选择性催化剂的开发与应用，从根本上减少了废物的生成量，是从源头上减少污染的最重要的方法。在现有污染物的治理中，催化剂也起着举足轻重的作用。例如，汽车尾气的催化净化，有机废气的催化燃烧，废水的生物催化净化和光催化分解等工艺都离不开催化剂。

3. 催化剂的分类

催化剂按反应体系的相态可分为均相催化剂和非均相催化剂。

催化剂按反应类别可分为加氢、脱氢、氧化、还原、裂化、水合、缩合、聚合、烷基化、脱烷基化、异构化、芳构化、羰基化、硝化、硫化、卤化等催化剂。

催化剂按反应机理可分为氧化还原型和酸碱型催化剂。

催化剂按反应条件下的物态可分为金属催化剂、氧化物催化剂、硫化物催化剂、酸催化剂、碱催化剂、配位化合物催化剂、生物催化剂等。

按催化剂的相态可分为固态催化剂、液态催化剂。

另外，还可分为金属催化剂与非金属催化剂、配位催化剂与非配位催化剂等。

当前，在石油化工、石油炼制、有机化工、精细化工、无机化工、环境保护等领域应用最多的是金属催化剂、氧化物和硫化物等固态催化剂。

二、催化剂制备

一般固体催化剂的性能不仅与催化剂的种类、结构有关，还与催化剂的组成、制备方法等有关。通常，一种固体催化剂由主体和载体组成。

催化剂主体是指主要起催化作用的部分，也是催化剂的活性部分，占催化剂的10%～30%。催化剂主体又包括主催化剂、助催化剂和阻化剂三部分。

催化剂的载体是指催化剂中起支承作用的部分，一般是多孔性物质，它可增加催化剂的活性表面、机械强度、耐酸碱性，延长催化剂的使用寿命等。常用的催化剂载体有硅胶、活性炭、活性氧化铝、分子筛等，目前最常用的是分子筛类。

固体催化剂的常规制备方法有沉淀法、煅烧法、还原法、熔融法、浸渍法、水热法等。

三、工业催化剂

在采用催化剂的化工生产过程中，正确地选择并使用催化剂是个非常重要的问题，关系到生产效率和效益。通常对工业催化剂有以下几种性能要求。

1. 工业催化剂的使用性能指标

(1)活性。催化剂的活性是指在给定的温度、压力和反应物流量(或空速)下，催化剂使原料转化的能力。活性越高，则原料的转化率越高。或者在转化率及其他条件相同时，催化剂活性越高则需要的反应温度越低。工业催化剂应有足够高的活性，一般用原料的转化率来表示催化剂的活性。

(2)选择性。催化剂的选择性是指反应所消耗的原料中有多少转化为目的产物。选择性越高，生产单位量目的产物的原料消耗定额越低，也越有利于产物的后处理，故工业催化剂的选择性应较高。当催化剂的活性与选择性难以两全其美时，若反应原料昂贵或产物分离很困难，宜选用选择性高的催化剂；若原料价廉易得或产物易分离，则可选用活性较低的催化剂。一般用产物的选择性来表示催化剂的选择性。

(3)寿命。催化剂的寿命是指其使用期限的长短，寿命的表征是生产单位量产品所消耗的催化剂量，或在满足生产要求的技术水平上催化剂能使用的时间长短。有的催化剂使用寿命可达数年，有的则只能使用数月。虽然理论上催化剂在反应前后化学性质和数量不变，可以反复使用，但实际上，当生产运行一定时间后，催化剂性能会衰退，导致产品产量和质量均达不到要求的指标。此时，催化剂的使用寿命结束，应该更换催化剂。催化剂的寿命与固体催化剂的化学稳定性、热稳定性、机械稳定性和耐毒性等密切相关。

2. 催化剂的活化

许多固体催化剂在出售时的状态一般是较稳定的，但这种稳定状态不具有催化性能，催化剂在反应前必须对其进行活化，使其转化成具有活性的状态。不同类型的催化剂要用不同的活化方法，有还原、氧化、酸化、硫化、热处理等，每种活化方法均有各自的活化条件和操作要求，应该严格按照操作规程进行活化，才能保证催化剂发挥良好的作用。如果活化操作失误，轻者使催化剂性能下降，重则使催化剂报废，经济损失巨大。

3. 催化剂的失活和再生

引起催化剂失活的原因较多，对于络合催化剂而言，主要是超温，大多数配合物在250℃以上就分解而失活。对于生物催化剂而言，过热、化学物质和杂菌的污染、pH值失调等均是失活的原因。对于固体催化剂而言，其失活原因主要有：

①超温过热，使催化剂表面发生烧结，晶型转变或物相转变；

②原料气中混有毒物杂质，使催化剂中毒；

③有污垢或积炭覆盖催化剂表面。

原料中能使催化剂活性严重下降的微量物质叫催化剂毒物，这种现象叫催化剂中毒。催化剂中毒有暂时性中毒和永久性中毒两种情况。暂时性中毒是可逆的，也就是可以通过再生使催化剂逐渐恢复活性，如CO、H_2O对铁的中毒；永久性中毒则是不可逆的，不能再生，如S、AS对Pt的中毒。

催化剂积炭可通过烧炭再生。但无论是暂时性中毒后的再生还是积炭后的再生，均会引起催化剂结构的损伤，致使活性下降。

因此，应严格控制操作条件，采用结构合理的反应器，使反应温度在催化剂最佳使用温度范围内合理地分布，防止超温；反应原料中的毒物杂质应该预先加以脱除，使毒物含量低于催化剂耐受值；在有析炭反应的体系中，应采用有利于防止析炭的反应条件，并选用抗炭性能高的催化剂。

4. 催化剂的运输、贮存和装卸

催化剂一般价格较贵，要注意保护。在运输和贮藏中应防止其受污染和破坏；固体催化剂在装填于反应器中时，要防止污染和破裂。装填要均匀，避免出现“架桥”现象，以防止反应工况恶化。许多催化剂使用后在停工卸出之前，需要进行钝化处理，尤其是金属催化剂一定要经过低含氧量的气体钝化后，才能暴露于空气中，否则遇空气剧烈氧化自燃，烧坏催化剂和设备。

第五节　物料衡算与热量衡算

在化工产品的生产过程中，各项技术经济指标的先进与否，是企业发展的成败关键，人们应该运用最新的工艺手段去改善各项技术经济指标。生产过程中的各项指标，例如工厂的生产规模、原材料消耗量、产品的数量和质量、公用工程中水电和蒸汽的消耗量、联产品和副产物的数量及利用、能量的合理利用等都是十分重要的指标。为了衡量这些指标的先进性，要进行生产过程中局部或全部物料计算和热量计算，并由此设计出先进的工艺流程。

物料计算是热量计算及其他工艺、设备设计的基础，因此，进行工艺设计时，首先要进行物料计算。进行物料计算和热量计算的理论依据是质量守恒及能量守恒，因此物料计算和热量计算也称物料衡算和热量衡算。物料衡算时有两种情况：一种是在已有的装置上，利用实际操作数据进行计算查核，算出另外一些不能直接测定的物料量，由此对生产情况做出分析，发现问题，找出瓶颈，为生产改进提供依据；另一种是对新车间、新工段、新设备做设计，利用工厂已有的生产实际数据，进行分析比较，选定先进而切实可行的数据作为新设计的指标，再根据生产任务计算原料、产品、副产物和废物料的数量，并通过这些物料量的基本数据，计算出一个过程或一个设备的热负荷和设备尺寸。

在化工生产中，有一些单元过程只有物理变化，例如换热、蒸馏(反应蒸馏除外)等即属此类过程。本节主要讨论有化学反应过程的物料衡算和热量衡算，这些计算比只有物理变化时的计算要复杂得多。它除了有物理变化时的计算之外，还包括了物料成分的改变和反应热效应的计算。

反应过程的热量衡算一般不讨论能量转换，只计算进出系统的热量及其分布，不涉及能量的质量利用是否合理的问题。要进一步分析有效能量的分布利用，需要结合热力学第二定律来进行。

化工生产过程常分为间歇操作和连续操作两类，这两类生产过程的物料衡算，采用的计算基准各不相同。对于间歇反应过程，以计算每批进出物料量较为恰当，热量衡算可折算为单位时间的负荷(例如千焦/时)；对于连续反应过程，由于操作条件不随时间而改变，以单位时间(如小时)作计算基准较方便。

物料衡算和热量衡算的准备工作，大致分为如下三步。

(1)收集计算所需基础数据。搜集并收集运算所用的各项数据，单位应使用国际单位制。有些参数，例如密度、热容等是随温度、压力等条件而变化的，在计算时应该换算到计算条件下的数值或平均值。

(2)写出各化学反应式。按反应写出包括主反应和各副反应在内的化学反应式并配平。要注明各反应物料的状态、反应条件、反应热大小及已知的反应转化率。由此计算出生成物料的组成、数量和总的热效应。如果实际反应条件不按化学计量系数进行，应注意其附加的系数值。

(3)选择合适的计算基准。基准选择得当有利于计算，注意要与已收集到的数值基准一致或进行相应的转换，具体有以下几种基准。

①时间基准。对于连续操作过程，选用单位时间作为基准是很自然的，单位时间可取1d、1h或1s等。此时得到的物料流量可以直接与设备或管道尺寸相联系。

②批量基准。对于间歇操作过程，按投入一批物料的数量为基准，最为方便。

③质量基准。根据具体情况可取某一基准物流的质量为100kg或1kg，然后计算其他物流的质量。至于取哪一个物流为基准，可以是产品，可以是原料，也可以是任何一个中间物流，在一般情况下，取某一已知变量最多(或未知变量最少)的物流作为基准最为合适。

④物质的摩尔量基准。对于有化学反应的过程，由于化学反应是按摩尔进行的，因此用物质的摩尔量基准最为方便。

⑤标准体积基准。对于气体物料，可采用标准体积基准，其实质与物质的摩尔量基准相同，因为在标准状态下，1mol气体相当于$22.4\times10^{-3}m^3$标准体积的气体。

⑥温度基准。温度基准可取0℃、25℃或取某个图表的基准。在热量衡算中，特别要注意温度基准，基准不同，物料的焓值不同，计算结果可能不同。

以上三点是互相关联的，没有准确和必需的数据以及确定的反应式，就不可能进行准确的物料衡算和热量衡算，而数据收集的范围又与反应系统的状况密切相关，选择方便的计算基准又对收集数据提出要求。当然，三者之中最重要的还是数据的准确性。当某些数据不能精确测定或欠缺时，可在工程计算所允许的误差范围内借用、推算或假设。从现场收集的数据要注意有无遗漏和矛盾，经过分析比较，去粗取精，去伪存真。

一、物料衡算

物料衡算可以对稳态物系，也可以对非稳态物系做计算。稳态是指整个系统处于连续稳定的状态。稳态过程的特征是过程各点或设备的某一断面的物况和工艺参数不随时间而变化。

对于一个指定系统，物料衡算的通式可写成式(3－23)的形式：

$$[\text{输入系统中物料}]+[\text{系统中生成物料}]=[\text{输出系统中物料}]+[\text{系统中消耗物料}]+[\text{系统中积累物料}] \tag{3-23}$$

针对不同情况，式(3－23)可做如下简化。

(1)在稳态条件下，系统中没有物料积累，式(3-23)可简化为式(3-24)：

$$[输入系统中物料]+[系统中生成物料]=[输出系统中物料]+[系统中消耗物料] \quad (3-24)$$

(2)若系统内无化学反应，式(3-23)可简化为式(3-25)

$$[输入系统中物料]=[输出系统中物料]+[系统中积累物料] \quad (3-25)$$

(3)对于系统内无化学反应的稳态操作过程，式(3-23)可简化为式(3-26)：

$$[输入系统中物料]=[输出系统中物料] \quad (3-26)$$

物料衡算可以对物系的总量，也可以对物系中各组分做衡算。

应注意到，物料衡算是依据质量的守恒，并不是体积或是物质的量(摩尔)的守恒。在化学反应的过程中，即使反应前后温度和压力这类工艺条件没有变化，但由于化学反应的化学计量关系，反应前后物系的体积或其物质的摩尔量可以改变，但质量不会变化，元素的量(原子的量)也不会有变化。对于只有相互质量交换而没有化学反应的过程，可以对质量也可以对物质的摩尔量来进行物系的物料衡算。化工过程中的物流系统可以有多种方式，如直流、循环、旁路、弛放等。

衡算的原理是相同的，但衡算所包括的项目、衡算的方法和程序会有所不同。根据衡算的要求和对象，采用适当的程序和方法可以使计算变得简单。

一般说来，物料衡算的基本步骤包括：

①画出衡算对象的简单方框流程图或示意图，简单的可以省略，明确计算对象；

②在该简图上分别注上要用到的数据，如输入和输出的物料及组成、简要的物性数据(如密度)、与衡算有关的工艺条件(如温度)等；

③写出主副反应式并配平；

④说明计算任务，如年产量、生产时间、纯度、转化率或收率等；

⑤选择合适的计算基准和单位制，最好用国际单位制；

⑥确定计算程序，进行物料计算；

⑦列出物料衡算表。

1. 直接求算法

该法一目了然，只有一个化学反应的大部分物料衡算都采用此法，主要是通过化学计量系数来计算。

例3-5：利用乙烯部分氧化法制取环氧乙烷，将乙烯在过量空气条件下通过银催化剂进行如下反应，进料物质流量为1000mol/h，进料中含乙烯10%(摩尔)，乙烯转化率为25%，生成产物环氧乙烷的选择性为80%，计算反应器出口物料量及质量组成。

主反应：$2C_2H_4+O_2 \longrightarrow 2C_2H_4O$

副反应：$C_2H_4+3O_2 \longrightarrow 2CO_2+2H_2O$

解：以每小时为计算基准。

进料：乙烯 $=1000\times10\%=100(mol/h)$；

空气 $=1000\times90\%=900(mol/h)$；

其中：氮气 $=900\times0.79=711(mol/h)$；

氧气 $=900\times0.21=189(mol/h)$；

转化掉乙烯 = 100 × 25% = 25(mol/h);

生成环氧乙烷所消耗乙烯 = 25 × 80% = 20(mol/h);

生成二氧化碳所消耗乙烯 = 25 × 20% = 5(mol/h)。

则产物中:

未反应的乙烯 = 75(mol/h);

生成环氧乙烷 = 20(mol/h);

生成二氧化碳 = 5 × 2 = 10(mol/h);

生成水 = 5 × 2 = 10(mol/h);

消耗氧气 = 20 × 0.5 + 5 × 3 = 25(mol/h);

剩余氧气 = 189 − 25 = 164(mol/h);

氮气 = 711(mol/h)。

则反应器出口物料量及质量组成如表 3 − 1 所示。

表 3 − 1 例 3 − 5 中反应器出口物料量及质量组成表

物料名称	进口处			出口处		
	物料量/(mol/h)	分子量	物料量/(kg/h)	物料量/(mol/h)	物料量/(kg/h)	物料质量分数
乙烯	100	28	2.800	75	2.1	7.3
氧气	189	32	6.048	164	5.248	18.25
氮气	711	28	19.908	711	19.908	69.23
环氧乙烷	0	44	0	20	0.88	3.06
二氧化碳	0	44	0	10	0.44	1.53
水	0	18	0	10	0.18	0.63
合计	1000		28.756	990	28.756	100

2. 联系物解法

生产过程中常有些不参加反应的物料(惰性物料),由于其数量在反应器进出口处不发生变化,可以用它们和另一些物料在组成中的比例关系去计算另一些未知物料的数量,可使计算简化,这些惰性物料称为衡算联系物。过程中若有多个惰性物,可联合采用以减少误差。当某些惰性物量很少、组分分析误差较大时不宜采用。

例 3 − 6:试计算年产 15000t 福尔马林(甲醛溶液)所需的工业甲醇原料消耗量,并求甲醇转化率和甲醛收率。已知条件:

(1)氧化剂为空气,用银催化剂固定床气相氧化;

(2)过程损失为甲醛总量的 2%(质量),年开工 8000h;

(3)有关数据

①工业甲醇组成%(质量)

CH_3OH	H_2O
98	2

②反应尾气组成%(体积)

CH_4	O_2	N_2	CO_2	H_2
0.8	0.5	73.7	4.0	21

③福尔马林组成%(质量)

HCHO	CH_3OH	H_2O
36.22	7.95	55.83

主、副反应式如下：

主反应 $CH_3OH + 1/2O_2 \longrightarrow HCHO + H_2O$ (1)

$CH_3OH \longrightarrow HCHO + H_2$ (2)

副反应 $CH_3OH + 3/2O_2 \longrightarrow CO_2 + 2H_2O$ (3)

$CH_3OH + H_2 \longrightarrow CH_4 + H_2O$ (4)

解：流程示意图见图3-3，物料衡算范围包括反应器和吸收塔。

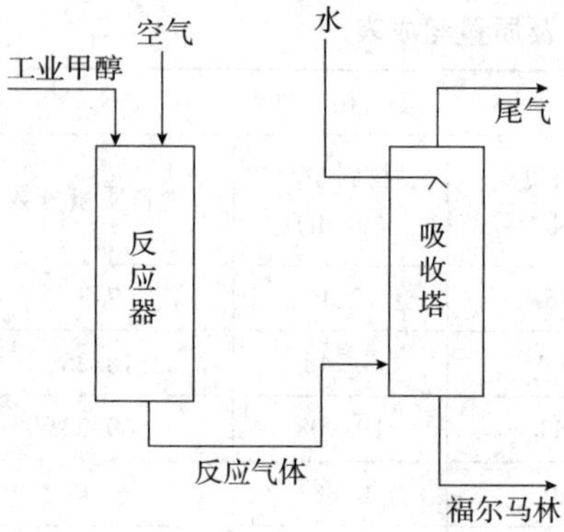

图3-3 福尔马林生产流程示意图

主、副反应的比例未知，但尾气中所含的甲烷和二氧化碳可以认为是由副反应生成的，氢是既有生成也有消耗，由此推算主、副反应的比例。

Ⅰ. 反应消耗氧量

取尾气100Nm³为计算基准，氮作为联系物，则进料空气量

$$V_{空} = 73.7 \div 0.79 = 93.3\text{Nm}^3$$

其中氧量 $V_{氧} = 93.3 - 73.7 = 19.6\text{Nm}^3$

换算为摩尔数 $n_{氧} = 19.6 \times 10^3 \div 22.4 = 875\text{mol}$

同理：N_2 的摩尔数为3290mol

空气的摩尔数为4165mol

反应耗氧量为 $875 - 0.5 \times 10^3 \div 22.4 = 852.7\text{mol}$

Ⅱ. 甲醇消耗量

①生成 CO_2 反应消耗甲醇量为 $4 \times 10^3 \div 22.4 = 178.6\text{mol}$

②生成 CH_4 反应消耗甲醇量为 $0.8 \times 10^3 \div 22.4 = 35.7\text{mol}$

③反应(2)生成的氢，部分消耗于副反应(4)，现尾气中 $H_2 = 21\%$，

则氢摩尔数为 $21 \times 10^3 \div 22.4 = 937.5\text{mol}$

由此可以知道主反应消耗甲醇量为 $937.5 + 35.7 = 973.2\text{mol}$

④从氧消耗量计算主反应(1)甲醇的消耗量

反应(3)消耗氧为 $178.6 \times 1.5 = 267.9\text{mol}$

由此可见，反应(1)消耗量为 $852.7 - 267.9 = 584.8\text{mol}$

反应生成甲醛和水消耗甲醇量为 $584.8 \div 0.5 = 1169.6\text{mol}$

每生成100Nm³尾气时消耗甲醇量为

$$178.6 + 35.7 + 973.2 + 1169.6 = 2357.1\text{mol}$$

$$2357.1 \times 32 = 75.4\text{kg}$$

Ⅲ. 计算甲醇总消耗量

每消耗 2357.1mol 甲醇生成甲醛的量为

$$1169.6 + 973.2 = 2142.8\text{mol}$$

$$2142.8 \times 30 = 64.28\text{kg}$$

过程损失为 2%，实得　$64.28 \times 0.98 = 63.0\text{kg}$

得工业福尔马林　$63.0 \div 0.3622 = 174\text{kg}$

其中含未反应的甲醇　$174 \times 7.9\% = 13.74\text{kg}$

每生成 174kg 福尔马林共耗工业甲醇　$75.4 + 13.74 \div 0.98 = 91\text{kg}$

由此得甲醇转化率为

$$75.4 \div (75.4 + 13.74) \times 100\% = 84.6\%$$

甲醛的质量收率

$$63.0 \div (75.4 + 13.74) \times 100\% = 70.7\%$$

Ⅳ. 工业甲醇年耗量

每小时福尔马林产量　$15000 \div 8000 = 1.875\text{t/h}$

考虑到设计裕量，设福尔马林产量为 2t/h。

消耗工业甲醇量

$$2000 \div 174 \times 91 = 1046\text{kg/h} = 8368\text{t/a}$$

所需空气量

$$2000 \div 174 \times 93.3 = 1072.4\text{Nm}^3/\text{h}$$

Ⅴ. 用水量计算

工业福尔马林含水　$174 \times 0.558 = 97.1\text{kg}$

工业甲醇含水　$91 \times 0.02 = 1.82\text{kg}$

由反应生成的水量如下：

按反应生成甲醛和水生成的水量　1169.6mol

按反应生成 CO_2 和 H_2O 生成的水量　$2 \times 178 = 356\text{mol}$

按反应生成甲烷和水生成的水量　35.7mol

共计生成水

$$1169.6 + 356 + 35.7 = 1561.3\text{mol}$$

$$1561.1 \times 18 \div 1000 = 28.1\text{kg}$$

为制取 174kg 福尔马林须补充水

$$97.1 - 1.82 - 28.1 = 67.18\text{kg}$$

按产量为 2t/h 须补充水量为

$$2000 \div 174 \times 67.18 = 772\text{kg/h}$$

要注意在吸收塔操作条件下，尾气要带走一部分水蒸气，在决定吸收塔进水量时，应把这部分水蒸气考虑进去。

通过以上计算得出物料衡算结果并载于图 3－4 中。

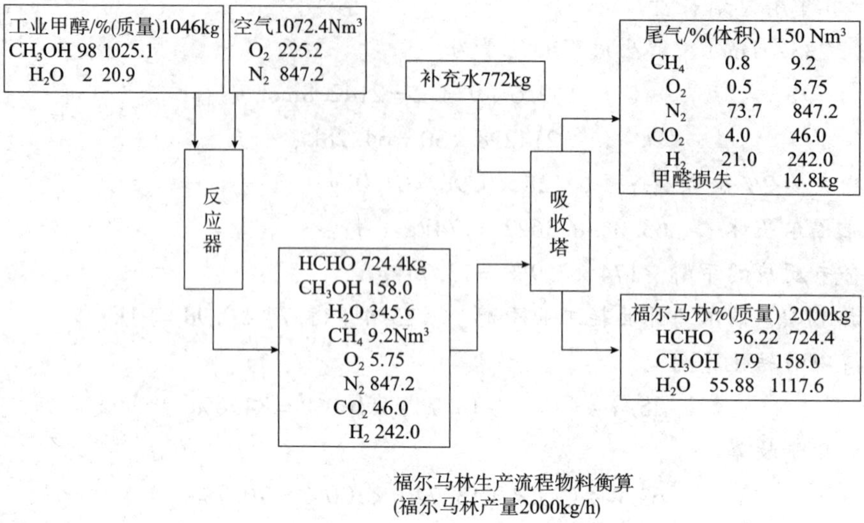

图3－4　甲醇生产福尔马林结果示意图

3. 以节点做衡算

在实际生产中常有的情况是，某些产品的组成需要采用旁路调节送往下一工序，此时以节点做物料衡算更方便。

例3－7：某工厂用烃类气体制合成气生产甲醇，合成气体量为2321Nm^3/h，CO/H_2为1/2.4(摩尔比)。但转化后的气体体积组成为CO 43.12%、H_2 54.20%，不符合要求。为此需将部分转化气送去CO变化反应器，变换后气体体积组成为CO 8.76%、H_2 89.75%，气体体积减小2%。用此变换气去调节转化气以便达到CO/H_2为1/2.4(摩尔比)的要求。求转化气、变换气各为多少？

解：按题意给出流程见图3－5。V_2从A点分流，V_3在B点合并，合并时无化学反应和体积变化。令y_i为i组分的摩尔分数，则：

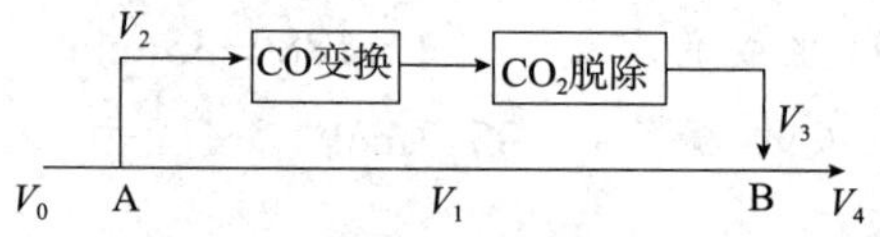

图3－5　合成气转化流程示意图

对节点B有：$V_1+V_3=V_4=2321$　　(1)

$$\text{CO衡算：}0.4312V_1+0.0876V_2=2321y_{CO} \quad (2)$$

$$H_2\text{衡算：}0.5420V_1+0.8975V_2=2321y_{H_2} \quad (3)$$

$$y_{H_2}=2.4y_{CO} \quad (4)$$

联解(1)～(4)得：

$$V_1=1352\text{Nm}^3/\text{h}$$

$$V_3=969\ \text{Nm}^3/\text{h}$$

对节点A有：$V_2=V_3\div(1-0.02)=989\text{Nm}^3/\text{h}$

$$V_0=V_1+V_2=2341\text{Nm}^3/\text{h}$$

$$体积减少量 = V_2 - V_3 = 20Nm^3/h$$

4. 解析方法(方程组法)

对于一个连续过程，既可以是一个物理加工过程(非反应过程)，也可以是一个化学加工过程(反应过程)。无论是物理过程还是化学过程，总可运用系统过程的解析方法列出一组数量等于未知量的独立方程组，从而解出。对于连续过程，在正常操作条件下一般是稳态过程，体系内无物料积累。将稳态过程以各物流的总流量 F_i 及组成 x_{ij}表示，则有：

$$\sum_{i=1}^{N_s} F_i x_{ij} + \sum_{m=1}^{N_r} v_{jm} r_m = 0 (j = 1,2,\cdots,N_c) \tag{3-27}$$

式中，F_i 为第 i 股物流物质量流量，流入系统时取“+”，流出系统时取“-”；x_{ij}为第 j 组分在第 i 股物流中的摩尔分数；v_{jm}为第 j 组分在第 m 个化学反应中的化学计量系数，对生成物取“+”，对反应物取“-”，对惰性组分为零；r_m为第 m 个化学反应的反应速率；N_s为物流股数；N_r 为过程中所包含的化学反应个数。

例3-8：在化学反应器中，利用乙烯部分氧化制取环氧乙烷，将乙烯在过量空气存在条件下通过银催化剂进行反应。其主、副反应为

主反应　　$2C_2H_4 + O_2 \rightarrow 2C_2H_4O$

副反应　　$C_2H_4 + 3O_2 \rightarrow 2CO_2 + 2H_2O$

如果进料物质的流量为1000mol/h，进料中含 C_2H_4 摩尔分数为10%，乙烯的转化率为25%，生成产物 C_2H_4O 的选择性为80%，计算反应器出口物流的流量与组成。

解：利用解析法求解。

(1)组分编号

组分	C_2H_4	O_2	N_2	C_2H_4O	CO_2	H_2O
编号	1	2	3	4	5	6

(2)计算简图如图3-6所示

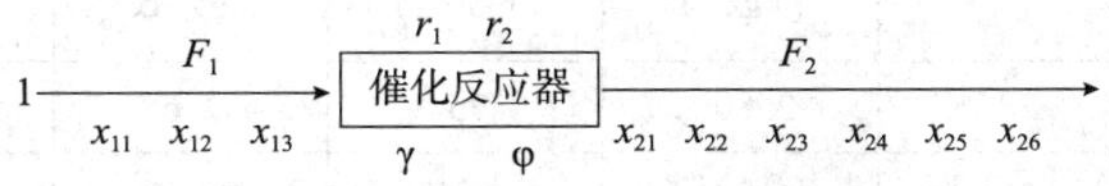

图3-6　例3-8过程示意图

(3)方程与约束式

①物料平衡方程

根据式(3-27)得

$$F_1x_{11} - F_2x_{21} - 2r_1 - r_2 = 0 \tag{1}$$

$$F_1x_{12} - F_2x_{22} - r_1 - 3r_2 = 0 \tag{2}$$

$$F_1x_{13} - F_2x_{23} = 0 \tag{3}$$

$$-F_2x_{24} + 2r_1 = 0 \tag{4}$$

$$-F_2x_{25} + 2r_2 = 0 \tag{5}$$

$$-F_2x_{26} + 2r_2 = 0 \tag{6}$$

②摩尔分数约束式

$$x_{11} + x_{12} + x_{13} = 1 \tag{7}$$

$$x_{21} + x_{22} + x_{23} + x_{24} + x_{25} + x_{26} = 1 \tag{8}$$

③设备约束式

转化率表达式为

$$\gamma = (F_1x_{11} - F_2x_{21}) / F_1x_{11} \tag{9}$$

选择性表达式为

$$\varphi = F_2x_{24}/(F_1x_{11} - F_2x_{21}) \tag{10}$$

此外空气中氧气与氮气具有固定的比例

$$\alpha = x_{11}/x_{12} \tag{11}$$

(4)变量分析

$N_v = 16$(2个流量、9个摩尔分数、2个反应速度、3个设备参数)

$N_e = 11$(约数式)

$N_d = N_v - N_e = 16 - 11 = 5$

由题意知以下5个已知条件:

$F_1 = 1000\text{mol/h}$;$x_{11} = 0.1$;$\gamma = 0.25$;$\varphi = 0.8$;$\alpha = 0.21/0.79 = 0.2658$

可以求解(约数式必须线性无关)。

(5)求解方程组

通过对式(1)~(11)求解,得出:

$F_2 = 990\text{mol/h}$;

$x_{21} = 0.076$;$x_{22} = 0.166$;$x_{23} = 0.718$;$x_{24} = 0.020$;$x_{25} = 0.010$;$x_{26} = 0.010$

进出口进料量及出口组成见表3-2。

表3-2 反应器出口物料量及出口质量组成表

物料名称	进口处			出口处			
	物料量/(mol/h)	分子量	物料量/(kg/h)	物料量/(mol/h)	物料摩尔百分数	物料量/(kg/h)	物料质量分数/%
乙烯	100	28	2.800	75	7.6	2.1	7.3
氧气	189	32	6.048	164	16.6	5.248	18.25
氮气	711	28	19.91	711	71.8	19.91	69.23
环氧乙烷	0	44	0	20	2.0	0.88	3.06
二氧化碳	0	44	0	10	1.0	0.44	1.53
水	0	18	0	10	1.0	0.18	0.63
合计	1000	—	28.756	990	100	28.756	100

需要说明的是,利用解析法进行化学反应器的物料衡算,当过程涉及两个及两个以上化学反应时,这些化学反应方程式与是否线性无关。也就是说,用于物料衡算的化学反应必须是全部的线性无关反应。通过分析由各组分与各反应所构成的原子矩阵与反应矩阵进行检验,详细过程参照相关书籍,此处就不做介绍了。

5. 具有循环过程的物料衡算

在石油化工生产过程中,有些反应过程由于受热力学因素限制,转化率很低,例如乙烯直接水合制乙醇的过程，乙烯的单程转化率只有4% ~5%。有些反应则由于副反应竞争剧烈，必须采用高空速以提高选择性，因此转化率也较低，例如乙烯氧化制环氧乙烷的过程，乙烯的单程转化率一般控制在30%左右。上述情况，都会有大量原料未参加反应。为了提高原料的利用率，必须循环利用这部分未反应的原料以提高总的转化率，从而改善技术经济指标。图3－7为具有循环操作的物流图。

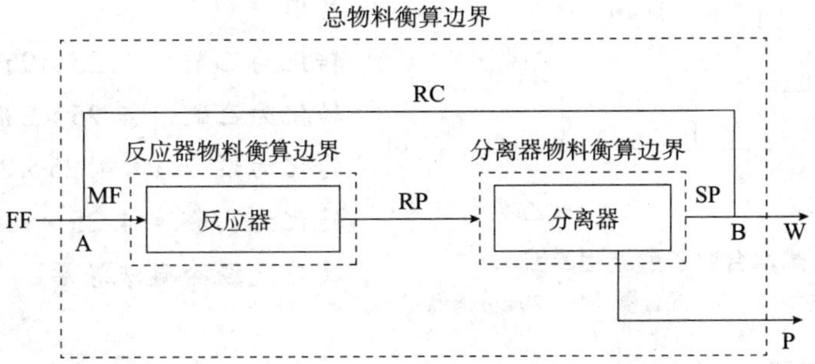

图3－7　有循环过程的物料衡算框图

在稳定状态下，循环物料RC始终以不变的组成和数量在反应系统中循环。依据质量守恒定律，各物流的关系式是：

$$MF = FF + RC$$

$$MF = RP$$

$$RP = RC + P + W$$

$$FF = W + P$$

式中，SP、RC和W的组成是相同的。

在有循环的反应系统中，循环比是一个重要参数，循环比的大小与单程转化率控制有关。一般循环比是指循环物料对新鲜原料的用量比，即RC/FF，但也有其他的表示方法，例如RC/MF、RC/W、RC/P等。由于表示方法不同，循环比的数值也不同，在计算时必须注意。

例3－9：乙烯直接水合制乙醇，已知原料乙烯中乙烯为96%(体积)，惰性物I为4%(体积)。进入反应器的混合气(循环气和原料乙烯及水蒸气的混合物)组成为[干基,%(V)]：C_2H_4 85，$H_2$1.02，I 13.98。乙烯与水蒸气的摩尔比为1：0.6，乙烯的单程转化率为5%(摩尔)，其中：

生成乙醇	$C_2H_4 + H_2O \rightarrow C_2H_5OH$	95%
生成乙醚	$2C_2H_4 + H_2O \rightarrow (C_2H_5)_2O$	2%
生成聚合物	$nC_2H_4 \rightarrow$ 聚合物	2%
生成乙醛	$C_2H_4 + H_2O \rightarrow CH_3CHO + H_2$	1%

自反应器出来的反应气经冷凝和洗涤，得到产物粗乙醇溶液，洗涤塔出口气部分排出系统，其余循环。在冷凝洗涤过程中，反应气中的乙烯溶解5%，然后在常压分离器中释出，释出乙烯的95%做别用，5%循环入循环气中。

试做过程的物料衡算，求出循环物流组成、循环量、放空气体量、乙烯的总转化率和乙醇的总收率，生产1t乙醇，原料乙烯的消耗量[乙醇水溶液蒸馏时乙醇损失2%(摩尔)]。

解：按题意作出如图3-8流程简图。

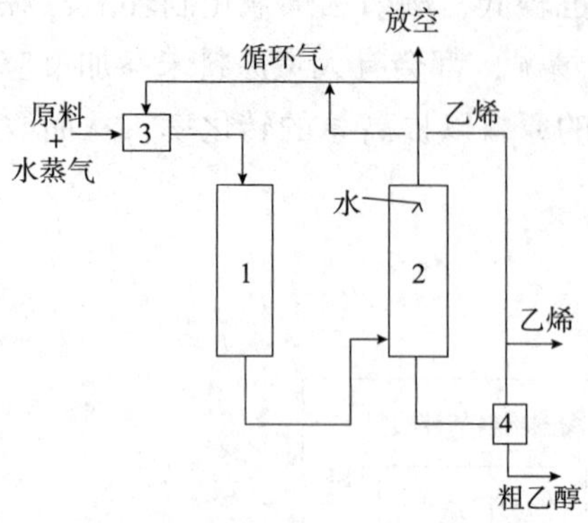

图3-8　乙烯水合制乙醇流程简图

1—反应器；2—冷凝洗涤塔；3—混合器；4—常压分离器

由于混合气组成及乙烯单程转化率已知，可由此计算原料气用量。现以进入反应器的混合气100mol为计算基准(干基)。

混合气中乙烯转化量 $85\times5\%=4.25$mol

其中

转化为乙醇　$4.25\times95\%=4.04$mol

转化为乙醚　$4.25\times2\%=0.085$mol

转化为聚合物　$4.25\times2\%=0.085$mol

转化为乙醛　$4.25\times1\%=0.043$mol

反应气经冷凝洗涤后，各组分的量为：

余下乙烯量　$85\times(1-5\%)\times(1-5\%)=76.71$mol

（未反应乙烯）（未溶解乙烯）

惰性物I　13.98mol

氢　　$0.043+1.02=1.063$mol

洗涤塔出口气体量 $76.71+13.98+1.063=91.75$mol。

组成为,%(摩尔)

C_2H_4	H_2	I
83.6	1.16	15.24

设 $\eta_{放}$ 为冷凝洗涤塔出口气体排出系统的量。自常压分离器释出的溶解乙烯量已知为4.04mol，其中的5%回收入循环气中，外循环气中各组分的量分别为：

乙烯　$76.71+4.04\times5\%-\eta_{放}\times83.6\%$

氢　$1.063-\eta_{放}\times1.16\%$

惰性物I　$13.98-\eta_{放}\times15.24\%$

设新鲜原料气加入量为 $\eta_{原料}$，如进入反应器的混合气体量仍为100mol，则：

$$76.71+4.04\times5-\eta_{放}\times83.6\%+\eta_{原料}\times96\%=85$$

$$13.98-\eta_{放}\times15.24\%+\eta_{原料}\times4\%=13.98$$

解上述二方程式得：

$$\eta_{放}=2.87\text{mol}$$

$$\eta_{原料}=10.93\text{mol}$$

于是得到循环量 $\eta_{循}$ 为：$76.71+13.98+1.063-2.87=88.88$mol

循环比　$88.88\div10.93=8.13$

原料气中乙烯　$10.93\times96\%=10.49$mol

放空乙烯+溶解乙烯的95%

$$2.87\times83.6\%+4.04\times95\%=6.236\text{mol}$$

乙烯总转化率：

$$(10.49-6.236)\div10.49\times100\%=40.1\%$$

乙醇总收率：

$$40.1\% \times 95\% = 38.5\%$$

生产 1t 乙醇原料乙烯的消耗量

$$1000 \div 0.98 \div 46 \div 38.5\% \div 96\% = 60\text{kmol/t 乙醇}$$
$$= 1344\text{Nm}^3\text{/t 乙醇}$$

物料衡算结果如图 3-9 所示。

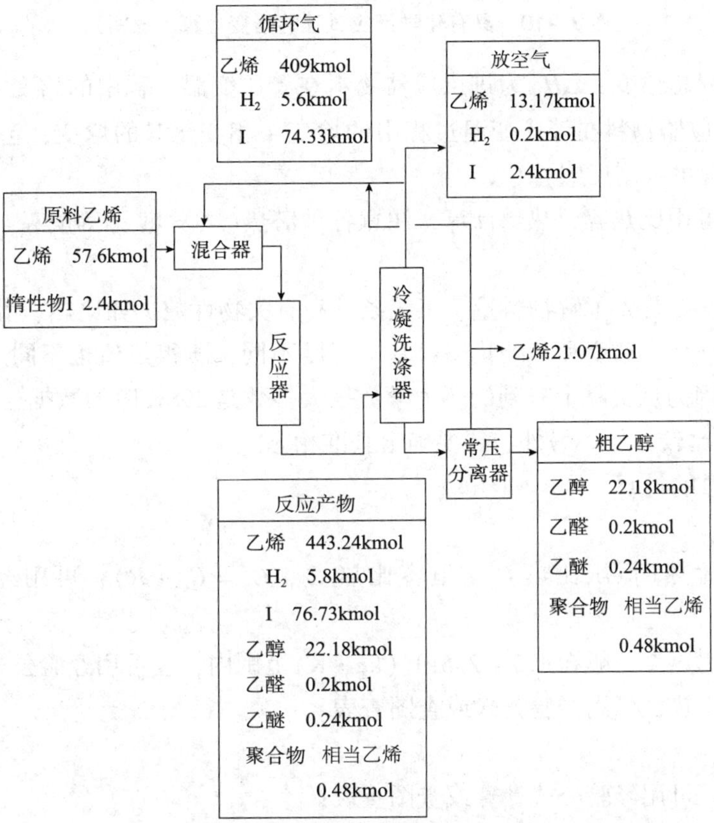

图 3-9　乙烯水合制乙醇物料衡算简图(不包括水的衡算)

二、热量衡算

能量衡算是在物料衡算的基础上进行的，主要任务是：计算出反应热、加热剂、冷却剂用量，为其他工程提供主要设计依据；计算热负荷以确定传热设备及传热面积等；分析能量利用是否合理，以提高能量的综合利用水平。

1. 热量衡算的方法与步骤

(1)列出衡算式(3-28)。

输入系统中的能量－输出系统的能量＝系统中积累的能量　　(3-28)

对一个稳定的连续反应过程来说，系统中能量的积累为零。在不考虑能量转换而只计算热量的变化时，热量衡算也就是计算在指定的条件下此反应过程的焓变。据热力学原理，有化学反应过程的焓变可通过图 3-10 的途径来求取。

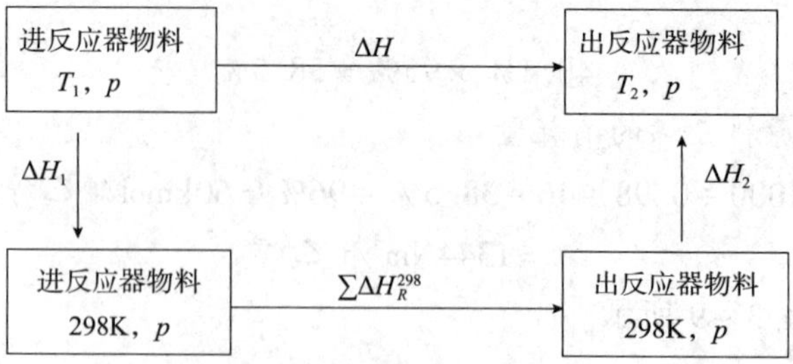

图 3－10　具有化学反应过程的焓变计算示意图

图中，ΔH 为过程总焓变；ΔH_1 为进反应器物料在等压变温过程中的焓变＋相变化时的焓变；ΔH_2 为出反应器物料在等压变温过程中的焓变＋相变化时的焓变；$\sum\Delta H_R^{298}$ 为标准态下反应热总和(含主、副反应)。

ΔH_1、ΔH_2 可用比热容、热焓计算，注意各种潜热(蒸发热、溶解热、结晶热)及反应热计算。

(2)搜集数据：首先了解物料量、工艺条件和有关物性数据如比热、潜热等。

(3)确定计算基准温度和基准状态：基准温度不同，所得热值也不同。基准温度可取 298K 或 273K。因为从文献上查到的热力学数据大多数是 298K 时的数据，故选 298K 为基准温度在计算时比较方便。另外，还要确定基准相态。

2. 各种热量的计算

1)比热

(1)气体的比热(恒压比热 C_p、恒容比热 C_v，$C_p = C_v + R$)，可用经验公式或查图查表；

(2)液体的比热，一般在 1.7～2.5kJ/(kg·K)范围内，也可用经验公式或查图查表；

(3)固体的比热，可用经验公式或查图查表。

2)状态热

(1)气化热，可用经验公式计算或查图查表；

(2)熔融热，可用经验公式计算或查图查表；

(3)溶解热，可用经验公式计算或查图查表。

3)化学反应热

(1)用生成热计算；

(2)用燃烧热计算；

(3)利用 GESS 定律进行校正。

3. 物理变化过程焓变的计算举例

例 3－10：有一苯汽化器，每小时把 100kg、293K 液体苯加热为 353K 气体苯，压力为 0.1MPa，求所需热量。

解：由于 ΔH 计算只由初终状态决定而与过程无关，例如液体苯加热至 298K 蒸发为气体再加热至 353K，或者液体苯加热至 353K 再在此温度下(刚好是苯的常压沸点)汽化，或者直接查手册上已作好的图表数值都可以，这要看哪些数据取用方便和计算能否简化而定。本例用下列几种方法计算。

①利用苯的 $H-T$ 图。从苯的 $H-T$ 图查得 353K、0.1MPa 下的气体苯的焓为 548.1kJ/kg，293K 液体苯的焓为 34.73kJ/kg，需热

$$\Delta H=(548.1-34.73)\times 100=51340\text{kJ/h}$$

②用热容计算。苯在 293K 下汽化，气体加热到 353K。

从手册上查得苯在 293K 的汽化潜热为 $\Delta H_{汽化}=436.1\text{kJ/kg}$，

苯气相的比热容为

$C_{p,气}=(-0.409+0.077621T-0.26429\times 10^{-4}T^2)\times 4.184\text{J/(mol}\cdot\text{K)}$

$$\Delta H_2=\int_{293}^{353}(-0.409+0.077621T-0.26429\times 10^{-4}T^2)\times 4.184\text{d}T$$

$$=5506.1\text{kJ/kmol}=70.6\text{kJ/kg}$$

$$\Delta H=(\Delta H_{汽化}+\Delta H_2)\times 100=(436.1+70.6)\times 100=50670\text{kJ/h}$$

③查得液体苯在 353K 的汽化热 $\Delta H_{汽化}=30.765\text{kJ/mol}$，在 293～353K 温度区间的平均比热 $C_{p,液}=140.42\text{J/(mol}\cdot\text{K)}$

$$\Delta H_1=140.42\times(353-293)=8425\text{kJ/kmol}$$

而 100kg 苯等于 1.282kmol（苯的分子量为 78）

$$\Delta H_1=8425\times 1.282=10801\text{kJ/h}$$

$$\Delta H_2=30.765\times 1282=39440\text{kJ/h}$$

$$\Delta H=\Delta H_1+\Delta H_2=50241\text{kJ/h}$$

④利用苯气体的 $H_T\sim H_{298}$ 表。这方法是直接从 $H_T\sim H_{298}$ 表上查得 ΔH_2。

苯气体在下列三个温度下的 $H_T\sim H_{298}$ 值见表 3-3。

表 3-3　苯气体在不同温度下的 $H_T\sim H_{298}$ 值

温度/K	298	300	400
$H_T\sim H_{298}$/(kJ/mol)	0	0.1674	9.9161

用外推法求 293K 的焓差：

$$(298-293)\div x_1=(300-298)\div(0.1674-0)$$

$$x_1=0.4185$$

所以 $H_{293}-H_{298}=0-0.4185=-0.4185$

用内插法求 353K 下的 $H_{353}\sim H_{298}$ 值 x_2：

$$(400-300)\div(9.9161-0.1674)=(353-300)\div(x_2-0.1674)$$

$$x_2=5.3342$$

$$\Delta H_2=(H_{353}-H_{298})-(H_{293}-H_{298})=5.3342-(-0.4185)$$

$$=5.7527\text{kJ/mol}=73.75\text{kJ/kg}$$

$$\Delta H=(\Delta H_{汽化}+\Delta H_2)\times 100=(436.1+73.75)\times 100=50985\text{kJ/h}$$

上面四种计算方法，数值略有差异，主要是由于查图查表所致，按四者的平均值 50809 计，第一法误差 +1%，第二法为 -0.27%，第三法为 -1.1%，第四法为 +0.35%，这些误差在工程上都是允许的。四种方法中，第一种、第三种方法较为方便，但查图所得数值常因视差而欠精确。

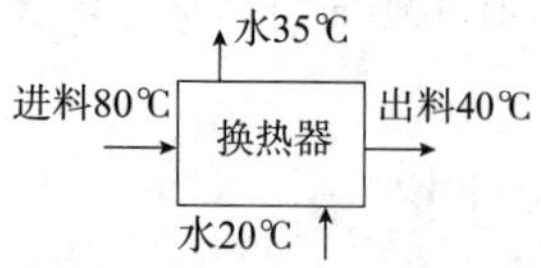

图3－11　例3－11 物料换热示意图

例3－11：如图3－11所示，用20℃的水将物料以2000kg/h的流量在一换热器内由80℃冷却到40℃，水出换热器时的温度为35℃，问每小时需要多少吨水？物料比热容为1.67kJ/(kg·℃)，水比热容为4.18kJ/(kg·℃)。

解：基准温度取为0℃，由图3－11可以看出：

①进入热量：

物料带入热量　$Q_1 = 2000 \times (80-0) \times 1.67 = 2.67 \times 10^5 (\text{kJ/h})$

水带入热量　$Q_2 = W_{水} \times (20-0) \times 4.18 = 83.6W_{水}$

②放出热量：

物料带出热量　$Q_3 = 2000 \times (40-0) \times 1.67 = 1.34 \times 10^5 (\text{kJ/h})$

水带出热量　$Q_4 = W_{水} \times (35-0) \times 4.18 = 146.44W_{水}$

③$Q_1 + Q_2 = Q_3 + Q_4$

$$2.67 \times 10^5 + 83.6W_{水} = 1.34 \times 10^5 + 146.44W_{水}$$

$$W_{水} = 1.33 \times 10^5 \div 62.84 = 2116(\text{kg/h}) = 2.116(\text{t/h})$$

例3－12：有一空气水气饱和器，空气进入流量为2500Nm³/h，温度为298K，直接与流量为33500kg/h的364K热水接触，空气得到增湿带出水蒸气2010kg，出口温度为357K，热损失为83760kJ/h。问热水出口温度是多少度？水的比热容为4.1868kJ/(kg·K)，空气平均比热容为1.006kJ/(kg·K)。

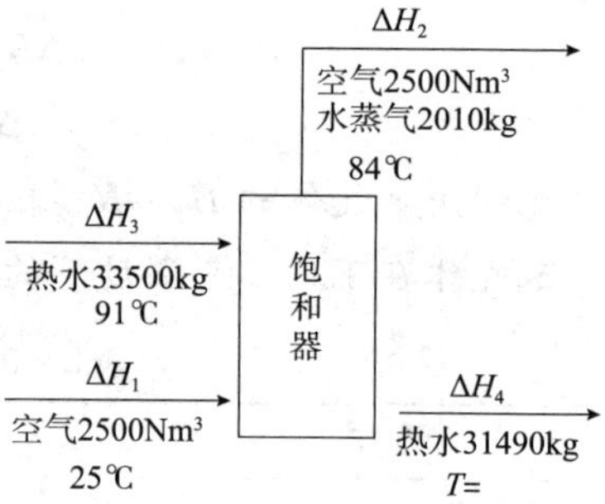

图3－12　例3－12 流程示意图

解：按题意作出流程图见图3－12。

空气进出质量相同

$$2500 \div 22.4 \times 28.8 = 3210\text{kg/h}$$

热水流量为 $33500 - 2010 = 31490\text{kg/h}$

以273K为基准温度，则

$$\Delta H_1 = 3210 \times 1.006 \times (298-273) = 8.09 \times 10^4 \text{kJ}$$

$$\Delta H_2 = 3210 \times 1.006 \times (357-273) + 2010 \times 2300 + 2010 \times 4.1868 \times (357-273) = 5.6 \times 10^6 \text{kJ}$$

上式中2300为水在357K、0.1MPa下的相变热，kJ/kg

$$\Delta H_3 = 33500 \times 4.1868 \times (364-273) = 1.278 \times 10^7 \text{kJ}$$

$$\Delta H_4 = (33500-2010) \times 4.1868 \times \Delta T = 1.32 \times 10^5 \Delta T$$

按热量衡算式

$$\Delta H_1 + \Delta H_3 = \Delta H_2 + \Delta H_4 + \Delta H_{热损}$$

$$8.09 \times 10^4 + 1.278 \times 10^7 = 5.6 \times 10^6 + 1.32 \times 10^5 \Delta T + 83760$$

解得：$\Delta T = 54.3\text{K}$

$T = 54.3 + 273 = 327.3\text{K}$

三、反应过程的能量衡算

当有化学反应时，应将反应热列入热量衡算式中。反应体系能量衡算的方法按计算焓时的基准划分，有以下两种。

1. 以反应热效应为基准的计算方法

第一种基准：如果已知标准反应热，则可选 298K、101. 3kPa 为反应物及产物的计算基准。对非反应物质另选适当的温度为基准(如反应器的进口温度等)。选好基准后，为了计算过程的焓变，可以画一张表，将进出口流股中组分的流率 n_i 和焓 H_i 填入表内，然后按式(3－29)计算过程的 ΔH。

$$\Delta H = \frac{n_{AR}\Delta H_r^{\ominus}}{\mu_A} + (\sum n_i H_i)_{输出} - (\sum n_i H_i)_{输入} \quad (3-29)$$

式中，A 为任意一种反应物或产物；n_{AR}为过程中生成或消耗 A 的物质的量(注意此数不一定是 A 在进料或产物中的物质的量)，mol；μ_A 为 A 的化学计量系数。n_{AR}和μ_A 均为正值。

例 3－13：氨氧化反应器的能量衡算。

氨氧化反应式为：

$$4NH_3(气) + 5O_2(气) \longrightarrow 4NO(气) + 6H_2O(气)$$

此反应在 25℃、101. 3kPa 下的反应热为 $\Delta H_r^{\ominus} = -904.6kJ$。现有 25℃的 100mol NH_3/h 和 200mol O_2/h 连续进入反应器，氨在反应器内全部反应，产物以 300℃呈气态离开反应器。如操作压力为 101. 3kPa，计算反应器应输入或输出的热量。

解：基准取 298K、101. 3kPa 的反应物及产物。

由物料衡算得到的各组分的摩尔流量示于图 3－13 中。

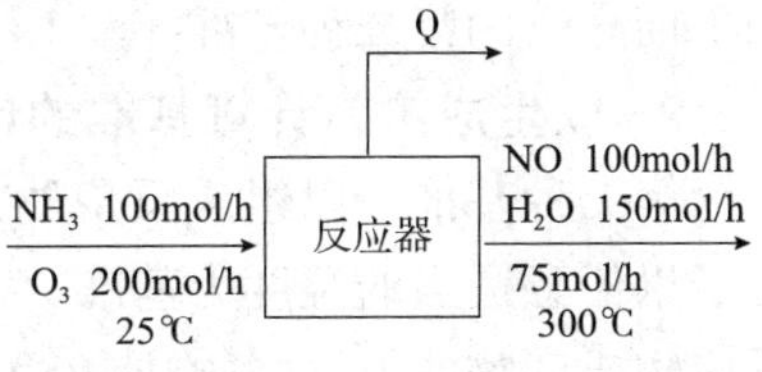

图 3－13 例 3－13 物料计算示意图

算焓时的参考态：25℃，101. 3kPa NH_3(气)，O_2(气)，NO(气)，H_2O(气)。因此进口的两股物料的焓均为零。

计算出口物料的焓：

$$H(NO) = 29.50 + 0.8188 \times 10^{-2}T - 0.2925 \times 10^{-5}T^2 + 0.3652 \times 10^{-9}T^3$$

$$H(O_2) = n\overline{c_p}(300-25) = 75 \times 30.80 \times 275 = 635.25kJ/h$$

由手册查得 300℃时 O_2 和 H_2O 的$\overline{c_p}$值：

$$\overline{c_p}(O_2) = 30.80J/(mol \cdot ℃)$$

$$\overline{c_p}(H_2O) = 34.80J/(mol \cdot ℃)$$

$$H(NO) = n\int_{25}^{300} c_p dT$$

$$= 100\int_{25}^{300}(29.50 + 0.8188 \times 10^{-2}T - 0.2925 \times 10^{-5}T^2 + 0.3652 \times 10^{-9}T^3)dT$$

$$= 845.2kJ/h$$

$$H(H_2O, 气) = n\overline{c_p}(300-25) = 150 \times 34.80 \times 275 = 1435.5kJ/h$$

将计算出的焓值填入进、出口焓表，见表 3－4。

表3-4 例3-12计算结果

物料	$n_{进}$	$H_{进}$	$n_{出}$	$H_{出}$
NH_3	100	0	0	0
O_2	200	0	75	635.25
NO	0	0	100	845.3
H_2O(气)	0	0	150	1435.5

注：①n 的单位为 mol/h，H 的单位为 kJ/h。

②物料参考态：NH_3(气)，O_2(气)，NO(气)，H_2O(气)均为25℃、101.3kPa。

已知氨的消耗量为100mol/h

$$\frac{n_{AR}\Delta H_r^{\ominus}}{\mu_A} = 100 \times (-904.6) \div 4 = -22615\text{kJ/h}$$

由此算出过程的 Q 为

$$\begin{aligned} Q &= \Delta H_r^{\ominus} + (\sum n_i H_i)_{输出} - (\sum n_i H_i)_{输入} \\ &= -22615 + (635.25 + 845.3 + 1435.5) - 0 \\ &= -19700\text{kJ/h} \end{aligned}$$

也就是说，为了维持产物的温度为300℃，每小时应从反应器中移走19700kJ的热量。

如果一个过程的反应很复杂，难以写出平行反应的化学反应式，或难以确定一种原料参加不同反应的量的比例，即对反应过程的详情不清楚，例如石油的催化裂解、烃类的热裂解等，反应如此之多，以致无法判别每个单独的反应，那么各反应的比例关系便无从得知，标准反应热也无法知道，因此用第一种基准来算这类问题就显得有困难。此时，可以用下面介绍的第二种基准。

2. 以生成热为计算基准的计算方法

第二种基准：以组成反应物及产物的元素，在25℃、101.3kPa时的焓为零，非反应分子以任意适当的温度为基准，也要画一张填有流股组分 n_i 和 H_i 的表，只是在这张表中，反应物或产物的 H_i 是各物质25℃的生成热与物质由25℃变到它进口或出口状态所需显热和潜热之和。过程的总焓变可由式(3-30)计算。

$$\Delta H = (\sum n_i H_i)_{输出} - (\sum n_i H_i)_{输入} \quad (3-30)$$

所以第二种基准中的物质，是组成反应物和产物的以自然形态存在的原子。

例3-14：甲烷在连续式反应器中用空气氧化生产甲醛，副反应是甲烷完全氧化生成 CO_2 和 H_2O。

①主反应 CH_4(气) + O_2(气) ⟶ HCHO(气) + H_2O(气)

②副反应 CH_4(气) + $2O_2$(气) ⟶ CO_2 + $2H_2O$(气)

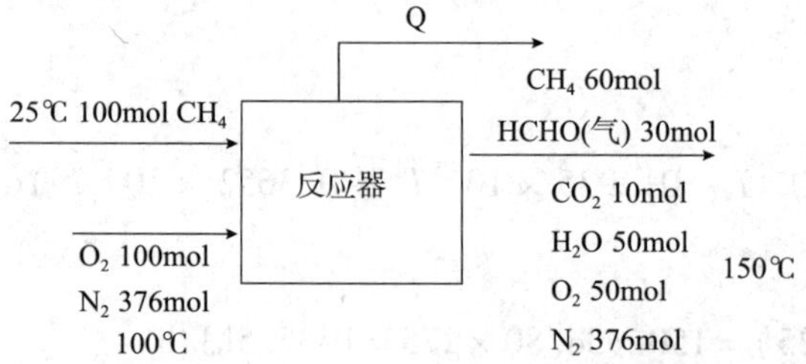

图3-14 例3-14物料计算简图附图

以100mol进反应器的甲烷为基准，物料流程图如图3-14所示。

假定反应在足够低的压力下进行，气体便可看作理想气体。甲烷于25℃进反应器，空气于100℃进反应器，如要保持出口产物为150℃，需从反应器取走多少热量？

解：物料基准：100mol 进料中 CH_4 因进出口流股中各组分量均已知，故可直接进行能量衡算。取25℃时生成各个反应物和产物的各种原子（C、O_2、H_2）为基准，非反应物质 N_2 也取25℃为基准（因25℃是气体平均摩尔热容的参考温度）。

现将各个焓值计算如下：

O_2(100℃)：$H(O_2)=\overline{c_p}_{(100℃)}(100-25)$

由手册查$\overline{c_p}$，得 $H_{进}(O_2)=2.235\text{kJ/mol}$

O_2(150℃)：$H(O_2)=\overline{c_p}_{(150℃)}(150-25)$

查手册得 $H_{出}(O_2)=3.758\text{kJ/mol}$

N_2(100℃)：$H(N_2)=\overline{c_p}_{(100℃)}(100-25)$

查手册得 $H_{进}(N_2)=2.187\text{kJ/mol}$

N_2(150℃)：$H(N_2)=\overline{c_p}_{(150℃)}(150-25)$

查手册得 $H_{出}(N_2)=3.655\text{kJ/mol}$

CH_4(25℃)：CH_4 由元素在25℃组成

因此 $H_{进}(CH_4)=(\Delta H_f^{\ominus})_{CH_4}$

查手册生成热 $H_{进}(CH_4)=-74.85\text{kJ/mol}$

$$CH_4(150℃)：H_{出}(CH_4)=(\Delta H_f^{\ominus})_{CH_4}+\int_{25}^{150}c_p(CH_4)\mathrm{d}T$$

$$=-74.85+4.27=-69.95\text{kJ/mol}$$

$$HCHO(气，150℃)：H=(\Delta H_f^{\ominus})_{HCHO(g)}+\int_{25}^{150}c_p(HCHO)\mathrm{d}T$$

$$=-115.90+1.14=-114.7\text{kJ/mol}$$

CO_2(150℃)：$H=(\Delta H_f^{\ominus})_{CO_2(g)}+[\overline{C}_{p(150℃)}\times125]$

分别查 $\Delta H_f^{\ominus}$ 和$\overline{C}_p$得 $H_{出}(CO_2)=-393.5+4.94$

$=-388.4\text{kJ/mol}$

H_2O(150℃，气)：$H=(\Delta H_f^{\ominus})_{H_2O(g)}+[\overline{C}_{p(150℃)}\times125]$

$=-241.83+4.27=-237.56\text{kJ/mol}$

将以上结果填入进出口焓表3-5中。

表3-5　例3-14进出口焓值计算结果

物料	$n_{进}$/mol	$H_{进}$/(kJ/mol)	$n_{出}$/mol	$H_{出}$/(kJ/mol)
CH_4	100	-74.85	60	-69.95
O_2	100	2.235	50	3.758
N_2	376	2.187	376	3.655
HCHO	0	0	30	-114.74
CO_2	0	0	10	-388.4
H_2O	0	0	50	-237.56

表中参考态：25℃，CO_2，O_2，H_2O，N_2。

由式(3-30)计算 ΔH：

$$\Delta H=(\sum n_iH_i)_{输出}-(\sum n_iH_i)_{输入}=-15400\text{kJ}$$

能量衡算，不计动能变化，所以

$$Q=\Delta H=-15400\text{kJ}$$

第四章　烯烃生产

第一节　概述

一、烯烃装置概述

乙烯的最早生产方法是采用乙醇脱水进行的，规模较小，世界上第一套由石油制乙烯装置始建于1940年美孚石油公司，所使用的原料是炼厂的干气。20世纪50年代，德国、日本、英国、苏联、法国、意大利等国家先后建立了以乙烯为基础的石油化工企业，1960年世界乙烯产能达到了2910kt/a；20世纪60～70年代乙烯工业得到飞速发展，1980年世界乙烯产量达到3000×10^4t，增加了10多倍。20世纪80年代乙烯生产更向大型化、油化纤一体化迈进了一步，装置能力达300～450kt/a，1985年世界乙烯产量达到43.16Mt。20世纪90年代，装置能力提高到600～1000kt/a，控制系统采用DCS集散系统，控制精度、稳定性大大提高，并实现了许多过程的先进控制、节能降耗措施，使乙烯生产成本大幅度降低，市场也更加扩大。

我国乙烯工业发展起步较晚，1962年在苏联的帮助下，兰州化学工业公司5kt/a的乙烯装置投产，这是我国第一套乙烯装置。我国乙烯工业起步虽晚，但发展速度却很快，1968年在兰州又建成了生产能力为36kt/a的砂子炉，1973年在北京燕山开始建设300kt/a的大型乙烯装置。1976年我国乙烯总产量为56×10^4t，2000年约500×10^4t，2009年约1580×10^4t，2019年增长至2052万吨/年，2022年增长至4675万吨/年。目前，我国已成为世界第一大乙烯产能国。截至2022年底，乙烯规模产能达到4482万吨/年，已经超越美国成为全球第一。2023年3月，我国乙烯产能已达到4675万吨/年，预测至2025年，中国乙烯产能将突破7000万吨/年。我国乙烯生产企业63家，平均规模为78万吨/年(石油基)，分散于21个省市。

新世纪以来，全球乙烯原料的多元化、轻质化、一体化趋势明显。自2010年至2022年，石脑油在乙烯原料中的占比已从62.8%下降至47.6%左右，乙烷原料占比从17.3%增至21.4%，煤/甲醇原料占比从13.8%升至16.8%，粗柴油占比从5.6%略降至5.2%，其他原料占比约为0.5%。乙烷裂解制乙烯(含混合烷烃裂解)、重油催化热裂解制烯烃、原油直接裂解制烯烃、乙醇脱水制乙烯等技术均已实现工业化。

在大分子烃热裂解得到小分子烃的同时，不饱和小分子烃又相互发生反应，生成新的大分子烃，有的比原料分子还大得多，甚至结焦。也就是说，裂解产物是相当复杂的混合物，要从中获得纯净的乙烯、丙烯需要一个相当复杂的过程。生产乙烯的过程包括裂解、急冷、压缩、分离等工序。

二、烯烃在石油化工中的地位

乙烯、丙烯和丁二烯等低级烯烃分子中具有不饱和的双键，化学性质活泼，能与许多物质发生加成、共聚或自聚等反应，生成一系列的重要产物，是化学工业的重要原料，可用来合成其他有机化工原料、中间体及产品(俗称下游产品)，尤其是各类高分子聚合物产品，是石油化工产业中极其重要的组成部分。

乙烯是石油化工的标志产品，在石油化工中占主导地位。乙烯装置生产的三烯(乙烯、丙烯、丁二烯)和三苯(苯、甲苯、二甲苯)是其他有机原料及三大合成材料(合成树脂、合成橡胶、合成纤维)的基础原料。以乙烯为龙头的石化工业在国民经济中占有重要的地位，它作为重要的原材料行业，对整个国家的经济有着重大影响。

综上所述，乙烯是极为重要的有机合成基础原料，利用它能合成许多重要的化工产品。为此，人们通常用乙烯的产量来衡量一个国家石油化学工业的发展水平。

第二节 烃类热裂解生产烯烃

烃类热裂解是将烃类原料(天然气、炼厂气、石脑油、轻油、柴油、重油等)在高温(800℃以上)、低压(无催化剂)条件下，使烃类分子发生碳链断裂或脱氢反应，生成相对分子质量较小的烯烃、烷烃和其他相对分子质量不同的轻质和重质烃类。

烃类热裂解非常复杂，具体体现在：

①原料复杂：烃类热裂解的原料包括天然气、炼厂气、石脑油、轻油、柴油、重油甚至原油、渣油等。

②反应复杂：烃类热裂解的反应除了断链或脱氢主反应外，还包括环化、异构、烷基化、歧化、脱烷基化、缩合、聚合、生焦、生炭等副反应。

③产物复杂：即使采用最简单的乙烷为原料，其产物中除了 H_2、CH_4、C_2H_4、C_2H_2、C_2H_6外，还有 C_3、C_4等低级烃类和 C_5以上的液态烃。

一、烃类裂解的反应规律和反应机理

(一)烃类裂解的反应规律

烃类裂解的反应十分复杂，有生成目的产物的一次反应和从目的产物进一步反应生成副产物的二次反应。要全面定量地描述该反应系统是困难的，为了对这一反应系统有一个概括的认识，现把烃类在裂解过程中的主要产物变化关系用图 4－1 表示。

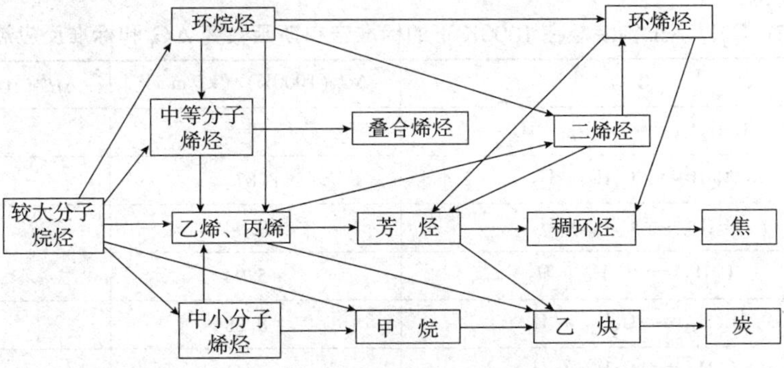

图 4－1 烃类在裂解过程中的主要产物变化关系图

1. 烷烃的裂解反应

1)正构烷烃

正构烷烃的裂解反应主要有脱氢反应和断链反应，对于 C_5 以上的烷烃还可以发生环化脱氢反应等其他反应。

(1)脱氢反应。脱氢反应是 C—H 键断裂的反应，产物分子中碳原子数保持不变，其通式如下：

$$C_nH_{2n+2} \rightleftharpoons C_nH_{2n} + H_2$$

(2)断链反应。断链反应是 C—C 键的断裂反应，生成碳原子数较少的产物，其通式为：

$$C_nH_{2n+2} \longrightarrow C_mH_{2m} + C_kH_{2k+2} \qquad m+k=n$$

相同烷烃脱氢和断链的难易可以从分子结构中的键能大小、反应的标准吉布斯函数变 ΔG_0 和标准反应热 $\Delta H^{\ominus}$ 的大小来判断。表 4－1 给出了正、异构烷烃的键能数据；表 4－2 给出了 C_6 以下正构烷烃在 1000K 下的标准吉布斯函数变 ΔG_0 和标准反应热 $\Delta H^{\ominus}$。

表 4－1 正、异构烷烃的键能数据

碳氢键	键能/(kJ/mol)	碳碳键	键能/(kJ/mol)
$H_3C—H$	426.8	$CH_3—CH_3$	346
$CH_3CH_2—H$	405.8	$CH_3—CH_2—CH_3$	343.1
$CH_3CH_2CH_2—H$	397.5	$CH_3CH_2—CH_2CH_3$	338.9
$(CH_3)_2CH—H$	384.9	$CH_3CH_2CH_2—CH_3$	341.8
$CH_3CH_2CH_2CH_2—H$ (伯)	393.2	CH_3 | $CH_3—C—CH_3$ | CH_3	314.6
$CH_3CH_2CH—H$(仲) | CH_3	376.6		
$(CH_3)_3C—H$(叔)	364	$CH_3CH_2CH_2—CH_2CH_2CH_3$	325.1
C—H(一般)	378.7	$CH_3CH(CH_3)—CH(CH_3)CH_3$	310.9

表 4－2 C_6 以下正构烷烃在 1000K 下的标准吉布斯函数变 ΔG_0 和标准反应热 $\Delta H^{\ominus}$

	反应	ΔG_0(1000K)/(kJ/mol)	$\Delta H^{\ominus}$(1000K)/(kJ/mol)
脱氢	$C_nH_{2n+2} \rightleftharpoons C_nH_{2n} + H_2$		
	$C_2H_6 \rightleftharpoons C_2H_4 + H_2$	8.87	144.4
	$C_3H_8 \rightleftharpoons C_3H_6 + H_2$	−9.54	129.5
	$C_4H_{10} \rightleftharpoons C_4H_8 + H_2$	−5.94	131.0
	$C_5H_{12} \rightleftharpoons C_5H_{10} + H_2$	−8.08	130.8
	$C_6H_{14} \rightleftharpoons C_6H_{12} + H_2$	−7.41	130.8

续表

	反应	ΔG_0(1000K)/(kJ/mol)	$\Delta H^{\ominus}$(1000K)/(kJ/mol)
断链	$C_{m+n}H_{2(m+n)+2} \longrightarrow C_nH_{2n} + C_mH_{2m+2}$		
	$C_3H_8 \longrightarrow C_2H_4 + CH_4$	-53.89	78.3
	$C_4H_{10} \longrightarrow C_3H_6 + CH_4$	-68.99	66.5
	$C_4H_{10} \longrightarrow C_2H_2 + C_2H_6$	-42.34	88.6
	$C_5H_{12} \longrightarrow C_4H_8 + CH_4$	-69.08	65.4
	$C_5H_{12} \longrightarrow C_3H_6 + C_2H_6$	-61.13	75.2
	$C_5H_{12} \longrightarrow C_2H_4 + C_3H_8$	-42.72	90.1
	$C_6H_{14} \longrightarrow C_5H_{10} + CH_4$	-70.08	66.6
	$C_6H_{14} \longrightarrow C_4H_8 + C_2H_6$	-60.08	75.5
	$C_6H_{14} \longrightarrow C_3H_6 + C_3H_8$	-60.38	77.0
	$C_6H_{14} \longrightarrow C_2H_4 + C_4H_{10}$	-45.27	88.8

由表4-1、表4-2可以看出如下规律：

①同碳原子数的烷烃C—H键能大于C—C键能，所以断链比脱氢容易。

②在分子两端的C—C键断裂反应要优先于在分子中央的C—C键断裂反应，说明烷烃裂解最利于生成乙烯和丙烯。随着相对分子质量的增大，在分子两端断裂的优势减弱。

③脱氢和断链均为吸热反应，断链反应所需的能量$\Delta H^{\ominus}$比脱氢反应小，因此，断链反应比脱氢反应容易进行。此外，随着烷烃相对分子质量增大，断链反应更占优势，C_4以上烷烃裂解时，断链反应占绝对优势。

④断链反应的标准吉布斯函数变ΔG_0远小于脱氢反应，根据平衡常数与标准吉布斯函数变ΔG_0的关系，可知断链反应的平衡常数和平衡转化率远大于脱氢反应。因此，一般认为脱氢反应是可逆反应，断链反应是不可逆反应。

(3)环化脱氢反应。C_5以上的正构烷烃可发生如下环化脱氢反应，生成环烷烃。

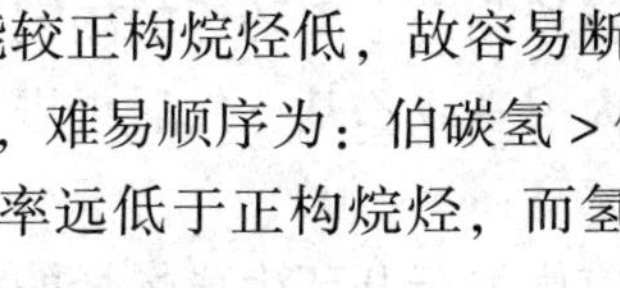

2)异构烷烃

异构烷烃结构各异，其裂解反应差异较大，与正构烷烃相比有如下特点：

①C—C键或C—H键的键能较正构烷烃低，故容易断链或脱氢；

②脱氢能力与分子结构有关，难易顺序为：伯碳氢>仲碳氢>叔碳氢；

③异构烷烃裂解所得乙烯收率远低于正构烷烃，而氢气、甲烷、C_4及C_4以上烯烃收率较高；

④随着碳原子数的增加，异构烷烃与正构烷烃裂解所得乙烯和丙烯收率的差异减小。

2. 烯烃的裂解反应

工业上应用的裂解原料一般含烯烃很少，但裂解一次反应生成的烯烃会进一步发生断链、脱氢、歧化、聚合和芳构化等二次反应。

(1)断链反应。较大分子的烯烃裂解可断链生成两个较小的烯烃分子，其通式为：

$$C_{n+m}H_{2(n+m)} \longrightarrow C_nH_{2n} + C_mH_{2m}$$

烯烃裂解时位于双键β位置C—C键的解离能比α位置C—C键的解离能低，因此，烯烃断链主要发生在β位置，仅有少量α位置C—C键断裂。丙烯、异丁烯、2-丁烯由于没有β位置的C—C键，因此比相应烷烃难以裂解。

(2)脱氢反应。烯烃可进一步脱氢生成二烯烃和炔烃，其通式为：

$$C_nH_{2n} \rightleftharpoons C_nH_{2n-2} + H_2$$

(3)歧化反应。两个相同分子烯烃可歧化为两个不同烃分子，其通式为：

$$2C_nH_{2n} \longrightarrow C_mH_{2m} + C_kH_{2k} \quad m + k = 2n$$

(4)双烯合成反应(Diels-Alder反应)。二烯烃与烯烃进行双烯合成而生成环烯烃，进一步脱氢生成芳烃，通式为：

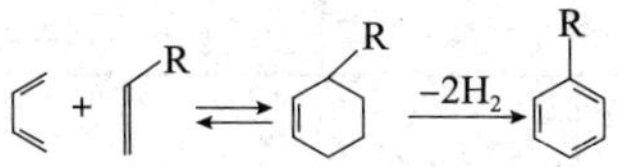

(5)芳构化反应。6个或更多碳原子数的烯烃，可以发生芳构化反应生成芳烃，通式如下：

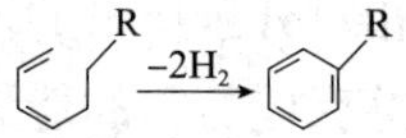

3. 环烷烃的裂解反应

环烷烃较相应的链烷烃稳定，在一般裂解条件下可发生断链开环反应、脱氢反应、侧链断裂及开环脱氢反应，由此生成乙烯、丙烯、丁二烯、丁烯、芳烃、单环烯烃、单环二烯烃和氢气等产物，反应通式如下：

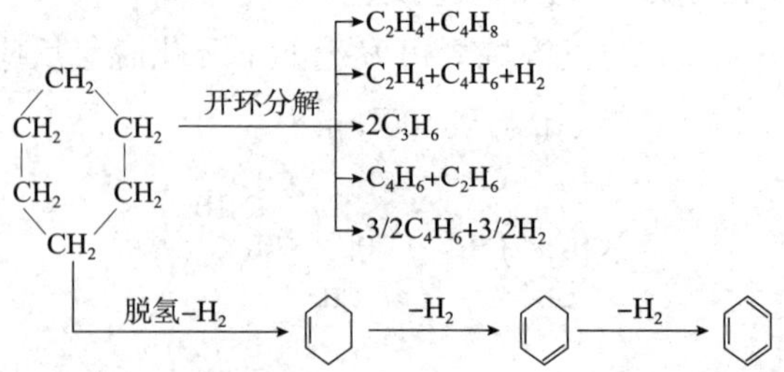

环烷烃裂解有如下规律：

①侧链烷基比芳环易于裂解，长侧链上离环近的碳键不易断裂，长侧链的断裂反应一般从中部开始，一直进行到侧链为甲基或乙基，然后再进一步裂解，因此，长侧链环烷烃比无侧链环烷烃裂解所得乙烯收率高；

②环烷烃脱氢生成芳烃的反应优先于开环生成烯烃的反应；

③五碳环的环烷烃比六碳环的环烷烃难以裂解。烷基环戊烷的裂解速度大体上与比它少三个碳原子的正烷烃相当，烷基环己烷的裂解速度大体上与比它少两个碳原子的正构烷烃相当；

④环烷烃比链烷烃更易于生成焦油，相应更容易发生结焦反应。

4. 芳烃的裂解

芳烃由于芳环的稳定性，在裂解温度下不易发生芳环裂开的反应，而主要是发生烷基芳烃的侧链碳键断裂和脱氢反应，以及芳烃缩合生成多环芳烃，进一步生成焦的反应。因此，含芳烃多的原料油不仅烯烃收率低，而且结焦严重，不是理想的裂解原料。

(1)烷基芳烃的裂解。

①侧链脱烷基或断键反应：

$$Ar-C_nH_{2n+1} \longrightarrow ArH+C_nH_{2n}$$
$$Ar-C_nH_{2n+1} \longrightarrow Ar-C_fH_{2f+1}+C_mH_{2m}$$

②侧链脱氢反应：

$$Ar-C_nH_{2n+1} \longrightarrow Ar-C_nH_{2n-1}+H_2$$

(2)环烷基芳烃的裂解。

①脱氢和异构脱氢反应：

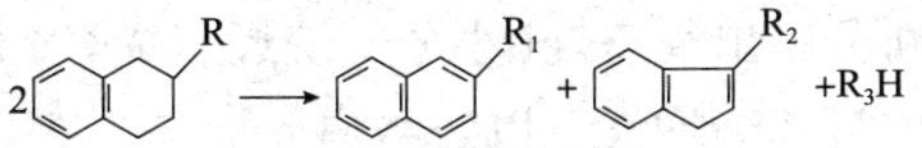

②缩合脱氢反应：

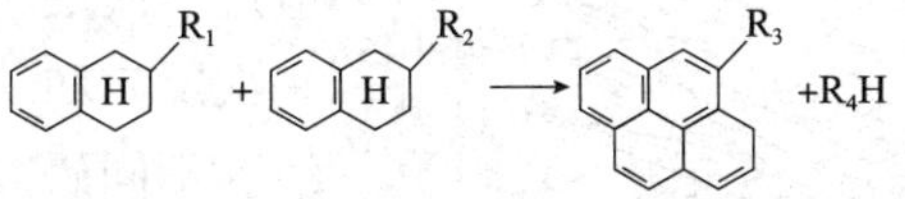

③芳烃缩合反应：

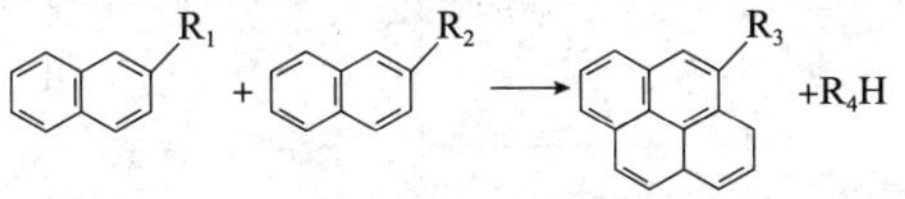

5. 裂解过程中结焦生炭反应

在不同温度条件下，结焦生炭反应经历着不同的途径。裂解过程中生成的乙烯在900～1100℃或更高的温度下经过乙炔阶段而生炭(C_n，其中n为300～400)，C_n是由300～400个碳原子构成的六角形排列的平面分子；结焦主要是在500～900℃下通过芳烃的中间阶段而生成。高沸点稠环芳烃是馏分油裂解结焦的主要母体，裂解焦油中含大量稠环芳烃，裂解生成的焦油越多，裂解过程中结焦越严重，一般焦中氢含量小于5%。随着反应时间的延长，单环或环数不多的芳烃，转变为多环芳烃，进而转变为稠环芳烃，由液体焦油转变为固体沥青质，再进一步可转变为焦炭。结焦生炭反应是典型的连串反应，随着温度的提高和反应时间的延长，不断释放出氢，残物(焦油)的氢含量逐渐下降，碳氢比、分子量和密度逐渐增大。

6. 各族烃裂解的反应规律

各族烃裂解生成乙烯、丙烯的能力有如下规律：

①烷烃。正构烷烃在各族烃中最利于乙烯的生成。烷烃的相对分子质量越小，其乙烯

总收率越高；异构烷烃的烯烃总收率低于同碳原子数的正构烷烃，但随着相对分子质量的增大，这种差别减小，但丙烯收率大于同碳原子数的正构烷烃。

②烯烃。大分子烯烃可裂解生成乙烯和丙烯，烯烃能脱氢生成炔烃、二烯烃，进而生成芳烃。

③环烷烃。在通常裂解条件下，环烷烃生成芳烃的反应优于生成单烯烃的反应。相对于正构烷烃来说，含环烷烃较多的原料，丁二烯、芳烃的收率较高，而乙烯的收率较低。

④芳烃。无烷基的芳烃基本上不易裂解为烯烃，有烷基的芳烃，主要是烷基发生断碳碳键和脱氢反应，而芳环保持不裂开，可脱氢缩合为多环芳烃，从而有结焦的倾向。

随着分子中碳原子数的增多，各族烃分子结构上的差别反映到裂解速度上的差异会逐渐减弱。

7. 一次反应和二次反应

原料烃在裂解过程中所发生的反应是复杂的，一种烃可以平行地发生很多种反应，又可以连串地发生许多后继反应。因此，裂解系统是一个平行反应和连串反应交叉的反应系统；从整个反应进程来看，属于比较典型的连串反应。

随着反应的进行，不断分解出气态烃(小分子烷烃、烯烃)和氢气；而液体产物的氢含量则逐渐下降，相对分子质量逐渐增大，以致结焦。

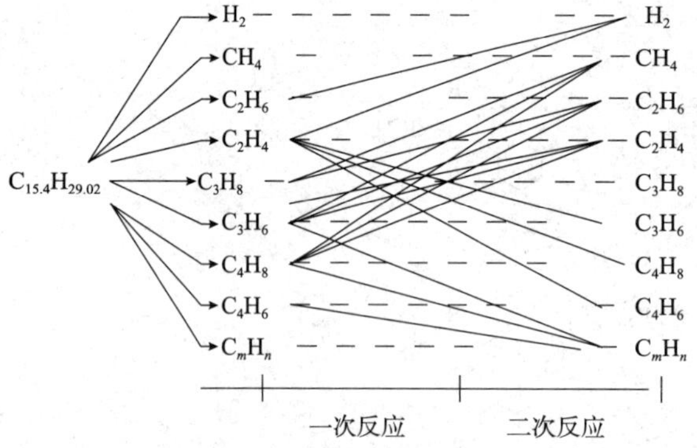

图 4-2 轻柴油裂解的一次反应和二次反应

注：图中实线表示发生反应生成的；
图中虚线表示未发生反应而遗留下来的。

对于这样一个复杂系统，现在广泛应用一次反应和二次反应的概念来区分。一次反应和二次反应并没有严格的分界线，不同研究者对一次反应和二次反应的划分也不尽相同。图 4-2 给出了日本平户瑞穗的数学模型中对轻柴油裂解时一次反应和二次反应的划分情况。

(1)一次反应：由原料经高温裂解生成目的产物乙烯、丙烯的反应(主要指脱氢和断链反应)，这是希望发生的反应，在确定工艺条件、工艺设计和生产操作中要千方百计地促使一次反应的充分进行。

(2)二次反应：由一次反应生成的产物乙烯、丙烯出发进一步反应，直至生成焦炭的反应，消耗目的产物乙烯、丙烯，不希望发生。

(3)二次反应的危害：二次反应的发生多消耗了原料，降低烯烃收率；增加各种阻力，严重时阻塞设备、管道，造成停工停产，还对裂解操作和稳定生产都带来极不利的影响，所以要设法抑制其进行。

(二)烃类裂解的反应机理

烃类裂解反应机理的研究表明，烃类裂解时所发生的基元反应大部分为自由基反应。

1. F. O. Rice 的自由基反应机理

大部分烃类裂解过程包括链引发反应、链增长反应和链终止反应三个阶段。链引发反应是自由基的产生过程；链增长反应是自由基的转变(传递)过程，在这个过程中，一种自由基的消失伴随着另一种自由基的产生，反应前后均保持着自由基的存在；链终止反应是自由基消亡生成新分子的过程。

链的引发是在热的作用下，一个分子断裂产生一对自由基，每个分子由于键的断裂位置不同可有多个可能发生的链引发反应，这取决于断裂处相关键的解离能大小，解离能小的反应更易于发生。表4－3给出了三种简单烷烃可能的引发反应。

表4－3　三种烷烃可能的引发反应

烷烃	可能的链引发反应	有关键的解离能/(kJ/mol)	发生此反应的可能性
C_2H_6	$C_2H_5-H \longrightarrow \cdot C_2H_5 + H\cdot$	410	小
	$CH_3-CH_3 \longrightarrow 2\cdot CH_3$	368	大
C_3H_8	$C_3H_7-H \longrightarrow \cdot C_3H_7 + H\cdot$	396～410	小
	$CH_3-C_2H_5 \longrightarrow \cdot CH_3 + \cdot C_2H_5$	354	大
C_4H_{10}	$C_4H_9-H \longrightarrow \cdot C_4H_9 + H\cdot$	381～396	小
	$CH_3-C_3H_7 \longrightarrow \cdot CH_3 + \cdot C_3H_7$	350～357	大
	$C_2H_5-C_2H_5 \longrightarrow 2\cdot C_2H_5$	345	大

烷烃分子在引发反应中断裂C—H键的可能性较小，因为C—H键的解离能比C—C键的大。故引发反应的通式为：

$$R-R \longrightarrow R\cdot + R'\cdot$$

引发反应的活化能高，一般在290～335kJ/mol。

链的增长反应包括自由基夺氢反应、自由基分解反应、自由基加成反应和自由基异构化反应，但以前两种为主。链增长反应的夺氢反应通式如下：

$$H\cdot + RH \longrightarrow H_2 + R\cdot$$

$$R'\cdot + RH \longrightarrow R'H + R\cdot$$

链增长反应中的夺氢反应的活化能不大，一般为30～40kJ/mol。

链增长反应中的夺氢反应，对于乙烷裂解，情况比较简单，因为乙烷分子中可以被夺取的6个氢原子均是伯碳氢原子；对于丙烷，情况就比较复杂了，因为其分子中可以被夺取的氢原子不完全一样，有的是伯碳氢原子，有的是仲碳氢原子；异丁烷分子中可以被夺取的氢原子有伯碳氢原子和叔碳氢原子；而对于异戊烷，情况就更复杂了，因为烃分子中可以被夺取的氢原子，除了伯碳氢原子、仲碳氢原子以外，还有叔碳氢原子，见图4－3。

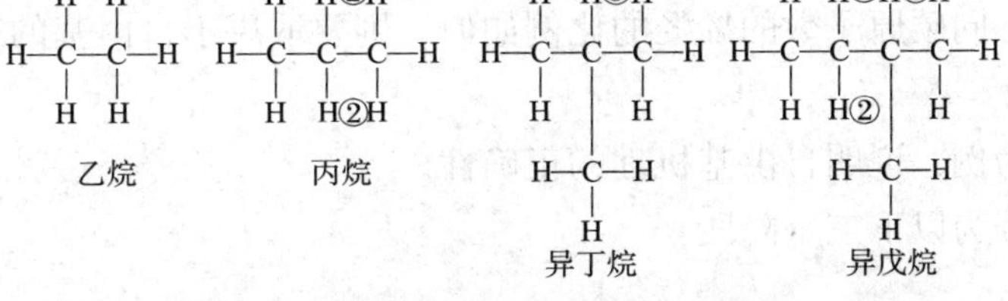

图4－3　几种烷烃中的伯、仲、叔碳氢原子

注：图中未注明的是伯碳氢原子；②是仲碳氢原子；③是叔碳氢原子。

各种氢原子所构成的C—H键的解离能按下列顺序递减：

伯碳氢原子 > 仲碳氢原子 > 叔碳氢原子

因此，在夺氢反应中被自由基夺走氢的容易程度按下列顺序递增：

伯碳氢原子 < 仲碳氢原子 < 叔碳氢原子

链增长反应中自由基的分解反应是自由基自身进行分解，生成一个烯烃分子和一个碳原子数比原来要少的新自由基，而使其自由基传递下去。

这类反应的通式如下：

$$R\cdot \longrightarrow R'\cdot + 烯烃$$

$$R\cdot \longrightarrow H\cdot + 烯烃$$

自由基分解反应的活化能比夺氢反应要大，而比链引发反应要小，一般为118～178kJ/mol，见表4-4。

表4-4　一些自由基分解反应的动力学参数

自由基	分解反应	A/(s^{-1})	E/(kJ/mol)
正丙基	$CH_3CH_2\cdot CH_2 \longrightarrow C_2H_4 + \cdot CH_3$	3.15×10^{13}	137
异丙基	$(CH_3)_2\cdot CH \longrightarrow C_3H_6 + H\cdot$	6.3×10^{13}	174
正丁基	$CH_3CH_2CH_2\cdot CH_2 \longrightarrow C_2H_4 + \cdot C_2H_5$	6.3×10^{12}	118
异丁基	$(CH_3)_2CH\cdot CH_2 \longrightarrow C_3H_6 + \cdot CH_3$	1×10^{13}	133
仲丁基	$CH_3CH_2(CH_3)\cdot CH \longrightarrow C_3H_6 + \cdot CH_3$	2.505×10^{13}	139
叔丁基	$(CH_3)_3C\cdot \longrightarrow i-C_4H_8 + H\cdot$	1×10^{14}	177

自由基分解反应是生成烯烃的反应，而裂解的目的在于生产烯烃，所以这类反应是很关键的反应。

从表4-4以及从前面所举的例子中可以得出如下规律：

①自由基如分解出H·生成碳原子数与该自由基相同的烯烃分子，这种反应活化能是较大的；而自由基分解为碳原子数较少的烯烃的反应活化能较小。

②自由基中带有未配对电子的那个碳原子，如果连的氢较少，这种自由基将主要分解出H·生成同碳原子数的烯烃分子。

③从分解反应或从夺氢反应中所生成的自由基，只要其碳原子数大于3，则可以继续发生分解反应，生成碳原子数较少的烯烃。

由此可知，自由基的分解反应一直会进行下去，直到生成H·或CH_3·自由基为止。因此，碳原子数较多的烷烃，在裂解中也能生成碳原子数较少的乙烯和丙烯分子。至于裂解产物中，各种不同碳原子数的烯烃的比例如何，则要取决于自由基的夺氢反应和分解反应的总结果。

下面以乙烷为例，说明自由基机理的正确性。

自由基机理分为以下三个阶段：

链的引发：

$$C_2H_6 \xrightarrow{k_1} \cdot CH_3 + \cdot CH_3 \quad (1)$$

$$\cdot CH_3 + C_2H_6 \xrightarrow{k_2} CH_4 + \cdot C_2H_5 \quad (2)$$

链的增长(传递)：　　$\cdot C_2H_5 \xrightarrow{k_3} C_2H_4 + \cdot H$　　(3)

$\cdot H + C_2H_6 \xrightarrow{k_4} H_2 + \cdot C_2H_5$　　(4)

链的终止：　　$\cdot C_2H_5 + \cdot H \xrightarrow{k_5} C_2H_6$　　(5)

对于自由基反应，由于自由基浓度很小，$[\cdot C_2H_5]$和$[\cdot CH_3]$为$10^{-6} \sim 10^{-10}$mol/L，$[\cdot H]$为$10^{-8} \sim 10^{-13}$mol/L，活性很大，反应很稳定，故认为自由基的浓度在反应过程中保持不变，即其生成速度等于其消失速度。考虑反应式(1)～反应式(5)，其速度常数分别为$k_1 \sim k_5$，推得：

$d[\cdot CH_3]/dt = 2k_1[C_2H_6] - k_2[\cdot CH_3][C_2H_6] = 0$　　①

$d[\cdot C_2H_5]/dt = k_2[\cdot CH_3][C_2H_6] - k_3[\cdot C_2H_5] + k_4[\cdot H][C_2H_6] - k_5[\cdot H][\cdot C_2H_5] = 0$　　②

$d[\cdot H]/dt = k_3[\cdot C_2H_5] - k_4[\cdot H][C_2H_6] - k_5[\cdot H][\cdot C_2H_5] = 0$　　③

解得：$[\cdot C_2H_5] = \left\{\frac{k_1}{2k_3} + \left[\left(\frac{k_1}{2k_3}\right)^2 + \frac{k_1k_4}{k_3k_5}\right]^{\frac{1}{2}}\right\}[C_2H_6]$　　④

由表4-5中数据可看出：$\frac{k_1}{k_3} \ll \frac{k_4}{k_5}$则④可简化为：$[\cdot C_2H_5] = \left(\frac{k_1k_4}{k_3k_5}\right)^{\frac{1}{2}}[C_2H_6]$　　⑤

又乙烯的生成速度为：

$$d[C_2H_4]/dt = k_3[\cdot C_2H_5]$$

将⑤式带入得：

$$d[C_2H_4]/dt = \left(\frac{k_1k_3k_4}{k_5}\right)^{\frac{1}{2}}[C_2H_6] \quad ⑥$$

而乙烷的消失速度为：

$$-d[C_2H_6]/dt = K[C_2H_6] \quad ⑦$$

从整体上看，乙烯的生成速度应等于乙烷的消失速度，即：

$$K = \left(\frac{k_1k_3k_4}{k_5}\right)^{\frac{1}{2}}$$

则有　　$E = (E_1 + E_3 + E_4 - E_5)/2$

由文献数据得各反应的活化能分别为：

$E_1 = 359.8$，$E_2 = 45.1$，$E_3 = 170.7$，$E_4 = 29.3$，$E_5 = 0$，单位为kJ/mol

$E = (E_1 + E_3 + E_4 + E_5)/2 = 279.9$kJ/mol

而乙烷脱氢反应活化能的文献值为264～294kJ/mol，两者一致，说明自由基机理是正确的。

表4-5　不同温度下各速度常数值

温度/K	k_1	k_3	k_4	k_5
973	3.026×10^{-3}	3.624×10^5	1.017×10^{11}	7×10^{13}
1073	0.1911	2.591×10^6	1.425×10^{11}	7×10^{13}
1173	5.953	1.324×10^7	1.886×10^{11}	7×10^{13}
1273	108	5.237×10^7	2.387×10^{11}	7×10^{13}
1373	1285	1.696×10^8	2.920×10^{11}	7×10^{13}

2. 利用自由基机理预测正构烷烃一次反应的产品分布

自由基反应应遵从如下四条规律：

①烃分子中各种氢原子的解离能不同，伯氢 > 仲氢 > 叔氢，故其相对反应速度也不同，且与温度有关，若伯氢为1，其他氢原子的相对反应速度 W 列于表4－6中。

表4－6　伯、仲、叔碳氢原子与自由基反应的相对速度 W

温度/℃	伯碳氢原子	仲碳氢原子	叔碳氢原子
300	1	3.0	33
600	1	2.0	10
700	1	1.9	7.8
800	1	1.7	6.3
900	1	1.65	5.65
1000	1	1.6	5

②正构烷烃的反应途径数为 $n/2$（n 为偶数）或 $(n+1)/2$（n 为奇数）；

③按某一途径反应的分子数 $m = W \times Z$，其中 Z 为参加此反应的氢原子个数（概率），W 为该氢原子的相对反应速度。

④大自由基不稳定，在与其他分子碰撞之前发生分解，从β键断裂，直至分解成 $\cdot H$ 或 $\cdot CH_3$。断裂时带自由基的一端生成相应的烯烃。乙基自由基和异丙基自由基分解时生成 $\cdot H$ 和相应的烯烃。

如：$\cdot CH_2CH_3 \longrightarrow C_2H_4 + \cdot H$

$\cdot CH_2CH_2CH_3 \longrightarrow CH_2CH_2 + \cdot CH_3$

α键指与官能团相邻的键，β键指与官能团相隔的键，以此类推。可利用此规律预测正构烷烃的一次反应产品分布，举例如下。

例4－1：按自由基机理预测正戊烷在900℃裂解时一次反应产品的质量分布。

解：反应途径数 $=(5+1)/2=3$

由表4－6可知，在900℃下三种氢原子的相对反应速度为：

伯：仲：叔 $=1:1.65:5.65$

途径1：

$$C_5H_{12} + \cdot H \longrightarrow H_2 + CH_3 \cdot CHCH_2CH_2CH_3$$

$$CH_3 \cdot CHCH_2CH_2CH_3 \longrightarrow C_3H_6 + \cdot CH_2CH_3$$

$$\cdot CH_2CH_3 \longrightarrow C_2H_4 + \cdot H$$

总反应：$C_5H_{12} \longrightarrow H_2 + C_3H_6 + C_2H_4$

设参加此反应的分子数为 $m_1 = n_1 \times w_1 = 4 \times 1.65 = 6.6$

途径2：

$$C_5H_{12} + \cdot CH_3 \longrightarrow \cdot CH_2CH_2CH_2CH_2CH_3 + CH_4$$

$$\cdot CH_2CH_2CH_2CH_2CH_3 \longrightarrow C_2H_4 + \cdot CH_2CH_2CH_3$$

$$\cdot CH_2CH_2CH_3 \longrightarrow C_2H_4 + \cdot CH_3$$

总反应：$C_5H_{12} \longrightarrow 2C_2H_4 + CH_4$

设参加此反应的分子数为 $m_2 = n_2 \times w_2 = 6 \times 1 = 6$

途径3：

$$C_5H_{12} + \cdot CH_3 \longrightarrow CH_3CH_2 \cdot CHCH_2CH_3 + CH_4$$

$$CH_3CH_2 \cdot CHCH_2CH_3 \longrightarrow C_4H_8 + \cdot CH_3$$

总反应：$C_5H_{12} \longrightarrow C_4H_8 + CH_4$

设参加此反应的分子数为 $m_3 = n_3 \times w_3 = 2 \times 1.65 = 3.3$

设参加反应的总分子数为 $m = m_1 + m_2 + m_3 = 15.9$

则有：$6.6C_5H_{12} \longrightarrow 6.6H_2 + 6.6C_3H_6 + 6.6C_2H_4$

$6C_5H_{12} \longrightarrow 12C_2H_4 + 6CH_4$

$3.3C_5H_{12} \longrightarrow 3.3C_4H_8 + 3.3CH_4$

产品分布及组成见表4-7。

表4-7 正戊烷900℃裂解时一次反应产品分布

	H_2	CH_4	C_2H_4	C_3H_6	C_4H_8	$\sum$
n_i	6.6	9.3	18.6	6.6	3.3	44.4
n_i/%	14.86	20.95	41.89	14.86	7.43	99.99
M_i	2	16	28	42	56	—
$N_i \times M_i$	13.2	148.8	520.8	277.2	184.8	1144.8
W_i/%	1.16	13.00	45.49	24.21	16.14	100
文献值	1.15	12.71	45.45	24.50	16.19	100

由表4-7计算结果可知，预测结果与文献值基本吻合，这也进一步说明了烃类热裂解是按自由基机理进行的。由于上面计算只考虑了脱氢和断链反应主反应，未考虑其他副反应，因此，对于 C_5 以下的单一烷烃预测是较准确的，而对于 C_6 以上的正构烷烃预测误差较大。

对于混合烃裂解，研究发现：

①烷烃对于环烷烃和烯烃的裂解有促进作用，主要是烷烃提供了环烷烃和烯烃裂解需要的自由基；

②环烷烃和烯烃对于烷烃的裂解有抑制作用，主要是环烷烃和烯烃抢夺了烷烃产生的自由基。

二、裂解原料的性质及其评价

由于烃类裂解反应使用的原料是组成性质有很大差异的混合物，因此原料的特性无疑对裂解结果起着重要的决定作用，它是决定反应效果的内因，而工艺条件的调整、优化仅是其外部条件。

1. 族组成 PONA

裂解原料油中各种烃，按其结构可以分为四大族，即链烷烃族(P)、烯烃族(O)、环烷烃族(N)和芳香族(A)。这四大族的族组成以PONA值来表示。

根据 PONA 值可以定性评价液体原料的裂解性能，也可以根据族组成通过简化的反应动力学模型对裂解反应进行定量描述，因此，PONA 值是一个表征各种液体原料裂解性能的有实用价值的参数。

一般原料中：链烷烃族(P)越大，乙烯收率越高；芳香族(A)越大，乙烯收率越低。乙烯收率：P > N > A。

2. 氢含量和碳氢比

原料的氢含量指裂解原料中所含氢的质量分数，用 $w(H_2)$ 表示，由式(4-1)计算。原料的碳氢比指裂解原料中 C 与 H 的质量比，用 C/H 表示，由式(4-2)计算。

$$w(H_2)=\frac{H}{12C+H}\times 100\% \tag{4-1}$$

$$(C/H)=\frac{12C}{H} \tag{4-2}$$

式中，H 为原料中氢原子个数；C 为原料中碳原子个数。

氢含量顺序：P > N > A

对混合物的氢含量 $w_m(H_2)$，可先求出每个纯组分的氢含量 $w_i(H_2)$，再与每个组分的质量分数 x_i 加和，即：

$$w_m(H_2)=\sum x_i w_i(H_2) \tag{4-3}$$

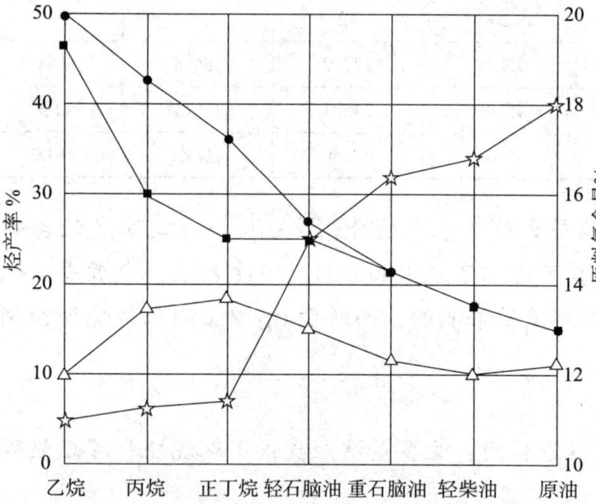

图 4-4 原料氢含量对裂解产物产率的影响

●—原料氢含量；■—乙烯收率；
△—甲烷收率；☆—C_5 及以上产物收率

通过裂解反应，使一定氢含量的裂解原料生成氢含量较高的 C_4 及 C_4 以下轻组分和氢含量较低的 C_5 及 C_5 以上的液体。由氢平衡可以断定，裂解原料氢含量越高，获得的 C_4 和 C_4 以下轻烃的收率越高，相应乙烯和丙烯收率一般也较高。显然，根据裂解原料的氢含量既可判断该原料可能达到的裂解深度，也可评价该原料裂解所得 C_4 和 C_4 以下轻烃的收率。图 4-4 列出了原料氢含量对裂解产物产率的影响。由图可见，当裂解原料氢含量低于 13% 时，可能达到的乙烯收率将低于 20%，这样的馏分油作为裂解原料是不经济的。

3. 特性因数 *K*

原料的特性因数 K 是表示烃类和石油馏分化学性质的一个参数，可由如式(4-4)、式(4-5)计算。

$$K=1.216\frac{T_B^{1/3}}{d_{15.6}^{15.6}} \tag{4-4}$$

$$T_B=\left(\sum_{i=1}^{n}\Phi_i T_i^{\frac{1}{3}}\right)^3 \tag{4-5}$$

式中，T_B为原料的立方平均沸点，K；$d_{15.6}^{15.6}$为原料的相对密度；Φ_i为 i 组分的体积分数；T_i为 i 组分的沸点，K。

K 值以烷烃最高，环烷烃次之，芳烃最低，它反映了烃的氢饱和程度。乙烯和丙烯总体收率大体上随裂解原料特性因数的增大而增加。

4. 关联指数(BMCI 值)

馏分油的关联指数(BMCI 值)是表示油品的芳香性的指标，也叫芳烃指数，是由美国矿务局关联而成的(U. S. Bureau of Mines Correlation Index)，由式(4-6)计算。一般馏分油的关联指数越大，则其芳烃含量相对越高。

$$BMCI = \frac{48640}{T_v} + 473.7 \times d_{15.6}^{15.6} - 456.8 \tag{4-6}$$

式中，T_v为原料的体积平均沸点，K；$d_{15.6}^{15.6}$为原料的相对密度。

式(4-6)的前提是规定苯的 BMCI 值为 100，正己烷的 BMCI 值为 0，也就是在此条件下得到的该计算式。

烃类化合物的芳香性按下列顺序递增：

正构链烷烃＜带支链烷烃＜烷基单环烷烃＜无烷基单环烷烃＜双环烷烃＜烷基单环芳烃＜无烷基单环芳烃(苯)＜双环芳烃＜三环芳烃＜多环芳烃。

烃类化合物的芳香性越强，则 BMCI 值越大。

通过计算和大量实验得出：

①直链烷烃或接近直链烷烃的 BMCI 值接近 0；较多支链的 BMCI 值为 10～15；且支链数增加，BMCI 值上升；

②无侧链的环烷烃 BMCI 值约为 50，侧链数增加，BMCI 值下降；

③单环芳烃有支链的 BMCI 值小于 100；且侧链数增加，BMCI 值下降；多环芳烃的 BMCI 值大于 100。

实验表明在深度裂解时，重质原料油的 BMCI值与乙烯收率和燃料油收率之间存在良好的线性关系，见图 4-5。因此，在柴油或减压柴油等重质馏分油裂解时，BMCI 值成为评价其性能的一个重要指标。

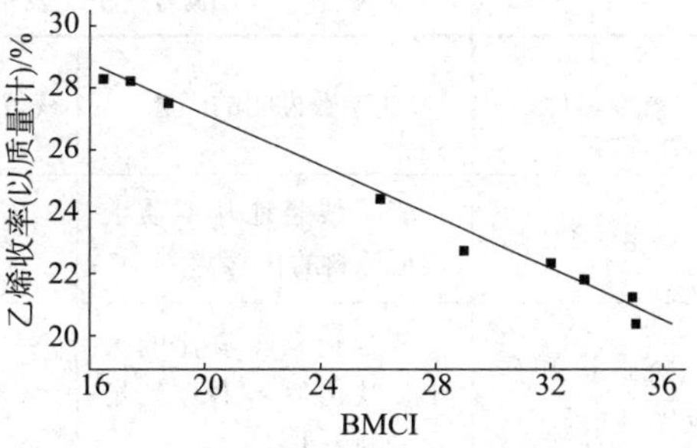

图 4-5　柴油裂解 BMCI 与乙烯收率的关系

5. 原料烃的氢饱和度 Z

将原料烃表示为 C_nH_{2n+z}，其中的 Z 表示原料烃的氢饱和度，Z 越大，氢含量越高，乙烯收率越高。

6. 原料烃的相对分子质量

原料烃的相对分子质量越小，乙烯收率越高。例如：

乙烷的相对分子质量为 30，其乙烯单程收率约为 45%；

石脑油的相对平均分子质量为 100，其乙烯收率为 30%～35%；

柴油的相对平均分子质量为200，其乙烯收率为19%～23%；

原油的相对平均分子质量为310，其乙烯收率为17%。

7. 原料烃分子结构

表4－8列出了相对分子质量相同或相近的几种烃的裂解结果。其中副产物未列入，产物收率是以转化了的原料为基准列出的。

表4－8　不同结构的几种烃的裂解结果　　%（质量）

分子结构	转化率	乙烯收率	丙烯收率	丁二烯收率	总烯收率
正己烷	90	44.0	20.2	4.4	68.6
2－甲基戊烷	85	24.2	28.6	4.4	57.2
2，3－二甲基丁烷	95	16.0	31.8	3.7	51.5
环己烷	65	37.0	11.0	28.8	76.8
甲基环戊烷	35	18.3	33.2	7.8	59.3

由表4－8中可以看出，正构烷烃生产乙烯最好；异构烷烃生产丙烯最好；环己烷是生产丁二烯的最好原料。

8. 原料烃的相对密度

一般原料烃的相对密度越大，乙烯收率越低。

9. 原料烃的平均沸点

一般原料烃的平均沸点越高，乙烯收率越低。

为了便于理解、比较和掌握，将裂解原料的几个主要性质及影响列于表4－9中。总之，裂解原料不同，其性质不同，对裂解的影响及所得裂解结果不同，需要投资也不同。图4－6列出了不同裂解原料对乙烯装置投资的影响。以450kt/a乙烯装置为基础，原料为石脑油。

表4－9　表征裂解原料性质的主要参数

参数名称	此参数说明的问题	获得此参数的方法	参数适用于评价何种原料	何种原料可获得较高乙烯产率
族组成PONA	能粗线条地从本质上表征原料的化学特性	分析测定	石脑油、柴油等	烷烃含量高、芳烃含量低
氢含量和碳氢比	氢含量和碳氢比的大小反映出原料潜在乙烯含量的大小	分析测定	各种原料都适用	氢含量高的或碳氢比低的
特性因数 K	特性因素的高低反映原料芳香性的强弱	由 $d_{15.6}^{15.6}$ 和 $T_{立}$ 计算	主要用于液体原料	特性因数高
关联指数BMCI	关联指数大小反映烷烃和直链比例的大小，反映芳香性的大小	由 $d_{15.6}^{15.6}$ 和 T_v 计算	柴油	关联指数小

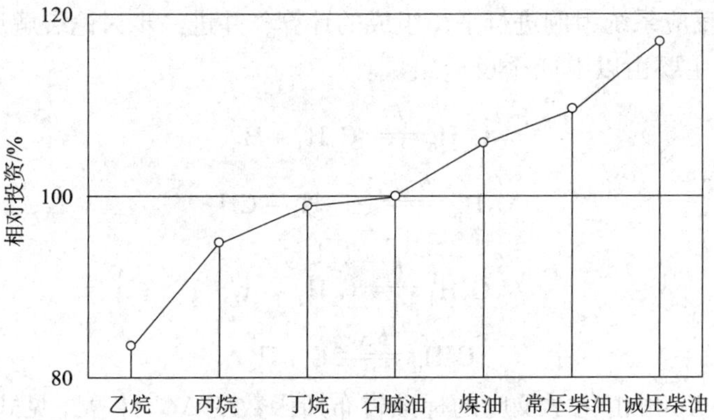

图 4－6 不同裂解原料投资图

三、裂解反应的热力学和动力学

1. 裂解反应的热效应

化学反应是化学工艺的核心，反应热效应的大小不仅决定反应器的传热方式、能量消耗和热量利用方案，而且对工艺流程和生产组织也起着极其重要的作用。由于裂解反应主要是烃分子在高温下裂解为较小分子的过程，所以是个强吸热过程。工业上实现裂解反应，必须知道有多少原料发生裂解、需要多少热量，为此要计算裂解反应的热效应。在管式炉中进行的裂解反应的热效应与传热的要求密切相关，影响到需要供给的热量、供热方式、沿管长的温度分布及产品分布，从而影响裂解气分离的工艺流程和技术经济指标。

裂解反应通常可作为等压过程处理，根据热力学第一定律，可将反应温度 t 下的裂解反应的等压反应热效应 ΔH_t(简称反应热)表示为：

$$\Delta H_t = \sum(\Delta H_f^{\ominus})_{产物} - \sum(\Delta H_f^{\ominus})_{原料} \tag{4-7}$$

已有的生成热数据大多以 298K 或 1100K 为基础，因此，在实际计算中大多以 298K 或 1100K 为基准温度计算反应热。在计算中一般先计算出 298K 或 1100K 下的反应热，再根据盖斯定律，设计一个方案，算出所需裂解温度下的反应热。

在反应热计算中所需的生成热数据可以从文献中查取，由于馏分油和裂解产物组分十分复杂，因此常用氢含量与生成热的关系估算油品生成热，并由此计算裂解反应的热效应。

馏分油裂解原料和裂解产物的液体组分，可由其氢含量 $w(H_2)$ 估算生成热。

馏分油裂解原料主要由饱和烷烃、芳烃、环烷烃组成，其生成热(1100K)可按式(4－8)估算：

$$H_f^{\ominus}(1100K) = 2.3262[1400 - 150w_f(H_2)] \tag{4-8}$$

裂解产物液相产品主要为烯烃、双烯烃和芳烃，其生成热(1100K)按式(4－9)估算：

$$H_p^{\ominus}(1100K) = 2.3262[2500.25 - 228.59w_p(H_2)] \tag{4-9}$$

式中，$H_f^{\ominus}$、H_p 分别为裂解原料和裂解液体产品在 1100K 的生成热，kJ/kg；$w_f(H_2)$、$w_p(H_2)$ 分别为裂解原料和裂解液体产品的氢含量(取值 0～100%)。

2. 裂解反应系统的化学平衡组成

裂解反应系统包括主反应和副反应，反应种类较多。尤其是重质原料，由于组分多，可能进行的反应十分复杂，往往不能确切写出各个反应式。故对于重质原料的裂解反应系统还难以用一般计算联立反应平衡组成的方法来处理。为了说明化学平衡的计算方法，现用简化的乙烷裂解反应系统为例进行平衡组成的计算，并进一步讨论裂解反应系统的规律。

乙烷裂解过程主要由以下四个反应组成：

$$C_2H_6 \xrightleftharpoons{K_{p1}} C_2H_4 + H_2$$

$$C_2H_6 \xrightleftharpoons{K_{p1a}} \frac{1}{2}C_2H_4 + CH_4$$

$$C_2H_4 \xrightleftharpoons{K_{p2}} C_2H_2 + H_2$$

$$C_2H_6 \xrightleftharpoons{K_{p3}} 2C + H_2$$

化学平衡常数 Kp 可由化学反应的标准吉布斯函数变 $\Delta G^{\ominus}$ 计算，见式(4－10)。

$$\Delta G^{\ominus} = -RT\ln K_p \tag{4-10}$$

通过计算可以得出以上各反应的平衡常数 K_{p1}、K_{p1a}、K_{p2}、K_{p3} 与温度的关系及温度与平衡组成的关系，分别列于表 4－10、表 4－11。

表 4－10 乙烷裂解温度与平衡常数的关系

温度/K	K_{p1}	K_{p2}	K_{p3}	K_{p1a}
1100	1.675	0.01495	6.556×10^{7}	60.97
1200	6.234	0.08053	8.662×10^{6}	83.72
1300	18.89	0.3350	1.570×10^{6}	108.74
1400	48.86	1.134	3.646×10^{5}	136.24
1500	111.98	3.248	1.032×10^{5}	165.87

表 4－11 乙烷裂解系统温度与平衡组成的关系

温度/K	$y^*_{H_2}$	$y^*_{C_2H_2}$	$y^*_{C_2H_4}$	$y^*_{C_2H_6}$	$y^*_{CH_4}$
1100	0.9657	1.473×10^{-8}	9.614×10^{-7}	5.486×10^{-7}	3.429×10^{-2}
1200	0.9844	1.137×10^{-7}	1.389×10^{-6}	2.194×10^{-7}	1.558×10^{-2}
1300	0.9922	6.320×10^{-7}	1.872×10^{-6}	9.832×10^{-8}	7.815×10^{-3}
1400	0.9957	2.731×10^{-6}	2.397×10^{-6}	4.886×10^{-8}	4.299×10^{-3}
1500	0.9974	9.667×10^{-6}	2.968×10^{-6}	2.644×10^{-8}	2.545×10^{-3}

根据表 4－10 和表 4－11 数据可以看出以下两个特征：

①从化学平衡的观点来看，如使裂解反应进行到平衡，所得烯烃很少，最后生成大量的氢和炭。为获得尽可能多的烯烃，必须采用尽可能短的停留时间进行裂解反应。

②乙烷裂解生成乙烯的反应平衡常数 K_{p1}、K_{p1a} 远大于乙烯消失反应的平衡常数 K_{p2}，随着温度升高，各平衡常数均增加，而 K_{p1}、K_{p1a} 与 K_{p2} 的差距更大。乙炔生炭反应的平衡常数 K_{p3} 虽然远高于 K_{p1}、K_{p1a}，但其值随温度升高而减小。因此，提高裂解温度对生成烯烃是有利的。

3. 烃类裂解反应动力学

烃类裂解时的主反应可按一级反应来处理，即：

$$\frac{-\mathrm{d}c}{\mathrm{d}t} = kc \tag{4-11}$$

移项并积分得：

$$kt = \ln\left(\frac{c_0}{c}\right) \tag{4-12}$$

根据转化率的定义，$c = c_0(1-x)$，代入式(4－12)得：

$$kt = \ln\frac{c_0}{c_0(1-x)} = \ln\frac{1}{(1-x)} \tag{4-13}$$

式中，c_0、c 分别表示反应前后原料烃浓度，mol/L；x 为原料烃转化率；t 为反应时间，s；k 为原料烃的反应速率常数，s^{-1}。

反应速率是浓度的函数，可用阿伦尼乌斯方程表示，见式(3－21)。

表 4－12 及图 4－7 列出了从乙烷到正戊烷的裂解反应速率常数、活化能及频率因子。

表 4－12 乙烷至正戊烷的裂解反应动力学常数

烃的种类	乙烷	丙烷	丙烯	异丁烷	正丁烷	正戊烷
$\lg A$	14.6737	12.6160	13.8334	12.3173	12.2545	12.2479
E/(kJ/mol)	302.54	250.29	281.44	239.23	235.80	232.07

对于较大分子的烷烃和环烷烃，Zdonik 根据实验数据推导出下列预测公式。

$$\lg\frac{k_i}{k_5} = 1.5\lg N_i - 1.05 \tag{4-14}$$

式中，k_i、k_5 分别表示碳原子数为 i 的烷烃和正戊烷的反应速度常数，s^{-1}；N_i 为待测烃的碳原子数。

图 4－8 列出了不同烃分子结构的反应速率常数 k_i 和正戊烷 k_5 的比值。由图可以推算出高碳原子数不同烃分子结构的反应速率常数 k_i。

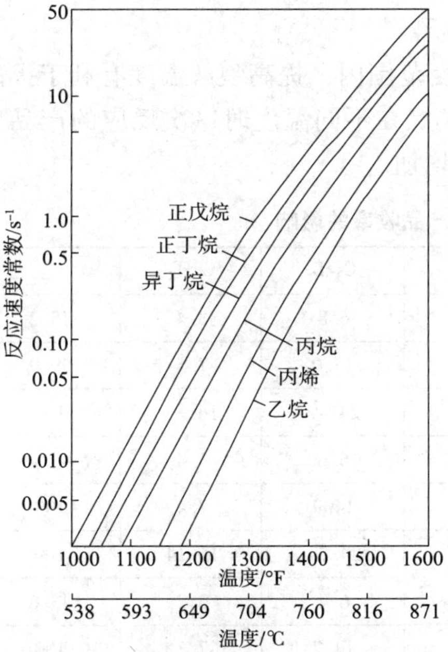

图 4－7 某些烃的裂解反应速率常数

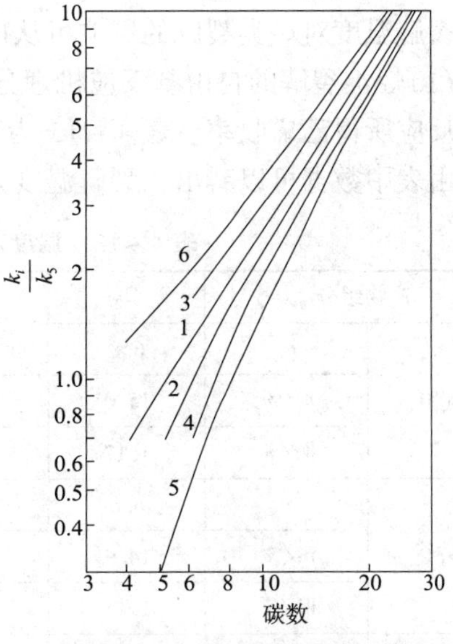

图 4－8 某些烃对正戊烷的相对反应速率常数值

1—正构烷烃；2—甲基位于第二碳上的支链烷烃；3—两个甲基位于两个分开的碳上的支链烷烃；4—环基环已烷；5—环基环戊烷；6—正 α－烯烃

烃裂解过程除发生一次反应外还伴随大量的二次反应，因此，按一级反应处理不能反映出实际裂解过程，二次反应大于一级反应。二次反应的反应速率基本上可做二级反应动力学处理，即：

$$r = \frac{-\mathrm{d}c}{\mathrm{d}t} = kc^2 \tag{4-15}$$

式中，c 为反应原料烃浓度，mol/L；k 为速率常数，L/(mol·s)。

例4-2：正己烷在管式炉内裂解，炉出口温度为800℃，停留时间为0.2s，设膨胀率为1，求其转化率 x_6。

解：查图4-8得

$n=6$ 时，$\frac{k_6}{k_5}=1.31$

则：$\lg k_5 = 12.2479 - \frac{232070}{8.314 \times 2.303 \times (800+273)} = 0.95$

得 $k_5 = 8.96\text{s}^{-1}$

$k_6 = 8.96 \times 1.31 = 11.73\text{s}^{-1}$

$\ln \frac{1}{1-x_6} = 11.73 \times 0.2 = 2.35$

$x_6 = 0.90$

第三节　烃类热裂解工艺参数及设备

一、裂解温度和停留时间

1. 裂解温度

裂解温度对烃类裂解的影响可从以下几个方面分析。

(1)烃类裂解的自由基反应机理分析。在一定温度范围内，提高裂解温度有利于提高一次反应所得乙烯收率。表4-13为理论计算的正戊烷在不同温度时一次反应的产品分布。由表中数据可以看出，裂解温度升高，乙烯收率增加。

表4-13　温度对正戊烷一次反应产品收率的影响

产物组分		H_2	CH_4	C_2H_4	C_3H_6	C_4H_8	Σ
800℃	n_i	6.8	9.4	18.8	6.8	3.4	45.2
	n_i/%	15.0	20.8	41.6	15.0	7.5	99.9
	W_i/%	1.17	12.89	45.13	24.49	16.33	100
900℃	n_i	6.6	9.3	18.6	6.6	3.3	44.4
	n_i/%	14.9	20.9	41.9	14.9	7.4	100
	W_i/%	1.15	13.00	45.49	24.21	16.14	100
1000℃	n_i	6.4	9.2	18.4	6.4	3.2	43.6
	n_i/%	14.7	21.1	42.2	14.7	7.3	100
	W_i/%	1.14	13.11	45.87	23.93	15.95	100

(2)烃类裂解反应的化学平衡即热力学分析。由于烃类裂解是强吸热反应，从第三章式(3-19)化学反应平衡常数与温度的关系式 $\lg K = \frac{-\Delta H^{\ominus}}{2.303RT} + C$ 可以看出，对于吸热反应，$\Delta H^{\ominus} > 0$，K 值随着温度升高而增大，有利于反应，产物的平衡收率增加。提高裂解温度有利于生成乙烯的反应，并相对减少乙烯消失的反应，因而有利于提高裂解的选择性。从裂解反应的化学平衡同样可以得出，裂解反应进行到反应平衡，烯烃收率甚微，裂解产物主要为氢和炭。因此，裂解生成烯烃的反应必须控制在一定的裂解深度范围内。

(3)烃类裂解反应的反应动力学分析。反应速率常数与温度的关系可用第三章式(3-21)阿伦尼乌斯方程表示，即：

$$k = A\exp\left(\frac{-E}{RT}\right)$$

由上式可知，k 总是随温度的升高而增加，反应温度每升高10℃，反应速率常数增大2~4倍；在低温范围增加的倍数比高温范围大些；活化能大的反应，其速率随温度升高而增长更快些。

由于不同裂解原料的反应速率常数大不相同，因此，在相同停留时间的条件下，不同裂解原料所需裂解温度也不相同。裂解原料相对分子质量越小，其活化能和频率因子越高，反应活性越低，所需裂解温度越高。

总之，不论是从自由基理论，还是从热力学和动力学来看，提高温度不仅有利于提高反应速度和平衡常数，还有利于提高生成乙烯的选择性和收率。

在控制一定裂解深度的前提下，可以有各种不同的裂解温度-停留时间组合。因此，对于生产烯烃的裂解反应而言，裂解温度与停留时间是一组相互关联不可分割的参数。而高温-短停留时间则是改善裂解反应产品收率的关键。

在某一停留时间下，存在一个最佳裂解温度，在此温度下，乙烯收率达到最高值。

2. 停留时间

管式裂解炉中物料的停留时间是指裂解原料经过辐射盘管(辐射段炉管)的时间。由于裂解炉管中裂解反应是在非等温变容条件下进行的，很难计算其真实的停留时间。工程中常用如下几种方式计算裂解反应的停留时间。

(1)表观停留时间。表观停留时间 t_B 定义如下式：

$$t_B = \frac{V_R}{V} = \frac{SL}{V} \tag{4-16}$$

式中，V_R 为反应器容积，m^3；V 为单位时间通过裂解炉管的气体体积，m^3/s；S 为裂解炉管截面积，m^2；L 为裂解炉盘管管长，m。

表观停留时间表述了裂解炉管内所有物料(包括稀释蒸汽)在管中的停留时间。

(2)平均停留时间。平均停留时间 t_A 定义如下：

$$t_A = \int_0^{V_R} \frac{dV_R}{\alpha_V V} \tag{4-17}$$

式中，dV 从0积分到 V_R。式(4-17)可近似为(4-18)：

$$t_A = \frac{V_R}{\alpha_V' V'} \tag{4-18}$$

式中，α_V为体积增大率，与转化率、温度、压力有关；α_V'为最终体积增大率；V为原料气的体积流量，m^3/s；V'为原料气在平均反应温度和平均压力下的体积流量，m^3/s。

在某一裂解温度下，存在一最佳停留时间，在此停留时间下，乙烯收率达到最高值。

3. 温度－停留时间效应

(1)温度－停留时间对裂解产品收率的影响。从裂解反应动力学可以看出，对给定原料而言，裂解深度(转化率)取决于裂解温度和停留时间。然而，在相同转化率下可以有各种不同的温度－停留时间组合。因此，相同裂解原料在相同转化率下，由于温度－停留时间的不同，所得产品收率并不相同。

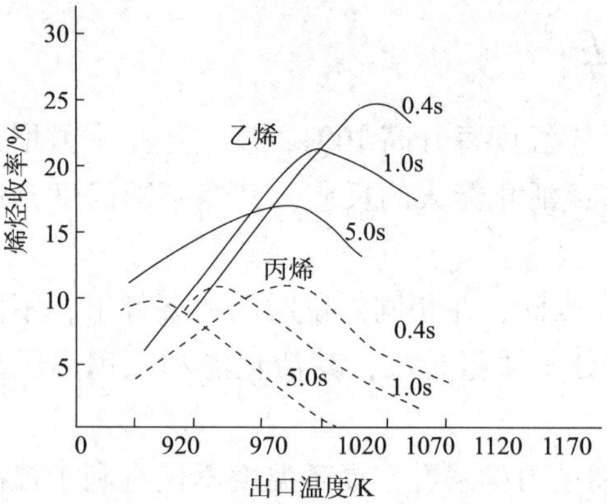

图4－9　温度对乙烯、丙烯收率的影响

图4－9为石脑油裂解时，乙烯收率与温度和停留时间的关系。由图可见，为使乙烯收率保持在最高值，改变裂解温度必须相应改变停留时间；反之亦然，如要缩短停留时间，则需要相应提高裂解温度。

温度－停留时间对产品收率的影响可以概括如下：

①高温裂解条件有利于裂解反应中一次反应的进行，而短停留时间又可抑制二次反应的进行。因此，对给定裂解原料而言，在相同裂解深度条件下，高温－短停留时间的操作条件可以获得较高的烯烃收率，并减少结焦。

②高温－短停留时间的操作条件可以抑制芳烃生成的反应，对给定裂解原料而言，在相同裂解深度下以高温－短停留时间操作条件所得裂解汽油的收率相对较低。

(2)裂解温度－停留时间的限制。

①裂解深度对温度－停留时间的限定。为达到较满意的裂解产品收率，需要达到较高的裂解深度，而过高的裂解深度又会因结焦严重而使清焦周期急剧缩短。工程中常以C_5和C_5以上液相产品氢含量不低于8%为裂解深度的限度，由此，根据裂解原料性质可以选定合理的裂解深度。在裂解深度确定后，选定了停留时间则可相应确定裂解温度；反之，选定了裂解温度也可相应确定所需的停留时间。

②温度限制。对于管式炉中进行的裂解反应，为提高裂解温度，就必须相应提高炉管管壁温度。炉管管壁温度受炉管材质限制。当使用Cr25Ni20耐热合金钢时，其极限使用温度低于1100℃；当使用Cr25Ni35耐热合金钢时，其极限使用温度可提高到1150℃。由于受炉管耐热程度的限制，管式裂解炉出口温度一般均限制在950℃以下。

③热强度(传热速率)限制。炉管管壁温度不仅取决于裂解温度，也取决于热强度。在给定裂解温度下，随着停留时间的缩短，炉管热通量增加，热强度增大，传热速率增加，即单位时间内需要的热量增加。因此，在给定裂解温度下，如何保证在短时间内将热量传递进去，就变成了实现高温－短停留时间的主要限制。

二、裂解压力

压力对裂解反应的影响

(1)从化学平衡角度分析。对于反应前后体积(摩尔数)减小的反应，即 $\Delta n<0$ 时，增大反应压力，平衡向生成产物的方向移动；对于体积(摩尔数)增加的反应，即 $\Delta n>0$ 时，增大反应压力，平衡向原料方向移动。

烃类裂解的一次反应是摩尔数增多的过程，对于脱氢的可逆反应，降低压力对提高乙烯平衡组成有利(断链反应因是不可逆反应，压力无影响)。而烃类聚合缩合的二次反应大多数是摩尔数减少的过程，降低压力可抑制其进行，减少结焦生炭，即对生产乙烯有利。

(2)从反应速率来分析。烃类裂解的一次反应多是一级反应或可按拟一级反应处理，其反应速率方程式为：

$$r_{裂}=k_{裂}C \tag{4-19}$$

而烃类聚合和缩合的二次反应多是高于一级的反应，其反应速率方程式为：

$$r_{聚}=k_{聚}C^n \tag{4-20}$$

$$r_{缩}=k_{缩}C_AC_B \tag{4-21}$$

压力虽然不能改变反应速率常数 k，但降低压力能降低反应物浓度 C，降低压力对一次反应、二次反应都不利，但反应的级数不同影响也有所不同。压力对高于一级的反应的影响比对一级反应的影响要大得多，也就是说，降低压力可增大一次反应对于二次反应的相对速率，提高一次反应的选择性。将裂解过程中压力对一次反应和二次反应的影响列于表 4-14。

表 4-14　裂解过程中压力对一次反应和二次反应的影响

	化学热力学因素		化学动力学因素		
反应类型	反应后体积变化	降低压力对提高平衡转化率的影响	反应级数	降低压力对加快反应速率的影响	降低压力对增大一次反应与二次反应的相对速率的影响
一次反应	增大	有利(对断链反应无影响)	一级反应	不利	有利
二次反应	减小	不利	高于一级反应	更不利	不利

通过表 4-14 可以看出，降低压力可以促进生成乙烯的一次反应，抑制发生聚合的二次反应，从而减轻结焦的程度。北京化工研究院通过在一定裂解深度范围内的实验数据关联得到烃分压与乙烯收率的关系如下：

$$y_{C_2H_4}=-10.51\lg P_{烃}+21.56 \tag{4-22}$$

式中，$y_{C_2H_4}$ 为乙烯收率，%；$P_{烃}$ 为烃分压，kPa。

三、稀释剂对裂解反应的影响

由于裂解是在高温下进行的，不宜采用抽真空减压的方法降低烃分压，这是因为高温密封不易，一旦空气漏入负压操作的裂解系统，与烃气体形成爆炸混合物，就有爆炸的危险；而且减压操作对以后分离工序的压缩操作也不利，要增加能量消耗。所以，采取添加稀释剂以降低烃分压是一个较好的方法。这样，设备仍可在常压或正压下操作，而烃分压则可降低。稀释剂理论上可用水蒸气、氮气或任一种惰性气体，但目前较为成熟的裂解方法均采用水蒸气作为稀释剂，其原因如下：

①裂解反应后通过急冷即可实现稀释剂与裂解气的分离，不会增加裂解气的分离负荷和困难。使用其他惰性气体为稀释剂时，反应后均与裂解气混为一体，增加了分离困难。

②水蒸气热容量大，使系统有较大热惯性，当操作供热不平稳时，可以起到稳定温度的作用，防止炉管过热。

③抑制裂解原料所含硫对镍铬合金炉管的腐蚀，保护炉管。这是因为高温水蒸气具有氧化性，能将炉管内壁氧化成一层保护膜，这样既防止了裂解原料中硫对镍铬合金炉管的腐蚀，又防止了炉管中铁、镍对生炭的催化作用。

④脱除焦炭，水蒸气对已生成的炭有一定的脱除作用，即 $H_2O + C \longrightarrow CO + H_2$。

⑤减少炉管内结焦。

⑥其他，如廉价、易得、无毒等。

稀释剂用量用稀释度 q 表示，其定义为：

$$\text{稀释度 } q = \text{稀释剂重量/原料烃的重量} \tag{4-23}$$

稀释剂的作用原理可用道尔顿分压定律来说明。道尔顿分压定律指系统总压等于系统内各组分分压之和，即：

$$P_{总} = \sum_{i=1}^{n} P_i \tag{4-24}$$

下面通过一个例题来看一看稀释剂所起的作用。

例4-3：汽油裂解时，炉出口压力为 0.8×10^5Pa(表)，水蒸气稀释度 $q = 0.5$(重)，裂解产物(不包括水)的平均分子量为30，求：(1)炉出口处的烃分压；(2)若炉出口处的压力提高到 1.35×10^5Pa(表)，而保持原来的烃分压不变，此时 q 为多大？

解：(1)以1kg原料为基准计算

$$y_{烃} = \frac{\frac{1}{30}}{\frac{1}{30} + \frac{0.5}{18}} = 0.545$$

$$P_{总} = (0.8 + 1) \times 10^5 = 1.8 \times 10^5 \text{Pa(绝)}$$

$$P_{烃} = 1.8 \times 10^5 \times 0.545 = 1 \times 10^5 \text{Pa}$$

(2) $P_{总} = (1.35 + 1) \times 10^5 = 2.35 \times 10^5 \text{Pa(绝)}$

$$P_{烃} = 2.35 \times 10^5 \times \frac{\frac{1}{30}}{\frac{1}{30} + \frac{q}{18}}$$

$$q = 0.82$$

水蒸气的稀释度 q 不宜过大，因为它使裂解炉的生产能力下降，能耗增加，急冷负荷加大。水蒸气稀释度大小与原料有关，不同裂解原料的稀释度参考值见表4-15。

表4－15 不同裂解原料下的稀释度

裂解原料	原料含氢量/%	结焦难易程度	稀释度/(kg/kg)
乙烷	20	较不易	0.25～0.4
丙烷	18.5	较不易	0.3～0.5
石脑油	14.16	较易	0.5～0.8
轻柴油	13.6	很易	0.75～1.0
原油	13.0	极易	3.5～5.0

四、裂解深度

1. 裂解深度的表示方法

裂解深度是指裂解反应进行的程度。由于裂解反应的复杂性，很难以一个参数准确地对其进行定量描述。根据不同情况，常常采用如下参数来衡量裂解深度。

(1)原料转化率。原料转化率反映了裂解反应时裂解原料的转化程度，因此，常用原料转化率来衡量裂解深度。混合轻烃裂解时，可分别计算各组分的转化率。馏分油裂解时，则以某一当量组分计算转化率，表征裂解深度。一般原料转化率越高，裂解深度越深。

(2)甲烷收率。由于甲烷比较稳定，基本上不因二次反应而消失，裂解所得甲烷收率总是随着裂解深度的提高而增加。因此，裂解产品中甲烷收率可以在一定程度上衡量反应的裂解深度。一般甲烷收率越高，裂解深度越深。

(3)液体产物的氢含量和氢碳比。随着裂解深度的提高，裂解所得氢含量高的 C_4 和 C_4 以下气态产物的产量逐渐增大。根据氢的平衡可以看出，裂解所得 C_5 和 C_5 以上的液体产品的氢含量和氢碳比将随裂解深度的提高而下降。馏分油裂解时，其裂解深度应以所得液体产物的氢含量不低于8%或氢碳质量比不低于0.087为限。一般裂解所得液体产物的氢含量或氢碳比越低，裂解深度越深，结焦越严重，清焦越频繁，操作周期越短。

(4)裂解炉出口温度。在炉型已定的情况下，炉管排列及几何参数已经确定。此时，对给定裂解原料及负荷而言，炉出口温度在一定程度上可以表征裂解的深度。一般裂解炉出口温度越高，裂解深度越深。

(5)裂解深度函数 S。考虑到温度和停留时间对裂解深度的影响，有人将裂解温度 T 与停留时间 θ 关联如下

$$S = T\theta^{m} \tag{4-25}$$

式中，T 为裂解温度，K 或℃；m 为与温度单位有关的常数，取值为0.027或0.06；S 为裂解深度函数；θ 为停留时间，s。

(6)动力学裂解深度函数(KSF)。如果将原料的裂解反应作为一级反应处理，则原料转化率 x 和反应速率常数 k 及停留时间 θ 之间存在如下关系：

$$\int k\mathrm{d}\theta = \ln\frac{1}{1-x} \tag{4-26}$$

$\int k\mathrm{d}\theta$ 可以表示温度分布和停留时间分布对裂解原料转化率或裂解深度的影响。在一定

程度上，$\int k\mathrm{d}\theta$ 可以定量表示裂解深度，它不仅是温度和停留时间分布的函数，同时也是裂解原料性质的函数，故将动力学裂解深度函数 *KSF* 定义为：

$$KSF = \int k\mathrm{d}\theta \tag{4-27}$$

为避开裂解原料性质的影响，实际中一般将正戊烷裂解所得的 $\int k\mathrm{d}\theta$ 定义为动力学裂解深度函数(*KSF*)，即

$$KSF = \int k_5 \mathrm{d}\theta = \int A_5 \exp\left(\frac{-E_5}{RT}\right)\mathrm{d}\theta \tag{4-28}$$

这样，动力学裂解深度函数 *KSF* 就变为与原料性质无关的参数，它反映了裂解温度分布和停留时间对裂解深度的影响。此法之所以选定正戊烷作为衡量裂解深度的当量组分，是因为在任何轻质油中，均有正戊烷，且在裂解过程中正戊烷含量只会减少，不会增加，选它作当量组分，足以衡量裂解深度。

2. 裂解深度与各参数之间的关系

在以上这些裂解深度的表示方法中，科研和设计中最常用的是动力学裂解深度函数 *KSF* 与转化率 x，而在实际生产上最常用的是出口温度 T_{out}。它们之间存在着一定的关系，可以进行彼此的换算。

(1)动力学裂解深度函数与转化率的换算。

由于烃类裂解的主反应是一级反应，即：

$$\frac{-\mathrm{d}c}{\mathrm{d}\theta} = k_5 c \tag{4-29}$$

$$\frac{-\mathrm{d}c}{c} = k_5 \mathrm{d}\theta \tag{4-30}$$

对于等温反应：

$$KSF = \int k_5 \mathrm{d}\theta = k_5\theta = \ln\frac{1}{1-x_5} = -\ln(1-x_5) \tag{4-31}$$

或

$$x_5 = 1 - \exp(-KSF) \tag{4-32}$$

这样就把动力学裂解深度函数 *KSF* 与转化率 x_5 联系起来了，可以实现彼此之间的换算。

(2)动力学裂解深度函数与出口温度的关系。

用动力学裂解深度函数衡量裂解深度较全面地考虑了温度和停留时间的影响。但对实际生产而言，调节裂解炉出口温度却是控制裂解深度的主要手段。因此，建立动力学裂解深度函数与炉出口温度 T_{out} 的关系具有实际意义。

如以炉出口温度 T_{out} 为参考温度，在此温度下的反应速率常数为 k_T，则可定义一个当量停留时间 θ_T：

$$KSF = \int k\mathrm{d}\theta = k_T\theta_T \tag{4-33}$$

根据阿伦尼乌斯公式 $k_T = A\exp\left(\frac{-E}{RT_{out}}\right)$ 得：

$$\ln k_{\mathrm{T}} = B - \frac{C}{T_{\mathrm{out}}} \tag{4-34}$$

代入得：

$$\ln KSF = B - \frac{C}{T_{\mathrm{out}}} + \ln\theta_{\mathrm{T}} \tag{4-35}$$

式中，B、C 为与频率因子和活化能有关的常数，由阿伦尼乌斯方程求出。由式(4－35)可以看出，若当量停留时间不变，炉出口温度 T_{out} 增加，ln*KSF* 也增加，即动力学裂解深度函数 *KSF* 数值增加。

五、裂解炉

热裂解过程是通过裂解炉来实现的。裂解炉包括蓄热式炉、砂子炉、管式炉等炉型。早在20世纪30年代，人们就开始研究用管式裂解炉高温法裂解石油烃。20世纪40年代，美国首先建立了管式裂解炉裂解制乙烯的工业装置。进入20世纪50年代后，由于石油化工的快速发展，世界各国竞相研究提高乙烯生产水平的工艺技术，并找到了高温－短停留时间可以大幅度提高乙烯收率这一关键技术。20世纪60年代初期，美国Lummus公司成功开发能够实现高温－短停留时间的SRT－Ⅰ型炉(Short Residence Time)，见图4－10。耐高温的铬镍合金钢管可使管壁温度高达1050℃，由此奠定了实现高温－短停留时间的工艺基础。以石脑油为原料，SRT－Ⅰ型炉可使裂解出口温度提高到800～860℃，停留时间减少到0.25～0.60s，乙烯产率得到了显著的提高。应用Lummus公司SRT型炉生产乙烯的总产量占全世界的一半左右。20世纪60年代末期以来，国际著名的公司如Stone&Webster、Linde－Selas、Kellogg、Foster－Wheeler、三菱油化公司等都相继提出了自己开发的新型管式裂解炉。

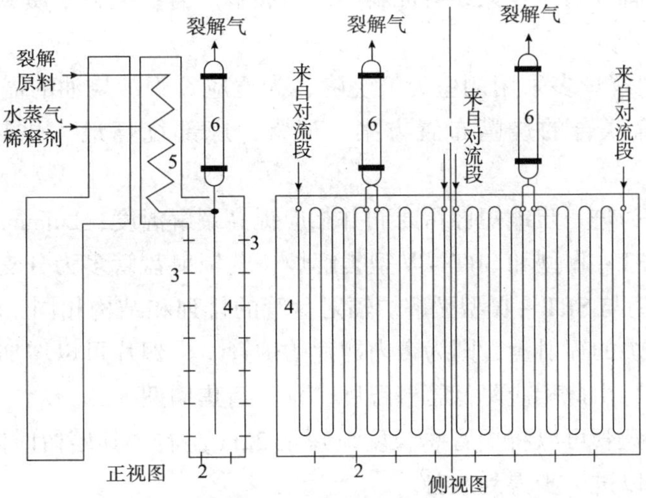

图4－10 SRT－Ⅰ型裂解炉示意图

1—炉体；2—油气联合烧嘴；3—气体无焰烧嘴；4—辐射段炉管；5—对流段炉管；6—急冷锅炉

1. 管式裂解炉

以Lummus公司的SRT－Ⅰ型裂解炉为例(见图4－10)，说明裂解炉的组成与工作原理。

(1)管式裂解炉的组成。管式裂解炉一般主要由对流室(段)、辐射室(段)、炉管、烧嘴、烟囱、挡板等几部分构成。

(2)管式裂解炉的工作原理。裂解原料首先进入管式裂解炉的对流段炉管升温，达到一定温度后与来自蒸汽发生器的稀释蒸汽混合继续升温到600～650℃，然后转向进入裂解炉的辐射段炉管继续升温，并发生裂解反应直到裂解炉出口温度即所谓的反应温度800～850℃离开裂解炉，最后高温裂解产物通过急冷换热器降温后，到后续进行预分馏。

2. 管式裂解炉主要型号及变革

制造管式裂解炉的公司主要有Lummus(SRT短停留时间炉)、Stone&Webster(USC超选择性炉)、Linde－Selas(HS高选择性炉)、Kellogg(MSF毫秒炉)、Foster－Wheeler、日本三菱油化(倒梯台下吹式炉)等。

国内叫法有方箱炉、圆筒炉、门式炉、梯台炉等。

(1)Lummus公司的SRT型裂解炉(短停留时间裂解炉)。在所有管式裂解炉中，Lummus公司的SRT型裂解炉是应用最广、最有代表性的裂解炉，它的发展与变革基本上代表了管式裂解炉的发展方向。因此，下面详细介绍Lummus公司的SRT型裂解炉的发展与变革，其他裂解炉只做简单介绍。

①炉型。Lummus公司的SRT型裂解炉为单排双辐射立管式裂解炉，已从早期的SRT－Ⅰ型发展为近期采用的SRT－Ⅵ型，不同炉型的结构参数及工艺参数比较见表4－16。SRT型裂解炉的对流段设置在辐射室上部的一侧，对流段顶部设置烟道和引风机。对流段内设置进料、稀释蒸汽和锅炉给水的预热。从SRT－Ⅲ型裂解炉开始，对流段上设置高压蒸汽过热，取消了高压蒸汽过热炉。在对流段预热原料和稀释蒸汽过程中，一般采用一次注入的方式将稀释蒸汽注入裂解原料中。当裂解炉需要裂解重质原料时，也采用二次注入稀释蒸汽的方案。

早期SRT型裂解炉多采用侧壁无焰烧嘴，为适应裂解炉烧油的需要，目前多采用侧壁烧嘴和底部烧嘴联合的烧嘴布置方案。通常，底部烧嘴最大供热量可占总热负荷的70%。

②盘管结构。为进一步缩短停留时间并相应提高裂解温度，Lummus公司在20世纪80年代相继开发了SRT－Ⅳ型和SRT－Ⅴ型裂解炉，其辐射盘管多为分支变径管，管长进一步缩短。SRT－Ⅴ型与SRT－Ⅳ型裂解炉辐射盘管的排列和结构相同，SRT－Ⅳ型为光管，而SRT－Ⅴ型裂解炉的辐射盘管则为带内翅片的炉管。内翅片可以增加管内给热系数，降低管内传热的热阻，由此相应降低管壁温度，延长清焦周期。

采用双程辐射盘管可以将炉管总长度缩短至22m左右，其停留时间可缩短到0.2s左右，裂解选择性可以进一步得到改善。

③SRT型裂解炉的优化及改进措施。裂解炉设计开发的基本思路是提高过程选择性和设备的生产能力，根据烃类热裂解的热力学和动力学分析，提高反应温度、缩短停留时间和降低烃分压是提高过程选择性的主要途径。自然短停留时间和适宜的烃分压以及高选择性带来的清焦周期的加长，则是提高设备生产效率的关键所在。

在众多改进措施中，辐射盘管的设计是决定裂解选择性、提高烯烃收率、提高裂解炉

表 4 –16　不同 SRT 型炉的结构参数及工艺参数比较

项目	SRT – Ⅰ	SRT – Ⅱ	SRT – Ⅲ	SRT – Ⅳ	SRT – Ⅴ	SRT – Ⅵ
开发时间	1953 ~ 1964 年	1972 年	1974 年	1984 年	1985 ~ 1987 年	1994 ~ 1999 年
炉管构型	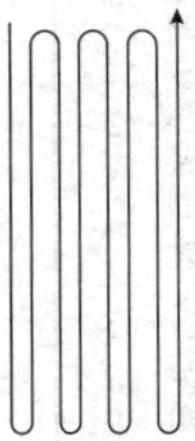	—	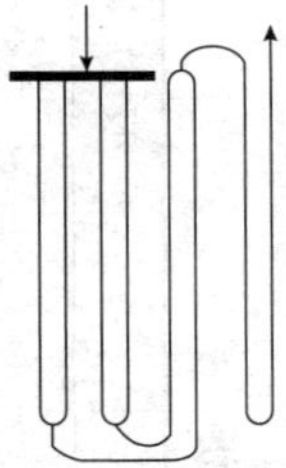	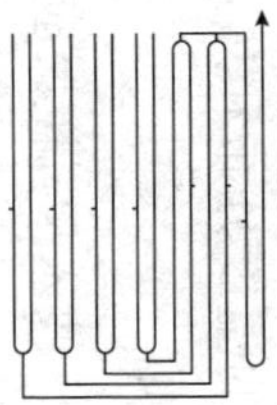	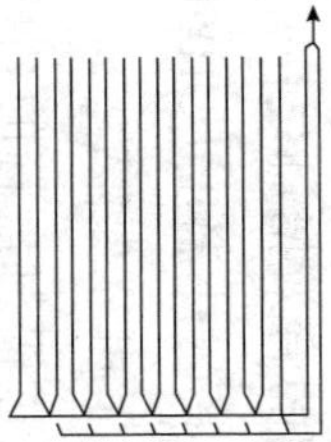	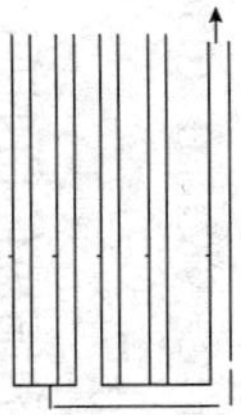
炉管内径/mm	φ75 ~ 133	一程 φ64，二程 φ96，三 ~ 六程 φ152	一程 φ64，二程 φ89，三、四程 146	一、二程 φ41.6，三、四程 φ116	一程 φ41.6，二程 φ116	一程 φ > 50，二程 φ > 100
炉管总长度/m	80 ~ 90	60.6	51.8	21.9	21.9	约 21
程数	6P 或 8P（1 – 1 – 1 – 1 – 1 – 1 – 1 – 1）	6P(4 – 2 – 1 – 1 – 1 – 1)	4P(4 – 2 – 1 – 1)	4 程(8 – 4 – 1 – 1)	2 程(16 – 2)	2 程(8 – 2)
每台炉炉管组数	4	6	6	4 ~ 6	4 ~ 6	16 ~ 24
每台炉 TLE 台数	2	3	3	3	4 ~ 6	6
停留时间/s	0.6 ~ 0.7	0.47	0.38	0.33	0.21 ~ 0.3	0.2 ~ 0.3
适用原料	乙烷 ~ 石脑油	乙烷 ~ 柴油	乙烷 ~ 重柴油	乙烷 ~ 加氢尾油	乙烷 ~ 加氢尾油	乙烷 ~ 加氢尾油
最高允许温度/℃	1100	1100	1100	1115	1115	1125
单台炉生产能力/(kt/a)	20 ~ 30	30 ~ 40	45 ~ 50	30 ~ 60	30 ~ 60	50 ~ 100
炉子热效率/%	87	87 ~ 91	92 ~ 93.5	约 94	> 94	> 95

对裂解原料适应性的关键。改进辐射盘管的结构，成为管式裂解炉技术发展中最核心的部分。早期的管式裂解炉采用相同管径的多程盘管。其管径一般均在 100mm 以上，管程多为 8 程以上，管长近 100m，相应平均停留时间为 0.6 ~ 0.7s。

对一定直径和长度的辐射盘管而言，提高裂解温度和缩短停留时间均会增大辐射盘管的热强度，使管壁温度随之升高。换言之，裂解温度和停留时间均受辐射盘管耐热程度的限制。改进辐射盘管金属材质是适应高温 - 短停留时间的有效措施之一。目前，广泛采用 25Cr35Ni 系列的合金钢代替 25Cr 20Ni 系列的合金钢，其耐热温度从 1050 ~ 1080℃ 提高到 1100 ~ 1150℃。这为提高裂解温度、缩短停留时间提供了可靠保障。

提高裂解温度和缩短停留时间的另一重要途径是改进辐射盘管的结构。几十年来，相继出现了单排分支变径管、混排分支变径管、不分支变径管、单程等径管等不同结构的辐射盘管。辐射盘管结构尺寸的改进都着眼于改善沿盘管的温度分布和热强度分布，提高盘管的平均热强度，由此达到高温 - 短停留时间的操作条件。

根据反应前期和反应后期的不同特征，采用变径管，使入口端（反应前期）管径小于出口端（反应后期），这样较等径管的停留时间要短，而传热强度、处理能力和生产能力有所提高。变径管的分析见表 4 - 17。

表 4 - 17　变径管的分析

项目	反应前期	反应后期
管径	较小	较大
压力降	由于反应转化率尚低，管内流体体积增大不多，以致线速度增大不多，由于管径小而引起压力降不严重，不致严重影响平均分压的增大	此时转化率较高，管内流体体积增大较多，以致线速度增大较多，由于管径小而引起压力降较严重，故采用较大管径为宜
热强度	由于原料升温，转化率增长快，需要大量吸热，所以要求热强度大。管径小可使比表面积增大，可满足此要求	转化率已较高，增长幅度已不大，对于热强度要求不高。管径大一些，对于传热的影响不显著
结焦趋势	转化率尚低，二次反应尚不致发生，不致结焦，允许管径小一些	转化率已较高，二次反应已经发生，结焦可能性较大，用较大管径可以延长操作周期
主要矛盾	加大热强度是主要矛盾，压力降和结焦是次要矛盾，故管径宜小些	避免压力降过大、防止结焦、延长操作周期是主要矛盾，传热是次要矛盾，故用较大直径

总之，为了适应高温、短停留时间，Lummus 公司的 SRT 裂解炉的炉管结构做了大量变革。从表 4 - 16 可总结出，裂解炉或炉管发展趋势主要体现在分支变径、管径先细后粗、程数越来越少、管长越来越短、耐温越来越高。达到的效果是：裂解温度越来越高、停留时间越来越短、乙烯收率越来越高、原料适用范围越来越宽、裂解炉热效率越来越高。

（2）其他管式裂解炉。

①斯通 - 韦伯斯特（Stone&Webster）公司超选择性裂解炉（USC）。这种炉子采用单排双面辐射多组变径炉管的管式炉结构。新构型可使烃类在较高的选择性下操作，故称为超选

择性裂解炉。每组炉管呈 W 形，由 4 根管径各异的炉管组成，每台炉内装有 16 组、24 组或 32 组炉管，每组炉管前两根为 HK－40 管，后两根是 HP－40 管，均系离心浇铸内壁经机械加工而成。每组炉管的出口处和在线换热器 USX 直接相连接。裂解产物在 USX 中被急冷以防止发生二次反应。USX 所发生的高压水蒸气经过热后作为装置的动力及热源。每台炉子的乙烯生产能力约为 40kt/a。

②凯洛格(Kellogg)公司毫秒炉(MSF)。凯洛格公司的毫秒炉为立管式裂解炉，其辐射盘管为单程直管，管内径为 24～38mm，管长为 10～13m。对流段设置在辐射室的上侧，对流段顶部设置烟道与引风机。原料和稀释蒸汽在对流段预热至横跨温度后，通过横跨管和猪尾管由裂解炉底部送入辐射管，物料由下向上流动，由辐射室顶部出辐射管而进入第一废热锅炉。裂解轻烃时，常设三级废热锅炉；裂解馏分油时只设两级废热锅炉。对流段还预热锅炉给水并过热超高压蒸汽。炉子热效率为 93% 左右。

毫秒炉采用底部烧嘴，可烧气也可烧油，燃烧火焰的喷射方向与工艺物流方向相同。炉膛上部向内倾斜约 30°，使烟气形成活塞流，以此保证上部炉管两边的高温烟气流量均匀；炉膛下部为垂直侧壁，正常的回流保证了高温条件下的均匀加热，使入口端有较高的热负荷。

由于毫秒炉管径小，单台炉管数量大，为保证辐射管流量均匀，在辐射管入口设置文丘里管均匀流量分配。

毫秒炉的辐射管为并列直管，其长为 10～13m，管内径为 24～38mm。毫秒炉的特点是停留时间极短，可控制在 0.1s 以内，故得名为毫秒炉。由于停留时间的大幅度缩短，毫秒炉裂解产品的乙烯收率大幅度提高。对于丁烷和馏分油而言，与 0.3～0.4s 停留时间的裂解过程比，毫秒炉裂解过程可使乙烯收率提高 10%～15%。但同时由于裂解深度的提高，炔烃收率随之提高，增加了加氢脱炔的负荷。

③林德(Linde)公司裂解炉。林德公司最早的裂解炉称为 LSCC 型(Linde－Selas－Combined Coil)，现改称为 Pyrocrack 型。Pyrocrack 型裂解炉通常由一个对流段和两个辐射段构成。Pyrocrack 型裂解炉对流段通常设有原料预热、稀释蒸汽过热、锅炉给水预热及高压蒸汽过热管束。为提高裂解炉对轻重裂解原料的适应性，Pyrocrack 型裂解炉大多采用稀释蒸汽二次注入的方式。

Pyrocrack 型裂解炉对流段炉管排布通常为每排 8～16 根炉管，对流段的物料通过文丘里管均匀分配到每组辐射段炉管中。Pyrocrack 型裂解炉供热方式采用底部供热与侧壁供热相结合的供热方案，侧壁约占 40%，底部约占 60%。

Pyrocrack 型裂解炉的辐射段炉管为分支变径管。20 世纪 80 年代采用 Pyrocrack4－2(LSCC4－2)型炉管，这种炉管为 6 程混排分支变径管。前 4 程为 2 根内径 64mm 的双排管，第 5 程和第 6 程为 1 根内径 135mm 的单排管。每组炉管长度为 55m，停留时间为 0.4～0.5s，此种炉管比较适合于重质原料及气体原料的裂解。

为进一步提高裂解温度、缩短停留时间，林德公司在 Pyrocrack4－2 的基础上减少管程，缩短管长，经过改进开发出 Pyrocrack2－2(LSCC2－2)型炉管。该型炉管为 4 程混排分支变径管，前两程为内径 78mm 的双排管，第 3 程和第 4 程为内径 112mm 的单排管，每组炉管长度为 36～42m。由于管长缩短，其停留时间为 0.25～0.30s，每组炉管的处理能力较 Pyrocrack4－2 要低一些。此种构型炉管同样可较好地裂解重质原料和气体原料。为了充分实现“高温、短停留时间、低烃分压”的目标，林德公司推出了两程高选择性炉管 Pyrocrack1－1 型(LSCC1－1)。该种构型的炉管第 1 程为 2 根内径 43mm 的炉管，第 2 程为 1 根内径 62mm 的炉管，炉管总长 17～19m，停留时间 0.15～0.20s。此种炉管比较适合液体原料的裂解。由于 Pyrocrack 1－1 型辐射盘管管长进一步缩短，停留时间缩短到 0.2s 以内，其裂解选择性明显得到改善。

④国产炉。

a. CBL 型裂解炉。目前用于裂解液体原料设计的炉管类型有 2－1 型、改进 2－1 型及 4－1 型等高选择性两程炉管。一程采用小直径炉管快速升温；二程采用较大直径炉管，以利于降低烃分压。技术人员可根据不同裂解原料和能力要求，选用相应的炉管构型。

无论 2－1 型、改进 2－1 型，还是 4－1 型炉管，均有较大的比表面积。特别是第一程炉管的比表面积达 75～95m^2/m^3，加快了物料在入口端的升温速度，提高了炉管前端的管壁温度，缩小了整个炉管的管壁温差，能够有效利用整体炉管。其中 2－1 型、改进 2－1 型炉管可配置线性或 U 形急冷锅炉。这几种高选择性炉管均很好地体现了高温、短停留时间、低烃分压的特点。炉管构型参数选择符合世界裂解技术发展趋势，其选择性相近，均具有良好的裂解选择性和适宜的运行周期。可采用一级或二级急冷，对轻质油采用一次注入稀释蒸汽，对重质油采用二次注入稀释蒸汽，底部和侧部联合供热，通常底部占 60%，热效率可达 93%～94%，采用变频调速引风机。

用于裂解气体原料设计的炉管类型采用停留时间适中的四程炉管(2－1－1－1)，其停留时间可根据实际情况维持在 0.4～0.8s。设计的主要出发点为 1 组 2－1－1－1 型炉管与 1 台线性急冷锅炉相连接，急冷方式可以是线性或 U 形急冷锅炉，采用二级或者三级急冷。在原料适应性方面，CBL 裂解技术已涵盖气体原料到加氢裂化尾油，裂解炉能力从 20kt/a 到 100kt/a。

b. SL－Ⅰ/Ⅱ型裂解炉。SL－Ⅰ/Ⅱ型裂解炉作为当今世界上最先进的炉型之一，具有生产能力大、裂解选择性好、产品收率高、能耗低等特点。

SL－Ⅰ/Ⅱ型裂解炉对流段包括上部原料进料预热盘管、锅炉给水预热盘管、下部原料进料预热盘管、上部混合物料预热盘管、蒸汽过热盘管、稀释蒸汽过热盘管、下部混合物料预热盘管，其中蒸汽过热盘管分为上部蒸汽过热盘管、中部蒸汽过热盘管和下部蒸汽过热盘管。SL－Ⅱ型重质油炉为防止重质原料在对流段结焦，在上部原料混合预热盘管出口和下部混合物料预热盘管进口之间设有喷嘴混合器，一次稀释蒸汽注入下部原料进料预热盘管后，再进入上部混合物料预热盘管；二次稀释蒸汽在稀释蒸汽过热盘管中过热，进入喷嘴混合器。轻质油炉因不需处理可能在对流段结焦的裂解原料而没有安装喷嘴混合器，全部的稀释蒸汽一次注入下部原料预热出口，然后一起进入上部混合预热盘管。

辐射段炉管垂直布置在辐射室的中央，接受高温火焰的双面辐射。每台炉有 6 组进料管，SL－Ⅰ型炉辐射段共有 24 组“4－2”炉管，每组炉管包括 8 个 2－1 炉管结构。SL－Ⅱ型辐射段共有 24 组“4－1”炉管，每组炉管构型为“16－4”，均为两程异径分支管。每组炉管有 4 根出口管进入废热锅炉。每台炉辐射段第一程入口管上均安装一个文丘里喉管，它的作用是使通过第一程的16根炉管流量能均匀分布，以解决各炉管之间的由于结焦状况差异阻力降不同而造成流量分布不均的问题。采用吊架结构，以消除热应力减少炉管变形，延长使用寿命。辐射段炉管采用Lummus炉管，其压降低、反应停留时间短。

SL－Ⅰ/Ⅱ型裂解炉采用的废热锅炉TLE为“浴缸”式立式换热器，它集中了双套管换热器和管壳式换热器的最佳特点，其入口封头呈浴缸形，换热管布置为椭圆形。TLE入口封头有4个管嘴，分别与对应的一根辐射段炉管相连接，高温裂解气进入下部浴缸式的腔体内向上流动。由于该TLE使用了大直径的管子并且在入口区消除了管板后的涡流，裂解气在TLE中的相对停留时间大大降低且其压降很小，大大降低了结焦的速率，因而TLE预期的清焦周期要比传统的TLE长得多。

SL－Ⅰ/Ⅱ型裂解炉的燃烧器分为炉膛底部燃烧器和炉膛侧壁燃烧器，每台炉共有36个底部燃烧器和48个侧壁燃烧器，底部烧嘴在炉管两侧对称排列，每排18个；侧壁烧嘴在炉墙两侧，每侧两排，每排12个。正常运行时炉膛底部燃烧器提供大约85%的热负荷，其余的15%热负荷则由炉膛侧壁燃烧器提供，这种组合优化了炉膛底部至拱顶的辐射热通量分布，确保炉内温度场分布均匀。

(3)非管式裂解炉。

在烃类热裂解中，除了管式裂解炉外，还有非管式裂解炉，如蓄热式炉、沙子炉等，由于目前在乙烯生产中几乎都不在应用，此处就不做介绍了。

六、急冷换热器

1. 裂解产物急冷

裂解炉出口的高温裂解产物在出口高温条件下将继续进行裂解反应，由于停留时间的增长，二次反应加剧，结焦严重，烯烃损失随之增多。为此，需要将裂解炉出口高温裂解产物尽快冷却，通过急冷以终止其裂解反应。当裂解产物温度降至650℃以下时，裂解反应基本终止。急冷可分为间接急冷和直接急冷。

(1)间接急冷。裂解炉出来的高温裂解产物温度在800～900℃，在急冷降温过程中要释放出大量热，是一个可以利用的热源。为此，可用换热器进行间接急冷，回收这部分热量发生蒸汽，以提高裂解炉的热效率，降低产品成本。用于此目的的换热器称为急冷换热器。急冷换热器与汽包所构成的发生蒸汽的系统称为急冷(废热)锅炉(也有直接将急冷换热器称作急冷锅炉的)。使用急冷锅炉的主要目的是终止裂解反应(二次反应)和回收废热。

(2)直接急冷。直接急冷的方法是在高温裂解产物中直接喷入冷却介质，冷却介质被高温裂解产物加热而部分汽化，由此吸收裂解产物所携带的热量，使高温裂解产物迅速冷却。根据冷却介质的不同，直接急冷可分为水直接急冷和油直接急冷。

(3)急冷方式的对比。裂解产物直接急冷设备费用少，操作简单，系统阻力小，由于是冷却介质直接与裂解产物接触，传热效果较好，急冷效果好，但形成大量含油污水，油水分离困难，且难以回收利用裂解产物的热量；而间接急冷对能量利用较合理，可回收裂解产物被急冷时所释放的热量，经济性较好，且无污水产生，故工业上多用间接急冷。

2. 急冷换热器(急冷锅炉)

一般对急冷锅炉的要求是结焦少，能长期连续运转；可回收超高压蒸汽，热效率高；结构简单，稳定性好；投资低。目前，世界上采用的急冷锅炉形式很多，简单介绍如下。

(1)斯密特(Schmidt)急冷锅炉。斯密特急冷锅炉是一个双套管换热器，又称 SHG 型废热锅炉。它的特点是，以椭圆形直排集流管代替管板，避免了高温条件下使用厚管板和厚壁容器的问题。

由于斯密特急冷锅炉属于刚性结构，不能承受过大的温差应力，因此，不能在停锅炉给水的情况下烧焦。

斯密特急冷锅炉除广泛用于一级急冷锅炉外，也常用于第二级急冷锅炉。Lummus 公司早期采用 TLX 一级急冷的方法，采用斯密特型急冷锅炉。20 世纪 70 年代的斯密特型急冷锅炉，就年产 300kt 的乙烯装置而言，每台采用 126 根双套管组成的列管。最新型的斯密特型急冷锅炉，列管数减少，套管的管径增大，锅炉套管数为 104 根，这种新型锅炉可延长清焦周期。

(2)Borsig 型(薄管板型)急冷锅炉。Borsig 型急冷锅炉的结构与一般管式换热器相似，由管板、壳体、薄管板等组成。其特点是高温裂解气进口处的管板被设计成薄而断面系数较大的栅板，管板厚度只有 15～20mm。薄管板结构避免了厚管板在高温下容易造成管子和管板结合处损坏的问题，但制造难度较大，裂解气出口处仍采用一般厚管板，壳体须承受高压，因此制造成本较高。

(3)M－TLX 型(三菱形)急冷锅炉。M－TLX 型(三菱形)急冷锅炉是在双套管的基础上，由三菱重工和三菱油化联合开发的。它是立式管壳式换热器，由壳体、汽包螺旋状冷却管、双套管和气体进出口通道等部件组成。

由于冷却高温裂解产物的内管是通过套管穿入和穿出高压汽包筒体连接的，容易造成因过热而损坏的问题。同时，由于内管在汽包筒体内呈螺旋形排列，因此能吸收相当大的温差应力，这就可在裂解炉炉管烧焦的同时进行急冷锅炉的烧焦。

(4)USX 型急冷锅炉。USX 型急冷锅炉是 S. W 公司针对 USC 型裂解炉的特点开发的两段急冷锅炉，第一段为立式双套管急冷器(称 USX)，第二段为卧式列管换热器(称为 TLX)。

采用两级急冷锅炉是为解决裂解炉辐射段炉管的短停留时间与裂解气在急冷锅炉入口处停留时间长的矛盾。采用两级急冷锅炉的出发点是，用一台单管急冷锅炉与辐射段炉管出口相连接，尽可能缩短连接长度，同时避开管壳式换热器入口封头处由于气流的返混而造成的停留时间长的问题。这样大大缩短了裂解气在高温区的停留时间，减少了二次反应，改善了裂解的选择性。一般用一级急冷锅炉将裂解气冷却至 600～650℃再送入第二级急冷锅炉冷却至规定要求的温度。

急冷换热器是裂解气和 8.7～12MPa 下的高压水经列管式换热器间接换热使裂解气骤冷的重要设备。它使裂解气在极短的时间(0.01～0.1s)内，温度由 800～900℃下降到露点左右。急冷换热器的运转周期应不低于裂解炉的运转周期，为减少结焦发生应采取如下措施：一是增大裂解气在急冷换热器中的线速度，以避免返混而使停留时间拉长造成二次反应；二是必须控制急冷换热器出口温度，要求裂解气在急冷换热器中冷却温度不低于其露点。如果冷到露点以下，裂解气中较重组分就要冷凝下来，在急冷换热器管壁上形成缓慢流动的液膜，既影响传热又因停留时间过长发生二次反应而结焦。

裂解原料的氢含量的高低，决定了裂解气露点的高低。对于体积平均沸点在130～400℃的裂解原料油，其出口温度可按下列经验公式计算。

$$T_{出} = 0.56T_B + \alpha \tag{4-36}$$

$$T_B = (T_{10} + T_{30} + T_{50} + T_{70} + T_{90})/5 \tag{4-37}$$

式中，$T_{出}$为裂解气在急冷换热器的出口温度，一般在450～600℃范围内,℃；α值在340～420℃范围内变动，因裂解深度而异，裂解深度较深时，α取较大值；T_B为裂解原料的体积平均沸点,℃；T_{10}、T_{30}、T_{50}、T_{70}、T_{90}分别表示馏出液体积分数为10%、30%、50%、70%、90%时的馏出温度,℃。

式(4-36)的关系可用图4-11表示。

图4-11中画有斜线的部分是急冷换热器出口温度范围，此带有一定宽度，表示不同裂解深度的影响，即式(4-36)中α值大小的影响。

裂解气在急冷换热器运转初期的出口温度原则上应与裂解气露点温度相适应，因此急冷换热器设计的初期出口温度随裂解原料的不同而有一定差别，相应急冷换热器终期出口温度也将因裂解原料不同而不同，从副产蒸汽回收量减少的程度和急冷换热器出口管耐热的限制考虑，通常将急冷换热器终期出口温度限定为轻烃油380～420℃；石脑油400～450℃；轻柴油480～560℃；减压柴油600～650℃。

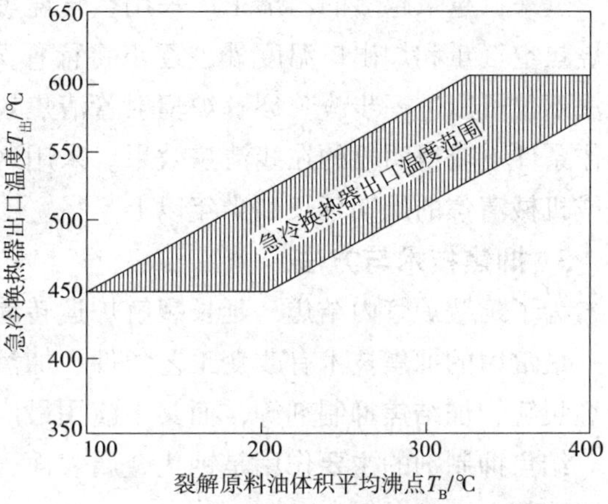

图4-11　急冷换热器出口温度与原料体积平均沸点的关系

七、裂解炉和急冷换热器的结焦与清焦

1. 裂解炉和急冷换热器结焦的判据

管式裂解炉辐射盘管和急冷换热器换热管在运转过程中会有焦垢生成，必须定期进行清焦。对管式裂解炉而言，如下任一情况出现均应停止进料，进行清焦：

①裂解炉辐射盘管管壁温度超过设计规定值；

②裂解炉辐射段入口压力增加值超过设计值。

此外，如燃料用量增加、裂解炉出口乙烯收率下降、裂解炉出口温度下降、裂解炉炉管局部过热(外表面颜色不均匀)等，也可作为炉管结焦的判据。

对于急冷换热器而言，如下任一情况出现均应对急冷换热器进行清焦：

①急冷换热器出口温度超过设计值；

②急冷换热器进出口压差超过设计值。

2. 裂解炉、急冷换热器结焦的危害和清焦的方法

前已叙及裂解炉炉管和急冷换热器内管一旦结焦，轻者影响传质、传热，增加流动阻

力，重者造成阻塞、停工、停产，影响操作周期，所以当焦垢结到一定程度必须进行清焦。

裂解炉炉管和急冷换热器内管的焦垢均可用蒸汽清焦法、空气烧焦法或蒸汽－空气清焦法进行清理。这些清焦方法的原理是利用蒸汽或空气中的氧与焦垢反应而达到清焦的目的，如下反应所示。

$$C + O_2 \longrightarrow CO_2 + Q$$

$$2C + O_2 \longrightarrow 2CO + Q$$

$$C + H_2O \longrightarrow CO + H_2 - Q$$

清焦的方式有烧焦、水力清焦和机械清焦。蒸汽－空气清焦法是在裂解炉停止烃进料后，通入空气进行清焦，通过对炉出口气分析，逐步加大空气量，当出口干气中 $CO + CO_2$ 含量低于0.2%～0.5%(体积)后，清焦结束。

近来，越来越多的乙烯工厂采用空气烧焦法。此法除在蒸汽－空气烧焦法的基础上提高烧焦空气量和炉出口温度外，逐步将稀释蒸汽量降为零，主要烧焦过程为纯空气烧焦。此法不仅可以进一步改善裂解炉辐射管清焦效果，而且可使急冷换热器在保持锅炉给水的操作条件下获得明显的在线清焦效果。采用这种空气清焦方法，可以使急冷换热器水力清焦或机械清焦的周期延长到半年以上。

3. 抑焦技术与方法

为了延缓炉管内结焦，延长裂解炉运转周期，可以采用不同的抑焦技术和方法。

最常用的抑焦技术有改变工艺条件、加氢热裂解、原料预处理、炉管表面预处理、混合烃裂解、加结焦抑制剂等，而其中应用最广泛的是加入结焦抑制剂。

结焦抑制剂的主要作用是钝化金属表面、改变自由基历程、催化水煤气反应、改变焦的形态等。

工程上常用的结焦抑制剂的种类是含硫、含磷、含硅、含氮等的化合物。

第四节　裂解产物预分馏及裂解气净化精馏分离

一、裂解产物的预分馏

1. 裂解产物预分馏的目的与任务

裂解炉出口的高温裂解产物经急冷换热器的冷却，再经油急冷器进一步冷却后，温度可以降到200～300℃，将急冷后的裂解气进一步冷却至常温，并在冷却过程中分馏出裂解产物中的重组分(如燃料油、裂解汽油、水分)，这个环节称为裂解产物的预分馏。经预分馏处理后得到的裂解气再送至裂解气压缩与净化过程，最后进行深冷分离。显然，裂解产物的预分馏过程在乙烯装置中起着十分重要的作用，具体如下：

①经预分馏处理，尽可能降低裂解气的温度，从而保证裂解气压缩机的正常运转，并降低裂解气压缩机的功耗。

②裂解产物经预分馏处理，尽可能分馏出裂解产物中的重组分，减少进入压缩分离系统的进料负荷。

③在裂解产物的预分馏过程中将裂解产物中的稀释蒸汽以冷凝水的形式分离回收，用

以发生稀释蒸汽，从而大大减少污水排放量。

④在裂解产物的预分馏过程中继续回收裂解产物低能位热量。通常，可由急冷油回收的热量发生稀释蒸汽，由急冷水回收的热量进行分离系统的工艺加热。

2. 预分馏工艺流程描述与工艺参数分析

1)预分馏工艺流程概述

裂解原料油入裂解炉后，经过高温裂解，裂解产物从裂解炉顶出，入急冷换热器回收热量后，再进急冷器用急冷油喷淋降温至220～300℃。冷却后的裂解产物进入油洗塔(汽油分馏塔)，塔顶用裂解汽油喷淋，塔顶温度控制在105～109℃，保证裂解气中的水分从塔顶出油洗塔。塔釜温度则随裂解原料的不同而控制在不同水平，以石脑油为裂解原料时，塔釜温度控制在175～190℃；以柴油为裂解原料时，一般控制在195～210℃。塔釜所得燃料油产品，一部分作为稀释蒸汽的热源，回收裂解气的热量。经稀释蒸汽发生系统冷却的急冷油，大部分送急冷器以喷淋高温裂解产物，少部分急冷油进一步冷却后作为油洗塔中段回流。Lummus公司裂解产物预分馏流程示意见图4－12。

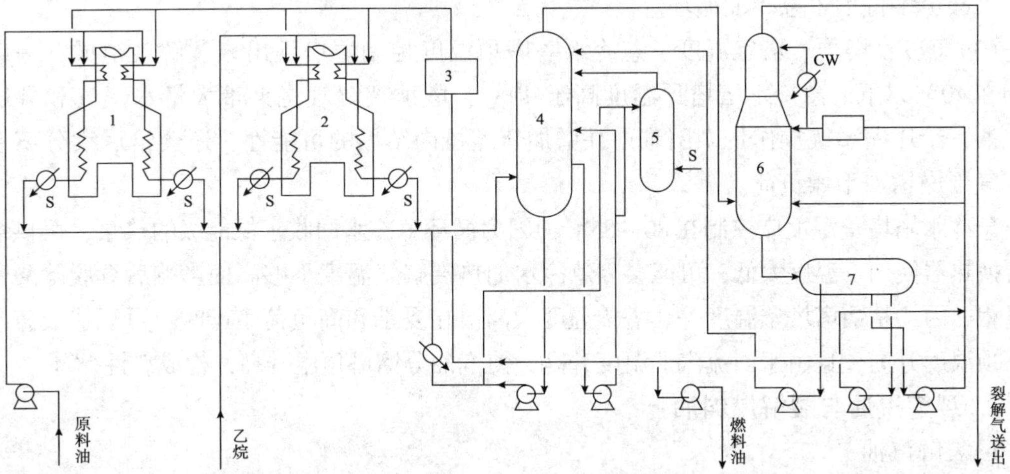

图4－12 Lummus公司裂解产物预分馏流程示意图

1—石脑油裂解炉；2—乙烷裂解炉；3—蒸汽发生器；4—油洗塔；5—燃料油汽提塔；6—水洗塔；7—油水沉降槽

油洗塔塔顶气体进入水洗塔，塔顶用急冷水喷淋并控制在40℃左右，塔顶得到的裂解气送入裂解气压缩机。塔釜温度80℃左右，可分馏出裂解产物中大部分水分和裂解汽油。塔釜油水混合物经油水沉降槽油水分离，分离出的水(称为急冷水)经冷却后送入水洗塔作为塔顶喷淋，另一部分则送至稀释蒸汽发生器发生蒸汽，供裂解炉使用。油水分离所得裂解汽油馏分，部分送至油洗塔作为塔顶喷淋，另一部分则作为产品采出。

2)预分馏系统工艺参数分析

预分馏系统的重要工艺参数包括汽油分馏塔顶温度、急冷油温度、急冷水塔顶温度、急冷水塔釜温度等。

(1)汽油分馏塔顶温度。汽油分馏塔塔顶温度控制着塔顶出口物料的组成，一般应控制在105～109℃，最高不超过120℃，最低不小于100℃。超过120℃后，裂解轻质油混入裂解汽油中，会增加急冷水塔的热负荷，油水沉降分离效果变差，裂解汽油干点提高，不利于后续装置的操作；此外，汽油分馏塔侧线采出及塔釜循环急冷油变重，黏度增大，给急冷油循环泵的操作带来困难。低于100℃，水蒸气就可能冷凝下来，可能使塔釜急冷油乳化，塔釜温度明显降低，造成急冷油循环泵抽空，最终可能使裂解炉不能正常操作或全面停车。汽油分馏塔塔釜温度控制着裂解重质油质量和循环急冷油的黏度。

(2)急冷油黏度。急冷油黏度与裂解原料性质、裂解深度、装置实际生产负荷和汽油分馏塔塔釜温度等有关。正常生产时，急冷油黏度一般控制在$5\times10^{-4}m^2/s$以下(50℃)，以确保急冷油的正常循环。在其他因素固定的条件下，汽油分馏塔塔釜温度反映了急冷油的组成，温度越高，表明其塔釜组成越重，干点和密度越高。也就是说，急冷油黏度与塔釜温度直接相关。以石脑油为裂解原料时，塔釜温度控制在175~190℃；以柴油为裂解原料时，一般控制在195~210℃。塔釜温度越低，急冷油黏度越小，侧线采出将夹带裂解汽油，其产品闪点降低，急冷油循环泵功耗降低，但稀释蒸汽的发生量将明显减少，以致必须补入更多的中压蒸汽至稀释蒸汽系统。塔釜温度越高，分馏塔侧线采出将变重，急冷油黏度变大，用于直接冷却的急冷油量将减少，进入分馏塔的裂解气温度会更高，形成恶性循环，甚至维持不了急冷油循环。

(3)急冷水塔顶、塔釜温度。急冷水塔塔顶温度控制着塔顶出口裂解气组成，一般应控制在40℃以下。急冷水塔塔顶温度高于40℃，塔顶裂解气将夹带大量水蒸气和裂解重质汽油，给压缩系统操作带来困难，并增加压缩机内结垢的可能性，还会给后续分离系统裂解气干燥增加干燥负荷。

急冷水塔塔釜温度应控制在80~85℃，因为循环急冷水回收了低能级的热量，可供装置多台换热器使用。温度太低，可能会因急冷水加热裂解气温度不够高而影响后续脱除酸性气体过程、丙烯精馏塔塔釜温度等。塔釜温度太高，在夏季和高负荷生产时，可能造成急冷水塔塔顶温度升高，且由于回流汽油温度升高，使汽油分馏塔顶温升高，构成恶性循环。

3. 裂解汽油与裂解燃料油

1)裂解汽油

烃类裂解副产的裂解汽油包括C_5至沸点204℃以下的所有裂解副产物。裂解汽油经一段加氢可作为高辛烷值汽油组分。如需经芳烃抽提分离芳烃产品，则应进行二段加氢，脱除其中的硫、氮，并使烯烃全部饱和。也可以将裂解汽油全部进行加氢，加氢后分为加氢C_5馏分、$C_6\sim C_8$中心馏分、$C_9\sim$204℃馏分。此时，加氢C_5馏分可返回循环裂解，$C_6\sim C_8$中心馏分则是芳烃抽提的原料，C_9馏分可作为歧化生产芳烃的原料。也可以将裂解汽油先分为C_5馏分、C_9馏分、$C_6\sim C_8$中心馏分，然后仅对$C_6\sim C_8$中心馏分进行加氢处理，由此，可使加氢处理量减少。裂解汽油的组成与原料油性质和裂解条件有关，表4-18列出了几种典型的裂解汽油组成。裂解汽油加氢工艺流程如图4-13所示。

表4-18 几种典型的裂解汽油组成

裂解原料	大庆油		胜利油			
	石脑油	轻柴油	石脑油	加氢焦化汽油	轻柴油	减压柴油
裂解汽油收率/%	15.67	17.80	24.6	19.4	18.30	18.80
裂解汽油组成/%						

续表

裂解原料	大庆油		胜利油			
	石脑油	轻柴油	石脑油	加氢焦化汽油	轻柴油	减压柴油
C_5 及轻组分	25.51	18.61	15.45	14.72	14.21	15.96
$C_6 \sim C_8$ 非芳烃	9.78	6.29	29.88	10.05	11.21	11.70
苯	37.75	30.93	19.11	32.73	33.33	29.78
甲苯	14.85	18.34	13.41	18.81	18.58	18.62
二甲苯和乙苯	2.92	6.57	9.15	7.3	8.20	9.04
苯乙烯	3.55	4.21	2.85	3.7	2.73	2.66
$C_6 \sim 204$℃	5.64	15.05	10.10	12.96	11.47	12.24
合计	100.00	100.00	100.00	100.00	100.00	100.00

2）裂解燃料油。

烃类裂解副产的裂解燃料油（乙烯焦油）是指沸点在200℃以上的重组分。其中，沸程在200～360℃的馏分称为裂解轻质燃料油，相当于柴油馏分，但大部分为杂环芳烃，其中烷基萘含量较高，可作为脱烷基制萘的原料；沸程在360℃以上的馏分称为裂解重质燃料油，相当于常压重油馏分。除作燃料外，由于裂解重质燃料油的灰分低，是生产炭黑的良好原料。

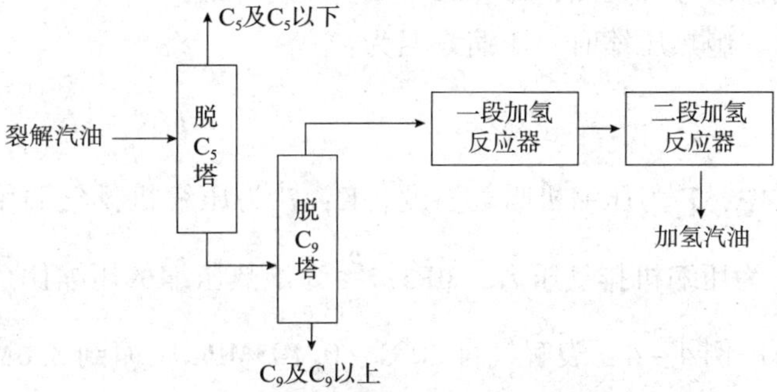

图4－13　裂解汽油加氢工艺流程示意图

二、裂解气的压缩系统

1. 裂解气压缩的目的

裂解气中许多组分在常压下都是气体，其沸点很低，常压下进行各组分精馏分离，则分离温度很低，需要大量冷量和耐低温钢材。为了使分离温度不太低，可适当提高分离压力。裂解气分离中温度最低部位是甲烷和氢气的分离，即脱甲烷塔塔顶，它的分离温度与压力的关系数据见表4－19。

表4－19　脱甲烷塔塔顶温度与压力的关系

分离压力/MPa	甲烷塔顶温度/℃
3.0～4.0	－96
0.6～1.0	－130
0.15～0.3	－140

压力升高，各组分沸点升高，操作温度升高，耗冷量减少，节省冷剂，需耐低温钢材减少，同时可脱除部分重组分和水，有利；但若压力太高，对设备要求升高，所需压缩功

增加，各组分相对挥发度减小，难分，塔釜温度升高，二烯烃聚合，不利。综合起来，工程上一般采用3～4MPa。

压力升高，压缩机内温度升高(压缩过程近似绝热)，二烯烃在机内聚合，聚合物沉积在压缩机的汽缸和叶片上，造成磨损；同时，压缩机内温度升高，使机内润滑油黏度下降，压缩机缩短寿命。为了克服这种矛盾，工程上采用多段(级)压缩，一般采用3～5段(级)压缩，段与段间必须设置中间冷却器。

裂解气的压缩过程基本上属于绝热过程，气体压力升高后，温度也上升，经压缩后的温度可由气体绝热方程式算出。在绝热压缩过程中，气体和外界没有热交换，即满足式(4－38)的要求。

$$P_1V_1^{\ k}=P_2V_2^{\ k}=\text{常数} \tag{4－38}$$

式中，k为绝热指数，对理想气体$k=C_p/C_v$；C_p为气体的等压比热，kJ/(kg·℃)；C_v为气体的等容比热，kJ/(kg·℃)。

绝热压缩时，压缩终温为：

$$T_2=T_1\left(\frac{p_2}{p_1}\right)^{(k-1)/k} \tag{4－39}$$

式中，T_1为压缩机吸气温度，K；T_2为压缩机排气温度，K；p_1为压缩机吸气压力，MPa；p_2为压缩机排气压力，MPa；$\frac{p_2}{p_1}$为绝热压缩的压缩比。

例4－4：裂解气自20℃、0.105MPa压缩到3.6MPa，计算单级压缩与五级压缩压缩机出口温度(取绝热指数$k=1.228$)。

解：一级压缩：$T_2=(273+20)\times\left(\frac{3.6}{0.105}\right)^{\frac{1.228-1}{1.228}}=566\text{K}(293℃)$

五级压缩：压缩比$=\left(\frac{3.6}{0.105}\right)^{\frac{1}{5}}=2.03$

$T_2=(273+20)\times(2.03)^{\frac{1.228-1}{1.228}}=334\text{K}(61℃)$

可见，采用五级压缩能将出口温度降至100℃以下。

2. 多级压缩的优点

①节约压缩功。压缩机压缩过程接近绝热压缩，功耗大于等温压缩，若把压缩分为多段进行，段间冷却移热，则可节省部分压缩功，段数越多，越接近等温压缩。图4－14以四段压缩为例与单段压缩进行了比较。由图可见，单段压缩时气体的PV沿线BC′变化，而四段压缩时，则沿线B1234567进行，后者比较接近等温压缩线BC，因此，节省的功相当图中斜线所示面积。

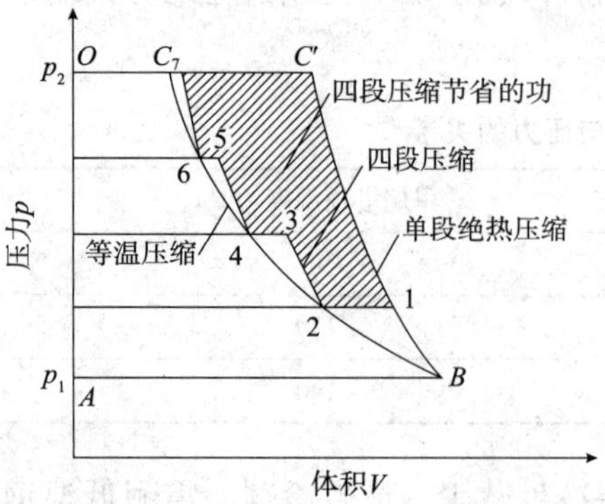

图4－14 单段压缩与多段压缩在$p-V$图上的对比

②降低压缩机出口温度。裂解气重组分中的二烯烃易发生聚合，生成的聚合物沉积在压缩机内，严重危及操作的正常进行。而二烯烃的聚合速度与温度有关，温度越高，聚合速度越快。为

了避免聚合现象的发生，必须控制每段压缩后气体温度不高于100℃，可由式(4－39)计算。

③可插入段间操作。裂解气经压缩后，段间冷凝可除去其中大部分的水分，减少干燥器体积和干燥剂用量，延长再生周期；同时从裂解气中分凝部分水、C_3及C_3以上的重组分，减少进入深冷系统的负荷，相应节约了冷量。根据工艺要求可在压缩机各段间安排各种操作，如酸性气体的脱除、前脱丙烷工艺流程中的脱丙烷塔等。表4－20给出了乙烯生产能力为680kt/a的以轻烃和石脑油为裂解原料时五段压缩的压缩机进、出口相应的工艺参数。

表4－20 五段压缩进出口条件

段数		Ⅰ	Ⅱ	Ⅲ	Ⅳ	Ⅴ
进口条件	温度/℃	38	34	36	37.2	38
	压力/MPa	0.13	0.245	0.492	0.998	2.028
出口条件	温度/℃	87.8	85.6	90.6	92.2	92.2
	压力/MPa	0.260	0.509	1.019	2.108	4.125
压缩比		2.0	2.08	1.99	2.11	2.04

3. 多级压缩工艺流程

裂解气压缩有不同的流程，有四段压缩，也有五段压缩，而Lummus公司广泛采用典型的裂解气五段压缩工艺流程。该流程分为五段压缩，段间用冷却水进行冷却，五段出口裂解气经冷却水冷却后进洗苯塔脱除苯，以防止在深冷分离系统的低温下冻结。除苯后的裂解气经冷却后进裂解气干燥器。在裂解气压缩机三段和四段之间设置酸性气体脱除系统，脱除裂解气中的CO_2和H_2S。段间凝液分两部分处理，重组分经汽油汽提塔汽提后获得裂解汽油馏分；轻组分经凝液汽提塔汽提后获得C_3及C_3以上轻烃凝液，送至分离单元脱丙烷塔系统。如图4－15所示。来自急冷水塔的裂解气经裂解气压缩机一段吸入罐，分离出部分水和重烃后，进入压缩机一段压缩；压缩后经一段后冷器冷却，进入压缩机二段吸入罐，分液后的气相进入压缩机二段；压缩后经二段后冷器冷却，进入压缩机三段吸入罐，分液后的气相进入压缩机三段；压缩后经三段后冷器冷却，进入压缩机三段排出罐，罐顶气相由急冷水过热后进入酸性气体脱除系统；冷凝下来的液体逐级前返，并在二段吸入罐进行油水分离，水相送急冷水塔，油相则和急冷水沉降槽分离出的重汽油一起送至汽油汽提塔。汽油汽提塔控制塔釜液不含C_4组分，获得裂解汽油送往贮罐，而塔顶气相则返回裂解气压缩机一段吸入罐。

已脱除酸性气体的裂解气经四段吸入罐分液后进入压缩机四段，压缩并经冷却后进入压缩机五段吸入罐；分液后的裂解气进入压缩机五段，五段出口裂解气经冷却后进入洗苯塔，以脱除苯及重烃类。洗苯塔塔顶气体用丙烯冷剂及脱乙烷塔进料冷却至15℃后进入洗苯塔回流罐，回流罐凝液中的烃类作为塔的回流，水相则经节流后进四段吸入罐，回流罐顶的气体进入裂解气干燥器。各分液罐分离出的水相汇集后返回急冷水塔，五段吸入罐和洗苯塔分离出的凝液分别进凝液汽提塔。凝液汽提塔控制塔釜液不含C_2组分，釜液进分离热区低压脱丙烷塔，而塔顶气相则返回裂解气压缩机四段吸入罐。

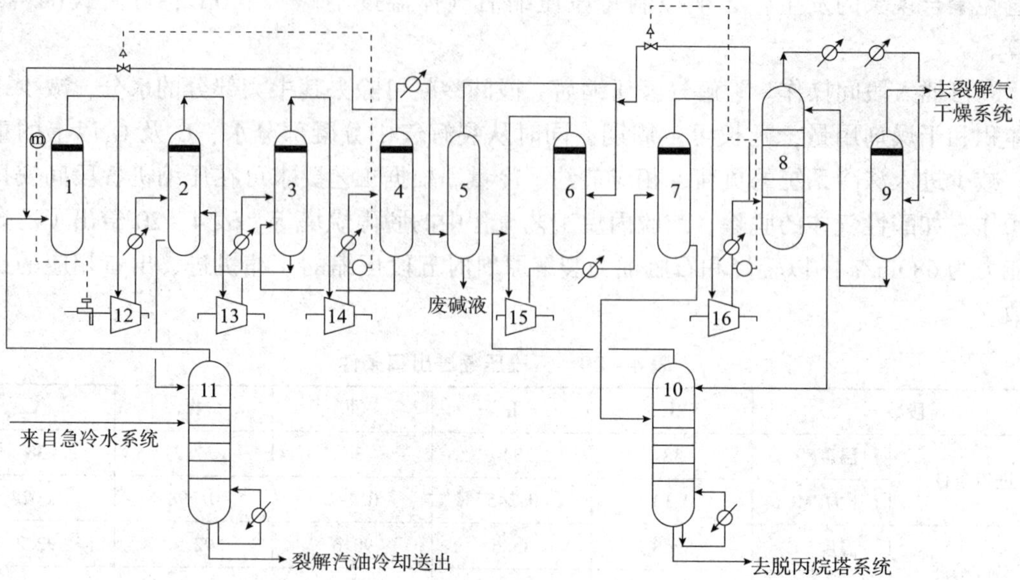

图4-15　裂解气压缩系统工艺流程图

1、2、3、6、7—分别为压缩机一段～五段吸入罐；4—三段排出罐；5—碱洗塔；8—洗苯塔；9—洗苯塔回流罐；10—凝液汽提塔；11—汽油汽提塔；12～16—裂解气Ⅰ～Ⅴ段压缩机

三、裂解气的制冷系统

深冷分离过程需要制冷剂制冷降温，制冷是利用制冷剂压缩和冷凝得到制冷剂液体，在不同压力下蒸发，以获得不同温度级位的冷冻过程(或说获得冷量的过程)。

1. 制冷剂的选择

常用的制冷剂见表4-21。表中的制冷剂都是易燃易爆的，为了安全起见，不应在制冷系统中漏入空气，即制冷循环应在正压下进行。这样各制冷剂的常压沸点就决定了它的最低蒸发温度，即制冷温度。原则上，沸点为低温的物质都可以用作制冷剂，而实际选用时，则需选用可以降低制冷装置投资、运转效率高、来源丰富、毒性小的制冷剂。对乙烯装置而言，装置产品为乙烯、丙烯，且乙烯和丙烯都具有良好的热力学特性，因而，均选用丙烯、乙烯作为乙烯装置制冷系统的制冷剂。在装置开工初期尚无乙烯产品时，可用混合 C_2 馏分暂时代替乙烯作为制冷剂。待生产合格乙烯后再逐步置换为乙烯。丙烯常压沸点为-47.7℃，可作为-40℃温度级的制冷剂；乙烯常压沸点为-103.7℃，可作为-100℃温度级的制冷剂；甲烷常压沸点为-161.5℃，可作为-120～-160℃温度级的制冷剂。

表4-21　常用制冷剂的性质

制冷剂	分子式	沸点/℃	凝固点/℃	蒸发潜热/(kJ/kg)	临界温度/℃	临界压力/MPa	与空气的爆炸极限/%	
氨	NH_3	-34.4	-77.7	1373	132.4	11.292	15.5	27
丙烷	C_3H_8	-42.07	-187.7	426	96.81	4.257	2.1	9.5
丙烯	C_3H_6	-47.7	-185.3	437.9	91.89	4.600	2.0	11.1
乙烷	C_2H_6	-88.6	-183.3	490	32.27	4.883	3.22	12.45

续表

制冷剂	分子式	沸点/℃	凝固点/℃	蒸发潜热/(kJ/kg)	临界温度/℃	临界压力/MPa	与空气的爆炸极限/%	
乙烯	C_2H_4	-103.7	-169.2	482.6	9.5	5.116	3.05	28.6
甲烷	CH_4	-161.5	-182.5	510	-82.5	4.641	5.0	15.0
氢	H_2	-252.8	-259.2	454	-239.9	1.297	4.1	74.2

2. 节流膨胀制冷

高压低温的气体迅速通过节流阀泄压膨胀，由于过程进行的非常快，来不及与外界进行热交换，膨胀所需要的能量只有取自气体本身(内能)，使其温度下降，这个过程就叫节流膨胀制冷，温度下降值叫节流效应。液体节流必须有部分汽化。节流前温度越低、压力越高，节流效果越好。

一般气体在常温或低温及中等压力下节流均可降温，而氢气只有在193K以下节流才降温，而在193K以上节流不仅不降温，反而升温，此温度叫氢气的倒转温度。每种气体都有一个倒转温度。

3. 冷冻循环制冷

(1)冷冻循环制冷原理。图4-16为氨冷冻循环制冷的示意图，其中包括液氨的蒸发、气态氨的压缩、气态氨的冷凝、液氨的节流四个过程，能获得-30℃左右的低温。

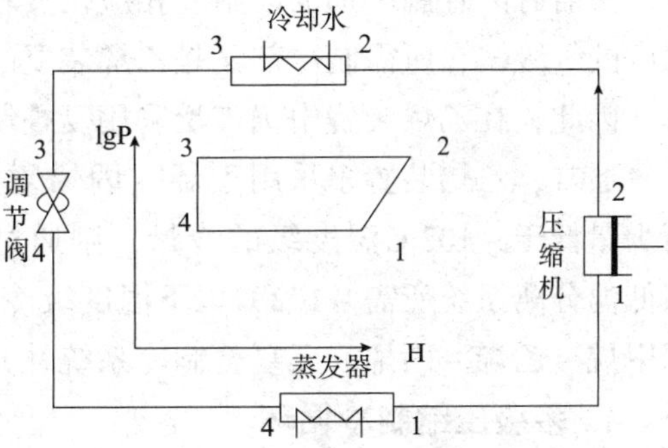

图4-16　冷冻循环制冷示意图

(2)乙烯-丙烯复叠制冷。在乙烯装置中广泛采用复叠制冷循环实现深冷的目的。以丙烯为制冷剂构成的蒸汽压缩制冷循环中，其冷凝温度可采用38~42℃的环境温度(冷却水冷却或空冷)。但是，在维持蒸发压力不低于常压的条件下，其蒸发温度受丙烯沸点的限制而只能达到-45℃左右的低温条件。换言之，丙烯制冷循环难以获得更低的温度。

以乙烯为制冷剂构成的蒸气压缩制冷循环中，在维持蒸发压力不低于常压的条件下，其蒸发温度可降至-102℃左右。换言之，乙烯制冷剂可以获得-102℃的低温。但是，在压缩-冷凝-节流-蒸发的蒸气压缩制冷循环中，由于受乙烯临界点的限制，乙烯制冷剂不可能在环境温度下冷凝，其冷凝温度必须低于其临界温度(9.9℃)。为此，乙烯蒸气压缩制冷循环中的冷凝器需要使用制冷剂进行冷却。此时，如果采用丙烯制冷循环为乙烯制冷循环的冷凝器提供冷量，则构成如图4-17所示的可制取-102℃低温冷量的乙烯-丙烯复叠制冷循环。

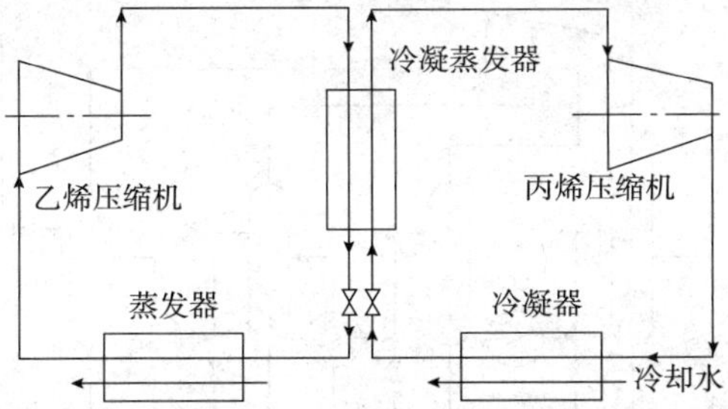

图4-17　乙烯-丙烯复叠制冷循环

(3)甲烷-乙烯-丙烯复叠制冷。在维持蒸发压力不低于常压条件下，乙烯制冷剂不

能达到 -102℃以下的制冷温度。为制取更低温度级的冷量，尚需选用沸点更低的制冷剂。例如选用甲烷作为制冷剂时，由于其常压沸点低达 -161.5℃，因而可能制取 -160℃温度级的冷量。但是，随着常压沸点的降低，其临界温度也降低。甲烷的临界温度为 -82.5℃，因而以甲烷为制冷剂时，其冷凝温度必须低于 -82.5℃。此时，如以乙烯制冷剂为其冷凝器提供冷量，则构成图4-18所示甲烷-乙烯-丙烯三元复叠制冷循环。

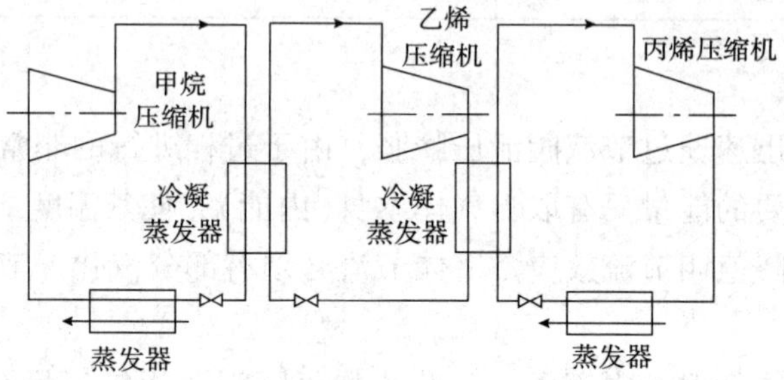

图4-18　甲烷-乙烯-丙烯三元复叠制冷循环

复叠式制冷循环是能耗较低的深冷制冷循环，复叠制冷循环的主要缺陷是制冷机组多，又需有贮存制冷剂的设施，相应投资较大，操作较复杂。而在乙烯装置中，所需制冷温度的等级多，所需制冷剂又是乙烯装置的产品，贮存设施完善，加上复叠制冷循环能耗低，因此，在乙烯装置中仍广泛采用复叠制冷循环。

通常，乙烯装置多采用乙烯-丙烯复叠制冷系统提供 -102℃以上各温度级的冷量，而少量低于 -102℃温度级的冷量，则通过甲烷-氢馏分的节流膨胀或等熵膨胀而获得。当低温分离系统所需 -102℃以下温度级冷量较大时(如采用低压脱甲烷工艺流程)，可采用甲烷-乙烯-丙烯三元复叠制冷系统补充低温冷量。

4. 多级压缩制冷循环

单级压缩制冷循环只能提供一种温度的冷量，即蒸发器的蒸发温度，这样不利于冷量的合理利用。为了降低冷量的消耗，制冷系统应提供多个温度级别的冷量，以适应不同冷却深度的要求。在需要提供几个温度级的冷量时，可在多级节流多级压缩制冷循环的基础上，在不同压力等级设置蒸发器，形成多级节流多级压缩多级蒸发的制冷循环，以一个压缩机组同时提供几种不同温度级的冷量，从而降低投资。图4-19为制取4个温度级别冷量的丙烯制冷系统典型工艺流程。该流程中的丙烯冷剂从冷凝压力(约1.6MPa)逐级节流到0.9MPa、0.5MPa、0.26MPa、0.14MPa，并相应制取16℃、-5℃、-24℃、-40℃四个不同温度级的冷量。

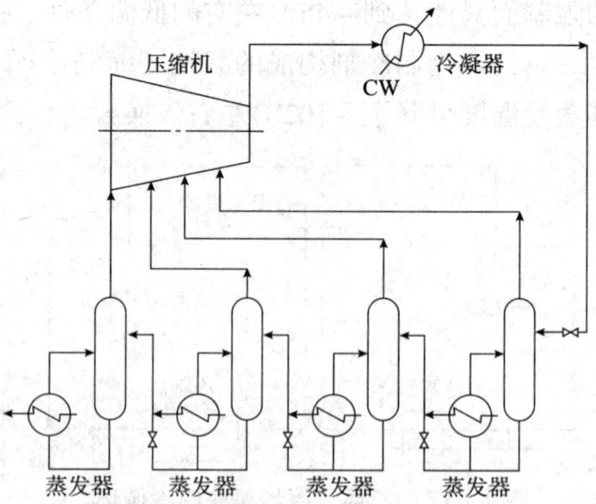

图4-19　丙烯多级制冷系统工艺流程

5. 热泵

所谓热泵是通过做功将低温热源的热量传送给高温热源的供热系统(或说将精馏塔顶移出的热量传到精馏塔底的装置)。显然，热泵也是采用制冷循环，利用制冷循环在制取冷量的同时进行供热。

在单级蒸汽压缩制冷循环中，通过压缩机做功将低温热源(蒸发器)的热量传送到高温热源(冷凝器)，此时，如仅以制取冷量为目的，则称之为制冷机。如果在此循环中将冷凝器作为加热器使用，利用制冷剂供热，则可称此制冷循环为热泵。

在裂解气低温分离系统中，有些部位需要在低温下进行加热，例如低温分馏塔的再沸器和中间再沸器、乙烯产品汽化等。此时，如利用制冷循环中气相冷剂进行加热，则可以节省相当的能耗。以多级丙烯制冷系统为例，如在压缩机中间各段设置适当的加热器(见图4－20)，用气相冷剂进行加热，不仅节省了压缩功，而且相应减少冷凝器热负荷。这种热泵方案在能量利用方面是合理的。

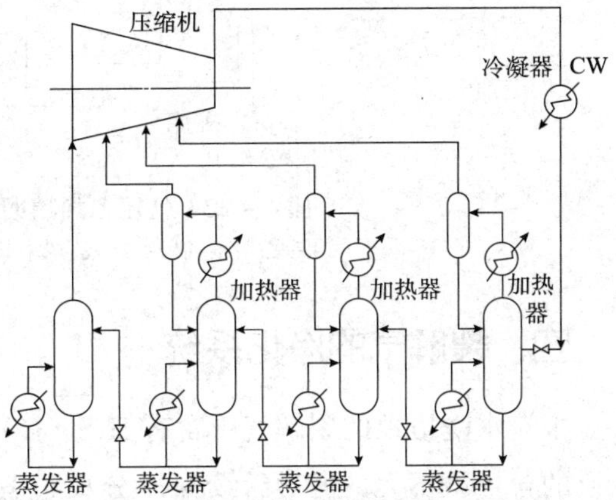

图4－20 丙烯制冷系统的热泵方案

热泵系统又分为闭式热泵和开式热泵，经常在精馏塔上应用。所谓闭式热泵，是指冷冻循环介质与塔中物料自成系统，没有物料上的接触与沟通，这样的热泵方案称为闭式热泵，见图4－21(a)。开式热泵是指塔中物料即为冷冻循环介质，这样的热泵方案称为开式热泵，其中塔顶物料为冷冻循环介质的叫A型开式热泵，见图4－21(b)，在乙烯厂中常用(节省了低温的冷凝器、回流罐、节流阀等)；塔底物料为冷冻循环介质的叫B型开式热泵，见图4－21(c)。

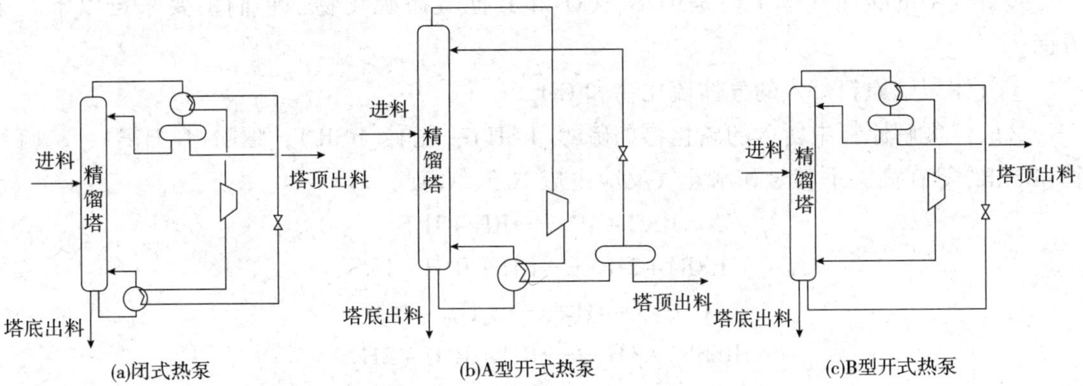

图4－21 闭式热泵和开式热泵原理图

当采用低压乙烯精馏工艺时，一般均与开式热泵系统组合使用。采用开式热泵的低压乙烯精馏法，能量利用较合理，不需设塔顶冷凝器和回流罐，产品输送灵活性较大，但该流程较复杂，操作难度较大。图4－22为实际的乙烯精馏塔热泵系统，此工艺在前脱丙烷前加氢工艺中应用较为广泛。

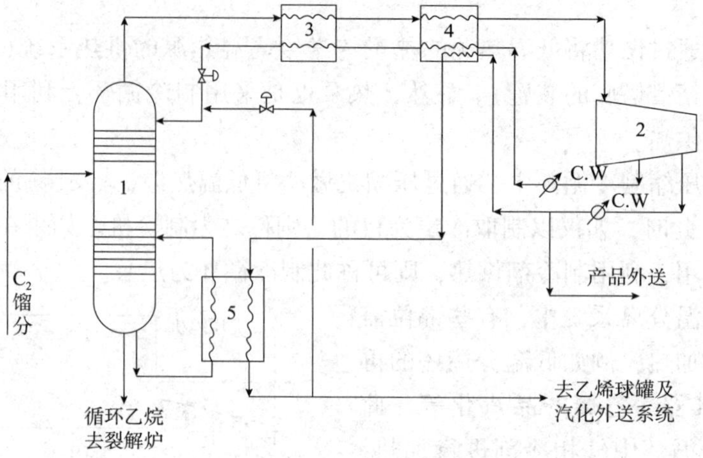

图4-22 低压乙烯精馏塔热泵系统工艺流程示意图

1—乙烯精馏塔；2—乙烯塔热泵；3、4—冷凝器；5—再沸器

四、裂解气的净化系统

来自水洗塔顶的裂解气中含有 H_2S、CO_2、H_2O、C_2H_2、C_3H_4、CO 等气体杂质，这些杂质的含量虽不大，但对后续深冷分离过程是有害的。此外，这些杂质不脱除，进入乙烯、丙烯产品，使产品达不到规定的标准，影响产品的质量与应用。尤其是生产聚合级乙烯、丙烯时，其杂质含量的控制是很严格的，为了达到产品所要求的规格，必须脱除这些杂质，对裂解气进行净化。这些杂质的主要来源大体上由原料中带来、裂解反应过程中生成、裂解气处理过程引入。

1. 酸性气体的脱除

1）酸性气体杂质的来源

裂解气中的酸性气体主要是 H_2S、CO_2 和其他气态硫化物，它们主要来自以下几个方面。

①气体裂解原料带入的气体硫化物和 CO_2。

②液体裂解原料中所含的硫化物如硫醇（RSH）、硫醚（RSR′）、噻吩（C_4H_4S）、二硫化物（RSSR′）等在高温下与氢和水蒸气反应生成 H_2S、CO_2。

$$RSH + H_2 \longrightarrow RH + H_2S$$

$$RSR' + 2H_2 \longrightarrow RH + R'H + H_2S$$

$$C_4H_4S + 4H_2 \longrightarrow C_4H_{10} + H_2S$$

$$RSSR' + 3H_2 \longrightarrow RH + R'H + 2H_2S$$

$$CS_2 + 2H_2 \longrightarrow C + 2H_2S$$

$$COS + H_2 \longrightarrow CO + H_2S$$

$$CS_2 + 2H_2O \longrightarrow CO_2 + 2H_2S$$

$$COS + H_2O \longrightarrow CO_2 + H_2S$$

③裂解原料烃和炉管中的结炭与水蒸气反应可生成 CO、CO_2。

$$C + H_2O \longrightarrow CO + H_2$$

$$CH_4 + 2H_2O \longrightarrow CO_2 + 4H_2$$

④当裂解原料中有氧混入时，氧与烃类反应生成CO_2。

$$烃 + O_2 \longrightarrow CO_2 + H_2O$$

2)酸性气体的危害

裂解气中含有的酸性气体对裂解气分离装置以及乙烯和丙烯衍生物加工装置都会有很大危害。CO_2会在低温下结成干冰，造成深冷分离系统设备和管道堵塞。H_2S将造成设备腐蚀，使加氢脱炔催化剂和甲烷化催化剂中毒，使干燥用的分子筛缩短寿命；对于下游加工装置而言，当氢气、乙烯、丙烯产品中的酸性气体含量不合格时，可使下游加工装置的聚合过程或催化反应过程的催化剂中毒，也可能严重影响产品质量。因此，在裂解气精馏分离之前，需将裂解气中的酸性气体脱除干净。

裂解气压缩机入口气体中的酸性气体摩尔含量为0.2%～0.4%(摩尔)，一般要求将裂解气中的H_2S、CO_2的含量分别脱除至1×10^{-6}(摩尔)以下。

3)酸性气体的脱除方法

(1)碱洗法脱除酸性气体。

①反应原理。碱洗法是用NaOH为吸收剂，通过化学吸收使NaOH与裂解气中的酸性气体发生化学反应，以达到脱除酸性气体的目的。其反应如下：

$$CO_2 + 2NaOH \longrightarrow Na_2CO_3 + H_2O$$

$$H_2S + 2NaOH \longrightarrow Na_2S + 2H_2O$$

上述两个反应的化学平衡常数很大，在平衡产物中H_2S、CO_2的分压几乎可降到零，因此可使裂解气中的H_2S、CO_2的含量降到1×10^{-6}(摩尔)以下。但是，由于反应不可逆，NaOH吸收剂不可再生循环使用。

目前，大多数乙烯装置经改造后均采用碱/水洗脱除酸性气体，碱/水洗系统由碱洗段和相应的水洗段组成，有三段碱洗流程，也有两段碱洗流程。这里以目前应用较广泛的三段碱洗为例，介绍碱/水洗系统的工艺流程。

②工艺流程。图4－23为Lummus公司的三段碱洗工艺流程。碱洗塔包括三段碱循环和一个水洗段，来自裂解气压缩机三段出口的裂解气略经加热后，进入碱洗塔的底部，依次与弱碱、中强碱、强碱逆流接触，然后在塔上部的水洗段中进行水洗，脱除可能夹带的碱液，防止碱液带入压缩机机体内。脱酸性气体后的裂解气自塔顶引出进入裂解气压缩机，塔釜黄油和废碱的混合物送至废碱分离罐。在废碱分离罐内注入一定量的裂解汽油，使黄油溶解于裂解汽油中，再经裂解汽油分离罐使废碱与裂解汽油分离，分离出的裂解汽油返回水冷塔，废碱液则送往废碱处理系统。此过程必须注意碱液与裂解汽油的分离，防止大量碱液进入水冷塔，造成冷水的乳化。

即使是在常温操作条件下，在有碱液存在时，裂解气中的不饱和烃仍会发生聚合，生成的聚合物将聚集于塔釜。这些聚合物为液体，但与空气接触易形成黄色固态，通常称为黄油。黄油的生成可能造成碱洗塔釜和废碱罐的堵塞，而且也给废碱液的处理造成麻烦。由于黄油可溶于富含芳烃的裂解汽油，因此，常常采用注入裂解汽油的方法来分离碱液池中的黄油。一般认为，碱洗系统黄油生成的原因有两个：一是裂解气在碱洗过程中冷凝或

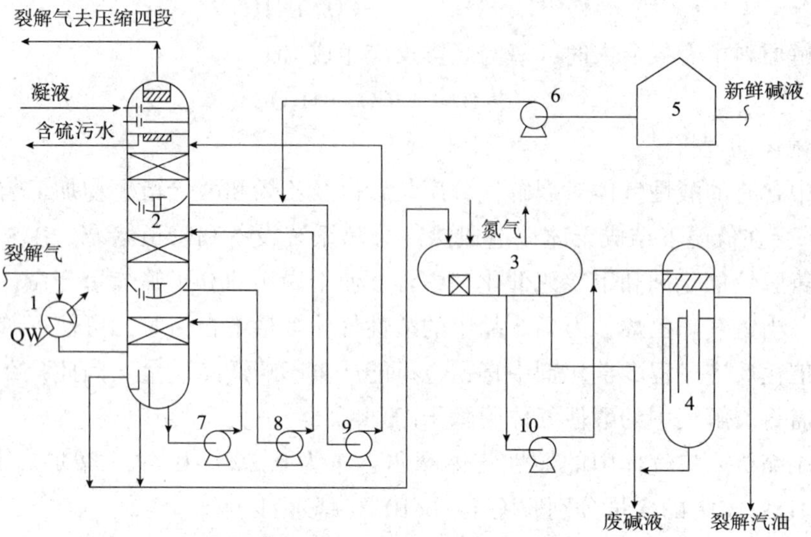

图 4－23　Lummus 三段碱洗工艺流程

1—预热器；2—碱洗塔；3—废碱分离罐；4—裂解汽油分离罐；5—碱液槽；6—碱液补充泵；7、8、9—碱液循环泵；10—废碱液泵

溶解在碱液中的双烯烃或其他不饱和烃在痕量氧气、金属离子的作用下，易形成自由基，为交联聚合物的形成提供引发条件，最终生成黄油；另一个原因是，裂解气中的醛或酮在碱的作用下，α 位碳原子上的活泼氢原子会发生加成反应，生成 β－羟基醛，再进一步加成至一定分子量的聚合物，即黄油。

碱洗塔的补碱由新鲜碱罐经碱液补充泵直接补入，新鲜碱浓度一般控制在 20%～30%。常用的碱洗方法有常规碱洗法和“长尾曹达”碱洗法（中和生成酸式盐，碱用量几乎少一半）。“长尾曹达”碱洗法是为了提高碱液利用率而对常规碱洗法的改进。碱洗塔装置在正常开车时可按常规碱洗法操作，以后逐步过渡到“长尾曹达”法。“长尾曹达”法的工艺流程为：全塔分为四段，一段为水洗段（泡罩板），其他三段为碱洗段。新鲜碱液补入一段碱洗，在常规碱洗操作时，一段碱洗循环液 NaOH 浓度控制在 15% 左右，二段和三段循环液则分别控制在 5%～7% 和 2%～3%。按“长尾曹达法”工艺过程控制时，一段循环碱浓度控制在 8%～10%，二段循环碱浓度控制在 3%～5%，三段循环碱浓度为零，循环液中无游离碱。相应地，采用“长尾曹达”法碱洗的废碱液与常规碱洗的废碱液完全不同。

③碱洗塔操作条件。

a. 温度。温度升高，裂解气中酸性气体平衡分压增加，脱除不净；温度降低，反应速度降低，碱液黏度增加，且生成的盐在废碱中的溶解度下降，流动阻力增加，结晶，造成阻塞，操作费用增加，故选常温（30～40℃）。

b. 压力。压力升高，裂解气中酸性气体分压增加，溶解度增加，脱除彻底；但压力太高，设备材质要求升高，能耗增加，会有部分重组分脱除，且生成的盐在废碱中的溶解度下降，结晶，造成阻塞，故选中压（约 1MPa）。

c. 碱液浓度。碱液浓度太小，酸性气体脱除不净，浓度太高浪费且碱液黏度增加，生成的盐在废碱中的溶解度下降，结晶，造成阻塞，故选 15%～20%。

(2)乙醇胺法脱除酸性气体。

用乙醇胺做吸收剂除去裂解气中的 H_2S、CO_2 是一种物理吸收和化学吸收相结合的方法，所用的吸收剂主要是一乙醇胺(MEA)和二乙醇胺(DEA)。在使用过程中，一般将这两种(或三种，加三乙醇胺)乙醇胺混合物(不分离)配成30%左右的水溶液(乙醇胺溶液，因为乙醇胺中含有羟基官能团，溶于水)使用。

以一乙醇胺为例，在吸收过程中。它能与 H_2S、CO_2 发生如下反应：

$$2HOC_2H_4-NH_2 \underset{-H_2S}{\overset{H_2S}{\rightleftharpoons}} (HOC_2H_4-NH_3)_2S \underset{-H_2S}{\overset{H_2S}{\rightleftharpoons}} 2HOC_2H_4NH_3HS$$

$$2HOC_2H_4-NH_2 \underset{-CO_2+H_2O}{\overset{CO_2+H_2O}{\rightleftharpoons}} (HOC_2H_4NH_3)_2CO_3$$

$$(HOC_2H_4NH_3)_2CO_3 \underset{-CO_2+H_2O}{\overset{CO_2+H_2O}{\rightleftharpoons}} 2HOC_2H_4NH_3HCO_3$$

$$2HOC_2H_4-NH_2+CO_2 \rightleftharpoons HOC_2H_4-NHCOONH_3-C_2H_4OH$$

以上反应是可逆反应，在温度低、压力高时，反应向右进行，并放热；在温度高、压力低时，反应向左进行，并吸热。因此，在常温加压条件下进行吸收，吸收液在低压下加热，释放出 H_2S、CO_2，得以再生，重复使用。

图4－24是Lummus公司采用的乙醇胺法脱酸性气体的工艺流程。乙醇胺加热至45℃后送入吸收塔的顶部。裂解气中的酸性气体大部分被乙醇胺溶液吸收后，送入碱洗塔进一步净化。吸收了 H_2S、CO_2 的富液，由吸收塔釜采出，在富液中注入少量洗油(裂解汽油)以溶解富液中重质烃及聚合物(黄油)。富液和洗油经分离器分离洗油后，送到汽提塔进行解吸。汽提塔中解吸出的酸性气体经塔顶冷却并回收凝液后放空。解吸后的贫液再返回吸收塔进行吸收。

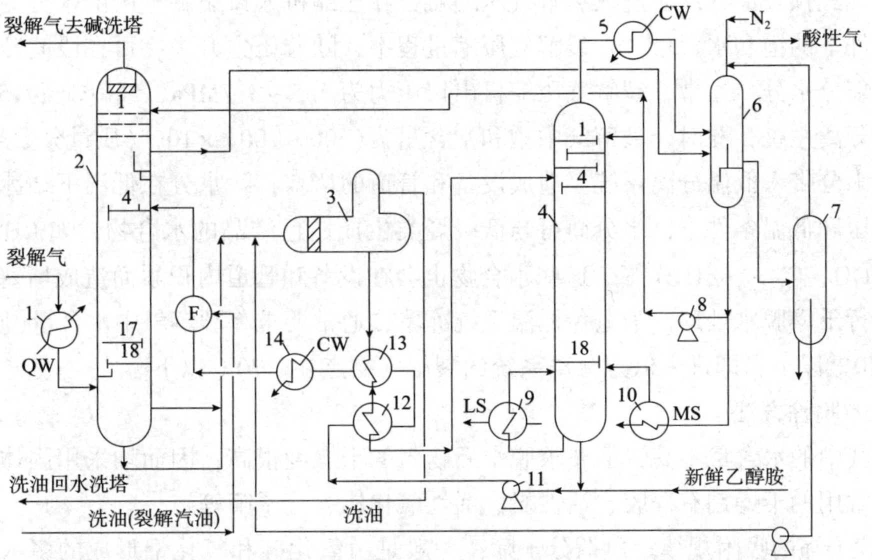

图4－24 Lummus公司乙醇胺法脱酸性气工艺流程

1—加热器；2—吸收塔；3—汽油、胺分离器；4—汽提塔；5、14—冷却器；6、7—分离器；8—回流泵；9、10—再沸器；11—胺液泵；12、13—换热器

(3)醇胺法与碱洗法的对比。

醇胺法与碱洗法相比，其主要优点是：吸收剂可再生循环使用，当酸性气体含量较高时，从吸收液的消耗和废水处理量来看，醇胺法明显优于碱洗法。

醇胺法与碱洗法比较如下：

①醇胺法中乙醇胺对酸性气杂质的吸收不如碱洗法中碱吸收彻底，一般醇胺法处理后裂解气中酸性气体积分数仍达$(30 \sim 50) \times 10^{-6}$，尚需再用碱洗法进一步脱除，使$H_2S$、$CO_2$体积分数均低于$1 \times 10^{-6}$，以满足生产要求。

②醇胺虽可再生循环使用，但由于挥发和降解，仍有一定损耗。由于醇胺与羰基硫、二硫化碳反应是不可逆的，当这些硫化物含量高时，吸收剂损失会很大。

③醇胺水溶液呈碱性，但当有大量酸性气体存在时，溶液 pH 值会急剧下降，从而对碳钢设备产生腐蚀。尤其在酸性气浓度高而且温度也高的部位(如换热器、汽提塔及再沸器)腐蚀更为严重。因此，醇胺法对设备材质要求高，投资相应较大。

④醇胺溶液可吸收丁二烯和其他双烯烃，吸收双烯烃的吸收剂在高温下再生时易生成聚合物，因此，既可能造成系统结垢，又损失了丁二烯等。

因此，一般情况下乙烯装置均采用碱洗法脱除裂解气中的酸性气体，只有当酸性气体含量较高(例如裂解原料中硫体积分数超过0.2%)时，为减少碱耗量以降低生产成本，可考虑采用醇胺法预脱裂解气中的酸性气体，但仍需要碱洗法进一步做精细脱除。

2. 水的脱除

1)水的来源

裂解气中的水分主要来自裂解过程中的稀释剂、水洗过程、脱酸性气体过程。

2)水的危害

裂解气经预分馏处理后进入裂解气压缩机，在压缩机入口裂解气中的水分为入口温度和压力条件下的饱和水含量。在裂解气压缩过程中，随着压力升高，可在段间冷凝过程中分离出一部分水分。通常，裂解气压缩机出口压力为3.5~3.7MPa，经冷却至15℃左右即送入低温分离系统，此时，裂解气中饱和水含量为$(600 \sim 700) \times 10^{-6}$(质量分数)。

这些水分带入低温分离系统会造成设备和管道的堵塞，除水分在低温下结冰造成冻堵外，在加压和低温条件下，水分尚可与低级烃类生成白色结晶的水合物，如$CH_4 \cdot 6H_2O$、$C_2H_6 \cdot 7H_2O$、$C_3H_8 \cdot 8H_2O$等。这些水合物也会在设备和管道内积累而造成堵塞现象，因而需要进行干燥脱水处理。为避免低温系统冻堵，通常要求将裂解气中水含量(质量分数)降至1×10^{-6}以下，即进入低温分离系统的裂解气露点在-70℃以下。

3)水的脱除方法

裂解气中的水含量不高，但要求脱水后物料的干燥度很高，因而均采用固体吸附法进行干燥。常用的干燥剂有硅胶、活性炭、活性氧化铝、分子筛等。

(1)分子筛的吸附规律。所谓分子筛，一般是由氧化硅和氧化铝形成的多水化合物的结晶体，在使用时将其活化，脱去结合的水，使其形成均匀的孔隙，这些孔有筛分分子的能力，故称分子筛。由于氧化硅和氧化铝的摩尔比不同，形成了不同的分子筛，有A型、X型、Y型，每种又包括很多种，如A型有3A、4A、5A等。分子筛有以下几条吸附特性

(规律):

①分子筛根据分子大小不同进行选择性吸附，如4A分子筛可吸附水、甲烷、乙烷分子，而3A分子筛只能吸附水、甲烷分子，不能吸附乙烷分子;

②分子筛根据分子极性不同进行选择性吸附，由于分子筛是极性分子，优先吸附极性分子水(水是强极性分子);

③分子筛根据分子的饱和程度不同进行选择性吸附，分子不饱和程度越大，越易被吸附，如分子筛吸附能力：乙炔 > 乙烯 > 乙烷;

④分子筛根据分子的沸点不同进行选择性吸附，一般沸点越高，越易被吸附。

(2)分子筛与活性氧化铝对比。分子筛是典型的平缓接近饱和值的郎格缪尔型等温吸附，在相对湿度达20%以上时，其平衡吸附量接近饱和值。但即使在很低的相对湿度下，仍有较大的吸附能力。而活性氧化铝的吸附容量随相对湿度变化很大，在相对湿度超过60%时，其吸附容量高于分子筛。随着相对湿度的降低，其吸附容量远低于分子筛；且在低于100℃的范围内，分子筛吸附容量受温度的影响较小，而活性氧化铝的吸附量受温度的影响较大。

3A分子筛是离子型极性吸附剂，对极性分子特别是水有极大的亲和性，易于吸附；而对H_2、CH_4、C_3以上烃类均不易吸附。因而，3A分子筛用于裂解气和烃类干燥时，不仅烃的损失少，也可减少高温再生时形成聚合物或结焦而使吸附剂性能劣化。反之，活性氧化铝可吸附C_4不饱和烃，不仅造成C_4烯烃损失，影响操作周期，而且再生时易生成聚合物或结焦而使吸附剂性能劣化。目前，裂解气干燥脱水均采用3A分子筛，一般设置两个干燥剂罐，轮流进行干燥和再生，经干燥后裂解气露点低于－70℃

(3)裂解气干燥及再生工艺过程。裂解气在分离过程中，除裂解气在进入低温系统之前要进行干燥外，还要对加氢后的C_2馏分、甲烷化后的氢气等进行干燥。这些干燥过程均采用填充床干燥器，其中一台进行脱水干燥，另一台再生或备用。湿气自上而下通过分子筛床层，干燥后的气体从干燥器底部送出。分子筛经过一段时间后会逐渐接近或达到平衡吸附量，这时就必须将干燥器切换并对其中分子筛进行再生。分子筛的再生直接关系到它的活性和使用寿命，分子筛的再生一般分为倒液、泄压、冷吹、升温、恒温和降温几个步骤。

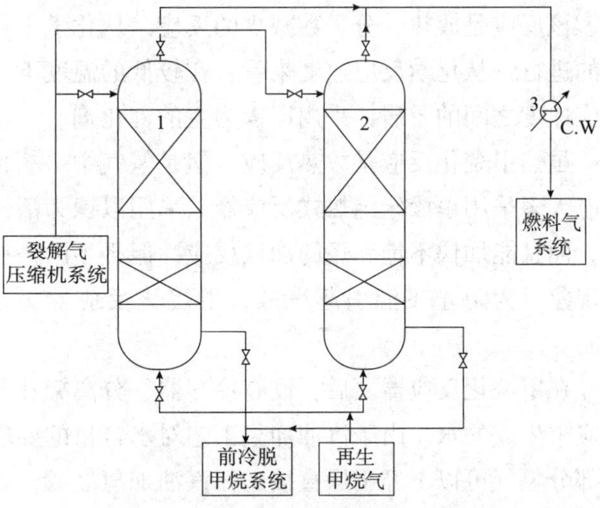

图4－25 裂解气的干燥过程示意图

1—运行的干燥器；2—再生的干燥器；3—冷却器；4—加热器

图4－25为裂解气的干燥过程示意图。来自压缩单元的裂解气从上部进入裂解气干燥器，经3A分子筛干燥剂脱水干燥，控制裂解气出口水含量小于1mg/m³(露点达－70℃)，裂解气脱水后从干燥器下部送往前冷脱甲烷系统，裂解气干燥器的吸附周期为24h。再生的干燥器

利用高压甲烷进行脱水再生，热甲烷由超高压蒸汽(或高压蒸汽)加热到250℃，从裂解气干燥器底部进入，再生气从上部排出，经冷却器冷却后送往燃料气系统。

裂解气干燥工序设在压缩和深冷分离之间，压力越高，温度越低，越有利于干燥。因此，干燥工序的温度应以不生成水合物为原则，一旦系统被水合物冻堵，可用甲醇、乙醇或热甲烷解冻。

3. 炔烃和 CO 的脱除

1)炔烃和 CO 的来源

裂解气中的炔烃主要是在裂解过程中生成的，CO 主要是由生成的焦炭通过水煤气反应转化而成的。裂解气中的乙炔将富集于 C_2 馏分中，甲基乙炔和丙二烯则富集于 C_3 馏分中。通常，C_2 馏分中乙炔的摩尔分数为 0.3% ~1.2%，甲基乙炔和丙二烯在 C_3 馏分中的摩尔分数为 1% ~5%。在 Kellogg 毫秒炉高温超短停留时间的裂解条件下，C_2 馏分中乙炔摩尔分数可高达 2% ~2.5%，C_3 馏分中的甲基乙炔和丙二烯的摩尔分数可达 5% ~7%。

2)炔烃和 CO 的危害

乙烯和丙烯产品中所含炔烃对乙烯和丙烯衍生物生产过程带来麻烦。它们可能影响催化剂寿命，恶化产品质量，使聚合过程复杂化，产生不希望的副产品，形成不安全因素，积累爆炸等，特别是生产高压聚乙烯、聚丙烯时，影响更为严重。因此，大多数乙烯和丙烯衍生物的生产均对原料乙烯和丙烯中的炔烃含量提出较严格的要求，通常要求乙烯产品中的乙炔摩尔分数低于 5×10^{-6}。而对丙烯产品而言，则要求甲基乙炔摩尔分数低于 5×10^{-6}，丙二烯摩尔分数低于 1×10^{-5}。CO 会使加氢脱炔催化剂中毒，要求 CO 在乙烯产品中摩尔分数低于 5×10^{-6}。

3)炔烃和 CO 的脱除方法

(1)甲烷化法脱 CO。在 250 ~300℃、3MPa、Ni 催化剂条件下，将氢气中的 CO 加氢转化成甲烷和水并放出大量的热。

$$CO + 3H_2 \longrightarrow CH_4 + H_2O + Q$$

该反应是放热、分子数减少的反应。从化学平衡来看，降低温度、提高压力有利于反应的进行；从化学反应速度来看，在较低的温度下，反应速度较慢。为了解决化学平衡与反应速度之间的矛盾，采用以镍为主的催化剂。

虽然甲烷化反应是放热反应，但是氢气中一氧化碳含量并不高，因此，氢气的甲烷化反应大多采用单段床绝热式反应器。采用以镍为活性中心的催化剂，不仅能加快甲烷化反应，而且能加快不饱和烃的加氢反应，但必须严格控制氢气中的乙烯含量，否则会发生飞温现象。为防止飞温引起事故，甲烷化反应器大多设置了高温报警和超高温联锁停车控制。

在甲烷化反应器之后，设有冷却器、分离罐和氢气干燥器，用以降低氢气温度及脱除反应中生成的水。由于汽油加氢工艺对水含量的要求不很严格，所以经过甲烷化反应后的一部分氢气可以不经干燥直接送往汽油加氢装置。而 C_2 加氢、C_3 加氢所用氢气都必须是经过干燥脱水的干氢，有些乙烯装置还向界区外输送干氢和湿氢产品，流程如图 4 - 26 所示。

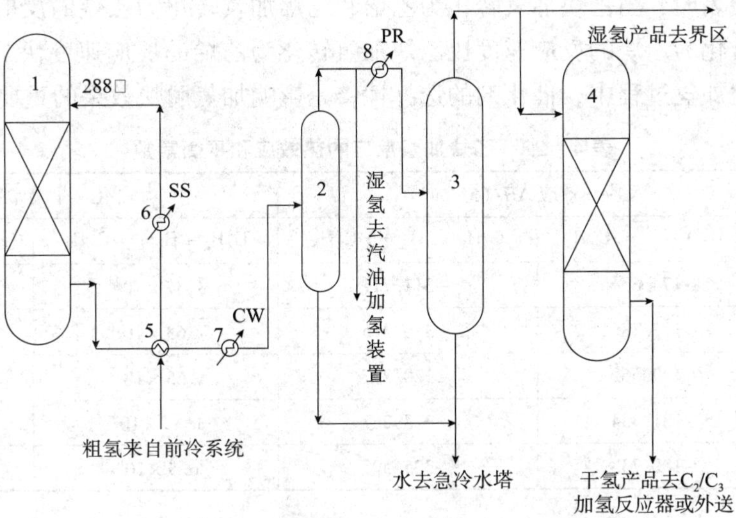

图4－26　甲烷化反应系统工艺流程示意图

1—甲烷化反应器；2、3—分离罐；4—氢气干燥器；5、6、7、8—换热器

(2)催化加氢脱炔。乙烯生产中常采用脱除乙炔的方法是溶剂吸收法和催化加氢法。溶剂吸收法是使用溶剂吸收裂解气中的炔烃以达到净化的目的，同时也可回收一定量的炔烃。催化加氢法是将裂解气中的炔烃加氢成为相应的烯烃或烷烃，由此达到脱除炔烃的目的。溶剂吸收法和催化加氢法各有优缺点，目前，在不需要回收炔烃时，一般采用催化加氢法(特别是小规模的乙烯化工厂)；当需要回收炔烃时(主要是规模较大的乙烯化工厂)，则采用溶剂吸收法。实际生产装置中，同时建有回收炔烃的溶剂吸收系统和催化加氢脱炔系统，两个系统并联，根据实际情况灵活运用。

①催化加氢脱炔原理。催化加氢法是在催化剂存在的条件下，将含乙炔的烃类气体进行选择加氢，把乙炔转化成乙烯和乙烷，从而达到脱除乙炔的目的。乙炔加氢反应如下：

$$C_2H_2+H_2 \longrightarrow C_2H_4+175\text{kJ}$$

$$C_2H_2+2H_2 \longrightarrow C_2H_6+312\text{kJ}$$

$$C_2H_4+H_2 \longrightarrow C_2H_6+137\text{kJ}$$

$$nC_2H_2+mC_2H_4 \longrightarrow \text{低聚物(绿油)}+Q$$

乙炔加氢生成乙烯，既能脱除乙炔，又能增加乙烯，同时还不会给裂解系统带入新的杂质。如果发生其他反应则会造成乙烯损失，尤其是生成低聚物的反应还会影响催化剂的性能。此外，在乙炔加氢过程中，乙烯的含量总是远远大于乙炔的含量，这对乙炔加氢生成乙烯是不利的。因此，要通过选择合适的催化剂(催化剂的选择性)来解决这一矛盾。催化剂同时还要具备下列性质：

a. 对乙炔的吸附能力要远大于对乙烯的吸附能力；

b. 能使吸附的乙炔迅速发生加氢成乙烯的反应；

c. 生成乙烯的脱附速度远大于进一步加氢成乙烷的速度。

乙炔加氢转化为乙烯和乙炔加氢转化为乙烷的反应热力学数据如表4－22所示。根据化学平衡常数可以看出，乙炔加氢转化为乙烷的反应比乙炔加氢转化为乙烯的反应更容易。此外，实验表明，当乙炔加氢转化为乙烯和乙烯加氢转化为乙烷的反应各自单独进行时，乙烯加氢转化为乙烷的反应速度比乙炔加氢转化为乙烯的反应速度快 10～100 倍。因此，在乙炔催化加氢过程中，催化剂的选择性将是影响加氢脱炔效果的重要指标。

表 4－22　乙炔加氢反应的热效应和平衡常数

温度/K	反应热效应 ΔH/(kJ/mol)		化学平衡常数	
	$C_2H_2+H_2 \longrightarrow C_2H_4$	$C_2H_2+2H_2 \longrightarrow C_2H_6$	$C_2H_2+H_2 \longrightarrow C_2H_4$	$C_2H_2+2H_2 \longrightarrow C_2H_6$
300	－174.636	－311.711	3.37×10^{24}	1.19×10^{42}
400	－177.386	－316.325	7.63×10^{16}	2.65×10^{28}
500	－179.660	－320.227	1.65×10^{12}	1.31×10^{20}
600	－181.334	－323.267	1.19×10^{9}	3.31×10^{14}
700	－182.733	－325.595	6.5×10^{6}	3.10×10^{10}

对裂解气中的甲基乙炔和丙二烯进行催化选择性加氢时有类似的反应，如下所示：

$$C_3H_4(\text{丙炔})+H_2 \longrightarrow C_3H_6+165\text{kJ}$$
$$C_3H_4(\text{丙二烯})+H_2 \longrightarrow C_3H_6+173\text{kJ}$$
$$C_3H_6+H_2 \longrightarrow C_3H_8+124\text{kJ}$$
$$nC_3H_4 \longrightarrow \text{低聚物(绿油)}+Q$$

从反应热力学来看，在 C_3 馏分中炔烃加氢转化为丙烯的反应比丙烯加氢转化为丙烷的反应更容易。因此，C_3 炔烃加氢时比乙炔加氢更易获得较高的选择性。但是，随着温度的升高，丙烯加氢转化为丙烷的反应以及低聚物(绿油)生成的反应将加快，丙烯损失相应增加。

②前加氢和后加氢。前加氢是在脱甲烷塔之前，利用裂解气中的氢对炔烃进行选择性加氢，以脱除其中炔烃，所以又称为自给加氢。后加氢是指在脱甲烷塔之后，将裂解气中 C_2 馏分和 C_3 馏分分开，再分别对 C_2 和 C_3 馏分进行催化加氢，以脱除乙炔、甲基乙炔和丙二烯。

前加氢与后加氢对比如下：

前加氢：设在脱甲烷塔前进行加氢脱炔，又叫自给加氢，加氢对象为裂解气全馏分，内含氢气，不需外加，流程简单，能量利用合理；但乙烯损失较大，不能保证丙炔和丙二烯脱净，且当催化剂性能较差时，副反应剧烈，选择性差，不仅造成乙烯和丙烯损失，严重时还会导致反应温度失控，床层飞温，威胁生产安全。

后加氢：设在脱甲烷塔后，将 C_2、C_3 分开分别进行加氢，需外加氢气，氢气可按需加入，加氢选择性好，催化剂寿命长，产品纯度高，乙烯几乎不损失，不易发生飞温的问题；但能量利用和流程布局均不如前加氢，需一套氢气净化和供给系统。

③加氢脱炔催化剂。目前用于炔烃加氢的催化剂，主要有钯系催化剂和非钯系催化剂，对于脱乙炔过程主要使用钯系催化剂。

前加氢催化剂分钯系和非钯系两类，用非钯催化剂脱炔时，对进料中杂质(硫、CO、重质烃)的含量限制不是十分严格，但其反应温度高，加氢选择性不理想。加氢后残余乙炔一般高于 110μg/g，乙烯损失达 1%～3%。钯系催化剂对原料中杂质含量限制很严，通常要求硫含量低于5μg/g，钯系催化剂反应温度较低，乙烯损失可降至0.2%～0.5%，加氢后残余乙炔可低于50μg/g。

表4－23～表4－25分别列出了常用的前加氢催化剂、后加氢催化剂、钯催化剂和非钯催化剂的对比。

表4－23 常用的前加氢催化剂

催化剂		Pd/13X	Pd	Ni－Co－Cr
工艺条件	温度/℃	60～97	43～85	150～200
	压力/MPa	3.5～4.5	1.96	1.8
	空速/h^{-1}	7000～9000	2500～10000	2500
使用周期/月		2～3		12
乙炔含量	反应前/%(质量)	0.2～0.4	0.11	0.45
	反应后/(μg/g)	<5	0	<10
乙烯损失率/%(质量)		<2	0～0.2	1

表4－24 常用的后加氢催化剂

催化剂		Pd/Fe	Pd/Ag	Pd
工艺条件	温度/℃	80～145	30～210	50～100
	压力/MPa	2.5～2.7	2.4～2.6	2.1
	空速/h^{-1}	2000～3500	3000～10000	6000
	H_2/C_2H_2/(摩尔比)	2.0～4.0	2.0～2.5	4～6
使用周期/月		>17	>6	4～7
乙炔含量	反应前/%(质量)	0.15～0.38	0.2～0.4	1.0
	反应后/(μg/g)	<1	～0	<5
乙烯损失率/%(质量)		约等于0	较大	

表4－25 钯催化剂和非钯催化剂的对比表

项目	钯催化剂	非钯催化剂
金属含量(对载体)	少(0.04%～0.2%)	多(5%～20%)
加氢活性	高，可在较低温度下加氢	稍差，需在较高温度下加氢
选择性	好，乙烯损失小	稍差
空速	大，催化剂用量少	稍小，催化剂用量大
对C_4^+组分敏感性	丁二烯易在催化剂上聚合	可放宽到含量为3%
对S和CO组分敏感性	可产生暂时性中毒	适量尚可提高选择性

④加氢脱炔工艺流程。以C_2加氢工艺为例，C_2加氢工艺又包括全馏分加氢工艺和产品加氢工艺，全馏分加氢是指来自脱乙烷塔顶的C_2馏分全部进入乙炔加氢反应器，如图4－27所示；产品加氢是指除去回流之外，将脱乙烷塔回流罐采出的产品进行加氢，如图4－28所示。

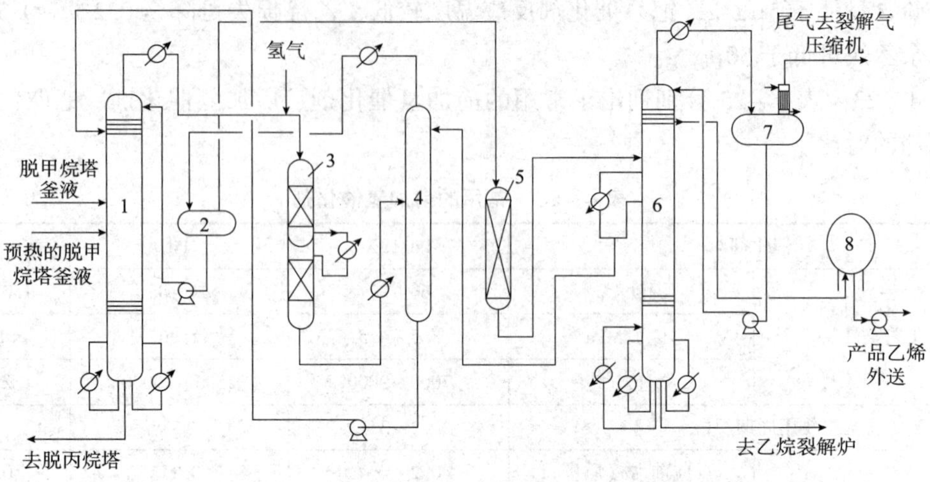

图 4-27　C_2 全馏分加氢系统流程示意图

1—脱乙烷塔；2—脱乙烷塔回流罐；3—乙炔加氢反应器；4—绿油洗涤塔；
5—乙烯干燥器；6—乙烯精馏塔；7—乙烯精馏塔回流罐；8—乙烯球罐

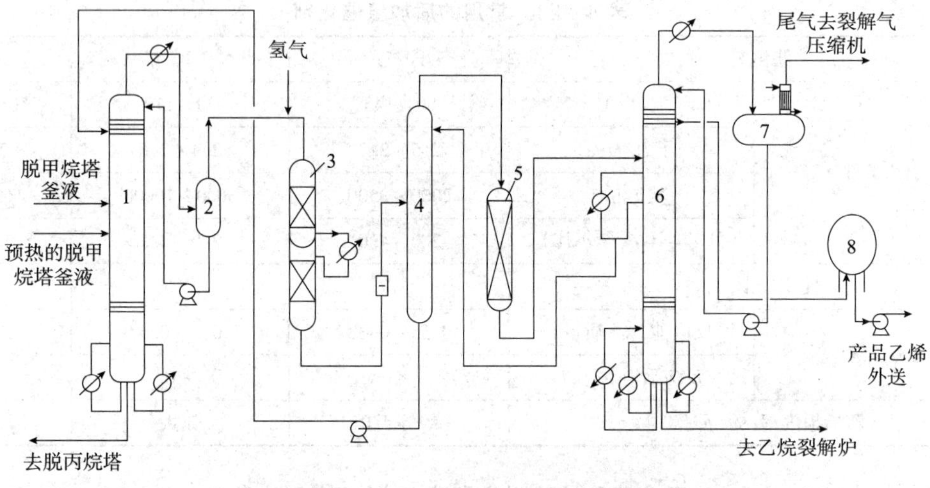

图 4-28　C_2 产品加氢系统流程示意图

1—脱乙烷塔；2—脱乙烷塔回流罐；3—乙炔加氢反应器；4—绿油洗涤塔；
5—乙烯干燥器；6—乙烯精馏塔；7—乙烯精馏塔回流罐；8—乙烯球罐

在产品加氢工艺中，由于反应器进料中的乙炔浓度较高，因此，通常采用分段加氢，以降低反应器的床层温升。分段加氢不但可以严格控制各段的氢炔比，提高催化剂的选择性；还可以在段间移出热量，控制好下一段的起始反应温度，使反应在催化剂选择性较高的温度范围内进行，达到降低乙烷增量、提高乙烯收率的目的。但是，产品加氢工艺的绿油生成量较多，不如全馏分加氢安全、稳定，对操作的要求比较严格。

全馏分加氢工艺大多采用联合脱乙烷技术，把乙烯塔和乙烷塔联合起来操作，从乙烯塔侧线抽出乙烯、乙烷馏分作为绿油塔的洗涤液，吸收了绿油的洗涤液作为脱乙烷塔的回流。与产品加氢工艺相比，该工艺减少了回流罐和冷凝过程，降低了能耗。同时，全馏分加氢能降低乙炔加氢反应器进料中的乙炔浓度，降低床层温升，有利于提高催化剂的选择性和使用周期，减少绿油生成量。但该工艺的操作难度较大，反应器容积也较大。

在全馏分加氢中，还有一种工艺采用乙烯塔和脱乙烷塔联合操作，并设有开车用冷凝器，如图4－29所示。这种工艺与图4－26工艺相比，减少了回流罐和冷凝过程，降低了能耗。

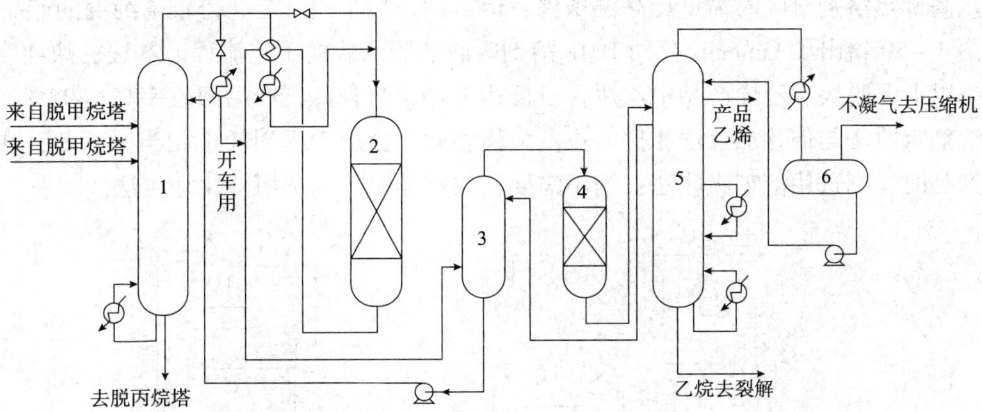

图4－29　乙烯塔和乙烷塔联合操作的C_2全馏分加氢系统流程示意图

1—脱乙烷塔；2—乙炔加氢反应器；3—绿油洗涤塔；
4—乙烯干燥器；5—乙烯精馏塔；6—乙烯精馏塔回流罐

裂解气中的丙炔、丙二烯加氢的常规工艺与C_2加氢工艺类似，但新开发出了C_3催化精馏加氢技术。催化精馏加氢即将精馏和催化加氢集成到一个单元操作中。在乙烯生产过程中，催化精馏加氢法应用较多的是脱丙烷塔中丙炔、丙二烯的加氢。对于高、低压双塔脱丙烷流程，一般将催化床设置在高压塔的精馏段。由于催化精馏加氢有较高的平均选择性，用于C_3加氢时，具有显著的优点，主要表现在：

a. 丙烷系统把选择加氢与轻烃分离整合到一个单元中，占地少，流程简单，易操作；

b. 催化精馏加氢工艺与常规的加氢工艺相比，由于节省了与固定床选择加氢单元相关的大部分投资，故使投资显著降低；

c. 较低的反应温度和等温条件提高了加氢选择性，绿油生成量明显减少，从而降低了产品损失；

d. 在催化精馏塔中，回流的冲洗作用大大减少了低聚物的形成，使重组分能及时离开催化区，可以减轻催化剂床层的堵塞，延长催化剂的使用寿命。

(3)溶剂吸收法脱除乙炔。溶剂吸收法使用选择性溶剂将C_2馏分中的少量乙炔选择性地吸收到溶剂中，从而实现脱除乙炔的目的。由于使用选择性吸收乙炔的溶剂，可以在一定条件下再把乙炔解吸出来，因此，溶剂吸收法在脱除乙炔的同时，可回收到高纯度的乙炔。

溶剂吸收法在早期曾是乙烯装置脱除乙炔的主要方法，随着加氢脱炔技术的发展，逐渐被加氢脱炔法取代。然而，随着乙烯装置的大型化，尤其随着裂解技术向高温短停留时间发展，裂解副产乙炔量相当可观，乙炔回收更具吸引力，这使得溶剂吸收法在近年又广泛引起重视，不少已建有加氢脱炔的乙烯装置，也纷纷建设溶剂吸收装置以回收乙炔。以300kt/a乙烯装置为例，以石脑油为原料时，在高深度裂解条件下，常规裂解每年可回收乙炔约6700t，毫秒炉裂解时每年可回收乙炔高达11500t。

所选用的溶剂应对乙炔有较高的溶解度，而对其他组分溶解度越低越好，常用的溶剂有二甲基甲酰胺(DMF)、*N*-甲基吡咯烷酮(NMP)和丙酮。除溶剂吸收能力和选择性外，溶剂的沸点和熔点也是选择溶剂的重要指标，低沸点溶剂较易解吸，但损耗大，且易污染产品。高沸点溶剂解吸时需低压高温条件，但溶剂损耗小，且能获得较高纯度的产品。

图4-30给出了Lummus公司DMF溶剂吸收法脱乙炔的工艺流程。本法乙炔纯度可达99.9%以上，脱炔后乙烯产品中乙炔含量低达1×10^{-6}kg/kg，产品回收率高达98%。

溶剂吸收法与催化加氢法相比，投资大体相同，公用工程消耗也相当。因此，在需用乙炔产品时，则选用溶剂吸收法；当不需要乙炔产品时，则选用催化加氢法。

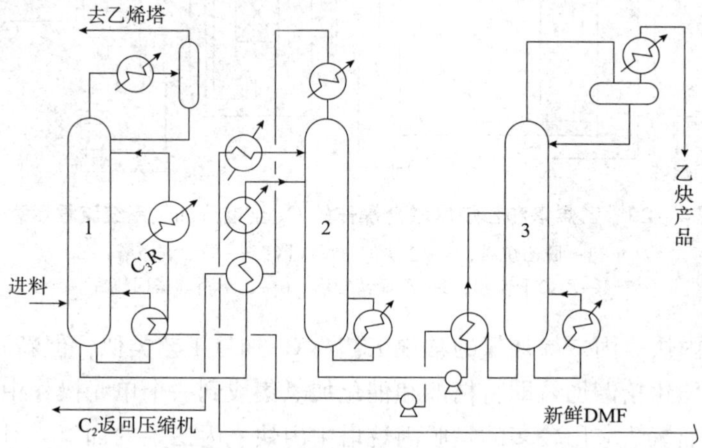

图4-30　Lummus公司的DMF溶剂吸收法脱乙炔工艺流程

1—乙炔吸收塔；2—稳定塔；3—汽提塔

五、裂解气的精馏分离

1. 分离流程的组织

1)裂解气的组成与分离要求

典型的裂解气组成如表4-26所示。

表4-26　几种裂解原料的典型裂解气组成　　%(体积)

裂解原料	乙烷	轻烃	石脑油	轻柴油	减压柴油
H_2	34.00	18.20	14.09	13.18	12.75
$CO+CO_2$	0.19	0.33	0.32	0.27	0.36
CH_4	4.39	19.83	26.78	21.24	20.89
C_2H_2	0.19	0.46	0.41	0.37	0.46
C_2H_4	31.51	28.81	26.10	29.34	29.62
C_2H_6	24.35	9.27	5.78	7.58	7.03
C_3H_4	0	0.52	0.48	0.54	0.48
C_3H_6	0.76	7.68	10.30	11.42	10.34

续表

裂解原料	乙烷	轻烃	石脑油	轻柴油	减压柴油
C_3H_8	0	1.55	0.34	0.36	0.22
C_4	0.18	3.44	4.85	5.21	5.36
C_5	0.09	0.95	1.04	0.51	1.29
C_6^+	0	2.70	4.53	4.58	5.05
H_2O	4.36	6.26	4.98	5.40	6.15
平均分子量	18.89	24.90	26.83	28.01	28.38

从表4-26裂解气的组成可见，裂解气中除了目的产品乙烯、丙烯外，还有一些副产品和少量杂质。为了得到合格的分离产品，可利用各组分沸点的不同，在加压低温条件下进行精馏分离，获得合格的乙烯、丙烯产品；同时在精馏分离的过程中采用吸收、吸附或化学反应的方法脱除裂解气中水分、酸性气体(CO_2、H_2S)、一氧化碳、炔烃等杂质。因此，裂解气分离过程主要由精馏分离系统、压缩和制冷系统、净化系统所组成。由不同精馏分离方案和净化分离方案就组成了不同的裂解气分离流程。而裂解气的分离要求则主要取决于对产品的进一步加工要求或产品的用途。例如，次氯酸化法生产环氧乙烷和环氧丙烷、苯烷基化生产乙苯和异丙苯、丙烯氨氧化生产丙烯腈等只需纯度较低的烯烃就可以；而有些产品的生产却需要高纯度的烯烃，如直接氧化法生产环氧乙烷时乙烯纯度要求99%以上，生产聚乙烯和聚丙烯的原料纯度也在99%以上。

2)裂解气分离方法简介

(1)油吸收精馏分离。利用C_3(丙烯、丙烷)、C_4(丁烯、丁烷)作为吸收剂，将裂解气中除了H_2、CH_4以外的其他组分全部吸收下来，然后再根据各组分的相对挥发度不同，将其一一分开。此法得到的裂解气中烯烃纯度低，操作费用高(动力消耗大)，一般适用小规模的装置，操作温度高(-70℃左右)，可节省大量的耐低温钢材和冷量。

(2)深冷分离。工业上一般将冷冻温度在-100℃以下的操作叫深冷，冷冻温度在-100℃与-50℃之间的操作叫中冷，冷冻温度在-50℃以上的操作叫浅冷。深冷分离是将裂解气冷却到-100℃以下，此时裂解气中除了H_2、CH_4以外的其他组分全部被冷凝下来，然后再根据各组分相对挥发度的不同，将其一一分开。其优点是所得烯烃纯度、收率高，是目前裂解气分离中最主要的方法。

此外，还有中冷分离、浅冷分离、分子筛吸附分离、络合分离、半透膜分离等分离方法。

3)深冷分离的主要设备

在深冷分离中所涉及的主要设备及作用如下。

(1)脱甲烷塔：将H_2、CH_4与C_2及比C_2更重的组分分开的塔。

(2)脱乙烷塔：将C_2及比C_2更轻的组分与C_3及比C_3更重的组分分开的塔。

(3)脱丙烷塔：将C_3及比C_3更轻的组分与C_4及比C_4更重的组分分开的塔。

(4)脱丁烷塔：将C_4及比C_4更轻的组分与C_5及比C_5更重的组分分开的塔。

(5)乙烯精馏塔：将乙烯与乙烷分开的塔。

(6)丙烯精馏塔：将丙烯与丙烷分开的塔。

(7)冷箱：在脱甲烷系统中，有些换热器、冷凝器、节流阀等温度很低，为了防止散冷，减少与环境接触的表面积，将这些冷设备集装成箱，此箱即为冷箱。其作用是用于回收乙烯，分出甲烷和氢气。

冷箱在脱甲烷塔之前的工艺(流程)叫前冷工艺(流程)，也叫前脱氢工艺(流程)；冷箱在脱甲烷塔之后的工艺(流程)叫后冷工艺(流程)，也叫后脱氢工艺(流程)。

此外，还有压缩机、碱洗塔、干燥罐、加氢反应器、绿油塔等。

4)深冷分离流程

(1)三种典型流程

在分离过程中，裂解气各组分的相对挥发度是关键。表4－27列出了精馏塔各关键组分的相对挥发度。

表4－27　精馏塔各关键组分的相对挥发度

塔名	关键组分		操作条件			相对挥发度
	1	2	顶温/℃	底温/℃	压力/MPa	
丙烯精馏塔	C_3H_6	C_3H_8	26	35	1.23	1.10
乙烯精馏塔	C_2H_4	C_2H_6	－69	－49	0.57	1.77
脱丙烷塔	C_3H_8	$i-C_4H_{10}$	4	70	0.75	2.24
脱乙烷塔	C_2H_6	C_3H_6	－12	76	2.88	2.82
脱甲烷塔	CH_4	C_2H_4	－96	0	3.4	7.22

下面按流程分析的方法，从原则流程图、流程叙述和流程的特点来讨论三种典型流程(123、213、312)。

①顺序深冷分离流程。顺序深冷分离流程也叫123型深冷分离流程，见图4－31。

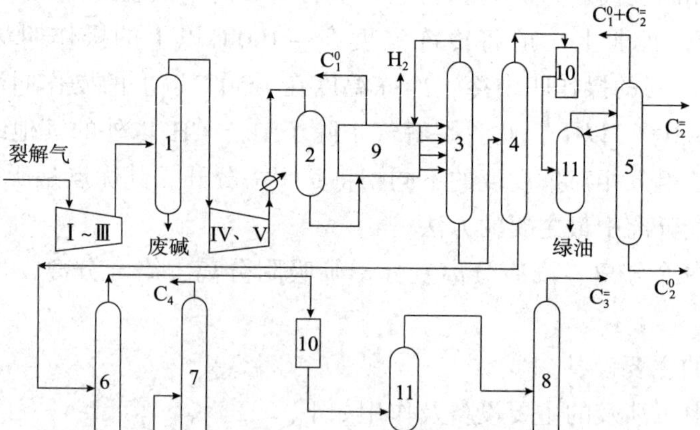

图4－31　顺序深冷分离流程

1—碱洗塔；2—干燥器；3—脱甲烷塔；4—脱乙烷塔；5—乙烯塔；6—脱丙烷塔；7—脱丁烷塔；8—丙烯塔；9—冷箱；10—加氢脱炔反应器；11—绿油塔

裂解气经过一～三级压缩进碱洗装置，脱除酸性气体后又回到裂解气压缩工段的四～五级压缩，从五级压缩出来的裂解气进分子筛干燥罐脱水，脱水后的裂解气先进入冷箱分离出几股分别进入脱甲烷塔的不同位置。脱甲烷塔塔顶脱去 C_1 及 H_2，塔底 C_2 及 C_2 以上的组分去脱乙烷塔，脱乙烷塔塔顶出来的 C_2 馏分先加氢脱炔，除去 C_2H_2 并去除绿油后去乙烯精馏塔，从乙烯精馏塔侧线得到聚合级乙烯。脱乙烷塔塔底 C_3 及比 C_3 重的组分去脱丙烷塔，同理先从塔顶馏分中除去 C_3H_4 并脱除绿油后再进丙烯精馏塔，得到聚合级和化学级丙烯。C_4 及比 C_4 重的馏分去脱丁烷塔，塔顶得到混合 C_4 而塔底得到 C_5 及 C_5 以上的馏分。图 4－31 全称为前冷后加氢顺序深冷分离流程，根据冷箱和加氢位置不同，顺序深冷分离流程还可有后冷后加氢顺序深冷分离流程、前冷前加氢顺序深冷分离流程和后冷前加氢顺序深冷分离流程等，此处就不一一介绍了。

②前脱乙烷深冷分离流程。前脱乙烷深冷分离流程也叫 213 型深冷分离流程，见图 4－32。图 4－32 全称为后冷前加氢前脱乙烷深冷分离流程，根据冷箱和加氢位置不同，也可有后冷后加氢前脱乙烷深冷分离流程、前冷后加氢前脱乙烷深冷分离流程和前冷前加氢前脱乙烷深冷分离流程等，此处也不做详细介绍。

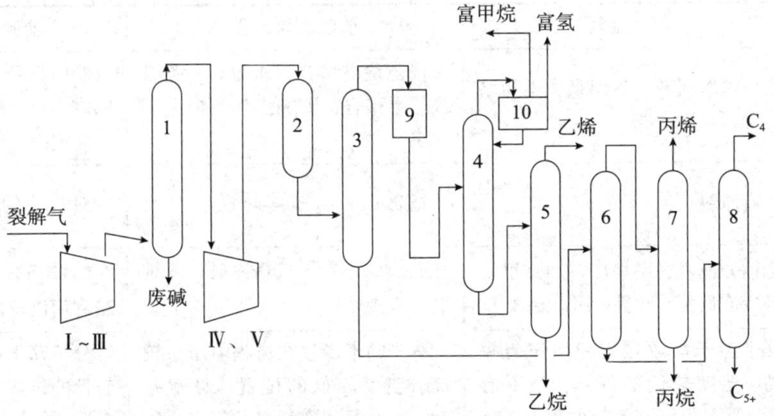

图 4－32 前脱乙烷深冷分离流程

1—碱洗塔；2—干燥器；3—脱乙烷塔；4—脱甲烷塔；5—乙烯塔；6—脱丙烷塔；7—丙烯塔；8—脱丁烷塔；9—加氢脱炔反应器；10—冷箱

③前脱丙烷深冷分离流程。前脱丙烷深冷分离流程也叫 312 型深冷分离流程，见图 4－33。图 4－33 全称为前冷前加氢前脱丙烷深冷分离流程，根据冷箱和加氢位置不同，也可有后冷后加氢前脱丙烷深冷分离流程、前冷后加氢前脱丙烷深冷分离流程和后冷前加氢前脱丙烷深冷分离流程等，此处也不做详细介绍。

以上三种典型流程的相同点：一是均采用了先易后难的分离顺序，即先分开不同碳原子数的烃(相对挥发度大)，再分开相同碳原子数的烷烃和烯烃(乙烯与乙烷的相对挥发度较小，丙烯与丙烷的相对挥发度很小，难以分离)；二是均将产品塔(乙烯塔、丙烯塔)并联置于流程最后，这样物料中组分接近二元系统，物料简单，可确保这两个主要产品的纯度，同时也可减少分离损失，提高烯烃收率。不同点是加氢脱炔位置不同(有前加氢脱炔和后前加氢脱炔)、流程排列顺序不同(有 123 型、213 型、312 型)、冷箱位置不同(有前冷和后冷)。

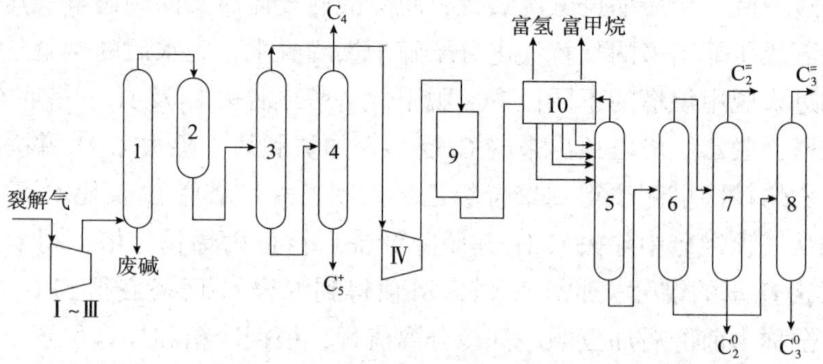

图 4-33　前脱丙烷深冷分离流程

1—碱洗塔；2—干燥器；3—脱丙烷塔；4—脱丁烷塔；5—脱甲烷塔；
6—脱乙烷塔；7—乙烯塔；8—丙烯塔；9—加氢脱炔反应器；10—冷箱

这三种流程在原料适应性、冷量消耗、分子筛干燥负荷、塔径大小和设备多少等方面的对比见表 4-28。

表 4-28　三种典型流程的对比

比较项目	顺序流程	前脱乙烷流程	前脱丙烷流程
操作中的问题	脱甲烷塔居首，釜温低，不易堵再沸器	脱乙烷塔居首，压力高，釜温高，易聚合，影响操作，损失丁二烯	脱丙烷塔居首，压缩机段间除 C_4，再送入脱甲烷塔，可防聚合
对原料的适应性	所有原料	适合 C_3、C_4 多裂解气	对 C_4 多的裂解气较合理
冷量消耗	全馏分进入脱甲烷塔，加重甲烷塔冷冻负荷，冷量利用不合理	C_3、C_4 不在甲烷塔冷凝，冷量利用合理	C_4 烃在脱丙烷塔冷凝，冷量利用比较合理
分子筛干燥负荷	分子筛干燥放在流程中压力较高、温度较低的位置，吸附有利，容易保证裂解气的露点，负荷小	分子筛干燥放在流程中压力较高、温度较低的位置，吸附有利，容易保证裂解气的露点，负荷小	分子筛干燥只能放在压力较低的位置，且重烃不能较多冷凝，分子筛负荷比较大，费用大
塔径大小	全馏分进入脱甲烷塔，负荷大，直径大	脱甲烷塔负荷小、直径小，脱乙烷塔直径大	情况介于前两流程之间
设备多少	流程长，设备多	加氢方案决定	前加氢，设备少

(2) 乙烯厂实际流程示例

①Lummus 公司顺序分离流程。在国内乙烯装置中，采用 Lummus 公司顺序分离流程的较多。与其他分离流程相比，顺序分离流程技术较成熟，运转平稳可靠，产品质量较高，对各种原料的裂解气分离适应性较好；但其流程长，塔系多，冷量消耗和压缩机循环量都较大，消耗定额偏高；乙烯收率为 95%~97%，较前脱丙烷与前脱乙烷流程低。

顺序分离流程的工艺路线示意图如图 4-34 所示。由裂解炉来的裂解气经急冷后，进入裂解气压缩机一~三段压缩脱除部分重烃和水，然后进入碱洗塔脱除酸性气体，再进入裂解气压缩机四~五段压缩脱除大部分重烃和水，经裂解气干燥器深度干燥后进入冷箱系统，分离出氢气后进入脱甲烷塔，由脱甲烷塔塔顶分离出甲烷和氢后，釜液送至脱乙烷塔，由脱乙烷塔塔顶分离出 C_2 馏分经加氢后送入乙烯精馏塔得产品乙烯，塔釜液送至脱丙烷塔，脱丙烷塔塔顶馏出物送去 C_3 加氢反应器脱炔后进入丙烯精馏塔获得产品丙烯。

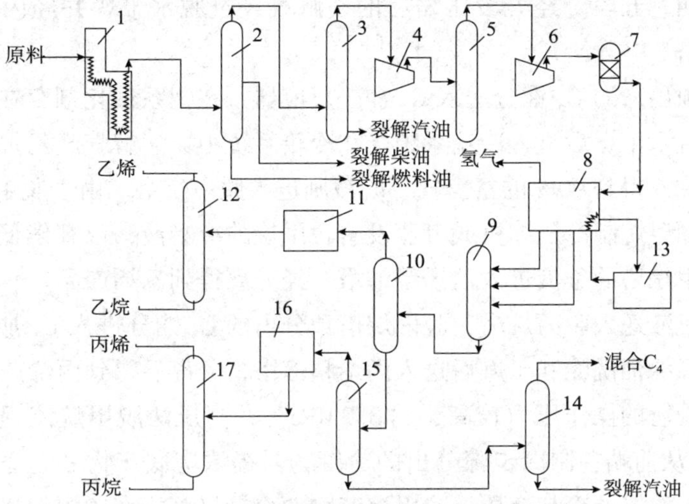

图 4－34　Lummus 公司顺序分离流程示意图

1—裂解炉；2—急冷油塔；3—急冷水塔；4—裂解气压缩机Ⅰ～Ⅲ段；5—碱洗塔；6—裂解气压缩机Ⅳ～Ⅴ段；7—干燥器；8—冷箱；9—脱甲烷塔；10—脱乙烷塔；11—乙炔加氢反应器；12—乙烯精馏塔；13—制冷系统；14—脱丁烷塔；15—脱丙烷塔；16—C_3 加氢反应器；17—丙烯精馏塔

②林德法前脱乙烷流程。图 4－35 为林德法前脱乙烷流程示意图，在前脱乙烷流程中，脱乙烷塔的进料为干燥后的裂解气。此时，脱乙烷塔的作用是将裂解气切割为两个馏分：塔顶为含有氢、甲烷和 C_2 的馏分，塔釜为 C_3 和 C_3 以上的重组分。塔顶轻馏分送至脱甲烷系统，而釜液则送至脱丙烷系统。

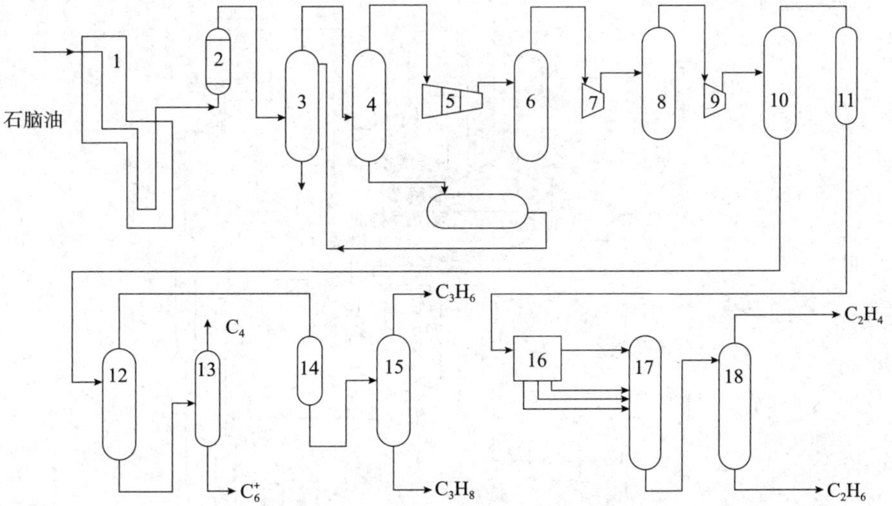

图 4－35　林德法前脱乙烷流程示意图

1—裂解炉；2—废热锅炉；3—汽油分馏塔；4—急冷塔；5—裂解气压缩机Ⅰ～Ⅲ段；6—碱洗塔；7—裂解气压缩机Ⅳ段；8—干燥器；9—裂解气压缩机Ⅴ段；10—脱乙烷塔；11—乙炔加氢反应器；12—脱丙烷塔；13—脱丁烷塔；14—C_3 加氢反应器；15—丙烯精馏塔；16—冷箱；17—脱甲烷塔；18—乙烯精馏塔

在林德法前脱乙烷流程中，按脱甲烷塔操作压力的不同可分为高压法和低压法两种。低压法脱甲烷塔的操作压力为1.18MPa。裂解气经三段压缩后，去碱洗塔脱除酸性气体，再进入压缩机的四、五段。经五段压缩后的裂解气经过脱水干燥并经丙烯冷剂逐级冷却后，送入脱乙烷塔。

脱乙烷塔塔顶出来的C_2馏分送入C_2加氢反应器，在钯系催化剂存在下进行选择加氢脱除乙炔，再经脱水干燥后进入冷箱系统。在冷箱系统中，裂解气经乙烯冷剂的冷却冷凝和节流膨胀的制冷，得到90%的富氢气，凝液则进入脱甲烷塔。由于脱甲烷塔的操作压力较低，故需要增加甲烷制冷压缩机或者蒸发富含甲烷的冷凝液，以补偿低压脱甲烷塔塔顶的低温要求。脱甲烷塔的釜液进入乙烯精馏塔，经分离得到乙烯产品。

脱乙烷塔塔釜液送入脱丙烷塔，脱丙烷塔顶分出的C_3馏分进入C_3加氢反应器，除去丙炔和丙二烯，经绿油洗涤和干燥后送入丙烯精馏塔，分离后得到丙烯产品。

高压法脱甲烷塔的操作压力较高，约3.3MPa。在高压法脱甲烷流程中，林德公司增设了C_2提浓塔。从前端各制冷步骤分出的冷凝物与提浓塔底产物一起送至脱甲烷塔，部分回流用作气相提浓塔的冷却介质。冷甲烷产物的冷量尽可能在脱甲烷塔顶加以回收，这样可使乙烯损失大为降低。

为避免塔釜温度过高，高压脱乙烷塔釜液中仍含较多的C_2馏分，因此，需将该釜液送入低压脱乙烷塔。低压脱乙烷塔釜液送至脱丙烷塔，塔顶气相经冷凝后进回流罐，回流罐中的液体作为高压和低压脱乙烷塔的回流，未冷凝的气体经进料预热器回收冷量后返回裂解气压缩机五段入口。

③S&W前脱丙烷前加氢流程。图4-36为S&W前脱丙烷前加氢流程示意图。前脱丙烷流程又可分为前加氢和后加氢流程，在此仅给出S&W工艺的前脱丙烷前加氢流程，流程就不做详细叙述了。

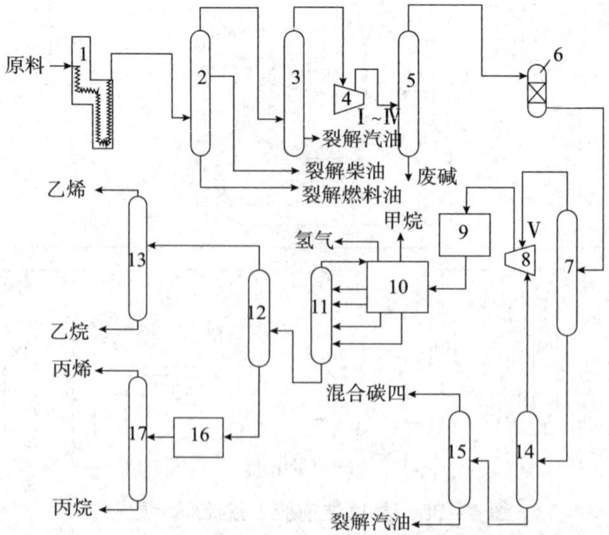

图4-36 S&W工艺前脱丙烷前加氢流程示意图

1—裂解炉；2—急冷油塔；3—急冷水塔；4—裂解气压缩机Ⅰ~Ⅳ段；5—碱洗塔；6—干燥器；7—高压脱丙烷塔；8—裂解气压缩机Ⅴ段；9—前加氢反应器；10—冷箱；11—脱甲烷塔；12—脱乙烷塔；13—乙烯精馏塔；14—低压脱丙烷塔；15—脱丁烷塔；16—C_3加氢反应器；17—丙烯精馏塔

④分离冷区系统工艺流程。分离单元的冷区系统包括裂解气干燥系统、脱甲烷塔系统、甲烷化系统和 C_2 系统。冷区系统的主要作用有：(a)将裂解气中的氢气分离出来并除去氢气中的杂质 CO；(b)将甲烷从裂解气中分离出来；(c)脱除 C_2 馏分中的乙炔；(d)将 C_2 馏分中的乙烯和乙烷分离开。典型的冷区系统工艺流程示意图如图 4－37 所示。

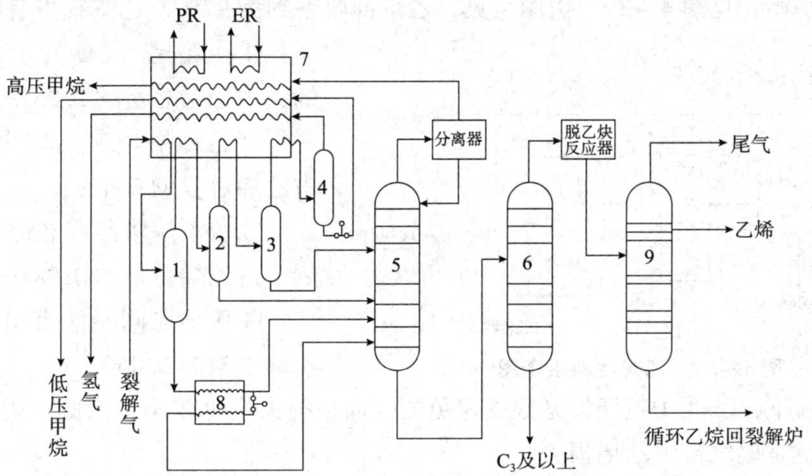

图 4－37　分离冷区系统工艺流程示意图

1—脱甲烷塔第一进料罐；2—脱甲烷塔第二进料罐；3—脱甲烷塔第三进料罐；4—甲烷/氢气分离罐；5—脱甲烷塔；6—脱乙烷塔；7—冷箱；8—脱甲烷塔进料分流换热器；9—乙烯精馏塔

⑤分离热区系统工艺流程。分离单元的热区系统由脱丙烷塔和脱丁烷塔系统、C_3 加氢反应系统、甲烷汽提和丙烯精馏系统组成，有些装置也将火炬系统划归热区系统。热区系统的主要作用有：(a)分离出主产品丙烯；(b)通过加氢脱除 C_3 馏分中的丙炔/丙二烯；(c)分离出副产品混合 C_4、裂解汽油和 C_3 液化气。分离热区系统的工艺流程如图 4－38 所示。

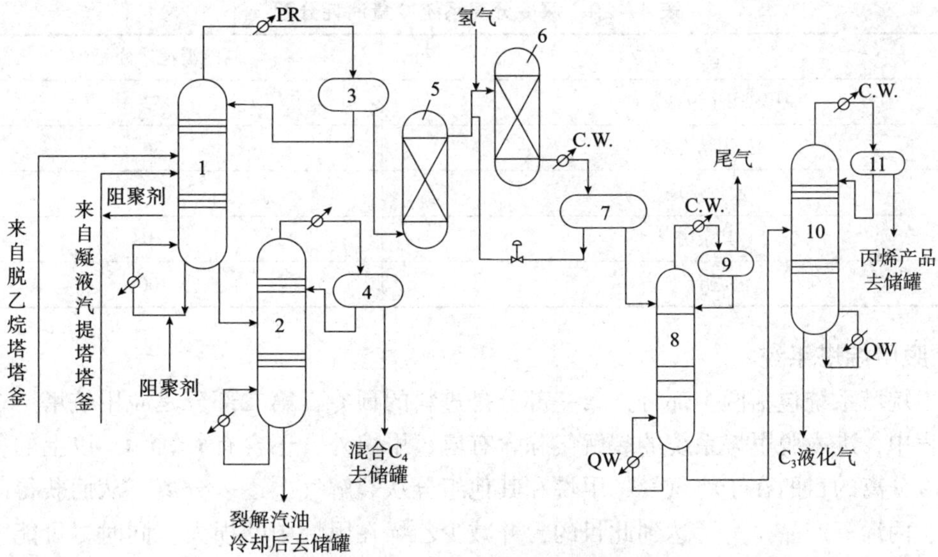

图 4－38　分离热区系统工艺流程示意图

1—脱丙烷塔；2—脱丁烷塔；3—脱丙烷塔回流罐；4—脱丁烷塔回流罐；5—丙烯干燥器；6—C_3 加氢反应器；7—反应器出料分离罐；8—甲烷汽提塔；9—甲烷汽提塔回流罐；10—丙烯精馏塔；11—丙烯精馏塔回流罐

2. 分离流程中的主要评价指标

1)乙烯回收率

现代乙烯化工厂的分离装置乙烯回收率高低对工厂的经济性有很大影响，它是评价分离装置是否先进的一项重要技术经济指标。为了分析影响乙烯回收率的因素，先讨论乙烯分离的物料平衡，见图4－39。由图可见，乙烯回收率约为97%。乙烯损失有以下4处：

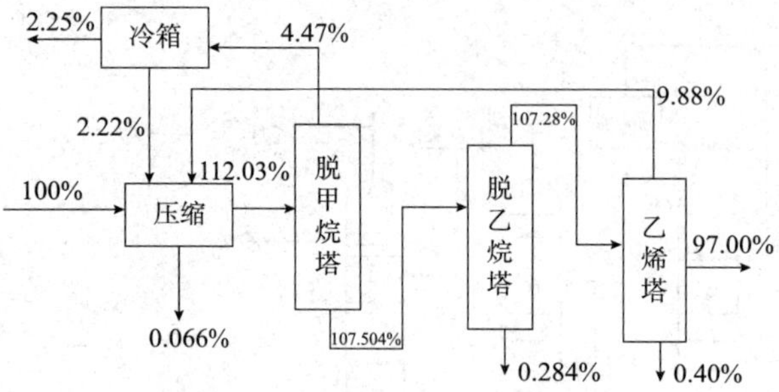

图4－39　乙烯物料平衡图

①冷箱尾气(C_1^0、H_2)中带出乙烯，占乙烯总量的2.25%；

②乙烯塔釜液乙烷中带出乙烯，占乙烯总量的0.4%；

③脱乙烷塔釜液C_3馏分中带出乙烯，占乙烯总量的0.284%；

④压缩段间凝液带出乙烯，约为乙烯总量的0.066%。

正常操作下，②③④项损失是很难避免的，而且损失量也较小，因此，影响乙烯回收率高低的关键是尾气带出乙烯损失。

2)能量的综合利用水平

能量综合利用决定了单位产品(乙烯、丙烯)所需的能耗，为此要针对主要能耗设备加以分析，不断改进，降低能耗，提高能量综合利用水平。表4－29给出了深冷分离系统冷量消耗分配。

综合上述原因，甲烷塔和乙烯塔既是保证乙烯回收率和乙烯产品质量(纯度)的关键设备，又是冷量主要消耗所在(消耗冷量约占总数的88%)。因此，后面重点讨论脱甲烷塔和乙烯塔。

表4－29　深冷分离系统冷量消耗分配

塔系	制冷消耗量分配/%
脱甲烷塔(包括预冷)	52
乙烯精馏塔	36
脱乙烷塔	9
其余塔	3
总计	100

3. 脱甲烷塔系统

脱甲烷塔系统包括两个部分，第一部分是进料的预冷，第二部分是脱甲烷塔。在顺序分离流程中，进入脱甲烷系统的裂解气除含有氢、甲烷外，还含有C_2至C_5以上的各种烃类。深冷分离的目的在于将氢气、甲烷和其他组分从裂解气中逐一分离，从而获得高纯度的乙烯、丙烯等产品。为了达到此目的，并减少乙烯在甲烷中的损失，同时尽可能多地回收冷量，在脱甲烷塔系统中设置了冷箱。在实际生产装置中，根据冷箱所处的位置不同，可将脱甲烷塔系统分为前冷和后冷两种流程。

脱除裂解气中的氢和甲烷是裂解气分离装置中投资最大、能耗最多的环节。在深冷分离装置中，需要在 -100℃以下的低温条件下进行氢和甲烷的脱除，其冷冻功耗约占全装置冷冻功耗的 50%。

对于脱甲烷塔而言，其轻关键组分为甲烷，重关键组分为乙烯。塔顶分离出的甲烷轻馏分中的乙烯含量尽可能低，以保证乙烯的回收率，而塔釜产品则应使甲烷含量尽可能低，以确保乙烯产品质量。

1)脱甲烷塔操作温度和操作压力

脱甲烷塔的操作温度和操作压力取决于裂解气组成和乙烯回收率。当进塔裂解气中 H_2/CH_4 为 2.36 时，如限定脱甲烷塔塔顶气体中乙烯体积分数含量 2.31%，则由露点计算塔压和塔顶温度，如图 4-40 所示。可见，当脱甲烷塔操作压力由 4.0MPa 降至 0.2MPa 时，所需塔顶温度由 -98℃降至 -141℃，塔顶温度随塔压降低而降低。如要求进一步提高乙烯回收率，则相同塔压下所需塔顶温度尚需相应下降。

为了避免采用过低的制冷温度，应尽可能采用较高的操作压力，但是随着操作压力的提高，甲烷对乙烯的相对挥发度降低，见图 4-41。当操作压力达 4.4MPa 时，塔釜甲烷对乙烯的相对挥发度接近于 1，难以进行甲烷和乙烯的分离，因此，脱甲烷塔操作压力必须低于此临界压力。

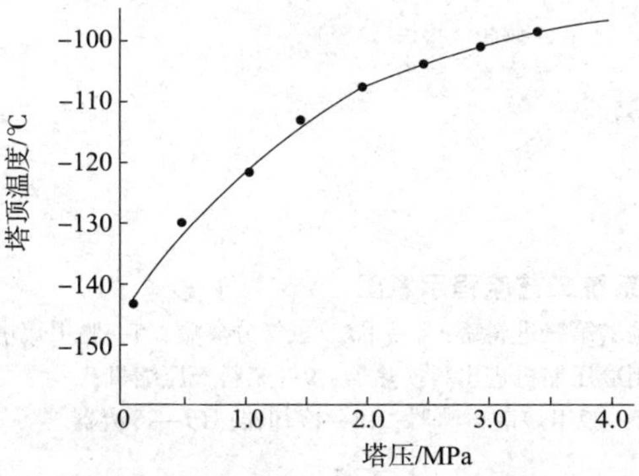

图 4-40 脱甲烷塔塔压与塔顶温度的关系

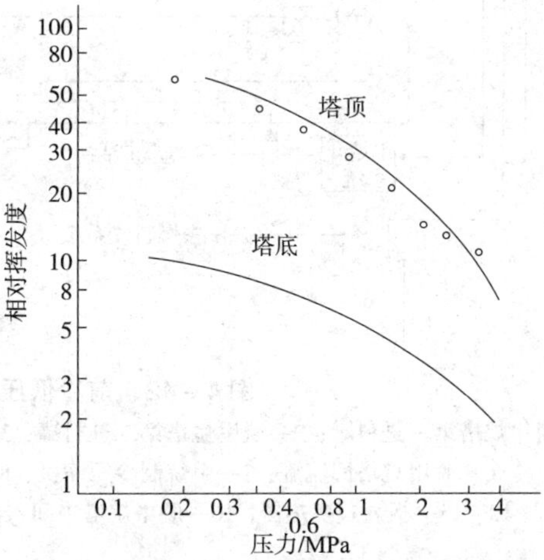

图 4-41 甲烷对乙烯的相对挥发度与压力的关系

虽然降低操作压力需要降低塔顶回流温度，但由于相对挥发度的提高，在相同塔板数之下，所需回流比降低，相比之下，降低塔压有可能降低能量消耗。工程上根据脱甲烷塔操作压力不同，可将脱甲烷过程分为高压、中压和低压。当脱甲烷塔操作压力采用 3.0 ~ 3.2MPa 时，称之为高压脱甲烷；当脱甲烷塔操作压力采用 1.05 ~ 1.25MPa 时，称之中压脱甲烷；当脱甲烷塔操作压力采用 0.6 ~ 0.7MPa 时，称之为低压脱甲烷。降低脱甲烷塔操作压力可以达到节能的目的。目前，大型装置逐渐采用低压法，但是由于操作温度较低，设备材质要求高，增加了甲烷制冷系统，投资可能增大，且操作复杂。

2)原料气中(H_2/CH_4)摩尔比的影响

在脱甲烷塔塔顶，对于 $H_2-CH_4-C_2H_4$ 三元系统，其露点方程可表示为式(4-40)：

$$\sum_{i=1}^{n} x_i = \frac{y_{H_2}}{K_{H_2}} + \frac{y_{CH_4}}{K_{CH_4}} + \frac{y_{C_2H_4}}{K_{C_2H_4}} = 1 \tag{4-40}$$

由于K_{H_2}远大于K_{CH_4}和$K_{C_2H_4}$，若进料中H_2/CH_4摩尔比增大，则塔顶H_2/CH_4亦同步增大，即y_{H_2}增加，y_{CH_4}下降，由于y_{H_2}增加对上式第一项影响不大，而y_{CH_4}的下降却使第二项明显下降，以至$\sum x_i<1$，达不到露点要求，若压力、温度不变则势必导致$y_{C_2H_4}$上升，即乙烯损失加大。此时，若要求乙烯回收率不变，则需降低塔顶操作温度。

3)前冷工艺和后冷工艺

(1)前冷工艺。现以某装置采用的前冷低压脱甲烷工艺为例，介绍脱甲烷塔系统的工艺流程，见图4-42。

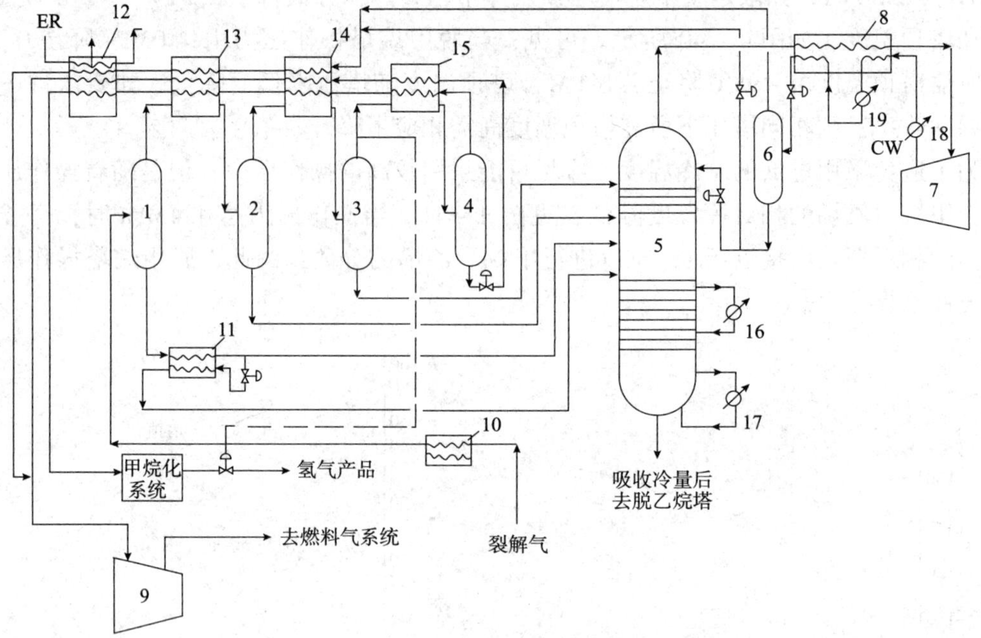

图4-42　前冷低压脱甲烷系统工艺流程示意图

1—脱甲烷塔第一进料罐；2—脱甲烷塔第二进料罐；3—脱甲烷塔第三进料罐；4—甲烷/氢气分离罐；5—脱甲烷塔；6—脱甲烷塔回流罐；7—甲烷制冷压缩机；8—甲烷制冷压缩机进出料换热器；9—燃料气压缩机；10～15—板翘式换热器；16—脱甲烷塔中间再沸器；17—脱甲烷塔再沸器；18—冷却器；19—冷凝器

由图4-42可以看出，干燥后的裂解气依次经脱乙烷塔进料、乙烯精馏塔再沸器、循环乙烷、丙烯冷剂、脱甲烷塔再沸器、乙烯冷剂等冷却冷凝到-72℃，进脱甲烷塔第一进料罐，分离出的液体经歧化自身换热后分别进脱甲烷塔，作为脱甲烷塔的第一、第二股进料；分离出的气体经冷箱和乙烯冷剂冷却冷凝到-99℃，进脱甲烷塔第二进料罐，分离出的液体进脱甲烷塔作为第三股进料，分离出的气体经冷箱和甲烷冷剂冷却到-129℃，进脱甲烷塔第三进料罐，分离出的液体进脱甲烷塔作为第四股进料，气相则通过压力来控制乙烯损失，裂解气压缩机的出口压力就是由该罐压力来确定的，分离出的气体经冷箱冷却到-167℃，进甲烷/氢分离罐，分离出的液体甲烷经节流膨胀为冷箱的诸多换热器提供冷量后，经燃料气压缩机压缩送往燃料气系统。甲烷/氢分离罐罐顶分离出高纯度的氢气，经冷箱回收冷量后进甲烷化系统。

从冷箱系统来的4股进料在脱甲烷塔中进行甲烷和C_2及C_2以上组分的分离。脱甲烷塔塔顶气体进入甲烷制冷压缩机系统，经换热、压缩、冷却冷凝后进入脱甲烷塔回流罐。

回流罐中的液体一部分作为脱甲烷塔的回流，另一部分与脱甲烷塔回流罐顶部气体、脱甲烷塔塔顶气体的另一股合并后进入冷箱系统，回收冷量后汇入燃料气系统。脱甲烷塔塔釜液经塔釜出料泵加压后分成两股，回收冷量后作为脱乙烷塔的两股进料。

前冷靠降低进料中的 H_2/CH_4 摩尔比来提高乙烯的回收率，可获得 90% 以上的富氢，作为加氢的氢源。

前冷工艺采用了逐级冷凝多股进料措施，这样可以节省大量的冷量，节省耐低温钢材，节省低温冷剂用量(高品位的冷剂)，减轻后序脱甲烷塔负荷(在进入脱甲烷塔前得以初分)。目前，大型乙烯装置多采用前冷工艺。

(2)后冷工艺。后冷是靠尾气节流降温补充制冷来提高乙烯回收率的，可获得 80% 以上的富氢，其流程如图 4－43 所示。

近年，S&W 公司采用空气产品公司的分凝分离器对冷箱换热器进行了改进，形成了所谓先进回收系统(ARS)。ARS 工艺技术的核心是冷箱预冷过程中采用分凝分离器代替冷箱换热器，由于在预冷过程中增加了分凝，从而大大改善了脱甲烷塔的分离效果。

分凝分离器是在翅片板换热器中将传热与传质结合起来，在冷却过程中冷凝的液体在翅片上形成膜向下流动，与上升气流逆向接触进行传热和传质过程。由于与传统的冷箱预冷分凝过程相比，分凝分离器大大强化了传质过程，增加分凝作用(一组分凝分离器相当于 5～15 个理论塔板的分离效果)，从而使脱甲烷系统的能耗降低，处理量提高。

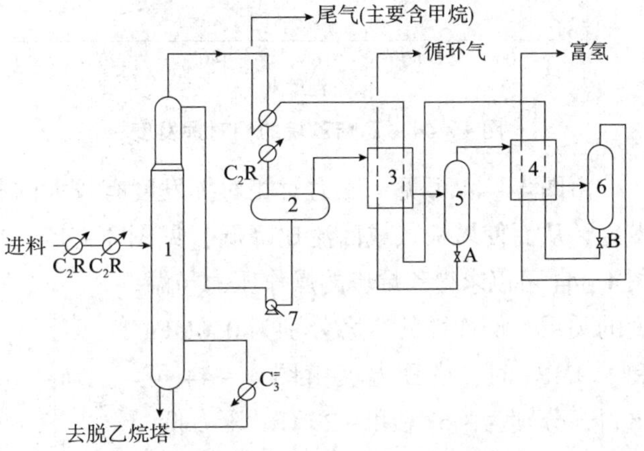

图 4－43 后冷脱甲烷塔工艺流程

1—脱甲烷塔；2—回流罐；3—第一冷箱换热器；4—第二冷箱换热器；5，6—分离罐

4. 乙烯精馏塔

在深冷分离中，脱甲烷塔和乙烯精馏塔是两个非常关键的塔，对于保证乙烯收率和质量起着重要作用。由于两塔的关键组分不同，所以有很多不同之处，现对比于表 4－30 中。

表 4－30 脱甲烷塔和乙烯精馏塔的对比

塔名	对乙烯产量和质量的作用	关键组分		关键组分的相对挥发度	回流比	塔板数	精馏段板数与提馏段板数之比
		轻	重				
脱甲烷塔	控制乙烯损失率	CH_4	C_2H_4	较大	较小	较少	较小
乙烯精馏塔	决定乙烯纯度	C_2H_4	C_2H_6	较小	较大	较多	较大

乙烯精馏的目的是以混合 C_2 馏分为原料，分离出合格的产品乙烯，并由塔釜获得乙烷。在顺序分离流程和前脱丙烷分离流程中，均以脱乙烷塔塔顶产品作为乙烯精馏塔进料

（尚需在乙烯精馏塔进料前脱炔和干燥处理，前加氢脱炔除外），而在前脱乙烷分离流程中，则以脱甲烷塔釜液作为乙烯精馏塔进料。无论采用哪种分离流程，乙烯精馏塔进料均以 C_2 馏分为主，C_2 馏分含量约占99.6%（摩尔）以上，另含氢气和甲烷等轻组分在0.12% ~0.15%（摩尔）以下，丙烯等重组分在0.1% ~0.25%（摩尔）以下。因此，乙烯精馏塔可以近似看作 C_2H_4 ~ C_2H_6 二元精馏系统。

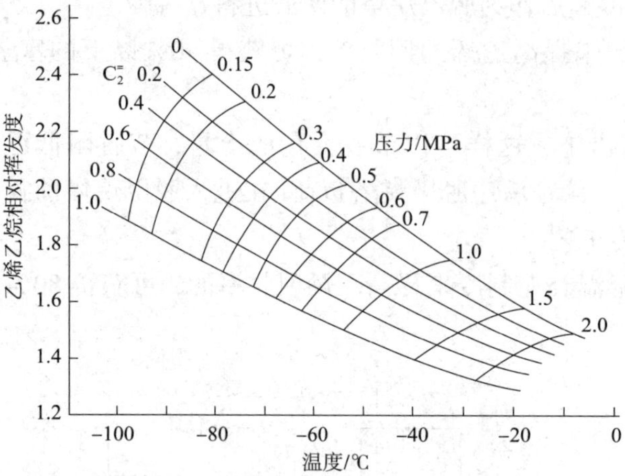

图4-44　乙烯乙烷的相对挥发度

由于乙烯对乙烷的相对挥发度随压力的降低而升高，在相同压力下，乙烯对乙烷的相对挥发度将随温度的升高而升高，随乙烯浓度的增加而下降，见图4-44。

由图4-44可见，压力对相对挥发度有较大的影响，一般采取降低压力来增大相对挥发度，从而使塔板数或回流比降低，见图4-45。当塔顶乙烯纯度要求99.9%左右时，由图4-44可以求得乙烯塔的操作压力与温度的关系。例如塔的压力分别为0.6MPa和1.9MPa时，塔顶温度由图4-44可求得，分别为-67℃和-29℃。压力低，塔的温度也低，因而需要冷剂的温度低，对塔的材质要求较高，从这些方面来看，压力低是不利的。压力的选择还要考虑乙烯的输出压力，如果对乙烯产品要求有较高的输出压力，则若选用低压操作，还要为产品再压缩而耗费功率。表4-31列出了不同操作压力时乙烯精馏塔的操作参数和功耗。

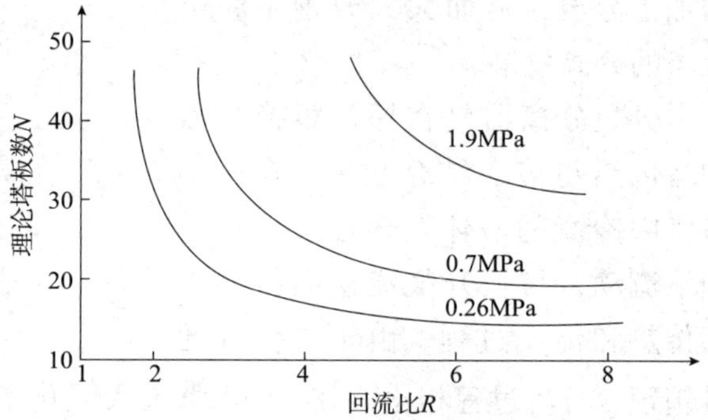

图4-45　乙烯塔压力对回流比和理论塔板数的影响

表4-31　不同操作压力下乙烯精馏塔的操作参数和功耗

项目	方案1	方案2	方案3
操作压力/MPa	0.245	0.637	1.813
塔顶温度/℃	-86	-56	-30.5
回流比	1.64	2.27	3.52
乙烯压缩功耗/kW	2307	3304	3510
冷冻功耗/kW	2621	1070	0
总功耗/kW	4928	4374	3510

装置规模按乙烯生产能力300kt/a计，高压精馏与低压精馏的过程效率大致相等，但是高压乙烯精馏材质要求低，操作简便，总功耗低，因而目前大多数装置采用高压乙烯精

馏(约2.0MPa)方案。

目前，世界上不同的专利商采用不同的分离流程，其中乙烯精馏可归纳为低压开式热泵流程和高压乙烯精馏工艺流程。

(1)低压乙烯精馏。低压乙烯精馏塔操作压力一般为0.5～0.8MPa，此时塔顶冷凝温度为－50～－60℃，塔顶冷凝器需要乙烯作为冷剂。因此，当采用低压精馏时，乙烯精馏塔均与乙烯制冷系统组成开式热泵，见图4－22。

采用开式热泵系统时，如采用后加氢脱炔工艺，一般需设置第二脱甲烷塔，否则，氢和甲烷等轻组分进入乙烯精馏塔后，可能在乙烯制冷系统中积累而导致乙烯压缩机超压。若不设置第二脱甲烷塔，除需严格控制脱甲烷塔塔釜甲烷含量之外，应在脱炔后设置一定的轻组分脱除设施，以避免轻组分带入乙烯精馏系统后在乙烯制冷系统积累。

由于乙烯对乙烷的相对挥发度随乙烯浓度的增加而下降，因此在精馏段内乙烯浓度增加十分缓慢。乙烯浓度要求越高，乙烯与乙烷的分离越困难。

(2)高压乙烯精馏。高压乙烯精馏塔操作压力一般为1.9～2.3MPa，相应塔顶温度为－23～－35℃，乙烯精馏塔塔顶冷凝器使用丙烯冷剂即可。采用高压乙烯精馏时，一般均不设置第二脱甲烷塔。此时，多在乙烯精馏塔侧线采出乙烯产品，塔顶采出含氢、甲烷的不凝气返回裂解气压缩机。

由于乙烯精馏塔操作温度较低、回流比较大，因此，由再沸器和中间再沸器可回收相当的冷量。

(3)乙烯精馏塔的节能与改进。在低压和高压精馏塔中，甲烷在精馏段出现一个恒浓区，说明在此区域内塔板对甲烷几乎没有分离效果，只是在侧线采出后甲烷浓度才明显增加。因此，即使在侧线采出的乙烯精馏塔中，一旦进料中甲烷含量超过规定值，乙烯产品中甲烷含量也将会升高。

乙烯塔沿塔板的温度分布和组成分布不是线性关系。图4－46是乙烯塔温度分布的实际生产数据，加料板为第29块塔板。由图可见，在提馏段温度变化很大，即乙烯在提馏段中沿塔板向下，乙烯的浓度下降很快，而在精馏段沿塔板向上温度下降很少，即乙烯浓度增大较慢。因此，乙烯塔与脱甲烷塔不同，乙烯塔精馏段塔板数较多，回流比较大。

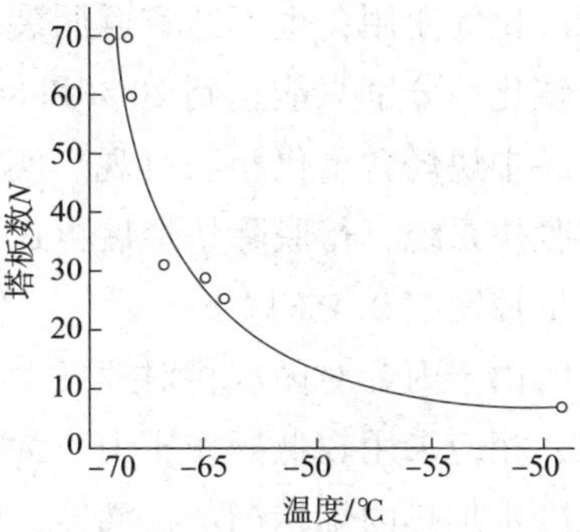

图4－46 乙烯塔温度分布

较大的回流比对乙烯精馏塔的精馏段是必要的，但是对提馏段来说并非必要。为此，近年来采用中间再沸器的办法来回收冷量，可省冷量约17%，这是乙烯塔的一个改进。例如乙烯塔压力为1.9MPa，塔底温度为－5℃时，我们可在接近进料板处提馏段设置中间再沸器，引出物料的温度为－23℃，它用于冷却分离装置中某些物料，相当于回收了－23℃温度级的冷量。

乙烯进料中常含有少量甲烷，分离过程中甲烷几乎全部从塔顶采出，必然影响塔顶乙烯产品的纯度，所以在进入乙烯塔之前要设置第二脱甲烷塔，脱去少量甲烷，再作为乙烯塔进料。近年来，深冷分离流程不设第二脱甲烷塔，在乙烯塔塔顶脱甲烷，在精馏段侧线

(从塔顶数约第8块塔板处)采出产品乙烯，一个塔起两个塔的作用。由于乙烯塔的回流比大，所以脱甲烷作用的效果比设置第二脱甲烷塔还好，既节省了能量，又简化了流程。一般乙烯精馏塔塔板数为70～110块，回流比2～9，相对挥发度为1.7左右，两塔串联。表4－32列出了某些乙烯精馏塔的操作条件和塔板数。

表4－32 某些乙烯精馏塔的操作条件和塔板数

工厂	塔压/MPa	顶温/℃	底温/℃	回流比	乙烯纯度	实际塔板数		
						精馏段	提馏段	总板数
某小厂	2.1～2.2	－27.5	10～20	7.4	≥98%	41	50	91
A厂	2.2～2.4	－18	0	9	≥95%	41	32	73
B厂	0.6	－70	－43	5.13	≥99.5%			70
C厂	0.57	－69	－49	2.01	≥99.9%	41	29	70
D厂	2.0	－32	－8	3.73	≥99.9%			119

5. 丙烯精馏塔

丙烯精馏塔也是产品塔之一，其操作的好坏直接影响到丙烯产品的质量和收率，同时丙烯又是制冷剂，影响到制冷循环。丙烯与丙烷的相对挥发度接近1，非常难分，丙烯精馏塔是乙烯厂中回流比最大、塔板数最多、塔最高的一个，经常采用两塔或三塔串联使用。

在顺序分离流程和前脱乙烷分离流程中，由脱乙烷塔塔釜获得含有丙烯、丙烷、丙炔的C_3馏分，而在前脱丙烷分离流程中则由脱丙烷塔塔顶获得这样的C_3馏分。由脱丙烷塔塔顶或脱乙烷塔塔釜所得C_3馏分可直接送至丙烯精馏塔，通过精馏方法以获得化学级或聚合级的丙烯产品。此时，丙烯精馏塔塔釜丙烷产品中含有大量炔烃，既不宜直接作为民用液化气使用，也不适宜返回裂解炉循环裂解。在采用前加氢脱炔时，丙二烯和甲基乙炔的转化率分别只能达到20%和80%，相当部分丙炔未能转化，此时丙烯精馏塔塔釜丙烷产品中炔烃含量仍相当可观。实际上，绝大多数生产厂均在丙烯精馏之前设置C_3馏分加氢脱炔系统，待脱除炔烃后再送入丙烯精馏塔，由此可使丙烯精馏塔塔釜丙烷产品中炔烃含量控制在0.1%以下。

由于丙烯对丙烷相对挥发度很低，因而塔板数较多，回流比较大。早期，为降低回流比，相应采用较低操作压力，为节省能耗，不少装置采用热泵流程。近期，由于广泛采用急冷水加热丙烯精馏塔再沸器，既节省能耗，又简化了工艺流程。

图4－47为高压丙烯精馏流程示意图，其中图4－47(a)为常规工艺流程。塔顶为水冷却，塔釜为急冷水加热。在轻烃裂解装置中，急冷水提供的热量有限，可能不能满足丙烯精馏塔塔釜加热的需要。此时，除用急冷水加热再沸器外，尚需设置低压蒸汽加热的再沸器，以满足塔釜所需的加热量。为减少蒸汽用量，还可增加急冷水加热的中间再沸器，如图4－47(b)所示。

有些装置为了尽量回收丙烯精馏塔塔釜液中的丙烯，采用双塔丙烯精馏工艺，增设了丙烷精制塔。图4－48为双塔丙烯精馏系统的工艺流程简图。

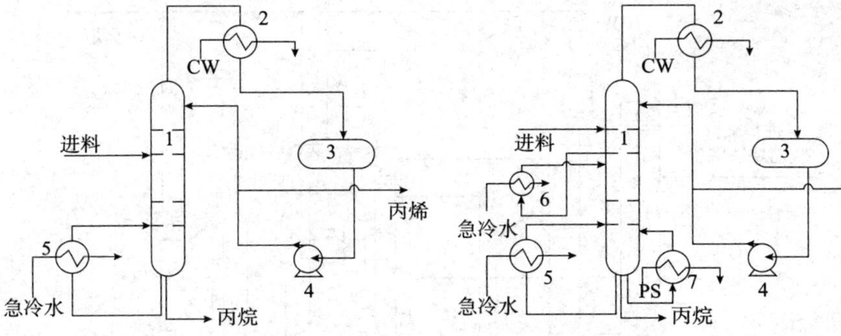

(a)常规工艺流程　　　(b)带中间再沸器的工艺流程

图 4－47　高压丙烯精馏工艺流程

1—丙烯精馏塔；2—塔顶冷凝器；3—回流罐；4—回流泵；5、7—塔釜再沸器；6—中间再沸器

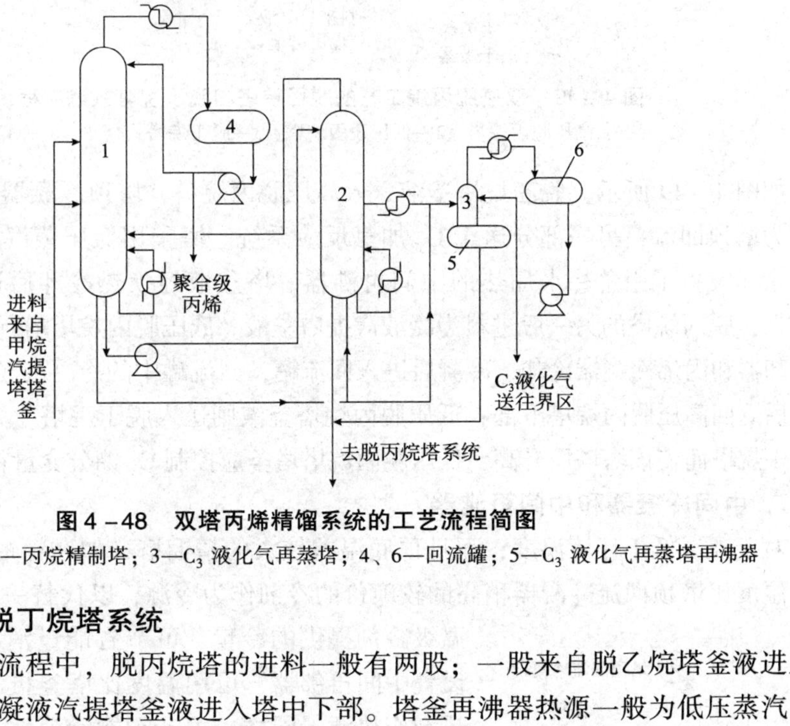

图 4－48　双塔丙烯精馏系统的工艺流程简图

1—丙烯精馏塔；2—丙烷精制塔；3—C_3 液化气再蒸塔；4、6—回流罐；5—C_3 液化气再蒸塔再沸器

6. 脱丙烷塔和脱丁烷塔系统

在顺序深冷分离流程中，脱丙烷塔的进料一般有两股；一股来自脱乙烷塔釜液进入塔中上部，另一股来自凝液汽提塔釜液进入塔中下部。塔釜再沸器热源一般为低压蒸汽，塔顶冷凝器由丙烯冷剂提供冷量。脱丙烷塔塔顶控制 C_4 含量，采出 C_3 馏分，经干燥后进 C_3 加氢系统；塔釜控制 C_3 含量在规定指标内，采出 C_4 及更重馏分作为脱丁烷塔的进料。脱丁烷塔塔釜再沸器热源为低压蒸汽，塔顶冷凝器由循环水提供冷量。塔顶控制 C_5 含量，采出副产品混合 C_4，经泵送出界区；塔釜控制 C_4 含量，采出的裂解汽油和汽油汽提塔塔釜的裂解重汽油汇合并经循环水冷却后去界区。

在脱丙烷流程中，为节省冷冻功耗，早期的脱丙烷塔系统多采用高压脱丙烷。但由于塔釜温度较高，提馏段及塔釜再沸器易发生双烯烃的聚合结垢，造成塔的堵塞。为避免温度过高而形成的聚合物结垢和堵塞问题，同时达到节省冷冻功耗的目的，一些装置采用了双塔脱丙烷工艺流程。图 4－49 是采用双塔脱丙烷工艺的脱丙烷塔和脱丁烷塔系统的流程示意图。

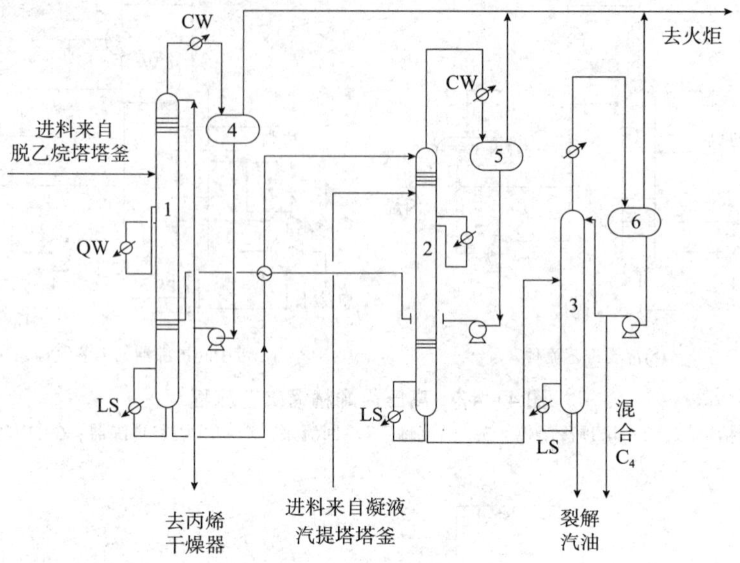

图 4－49　双塔脱丙烷工艺的脱丙烷塔和脱丁烷塔系统流程示意图

1—高压脱丙烷塔；2—低压脱丙烷塔；3—脱丁烷塔；4、5、6—回流罐

如图 4－49 所示，脱乙烷塔釜液送入高压脱丙烷塔，塔顶冷凝器为水冷，冷凝液一部分作为塔顶回流，另一部分送至 C_3 加氢反应系统。塔釜用低压蒸汽加热，为减少加热蒸汽用量，设置了用急冷水加热的中间再沸器。塔釜液经换热冷却后送入低压脱丙烷塔塔顶，低压脱丙烷塔的另一股进料为凝液汽提塔釜液。低压脱丙烷塔塔顶采出的气体先后经过水冷却器和丙烯冷凝器冷却、冷凝后进入回流罐，回流罐中的冷凝液经与高压脱丙烷塔釜液换热后返回高压脱丙烷塔下部；低压脱丙烷塔釜液则送入脱丁烷塔。为避免过多 C_3 馏分带入脱丁烷塔而使该塔塔压升高，低压脱丙烷塔塔釜应控制 C_3 馏分含量在 0.5%（摩尔）以下。

7. 中间冷凝器和中间再沸器

对于顶温低于环境温度，而且顶底温差较大的精馏塔，如在精馏段设置中间冷凝器，可用温度比塔顶回流冷凝器稍高的较廉价的冷剂作为冷源，以代替一部分塔顶原来用的低温级冷剂提供的冷量，可节省能量消耗。同理，在提馏段设置中间再沸器，可用温度比塔釜再沸器稍低的较廉价的热剂作热源，同样也可节约能量消耗。至于脱甲烷塔等低温塔，塔底温度仍低于常温，这时塔釜再沸器本身就是一种回收冷量的手段。如在提馏段适当位置设置中间再沸器，就可回收比塔底温度更低的冷量。

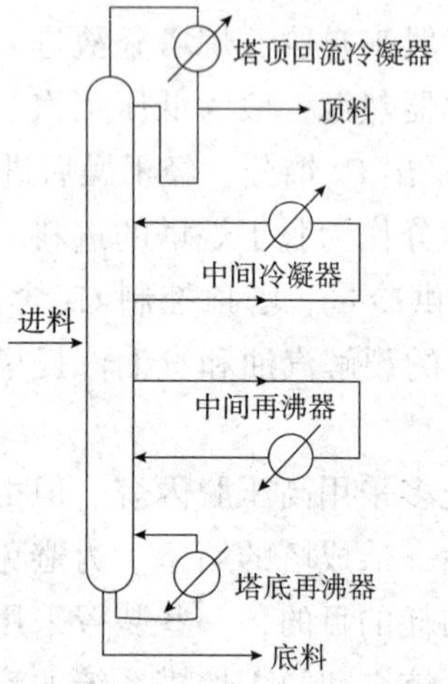

图 4－50　非绝热精馏塔示意图

对于一般精馏过程，只在精馏塔两端（塔顶和塔釜）对塔内物料进行冷却和加热，可视为绝热精馏。而在塔中间对塔内物料进行冷却和加热的，则称为非绝热精馏，设有中间再沸器和中间冷凝器的精馏塔即为非绝热精馏的一种。

在精馏塔中设置中间冷凝器、中间再沸器的流程如图 4－50 所示。中间冷凝器和中间再沸器的设置，在降低塔顶冷凝器和塔釜再沸器负荷的同时，会导致精馏段回流和提馏段上升蒸气的减少，故要相应增加塔板数，从而增加设备投资。目前，脱甲烷塔的中间再沸器也有的直接设置于塔内，回收提馏段冷量，并已为许多大型装置采用。

第五节 甲醇制烯烃技术

低碳烯烃(乙烯和丙烯)在现代化工中发挥着重要作用，是塑料、纤维和橡胶等化工材料的基础原料。乙烯，有着"石化工业之母"美誉，是生产聚乙烯、乙二醇、苯乙烯、氯乙烯和环氧乙烷等化工品的原料。乙烯的生产规模是衡量一个国家石化产业发达程度的标志。丙烯是生产聚丙烯、丙烯腈、丙烯酸酯和环氧丙烷等化工品的原料。中国乙烯表观消费量依然很大，对外依存度保持在10%以上。由于乙烯苛刻的存储运输条件，中国每年还进口大量乙烯下游产品。中国聚乙烯、乙二醇、苯乙烯的对外依存度居高不下，以下游产品形式实际进口乙烯占三分之二以上，对外依存度高达50%。中国丙烯对外依存度也在逐年增加。由于乙烯、丙烯的需求持续增加，国内很多烯烃生产商也在寻求其他的烯烃生产替代途径，如甲醇制低碳烯烃、低碳烷烃脱氢制烯烃、乙烷裂解制乙烯等技术。

一、技术简介

甲醇制低碳烯烃是以煤或天然气为原料经由甲醇制取乙烯、丙烯等低碳烯烃的工艺过程，包括以乙烯、丙烯为主要产物的MTO技术和以丙烯为主要产物的MTP技术。Mobil公司于1976年在研究甲醇制汽油的过程中发现，烯烃是甲醇到汽油的中间产物，通过控制反应条件，可以高选择性地得到低碳烯烃，由此开始了对甲醇制烯烃的研究。按照目标产品的不同，甲醇制烯烃可以分为两类：目标产品为乙烯和丙烯的甲醇制烯烃过程以及目标产品为丙烯的甲醇制丙烯过程。在众多的甲醇制烯烃的工艺技术中，国外的代表性技术主要包括Mobil公司的MTG技术、环球油品(UOP)公司和挪威海德罗(Norsk Hydro)公司合作的UOP/Hydro-MTO技术、德国鲁奇(Lurgi)公司的MTP技术。国内代表性技术主要包括中科院大连化学物理研究所的DMTO技术、中国石化上海石油化工研究院的SMTO/SMTP技术、清华大学的FMTP技术。

甲醇制烯烃的反应具有以下特点：①反应为强放热过程，工艺设计需要考虑移热问题；②为了抑制高碳数烃类和芳烃的形成，提高烯烃的选择性，具有择形功能的分子筛是常用的催化材料，但是分子筛易积炭失活，需要进行再生；③目标产物烯烃为中间产物，需要抑制烯烃二次反应(如氢转移、烯烃聚合等)的进行。

二、反应机理

通常认为，在甲醇制烯烃反应中，甲醇首先脱水转化为二甲醚，继而甲醇或二甲醚转化为低碳烯烃，且低碳烯烃通过二级反应进一步转化为烷烃、芳烃和高碳烯烃等副产物，反应历程见图4-51。对于甲醇转化制取低碳烯烃反应，科研工作者提出了各种机理，主要可归纳为以下两类：直接转化机理和间接转化机理。

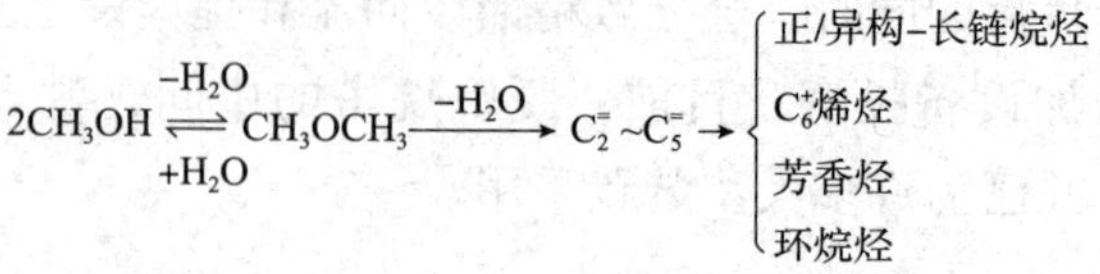

图 4-51　甲醇制烯烃总体反应历程

1. 直接机理

对于甲醇制烯烃反应中第一个 C—C 键的生成，早期科研工作者们认为，第一个 C—C 键来自甲醇或二甲醚的 C_1 物种的直接偶联，由此提出多种直接反应机理，分别包含不同反应中间体或过渡态物种，例如碳正离子机理、卡宾机理、自由基机理和氧鎓叶立德机理等。然而，直接反应机理需克服较高的反应能垒，且无法解释动力学诱导期（反应初期，甲醇转化率较低，反应进行一段时间后转化率迅速提升至 100%）、产物滞后（从甲醇进料反应到反应器出口出现第一批烯烃产物间存在时间滞后）等现象。

2. 间接机理——烯烃甲基化裂解机理

1979 年，Chen 等人发现了甲醇和二甲醚转化率随接触时间变化的自催化现象——接触时间较短时转化率极低，随着接触时间的延长，转化率迅速上升。早期研究者认为，甲醇制烯烃反应主要包括初始烯烃生成、甲基碳正离子和烯烃的链增长反应。

1982 年，Mobil 公司的 Dessau 等人首次采用 ^{13}C 甲醇与 ^{12}C - 烯烃或 ^{12}C - 芳烃在 HZSM-5分子筛上进行共进料实验，提出甲醇转化的间接机理——烯烃甲基化裂解机理，如图 4-52 所示。

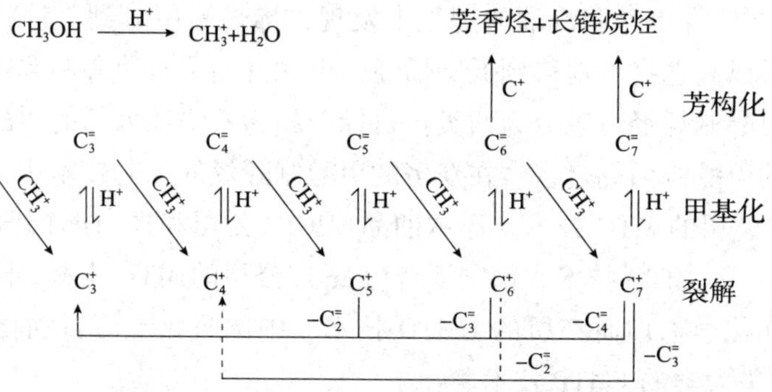

图 4-52　烯烃甲基化裂解原理

Dessau 等人认为，高碳烯烃主要通过连续的甲基化和低聚反应生成，高级烯烃发生裂解、氢转移和环化等反应得到低碳烯烃、烷烃和芳烃等产物。在共进料实验中，Dessau 等人发现，大多数乙烯产物中只含一个 ^{13}C 原子，证明乙烯并非由甲醇生成的初级反应产物，而是初级烯烃产物经过二次再平衡反应后的产物。同在 1982 年，Langner 等人发现，在甲醇进料中加入微量高级醇类可明显缩短反应诱导期。当甲醇原料中含 $3.6\times10^{3}\%$（摩尔）环己醇（可原位生成环己烯）时，反应诱导期大幅缩短。

3. 间接机理——烃池机理

1983 年，Mole 等人在研究 HZSM-5 分子筛催化甲醇转化反应时，发现反应体系中添加少量甲苯或对二甲苯，能够显著提高甲醇转化率，即芳烃为反应的“共催化剂”。据此，

Mole 等人提出了基于芳烃循环途径的间接反应机理——侧链烷基化机理，多甲基苯与甲醇发生烷基化反应增加烷基侧链，烷基侧链经消去反应生成低碳烯烃。

1993～1996 年，Dahl 和 Kolboe 等人将^{13}C 甲醇分别与乙醇和丙醇（脱水生成乙烯和丙烯）在 SAPO－34 分子筛上进行共进料实验，发现烃类产物基本都含^{13}C 同位素，只有少量产物含^{12}C 原子，说明大部分产物直接来源于甲醇，共进料的乙烯和丙烯不具有反应活性。据此，Dahl 和 Kolboe 等人提出烃池机理，如图 4－53 所示。$(CH_2)n$ 代表烃池物种（Hydrocarbon Pool），烃池物种吸附在分子筛孔道内或笼中，起到共催化作用。烃池物种不断与甲醇发生甲基化反应，且发生消去反应生成乙烯、丙烯、丁烯等产物，从而恢复成烃池物种。然而，Dahl 和 Kolboe 等人对烃池物种的具体组成、结构和作用机理并没有给出明确的描述。

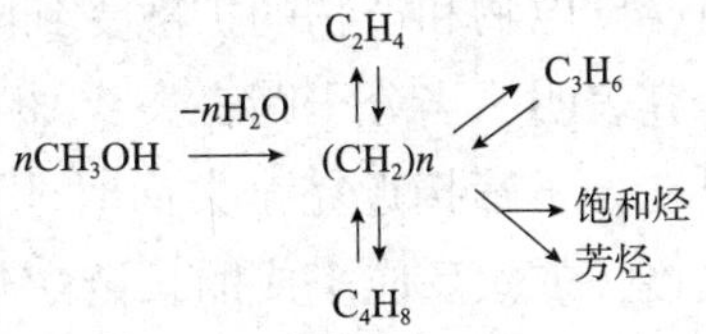

图 4－53　甲醇转化的烃池机理

4. 间接机理——双循环机理

2006 年，Olsbye 等人通过$^{12}C/^{13}C$ 甲醇切换实验，结合 HF 溶解和 CH_2Cl_2 萃取停留物种的方法，研究了 HZSM－5 分子筛中的活性物种。随着甲基取代数的增加，多甲基苯中^{13}C 含量降低，说明甲基取代数越多，多甲基苯反应活性越低。而对于 SAPO－34 和 H－Beta 分子筛，甲基取代数较多的多甲基苯及其对应的碳正离子为反应的活性中间体。根据乙烯与二甲基苯和三甲基苯具有相似的^{13}C 含量以及变化规律，Olsbye 等人认为，在 HZSM－5 分子筛上，乙烯主要通过基于二甲基苯和三甲基苯芳烃物种的烃池机理而产生。此外，与乙烯、活泼的二甲基苯和三甲基苯对比，丙烯和高碳烯烃具有更高的^{13}C 含量，说明丙烯和高碳烯烃来自与烯烃相关的反应，可能通过烯烃甲基化裂解机理而生成。因此，Olsbye 课题组认为，在 HZSM－5 分子筛上，乙烯、丙烯和更高碳烯烃的生成机理不同：低甲基取代数的多甲基苯经过甲基化和消去反应主要生成乙烯，同时生成少量丙烯，而丙烯和高碳烯烃则通过烯烃甲基化裂解生成，该观点被称为双循环机理，如图 4－54 所示。烯烃循环和芳烃循环并不孤立，发生芳构化的长链烯烃是低碳烯烃甲基化产物，而多甲基苯经甲基化消去产生的低碳烯烃又为烯烃甲基化提供烯烃来源。在双循环机理中，乙烯和丙烯的生成机理不同，从而可以通过反应途径的选择对乙烯和丙烯产物比例进行调控。

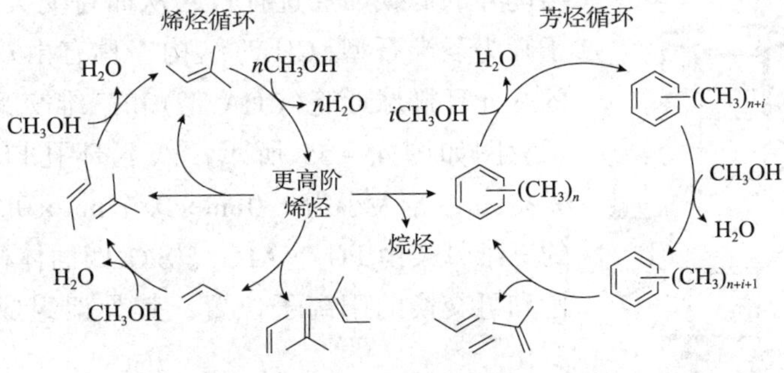

图 4－54　双循环机理

5. 失活机理

生成烷烃和芳烃的氢转移和成环反应，是催化剂积炭失活的主要原因。Fu 等通过

MASNMR 观测发现，活性的甲基苯容易进一步成环形成稠环芳烃，如菲、芘等，其分子尺寸恰好对应于 SAPO－34 笼大小的限制。当生成的大分子占据了分子筛的孔道或笼结构时，反应物和产物的扩散受到限制，酸性中心被堵塞或占据，导致催化剂失活。但最新的研究表明，当分子筛丧失 95% 的活性后，碳池的主要组成物质仍为多甲基苯，而稠环芳烃是在分子筛接近完全失活时才形成的。因此认为，SAPO－34 的失活是因为产物扩散速率较慢，二次反应生成的长链烷烃和芳烃而导致的孔道堵塞引起的。对于 ZSM－5 分子筛，由于其内部没有像 SAPO－34 那样的笼结构，孔道内无法形成七甲基苯或稠环芳烃等需要大空间反应的物质，因此孔内没有积炭生成。其失活主要是石墨炭沉积在分子筛表面造成的。Mores 使用共焦显微镜，可以直接观测失活 ZSM－5 和 SAPO－34 分子筛上的焦炭分布，发现 ZSM－5 的焦炭主要沉积在其直孔道靠近分子筛表面处，而 SAPO－34 的焦炭则位于分子筛晶粒靠外层的区域，这与上述失活机理相符。

三、催化剂

SAPO 系列分子筛由美国联碳公司（UCC）在 1984 年开发成功，属于一类新型的磷酸硅铝分子筛。小孔 SAPO 分子筛包括 SAPO－17、SAPO－18、SAPO－34、SAPO－35 和 SAPO－44 等，其中最具代表性的是 SAPO－34 分子筛。它具有八元环构成的椭球形笼和三维孔道结构。与 ZSM－5 的交叉孔道结构不同，SAPO－34 在分子筛内部孔道交叉处形成了体积较大的椭球形笼，该笼的尺寸为 1.1nm×0.65nm，每个笼通过侧面的共 6 个八元环与其他笼相通，形成三维的直线孔道，孔道大小即八元环孔径是 0.38nm×0.38nm。只有 C_3 以下的小分子和正构烃类才可以进出孔道，异构烃以及芳烃受到严重限制。此性质使得 SAPO－34 具有优异的择形性能，在 MTO 反应中可以获得很高的低碳烯烃选择性，因而被认为是甲醇制取低碳烯烃过程的最优催化剂。近期，MTO 催化剂的大量研究工作都集中于此。

1. SAPO－34 分子筛催化剂

1984 年，美国联合碳化物公司成功开发出磷酸硅铝系列分子筛 SAPO－n（n 代表结构型号）。SAPO 系列分子筛孔径在 0.3～0.8nm，具有中等强度的酸性。其中，SAPO－34 分子筛在 MTO 反应中表现出优异的低碳烯烃选择性，从而备受关注。SAPO－34 分子筛为菱沸石型（CHA）结构，具有由双六元环堆积而成的八元环椭球形笼（CHA 笼）和三维交叉孔道结构，骨架示意图如图 4－55 所示。八元环孔口尺寸为 0.38nm×0.38nm，笼大小为 1.0nm×0.67nm×0.67nm。SAPO－34 的三维骨架由 PO_4、AlO_4、SiO_4 四面体构成，具有质子酸性和可交换的阳离子位置，其骨架组成可在一定范围内变化。

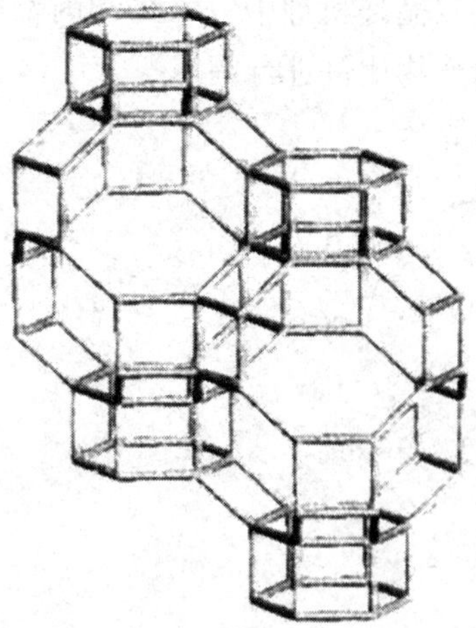

图 4－55 SAPO－34 分子筛骨架结构示意图

2. ZSM－5 分子筛催化剂

早期的催化剂主要使用氢型 ZSM－5。通过控制硅铝比，可以调变分子筛的酸量。在不同硅铝比的 ZSM－5 上的甲醇转化反应表明，低碳烯烃的收率随硅铝比的增加而增加。这说明 ZSM－5 的酸量过高，较低的酸密度有利于低碳烯烃的形成。

分子筛的粒径也是影响产物选择性的重要因素。有研究表明，ZSM－5 的粒径越小，MTO 反应的烯烃选择性越高，他们将之归结为分子筛晶内扩散的影响，因为甲醇转化的终产物为芳香烃和烷烃，烯烃是这一连串反应的中间产物，如果不能及时从分子筛内脱附出去，烯烃将会进一步反应。分子筛粒径越大，扩散孔道越长，则连串反应发生程度就越深。

ZSM－5 是具有十元环孔道和 MFI 结构的硅铝分子筛。ZSM－5 的晶体结构包含平行于晶面的椭圆形（0.51nm × 0.54nm）直通道和平行于 a 轴方向的近圆形（0.54nm × 0.56nm）正弦孔道。在孔道交叉处形成了 0.89nm 的空间，骨架示意图如图 4－56 所示。ZSM－5 中的 Na^+ 被质子交换后，即成为氢型分子筛 HZSM－5，具有酸性和酸催化性能。HZSM－5 在催化甲醇转化为低碳烯烃反应中表现出较高的丙烯选择性，通常被用作 MTP 反应的催化剂。

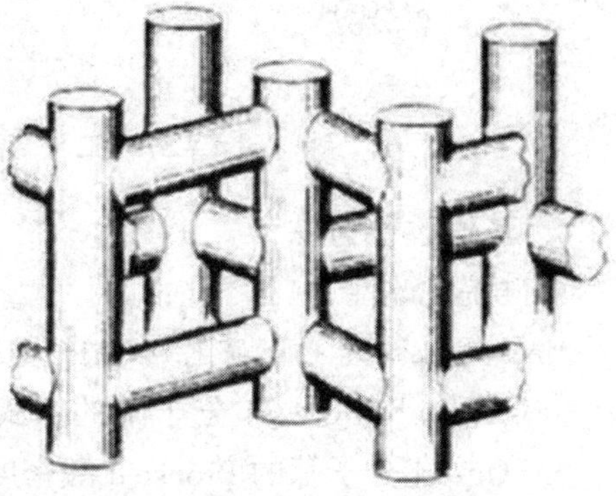

图 4－56 ZSM－5 分子筛骨架结构示意图

3. 金属改性

针对 SAPO－34 分子筛进行金属改性可以改善 MTO 反应性能。金属改性的方法通常包括同晶取代法、浸渍法和离子交换法。同晶取代法指在初始凝胶中加入金属盐溶液，晶化后金属以同晶取代的方式进入 SAPO－34 分子筛骨架，形成 MeAPSO－34 分子筛（Me 代表改性所用的金属元素）。通常认为，多数金属取代分子筛骨架中的铝（如图 4－57 所示），产生相应的酸中心，同时金属的加入可能抑制骨架中硅的含量。根据文献报道，能够进入 SAPO－34 骨架的金属包括 Mg、Ca、Sr、Ba、Ti、Cr、Zr、Mn、Fe、Co、Ni、Cu、Zn、Ga、La 和 Ce 等。

再者，金属物质可通过离子交换法引入分子筛的可交换离子位，金属离子改性通常可以调变 SAPO－34 分子筛的酸强度和酸密度，修饰分子筛笼和孔口。由于 SAPO－34 的八元环孔口小于大多数金属的水合离子半径，只有少数金属离子可以进入 SAPO－34 的 CHA 笼中。刘红星等人通过固态离子交换法对 SAPO－34 分子筛进行 Ca 改性。改性后，SAPO－34 分子筛的强酸位点和弱酸位点减少，酸强度降低。Ca 改性的 SAPO－34 分子筛在一定程度上抑制甲烷的生成，但对乙烯和丙烯选择性影响不大。吕金钊等人通过固态离子交换法制备得到 La 和 Y 改性的 SAPO－34 分子筛。La 和 Y 改性的 SAPO－34 分子筛有效抑制甲烷的生成，延长催化剂寿命，提高低碳烯烃选择性。然而，部分金属物质的引入在一定条件下会导致甲醇的分解，生成 CH_4、CO_2 和 CO 等副产物。

除同晶取代、浸渍法和离子交换法外，Mobil 公司 Wang 等人采用二甲基锌修饰 SAPO－34 分子筛，经甲醇洗涤和空气煅烧处理后，SAPO－34 分子筛部分 Si－OH 转变为 Zn－OH，降低了 SAPO－34 分子筛的孔体积。使用经二甲基锌修饰的 SAPO－34 分子筛

($H-SAPO-34/ZnMe_2$)催化 MTO 反应，乙烯和低碳烯烃选择性显著增加，Ca 烯烃选择性降低，催化剂的寿命缩短，积炭量降低。

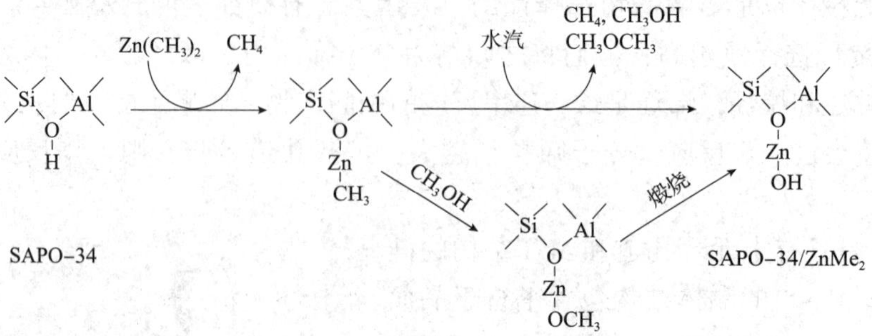

图 4-57　二甲基锌对 SAPO-34 的修饰及其结构

4. 其他改性方法

1)硅烷化改性

Mees 等人研究了硅烷化对 SAPO-34 分子筛的 MTO 反应性能的影响，抽真空条件使 SiH_4、Si_2H_6与 SAPO-34 分子筛的桥式烃基反应。红外光谱表明，随着硅烷化程度的增加，SAPO-34 分子筛的 Bronsted 酸密度不断降低，而 Lewis 酸密度不断升高，部分 Bronsted 酸中心不可逆地转化成了 Lewis 酸中心。随硅烷化程度的增加，Bronsted 酸密度的降低抑制了氢转移副反应，故乙烯/乙烷比、丙烯/丙烷比升高，催化剂积炭量明显降低。经过硅烷化处理后，乙烯 + 丙烯的选择性略微降低，而 C 产物选择性略微增加。

2)外表面富硅环境选择性脱除

刘中民研究团队使用 HF 和 NH_4F 水溶液对 SAPO-34 原粉进行后处理，发现氟离子选择性脱除 SAPO-34 中的硅原子，硅元素富集的壳层的硅原子首先被脱除，处理后分子筛的 Si(4A1)配位环境的相对量提高。骨架中的 Si(4A1)配位环境所对应的酸性中心有利于提高 MTO 反应乙烯和丙烯选择性，抑制烷烃的生成，同时催化剂的反应寿命随着分子筛中 Si(4A1)环境相对量的增多而延长。其中，HF 水溶液对 SAPO-34 中硅原子的脱除能力强于相同浓度的 NH_4F 溶液。刘中民研究团队采用草酸对 SAPO-34 进行表面改性，脱除 SAPO-34 表面的富硅环境，也取得了类似的效果，从而提升低碳烯烃的选择性，延长催化剂的寿命。

3)瓶中造船笼内修饰法

Haw 等人通过瓶中造船法，在 SAPO-34 分子筛 CHA 笼中形成一个体积较大的分子，降低笼内的酸中心数目，同时缩小笼体积，限制甲基苯和萘进一步转化为稠环芳烃，从而提高低碳烯烃的选择性。Haw 等人往 SAPO-34 分子筛通入含 PH_3的 He 气，同时脉冲甲醇，PH_3和甲醇反应生成尺寸较大的 $P(CH_3)_3$和 $P(CH_3)_4^+$，降低笼体积，同时消耗掉 Bronsted 酸中心。继而将 SAPO-34 在高温下进行焙烧，$P(CH_3)_3$和 $P(CH_3)_4^+$分解为无机磷物质。经瓶中造船法笼内修饰的 SAPO-34 分子筛催化 MTO 反应，乙烯选择性从 37% 提高至 46%。

4)磷改性

归因于 SAPO-34 较小的八元环孔口，磷改性主要作用于晶粒外表面。刘中民研究团队通过浸渍法采用无机磷和有机磷化合物对 SAPO - 34 分子筛进行改性，发现磷改性 SAPO - 34 分子筛可有效提高低碳烯烃选择性。宋守强等人采用磷酸改性 SAPO - 34 发现，适度磷改性的 SAPO - 34 用于 MTO 反应，乙烯选择性提高，丙烯选择性降低，C_4 和 C_5 烃类产物含量有所下降，说明磷改性可以修饰分子筛外表面孔口。

5) 氮化处理改性

关乃佳课题组采用了高温氮化处理 SAPO - 34 分子筛，并考察含氮 SAPO - 34 分子筛在 MTO 反应中的反应活性。SAPO - 34 分子筛经高温氮化处理后，结晶度和比表面积保持良好，强酸位点的酸强度明显降低，弱酸位点的酸强度变化较小，酸性位点的酸量在一定程度上降低，产生一定强度的碱性位点，低碳烯烃的选择性显著提升，乙烯选择性从 11.6% 增加至 39.7%。

四、典型工艺介绍

1. Mobil 公司的 MTG 技术

1986 年，新西兰 Motunui 建成世界首套 MTG 工厂，该工厂采用 Mobil 公司的 MTG 技术，年生产 57×10^4t 汽油，约占其国内汽油需求量的三分之一。Mobil 公司的 MTG 技术如图 4 - 58 所示，以天然气为原料，经合成气转化为甲醇，经 HZSM - 5 分子筛催化转化为最终产物。随后，Mobil 公司在 MTG 工艺技术的基础上开发了 MOGD (mobilolefin - to - gasoline and distillate process) 过程。MOGD 过程将 MTG 过程中的低碳烯烃副产物进一步转化为高级烃类，以生产汽油、馏分油和润滑油。

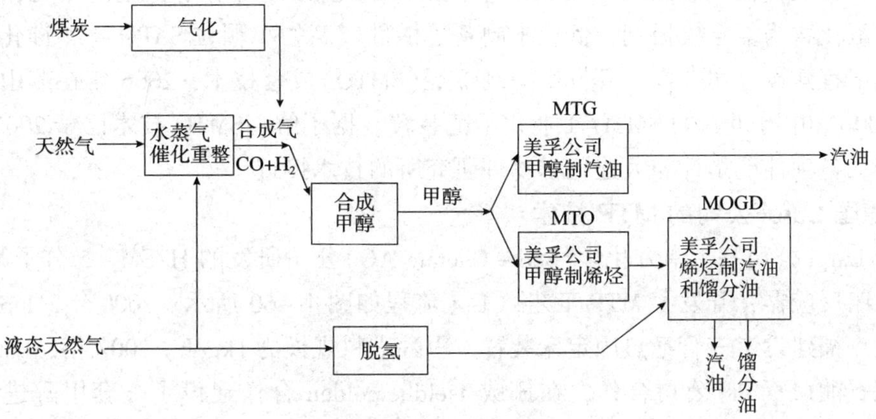

图 4 - 58 Mobil 公司的 MTG 技术

2. UOP/Hydro 公司的 MTO 技术

1994 年，UOP 公司和 Norsk Hydro 公司合作开发了天然气经甲醇生产低碳烯烃的 UOP/Hydro - MTO 的工艺路线，如图 4 - 59 所示。该工艺完成了甲醇处理量为 0.5t/d 的流化床 MTO 中试，低碳烯烃的碳基收率为 75% ~ 80%，可实现年产 50×10^4t 乙烯的工业化生产。2003 年 UOP 公司、法国道达尔公司 (Total Petrochemicals) 通过引入烯烃裂解技术 (Olefin cracking process, OCP)，使 C_4 以上高碳数烯烃进行催化裂解，乙烯和丙烯收率增加 20%，达到 85% ~ 90%。2008 年，UOP 公司和 Total 石油公司在比利时 Feluy 建成甲醇制烯烃和烯烃裂解中试装置(MTO/OCP PDU)。2010年起，该装置生产出聚丙烯和聚乙烯产品。惠生(南京)清洁能源公司2011年采用UOP技术建设年产29.5×10^4t烯烃的MTO装置。

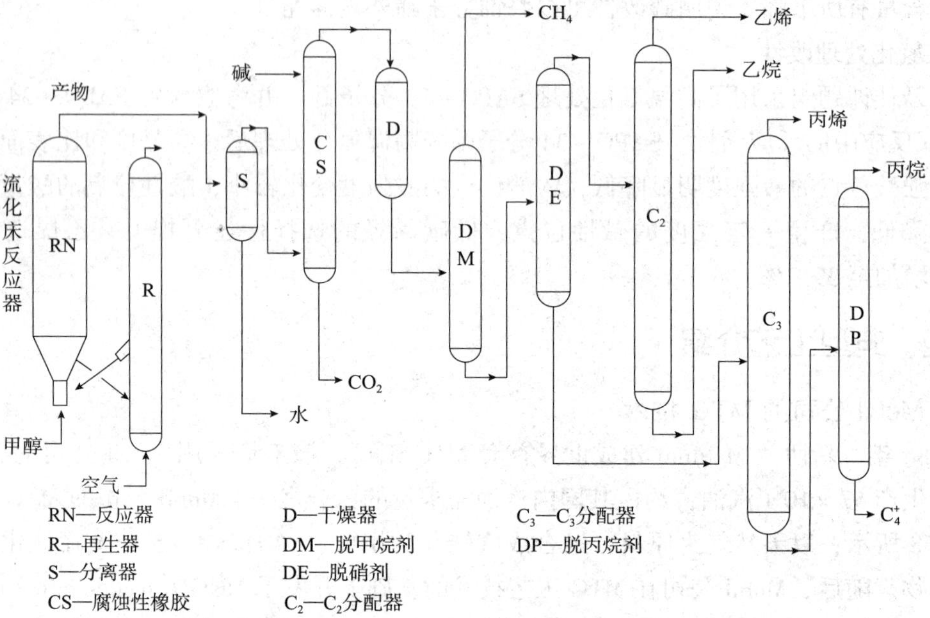

图4-59　UOP/Hydro公司的MTO技术

中国石化上海化工研究院也在MTO催化剂和工艺方面开展了大量的研究，他们采用三乙胺和氟化物为复合模板剂，低成本制备了活性较高的小颗粒SAPO-34催化剂。并与中国石化工程建设公司合作，开发甲醇制烯烃(SMTO)成套技术，2006年在燕山石化建成了一套100t/d甲醇进料的SMTO工业化示范装置。据了解，SMTO技术已于2007年11月成功投产，各项性能指标与大连化学物理研究所的技术接近。

3. 德国Lurgi公司的MTP技术

德国Lurgi公司基于南方化学(Sud-Chemie AG)公司研发的HZSM-5分子筛催化剂，采用固定床反应器，开发了MTP工艺，工艺流程如图4-60所示。2000年，Lurgi公司在德国法兰克福建设了三管绝热固定床装置，甲醇进料规模为1kg/h。2002年，Lurgi公司与挪威国家石油(Statoil)公司合作，在挪威Tjeldbergolden合作建设了一套甲醇进料规模为360kg/d的MTP工艺中试示范装置。催化剂寿命符合8000h的商业使用目标，丙烯选择性大于60%，并副产汽油。2008年，Lurgi公司与伊朗Fanavaran石化公司正式签署MTP技术转让合同，装置规模为10×10^4t/a，并于2009年建成投产。2010年，大唐多伦采用Lurgi公司MTP技术，建成年产46×10^4t丙烯装置。

2010年，神华宁夏煤业集团采用Lurgi公司MTP技术，建成年产50×10^4t聚丙烯装置，并于2011年产出合格聚丙烯产品。

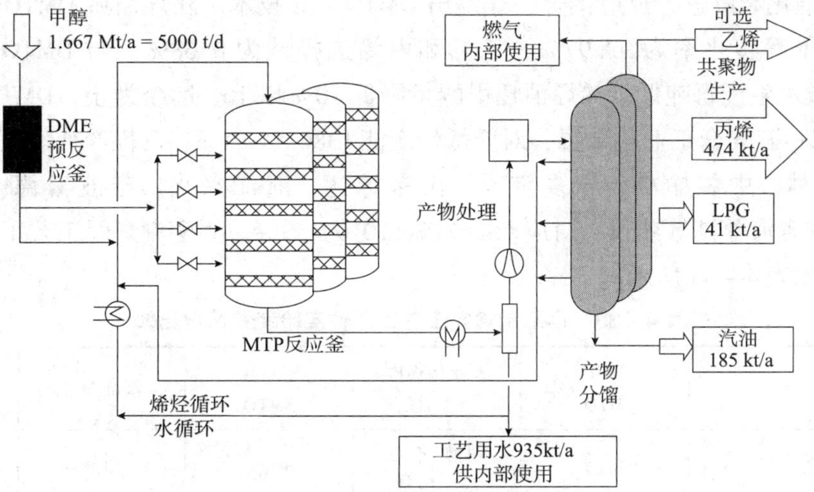

图 4－60　德国 Lurgi 公司的 MTP 技术

4. 大连化学物理研究所的 DMTO 技术

20 世纪 80 年代初，中国科学院大连化学物理研究所开展了甲醇制烯烃催化剂和过程的研究。"六五"期间(1980～1985 年)，大连化学物理研究所以改性 HZSM－5 分子筛为基础，完成了实验室小试。1993 年，大连化学物理研究所基于 HZSM－5 催化剂，完成了甲醇处理量 300t/a 的固定床中试实验。

20 世纪 80 年代，美国联合碳化物公司科研人员开发了新型磷酸硅铝系列分子筛。大连化学物理研究所随即开展了小孔分子筛 SAPO－34 催化 MTO 反应的研究，发现 SAPO－34 催化 MTO 反应能够显著提高低碳烯烃选择性。90 年代初，大连化学物理研究所开发了"合成气经二甲醚制取低碳烯烃新工艺方法"，完成了流化反应工艺的中试试验。2004 年，大连化学物理研究所、陕西新兴煤化工科技公司和中国石化洛阳石油化工工程公司合作进行流化床工艺的甲醇制烯烃技术(DMTO)工业性试验，建设了世界首套万吨级 DMTO 工业试验装置，工业示范装置流程如图 4－61 所示。甲醇接近完全转化，乙烯＋丙烯选择性为 79.13%，乙烯＋丙烯＋丁烯选择性为 90.21%，每吨乙烯＋丙烯消耗 2.96t 甲醇，为百万吨级 DMTO 工业化项目的开工建设奠定了基础。

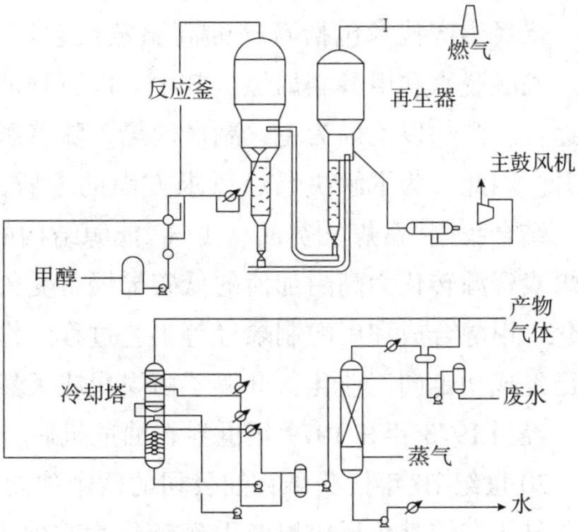

图 4－61　大连化学物理研究所的 DMTO 技术

2010 年，神华煤制油公司包头分公司在内蒙古包头建设年产 180×10^4t 甲醇装置、年产 60×10^4t 聚烯烃装置，实现年产 30×10^4t 聚乙烯和 30×10^4t 聚丙烯。甲醇转化率大于 99.9%，乙烯＋丙烯选择性达到 80% 以上，乙烯＋丙烯＋丁烯选择性达到 90% 以上。为进一步提高低碳烯烃产率，大连化学物理研究所采用同一种催化剂将甲醇转化和产物中 C_4

以上组分的催化裂解进行反应耦合，开发出 DMTO - Ⅱ技术。陕煤蒲城 DMTO - Ⅱ技术工业性试验中甲醇转化率为 99.97%，乙烯和丙烯选择性为 8.68%。与 DMTO 技术相比，DMTO - Ⅱ技术生产每吨低碳烯烃消耗甲醇量降低 10% 以上。迄今为止，DMTO 系列技术已实现技术许可 24 套工业化装置，对应烯烃产能 $1386 \times 10^4 t/a$。已投产神华包头、神华榆林、延长榆林、中煤榆林、宁夏宝丰、山东神达、浙江兴兴、宁波富德、蒲城能化 DMTO - Ⅱ和青海盐湖等项目，对应产能 $716 \times 10^4 t/a$ 烯烃。甲醇制烯烃工艺工业性实验装置情况比较如表 4 - 33 所示。

表 4 - 33　甲醇制烯烃工艺工业性实验装置情况比较

项目		UOP MTO	大连化物所 DMTO	中石化 SMTO	鲁奇 MTP	清华 FMTP
原料		甲醇	甲醇/乙二醇二甲醚	甲醇	甲醇	甲醇
规模/(t/d)		75	50	100	36	100
反应器		流化床	流化床	流化床	固定床	流化床
催化剂		SAPO - 34	SAPO - 34	SAPO - 34	ZSM - 5	CHA/AE SAPO
烯烃收率	乙烯/%	48.00	50.00			
	丙烯/%	33.00	30. 00	78.24	71.00	67. 30

五、技术发展现状与展望

烯烃生产技术包括石脑油高温蒸汽裂解、石脑油催化裂解、乙烷催化脱氢、烯烃歧化、乙醇脱水和甲醇制烯烃。其中，以石脑油为原料的蒸汽裂解是目前低碳烯烃生产的主要途径，产物以乙烯为主，副产丙烯。随着国际油价的日益飙升，烯烃的生产成本也节节攀升。因此，为了解决烯烃供求方面的矛盾，必须大力发展非石油路线制取低碳烯烃技术。结合我国“富煤、贫油、少气”能源结构的基本国情，在煤炭资源的清洁高效利用中，将煤炭资源转化为高附加值的低碳烯烃备受关注。煤制低碳烯烃技术包括煤气化、合成气净化、甲醇合成和甲醇制烯烃等工艺过程。作为煤制低碳烯烃的核心技术，甲醇制烯烃技术已经成功走向工业化，开辟了由煤炭或天然气资源制备低碳烯烃产品的新路线。

经历 1973 年和 1979 年世界石油危机后，科研人员对合成燃料及化学品产生了极大兴趣。20 世纪 70 年代美孚石油公司的两个独立研究小组在尝试使用 HZSM - 5 分子筛催化甲醇和异丁烷烷基化反应以及甲醇转化为其他含氧化合物中，分别发现了 HZSM - 5 分子筛可催化甲醇转化为汽油级的烷烃和芳烃，即甲醇转化为碳氢化合物的反应。根据目标产物的不同，MTH 反应可分为甲醇制烯烃(methanol - to - olefins，简称 MTO)、甲醇制丙烯(methanol - to - propene，简称 MTP)、甲醇制汽油(methanol - to - gasoline，简称 MTG)和甲醇制芳烃(methanol - to - aromatics，简称 MTA)。

具有择形功能的分子筛催化剂的应用，使得甲醇可以高选择性地转化为低碳烯烃；而乙烯和丁烯在分子筛上的转化，使得甲醇制烯烃过程可以高选择性地生产丙烯；配套固定床、流化床以及多层湍动流化床反应再生工艺的开发，可以在不同程度上解决反应的强放热、催化剂再生和抑制二次反应等问题，使得 MTO 和 MTP 技术的工程放大问题得到解决。在未来 5 ~ 10 年，这种先进的以煤为源头生产低碳烯烃的方法，将会首先在我国这个石油资源紧缺而又处在快速发展中的国家得到工业应用，并可望形成一个不需石油且可大规模生产石油化工平台化合物烯烃的重大产业技术，同时利用甲醇制芳烃的发展及三烯、三苯衍生物，将会促进在我国煤资源丰富地区的中西部形成新型的煤化工产业链。这必然会大大促进针对催化剂、工艺及过程设备的重大革新及研究热潮。我国应加强在该领域的理论和工程基础研究，为国家石油化工行业在石油短缺时代的迅速发展进行技术上的准备。

第六节　低碳烷烃脱氢制烯烃技术

目前，北美页岩气的开发导致天然气价格出现大幅下降，与此同时，液化石油气用作民用燃料很难为炼厂带来更高效益。因此，寻找液化石油气高附加值利用的途径，充分利用低碳烷烃(乙烷、丙烷、异丁烷和正丁烷)逐渐受到人们的关注。此外，乙烯、丙烯下游产品的不断开发利用，也造成了全球性乙烯、丙烯的匮乏。因此，采用低碳烷烃脱氢制烯烃技术拓展低碳烯烃来源，蕴藏着良好的发展机遇和巨大的市场潜力。20 世纪 60 年代，正丁烷脱氢/异丁烷脱氢盛极一时，以获得丁二烯/异丁烯；随着热裂解制乙烯/丙烯并副产丁二烯/异丁烯(统称的乙烯装置)的发展，催化脱氢制烯烃渐渐退出市场。然而近年来随着乙烯装置原料轻质化，丙烯相对的缺口增大，丙烷脱氢开始兴起。低碳烷烃脱氢可以从廉价及可利用的低成本饱和烃原料中获得烯烃，是一种具有相当大的工业化影响的方法。

一、低碳烷烃脱氢热力学

低碳烷烃脱氢反应在热力学上是强吸热、分子数增加的可逆反应，故从热力学角度来看，该反应需在高温、低压下进行。烷烃转化率取决于热力学平衡，在通常情况下，平衡常数随温度的升高而增大，碳链越短，平衡常数越小。丙烷脱氢的反应温度要在 600℃ 以上，而乙烷脱氢的反应温度则需要更高，在 700℃ 左右。以丙烷脱氢为例：

丙烷脱氢的热力学过程如下式所示：

$$C_3H_8 = C_3H_6 + H_2 - 129.4kJ/mol$$

丙烷脱氢主反应由 $\ln(K_P) = -\Delta G/RT$，计算 K_P 的值见表 4 – 34。

表 4 – 34　丙烷无氧脱氢热力学性质

温度/K	600	700	800	900	1000
ΔH/(kal/mol)	30.64	30.79	30.91	31.01	31.13
ΔG/(kal/mol)	10.99	7.70	4.39	1.07	-2.27
K_P	1.01×10^{-4}	3.97×10^{-3}	6.34×10^{-4}	0.55	3.12

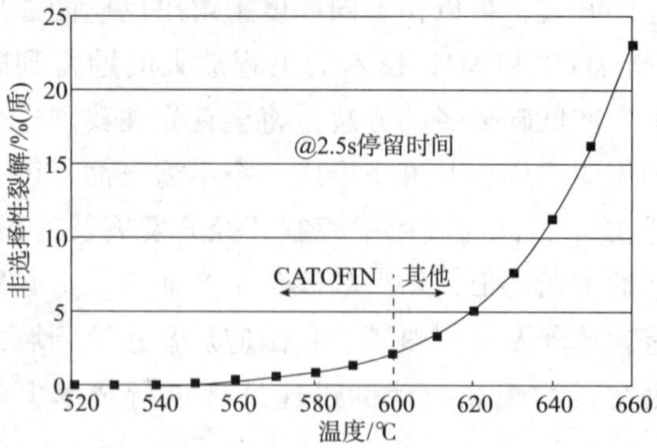

图 4 – 62　温度 – 热裂解副反应曲线

提高反应温度和降低压力有利于反应向正方向进行；但反应温度过高将造成非催化热裂和深度脱氢反应加剧，导致选择性降低，如图 4 – 62 所示。丙烷脱氢反应温度应控制在 590 ~ 630℃。

乙烷脱氢制乙烯与乙烷蒸汽裂解制乙烯技术比较，在能耗、经济核算等方面没有优势，因此乙烷脱氢基本上竞争力较小，低碳烷烃脱氢主要是指丙烷脱氢及混合烷烃脱氢。

二、丙烷脱氢制丙烯工艺

1. 丙烷脱氢概况

丙烯是仅次于乙烯的重要石油化工基本原料，主要来自石脑油裂解制乙烯工艺和炼油厂催化裂化工艺。由于蒸汽裂解原料向乙烷和其他天然气凝析液(NGLs)转变，丙烯出现了严重的短缺。多年以来，全球丙烯市场供需矛盾突出并将延续相当长一段时间。据统计，在全球的丙烯需求中，中国市场占到了 15% 以上，并且消费量还在以每年 5% ~6% 的速度增长。我国丙烯供需缺口在近两年不断加大。所以增产丙烯的技术将成为未来石化工业一大热点。随着乙烯裂解副产的丙烯产量会越来越少，天然气价格相对于原油价格大幅下降，由此衍化而来的 C_3 烷烃越来越受到人们的关注，其中丙烷催化脱氢技术(PDH)无疑是 C_3 利用领域最受关注的焦点。

丙烷脱氢工艺是资本密集型项目，只要在低成本的丙烷原料和高价值的丙烯产物之间存在足够的利润，投资丙烷脱氢装置就是合理的。丙烷脱氢技术的经济性在很大程度上取决于原料和产品的价格差。关于丙烷脱氢项目的经济生存力的一个通用的经验法则是：将操作费用计算在内，丙烯和丙烷的价差必须平均约 100 美元/t，若要产生充足的资本投资收益率(15% ~18%)，当地丙烯和丙烷的价差必须平均约 200 美元/t。而目前丙烯与丙烷价差在高位运行，可见该技术可获得可观的经济收益。

由于丙烷脱氢生产成本只与丙烷原料密切相关，因此这一技术可以帮助丙烯衍生物生产商改进原料的成本结构，规避市场风险；对于丙烯供应不足的衍生物生产商，也可以购进成本较低的烷烃生产烯烃，免除运输与储运烯烃的高成本支出。

丙烷催化脱氢制丙烯比烃类蒸汽裂解能产生更多的丙烯。当用蒸汽裂解生产丙烯时，丙烯收率最多只有 33%。而用催化脱氢法生产丙烯，总收率可达 74% ~86%。丙烷脱氢技术减少了设备和成本投资，在经济性和可靠性方面与成熟的蒸汽裂解技术形成了很好的竞争力。

2. 丙烷脱氢工艺

当前丙烷脱氢制丙烯的工艺主要有无氧脱氢、氧化脱氢和膜反应器脱氢三种。

(1)丙烷无氧脱氢是利用有脱氢功能的催化剂来降低丙烷脱氢反应的活化能，在较低温度下实现丙烷脱氢。较低的反应温度能抑制丙烷热裂解和丙烯降解以及积炭反应的进行，但反应温度低，丙烷的转化率也低，因此制备高选择性、高稳定性和高活性的催化剂是关键。目前，世界上工业化的丙烷脱氢技术有 UOP 公司的 Oleflex 技术、ABB Lummus 公司的 Catofin 技术、康菲公司的 STAR 技术。

(2)丙烷氧化脱氢反应是另一种丙烷脱氢方法，其基本原理是：在具有氧化、还原双功能的催化剂的作用下，利用具有氧化性的分子(如 O_2、CO_2、Cl_2、S 等)，将丙烷中的氢氧化成水脱除。丙烷氧化脱氢是一个放热反应，焓变小于零，无须外界加热，可节省能源，能在较低温度下进行，因此氧化脱氢具有诱人的前景。但丙烷氧化脱氢反应是十分复杂的过程，丙烷的氧化脱氢和丙烷的深度氧化及热裂解存在竞争性，同时产物丙烯在催化剂表面的脱附与其二次燃烧也存在竞争。该反应产物丙烯最弱的 C—H 键的键能(360.7kJ/mol)小于丙烷 C—H 键的键能(401.3kJ/mol)，前者较后者更不稳定，更容易被氧化。所以丙烷氧化脱氢会发生很多副反应，尤其是易产生燃烧产物 CO 和 CO_2，通常生成丙烯的选择性很低。尽管目前国内外都对丙烷氧化脱氢投入了大量精力进行研究，但离实现工业化的目标尚远。

(3)膜反应器脱氢是通过具有催化功能的分离膜或将反应器和分离膜有机地组合起来，使反应和产物的分离得以同时进行。在反应的同时，通过膜连续不断地把反应产物分离出去，从而起到抑制逆反应和连串反应、加速正反应的作用。利用膜反应器进行丙烷脱氢虽然可突破热力学平衡限制，但目前膜反应器在催化反应过程中的应用仍处于探索开发阶段，很多基本问题未得到很好的解决。例如：如何制备高通量、高选择性的无机膜，以及如何控制吸热与放热反应中的传热和传质等；特别是在丙烷脱氢高温反应中，分离膜是否耐高温也是值得探讨的问题。

目前，只有丙烷无氧脱氢工艺技术取得了工业化，其他两种技术还停留在研究阶段，离工业化尚存在很长的距离。因此，工业化丙烷脱氢技术就只有丙烷无氧脱氢一条途径。

3. 国外典型丙烷脱氢工艺

世界上丙烷脱氢制丙烯专利技术有：ABB Lummus 公司的 Catofin 工艺、UOP 公司的 Oleflex 工艺、Snamprogetti/Yarsintz 公司的 FBD－4 工艺、康菲公司的 STAR 工艺以及林德/巴斯夫公司的 PDH 工艺。但是占据国际市场的主要是 UOP 公司的 Oleflex 工艺和 ABB Lummus 公司的 Catofin 工艺，这两种工艺已成为丙烷脱氢的代表工艺。

Oleflex 和 STAR 工艺采用的是 Pt 贵金属催化剂，Catofin、FBD 和 Linde 工艺采用的是 Cr－Al 催化剂。但是，Linde 工艺的第二代催化剂也已从 Cr－Al 催化剂体系改为贵金属催化剂体系。

1)Catofin 工艺

Catofin 工艺是 ABB Lummus 公司开发的 $C_3 \sim C_5$烷烃脱氢生产单烯烃技术。该工艺技术的主要特点是：采用逆流流动循环固定床反应器，在反应器中空气向下、烃类向上流动；使用非贵金属催化剂，对原材料杂质要求低，价格便宜，催化剂寿命为 2 年。Catofin 工艺分为 4 个工段：丙烷脱氢制丙烯、反应器排放料的压缩、产品的回收和精制。在一个全循环中，要进行烃蒸气脱氢，反应器内用蒸汽清洗、空气吹扫、预热催化剂并烧掉少量沉积在催化剂上的结焦(基于催化剂的质量分数 <0.1)，然后抽真空、复原，开始另一次循环。为了连续生产，Catofin 工艺通常采用 5 台反应器，其中 2 台生产，2 台催化剂再生，1 台

吹扫。反应-再生循环周期为15~30min。新鲜丙烷与循环丙烷经混合后，用热风预热。在650℃、压力0.05MPa(绝)左右的条件下进入催化剂床层进行反应。此时，反应选择性、转化率和能耗均达到最佳状态，副反应与主反应同时发生，生成了一些轻质烃和高质烃，它们在催化剂上沉积并结焦，没有转化的丙烷循环使用，22.4min循环再生一次。该技术丙烷的转化率为44%~45%，丙烯选择性达87%。Catofin工艺的流程图见图4-63。

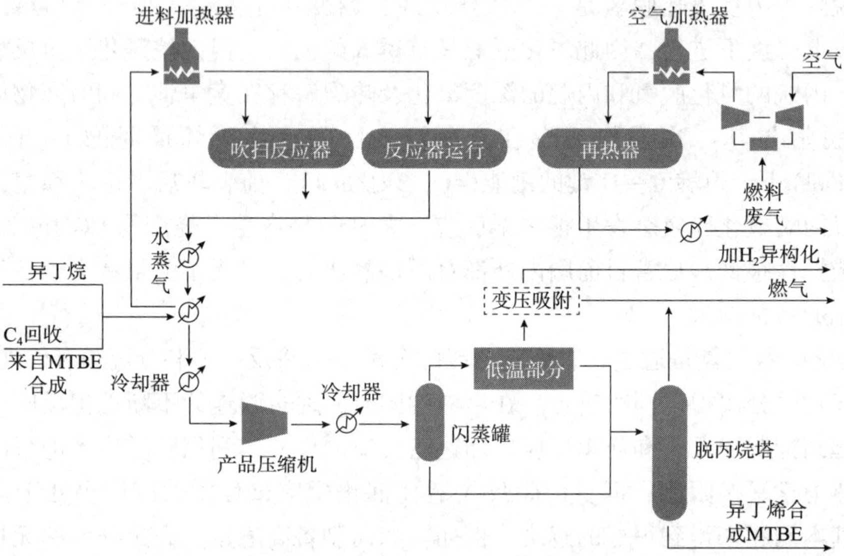

图4-63 Catofin工艺的流程图

2)Oleflex工艺

Oleflex工艺是UOP公司的烷烃脱氢专利技术，其主要特点是：采用4个串联移动床反应器，反应均匀稳定；使用铂催化剂，具有高活性、高选择性和低磨损率，催化剂活性长久保持不变，催化剂再生时反应器不需要关闭或循环操作；同时，连续补充催化剂。利用富含丙烷的LPG作原料，氢气为稀释剂，用以抑制结焦、抑制热裂解和做载热体维持脱氢反应温度。在压力0.2~0.5MPa、温度620~650℃下进行反应，生成丙烯的选择性为84%，丙烷单程转化率达到35%~40%，氢气产率约为3.6%，乙烯收率很低。通常，乙烯与其他副产品一起被当作燃料烧掉给丙烯脱氢反应器提供热量，因此这一反应的产品只有丙烯。该技术烯烃收率稳定，催化剂再生方法理想，催化剂使用寿命长，装填量少，但移动床技术复杂，投资和动力消耗较高。

近年来，使用Pt-Sn催化剂的UOP的Oleflex工艺技术已成为脱氢技术的主导。由于其具有由C_2~C_5链烷烃生产单烯烃的灵活性，因此被称为"Oleflex"工艺。该工艺结合了两种已成熟的工业化技术，即长链烷烃脱氢的Pacol工艺以及铂重整工艺中的催化剂连续再生技术，所用催化剂与Pacol工艺过程所用的催化剂相似，即$PtSn/\gamma-Al_2O_3$催化剂。其工艺流程图见图4-64。

Oleflex工艺的低碳烷烃脱氢制烯烃技术一直在持续不断地改进。工艺方面，主要是通过优化设计降低投资和减少操作费用，通过操作条件和设计的优化来提高工艺收率。Oleflex工艺的特点是，丙烷脱氢装置规模也不断提高，工业化初期的规模为10×10^4t/a左

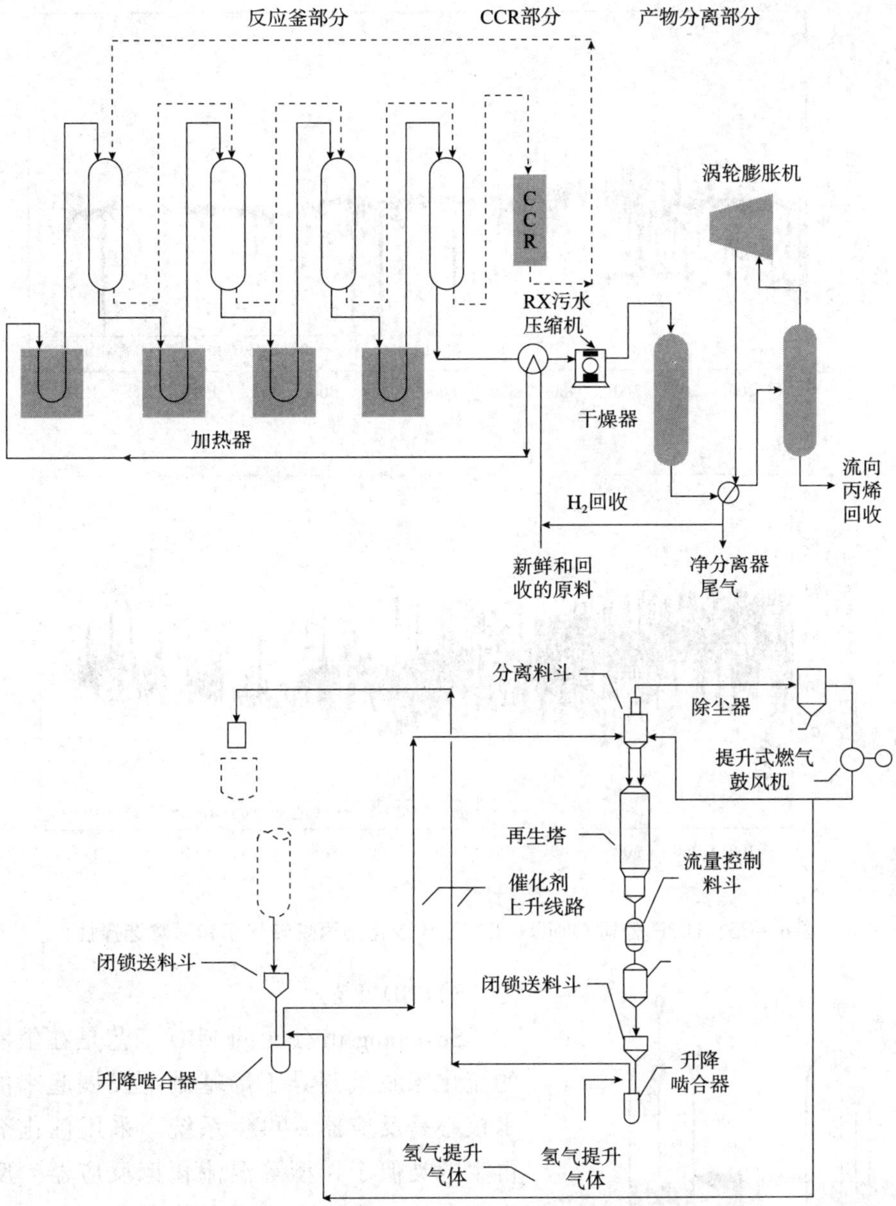

图 4-64 Oleflex 工艺流程图(反应和再生)

右，20 世纪末期达到 25×10^4t/a，到 21 世纪初期进一步提高到 $30\times10^4\sim35\times10^4$t/a，从 2004 年开始一些 40×10^4t/a 以上的大型丙烷脱氢装置开始建设。目前在建的采用 UOP 的 Oleflex 工艺技术的丙烷脱氢装置生产规模已达 60×10^4t/a 以上。

最早的丙烷脱氢装置投产于 20 世纪 90 年代初，1990 年 UOP 公司的 Oleflex 工艺首次在泰国 NPC 公司实现工业化。图 4-65 列出了 Oleflex 工艺的三代催化剂 DeH-8、DeH-10 和 DeH-12 上丙烷转化率和丙烯选择性，丙烷转化率主要集中在 24%~30%，选择性主要集中在 81%~85%。

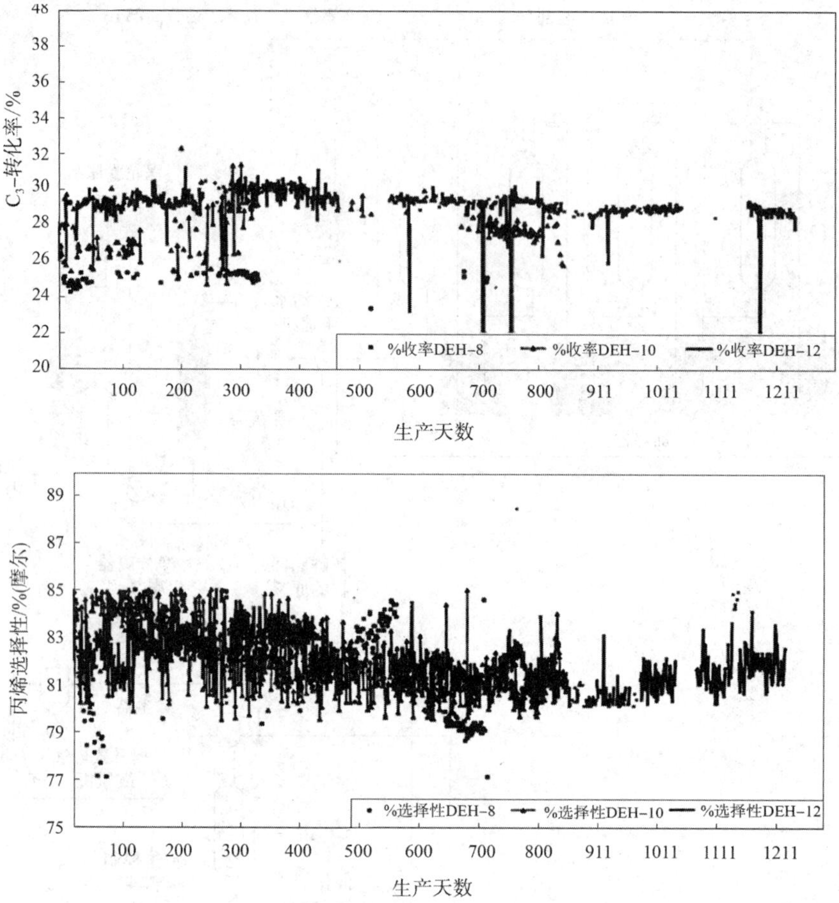

图 4-65　UOP 公司 Oleflex 工艺三代催化剂丙烷转化率和丙烯选择性

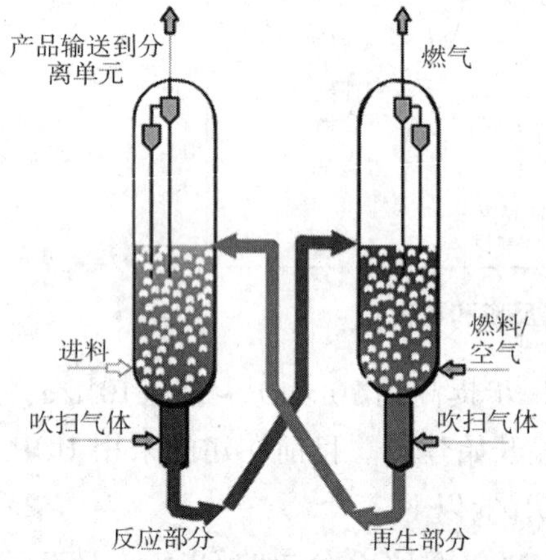

图 4-66　FBD 工艺流程简图

3)FBD 工艺

Snamprogetti 公司的 FBD 工艺是在俄罗斯开发的流化床脱氢制异丁烯基础上发展起来的，其技术核心是反应器 - 再生系统。采用催化剂能连续再生的类似于Ⅳ型等温流化床反应器，反应和再生都在流化床中完成。在分离再生部分被加热的催化剂，在反应器段中对脱氢反应提供热量。反应温度 580～630℃，反应压力 118～147kPa，丙烷单程转化率为 40%，选择性为 80%。其流程简图见图 4-66。

4)STAR 工艺

STAR 工艺由 Philips 石油公司于 20 世纪 70 年代末、80 年代初开发，2000 年被康菲伍德公司收购并进行改进用于低碳烷烃(丙烷、异丁烷)脱氢生产丙烯、异丁烯。STAR 工艺采用蒸汽稀释烃的多室多管反应器，管外进行加热，非常接近等温反应器，有利于脱氢反应。采用分散在铝酸锌上的铂锡催化剂，在

500～640℃、0.1～0.2MPa、流体空速0.5～10h^{-1}、水蒸气存在条件下进行反应，烷烃脱氢转变为烯烃。水蒸气的作用是降低反应物的分压，促进反应，减少催化剂表面积炭。Pt基催化剂具有很高的选择性和单程转化率，丙烷脱氢过程的单程转化率为30%～40%，丙烷生成丙烯的选择性为80%～90%。与其他丙烷脱氢工艺相比，STAR工艺具有催化剂用量少、反应器体积小等优点。康菲伍德公司已经对该工艺进行了验证实验并取得了工业化。其流程简图见图4－67。

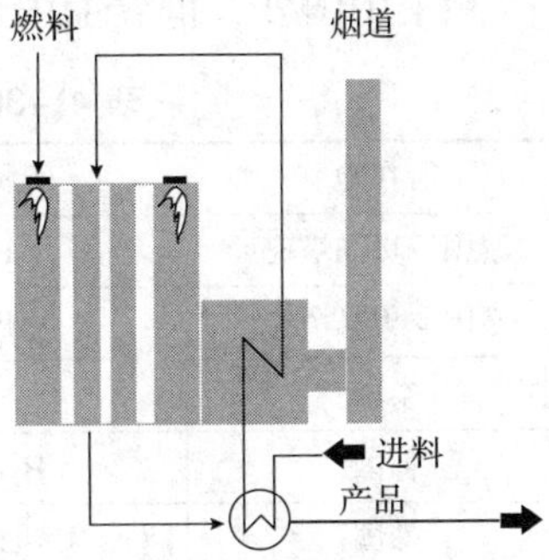

图4－67　STAR工艺流程简图

5）Linde技术

德国林德公司的Linde工艺的特点是：反应温度低，反应器是非等温绝热式，在接近等温反应的条件下进行操作，以减少丙烷的热裂解与积炭；工艺采用固定床管式反应器，以氧化铬为催化剂，该催化剂具有较长的循环周期（9h）。Linde工艺避免了Oleflex工艺用H_2稀释，亦避免了Catofin工艺负压操作等问题，成本低、污染少，与同类方法相比，具有较强竞争力。但是在目前市场上，还没有这种工艺技术工业化的报道。而其第二代催化剂，也已从原来的Cr系催化剂改变为贵金属催化剂。其工艺流程简图见图4－68。

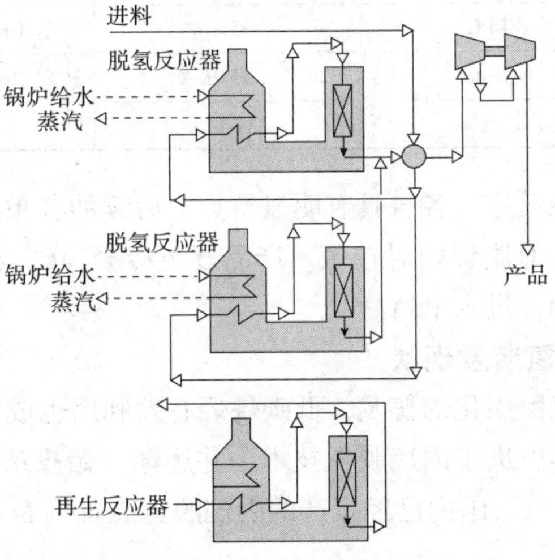

图4－68　PDH的工艺流程简图

各种工艺的催化剂及技术水平见表4－35。

表4－35　五种工艺催化剂及技术水平

工艺	专利商	反应器	催化剂	稀释剂	转化率/%	选择性/%
Catofin	Lummus	固定切换床	$Cr_2O_3-Al_2O_3$	无	44～45	87
Oleflex	UOP	移动床	Pt/Al_2O_3	氢气	35～40	88～91
FBD－4	Snam	流化床	$Cr_2O_3-Al_2O_3$	无	30～40	80
STAR	Uhde	管式固定床	$Pt/ZnAl_2O_4$	蒸汽	30～40	80～90
Linde	Linde A，G	管式固定床	$Cr_2O_3-Al_2O_3$	无	30～40	80～90

除了中国外，世界上丙烷脱氢制丙烯生产装置概况见表4－36。

表4－36 除中国外全球丙烷脱氢制丙烯生产装置概况

所在地	所属公司	生产能力/(10^4t/a)	工艺路线	投产日期
泰国罗勇马塔府	PTT	10.5	UOP－Oleflex	1990年
泰国罗勇马塔府	PTT	7.0	UOP－Oleflex	1996年
泰国	PTT	31.0	UOP－Oleflex	2009年
韩国	Hyosung	16.5	UOP－Oleflex	1991年
韩国	TKI	25.0	UOP－Oleflex	1997年
马来西亚	MTBE	8.0	UOP－Oleflex	1993年
马来西亚	MTBE	30.0	UOP－Oleflex	2001年
西班牙 Tarragona	BASF/Sonatrach	35.0	UOP－Oleflex	2003年
比利时	Borealis Kollo	25.0	Lummus－Catofin	1991年
墨西哥	Pemex Morelos	35.0	Lummus－Catofin	1994年
沙特 Jubail	国家聚丙烯公司	45.0	Lummus－Catofin	2008年
沙特 Jubail	沙特聚烯烃公司	45.0	Lummus－Catofin	2004年
沙特 Yanbu	Alujain	42.0	UOP－Oleflex	2006年
沙特 Jubail	Sahara/Basell	45.0	UOP－Oleflex	2009年
埃及	EPPC	35.0	Uhde－STAR	2009年
埃及	Oriental	35.0	UOP－Oleflex	2004年
合计		470		

各种技术明显区别在反应，各自具有明显特点。后续的各单元，是典型单元操作，与乙烯装置分离单元相似，但流程相对较短。产品逐级冷凝，C_2及以上组分逐步冷凝下来，未凝的富氢尾气(H_2、CH_4)进入PSA。

4. 国内典型丙烷脱氢装置现状

在我国，随着天然气民用化的普及，低碳烷烃有效利用也成为企业降本增效的有利途径，许多企业近几年陆续引进了丙烷脱氢技术，并逐渐开始投产，生产能力595×10^4t/a，未来有望超过3000×10^4t/a。国内已经投产的丙烷脱氢装置见表4－37。

表4－37 国内已经投产丙烷脱氢装置

公司	规模	技术	地点
天津渤化	60×10^4t丙烷脱氢	Catofin技术	天津
宁波海越新材料	60×10^4t丙烷脱氢	Catofin技术	宁波
卫星石化一期	45×10^4t丙烷脱氢	Oleflex技术	嘉兴
烟台万华	75×10^4t丙烷脱氢	Oleflex技术	烟台
绍兴三圆	45×10^4t丙烷脱氢	Oleflex技术	绍兴
东华能源(张家港)	60×10^4t丙烷脱氢	Oleflex技术	张家港
河北海伟	50×10^4t丙烷脱氢	Catofin技术	衡水
大连恒力	45×10^4t丙烷脱氢	Catofin技术	大连

续表

公司	规模	技术	地点
东华能源(宁波)	66×10^4t 丙烷脱氢	Oleflex 技术	宁波
山东齐翔	10×10^4t 丙烷脱氢	Oleflex 技术	淄博
山东京博石化	10×10^4t 丙烷脱氢	FBD 技术	滨州
神驰化工	14×10^4t 丙烷脱氢	Oleflex 技术	东营
巨正源	45×10^4t 丙烷脱氢	Catofin 技术	东莞
东明石化	10×10^4t 丙烷脱氢	Oleflex 技术	菏泽
合计	595×10^4t/a	—	—

目前，我国丙烷脱氢制烯烃技术还主要处于研发阶段。但是丙烷脱氢制丙烯产能在逐年增长，PDH 为新增产能的主力军。未来丙烯产业的竞争将是不同工艺、不同原料及不同产业链的竞争。

三、丙烷无氧脱氢催化剂体系

丙烷无氧脱氢催化剂主要有两类：一类是贵金属系列催化剂，以氧化铝、铝酸锌或镁铝尖晶石做载体，铂为主活性组分，锡为主要助剂，如 UOP 开发的 DH 系列催化剂；另一类是氧化物系列催化剂，主要是氧化铬/氧化铝催化剂，如 Lummus 公司的铬基催化剂。$Cr_2O_3/\gamma-Al_2O_3$催化剂对低碳烷烃的脱氢具有良好的活性，该催化剂对原料中杂质的要求比较低，与贵金属催化剂相比，价格便宜，但是此类催化剂容易积炭失活。贵金属 Pt 催化剂的主要优点在于活性高，选择性较好，但是成本较高。Fe 基催化剂虽然在乙苯脱氢中有很好的活性，但是在低碳烷烃脱氢反应中基本无活性。

1. 铬系催化剂

20 世纪 30 年代末，美国 UOP 公司最早在小分子烷烃脱氢催化剂工业化装置上应用的就是 $Cr_2O_3/\gamma-Al_2O_3$催化剂。与贵金属系列催化剂相比，国内外对 $Cr_2O_3/\gamma-Al_2O_3$催化剂用于丙烷脱氢反应的文献报道较少。对 $Cr_2O_3/\gamma-Al_2O_3$催化剂的研究主要集中在丙烷脱氢的活性位点，因为 Cr 在 Cr_2O_3表面以多种价态和多种相态存在。

由于 Frey 和 Huppke 的开创性工作，负载型氧化铬催化剂在烷烃脱氢反应中的优越性被广为人知，并且 Cr_2O_3/Al_2O_3催化剂广泛成为商业催化剂的选择。Frey 和 Huppke 最初的铬基脱氢催化剂是通过铝和铬的硝酸盐和氢氧化铵的共沉淀法制备的，现在更多改良的制备方法已经开发出来。

早期，Poole 和 Kearby 详细地总结了关于 $Cr_2O_3/\gamma-Al_2O_3$ 催化剂的主要性能。随后，许多学者研究了 CrO_x、SiO_2、CrO_x/Al_2O_3 和 CrO_x/ZrO_2 催化剂。研究主要集中在活性位的识别、对氧化铬形态的制备和处理条件以及催化剂活性、选择性的影响和脱氢机理研究。

铬系催化剂的行为、活性和稳定性受活性位点与环境的相互作用的影响很大。活性物质的氧化状态已成为许多年来讨论和争议的话题。有些人认为低碳烷烃脱氢的活性中心是 Cr^{3+}，而有些人则提出 Cr^{3+}或 Cr^{2+}作为活性物质。目前，越来越多的学者开始投入大量的精力研究 Cr 系催化剂上烷烃脱氢机理。但是由于反应条件、催化剂测试手段不同，关于

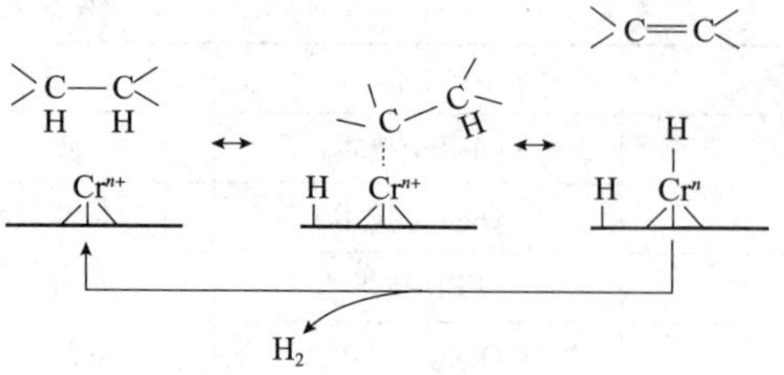

图 4-69 Cr_2O_3/Al_2O_3催化剂烷烃脱氢反应机理

烷烃脱氢反应的活化、决速步骤等方面存在着很大的差异。目前比较一致的看法是，烷烃脱氢反应在 Cr 催化剂上主要由三个步骤来完成，如图 4-69 所示。

由图可知，第一步，涉及一种烷烃吸附配位不饱和的 Cr^{3+} 中心，它可以是孤立的或聚集的。第二步烷烃的 C—H 键断裂，一个 OH 键和一个 Cr—C 键形成。最后一步，从表面释放形成烯烃，并且氢气化合催化剂表面再生。由于制备条件和还原环境的差异，使脱氢反应中 Cr 的价态和状态始终存在不同的观点。

Cr_2O_3/Al_2O_3催化剂的失活可能由以下原因造成：(1)活性的 Cr 中心烧结；(2)高活性中心被形成的积炭覆盖，阻碍了脱氢反应的进行，而载体的酸性会促进积炭的形成。与 Al_2O_3结合不具有催化活性的 Cr^{3+} 物质的形成，是催化剂永久失活的主要原因。由于 Cr^{3+} 和 Al^{3+} 具有相似的离子半径和电荷数，这使得 Cr^{3+} 易与 Al_2O_3的 Al^{3+} 空位结合，形成一种新的稳定的 $Cr_2O_3-Al_2O_3$型尖晶石结构。它的形成通过两个过程：(1)Al_2O_3载体的烧结诱捕 Cr^{3+} 离子进入载体中；(2)Cr^{3+} 离子迁移进入 Al_2O_3载体中。迁移进入载体中的 Cr^{3+} 不能再次迁移至表面，从而丧失了催化活性。图 4-70 为氧化铬-氧化铝作用失活模型。

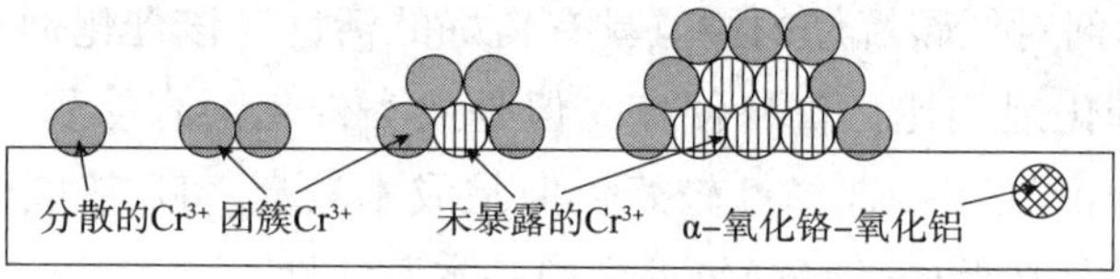

图 4-70 氧化铬-氧化铝作用模型

Catofin 工艺采用铬系催化剂，由 Süd Chemie 提供。催化剂以 Al_2O_3为载体，负载氧化铬，具有良好的机械强度、较强的抗中毒能力，可以耐受烯烃含氧化合物和重金属。催化剂的实物图如图 4-71 所示。

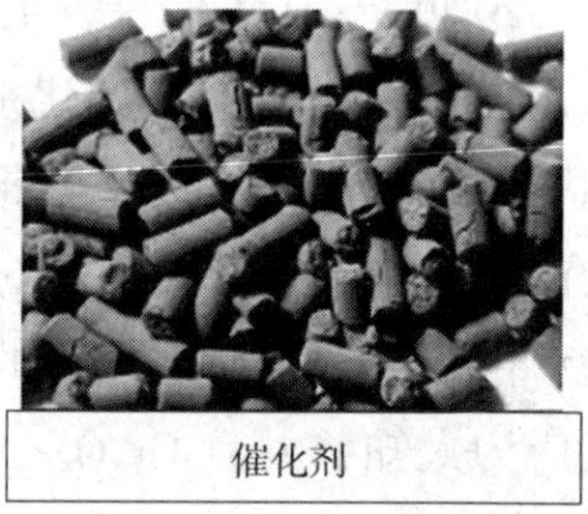

图 4-71 Catofin 工艺应用的 Cr-Al 催化剂

由于铬系催化剂对原料中杂质的要求比较低，反应活性高且价格低廉，原料易得，与贵金属催化剂相比具有成本优势。但是，Cr 系催化剂中 Cr 是重金属组分，环保治理费用高，而且稳定性差，在反应中催化剂失活较快需要反复再生，工业操作相对麻烦。因此，开发抗结焦且含量低的 Cr 系催化剂是目前丙烷脱氢行业面临的巨大挑战和亟待解决的问题。

由于铬系催化剂稳定性差且具有毒性，随着环境保护呼声的日益提高，开发低 Cr 含量的催化剂才会有一定的前景。但是，市场占有率也逐渐被贵金属催化剂超越。

2. 铂系催化剂

以氧化铝做载体，Pt 为主活性组分，Sn、Cr、Li、K、稀土元素等为助剂的催化剂现已有工业应用，如 UOP 开发的 DH 系列催化剂。目前，制约 Pt 基催化剂广泛应用的主要因素是其高成本和由积炭造成的催化剂失活。

Pt 基催化剂的研究主要集中在选择合适的载体和助剂，以提高催化剂的性能，降低成本。目前，国内外的公司和企业将丙烷脱氢催化剂的研究重点集中在活性组分、载体及助剂等方面的改进提高。其中，开发新型载体、添加新型助剂或对传统的 $\gamma-Al_2O_3$ 负载的贵金属进行改进研究最为活跃。

很多研究者尝试使用大比表面积炭材料或介孔分子筛来实现活性组分的良好分散，提高催化剂脱氢性能。也有人尝试从载体的酸碱性、Pt 金属粒径的影响、Sn 的加入方式、Pt/Sn 金属比例等方面进行研究，期望提高催化剂性能。

Pt－Sn 催化剂体系相互作用的模型如图 4－72 所示。载体的比表面积、Pt＋Sn 负载量、Pt/Sn 和还原温度都影响着 Pt－Sn 之间的相互作用。比表面积减小，Pt＋Sn 负载量增加，Pt/Sn 降低或还原温度过高，都会造成活性金属与助剂状态发生在图 4－72 中从左至右的变化，产生 Pt－Sn 合金，从而使催化剂失活。因此，在 Pt－Sn 催化剂体系中，催化剂载体比表面积要大，Pt＋Sn 负载量和 Pt/Sn 要适当，还原温度不要过高。

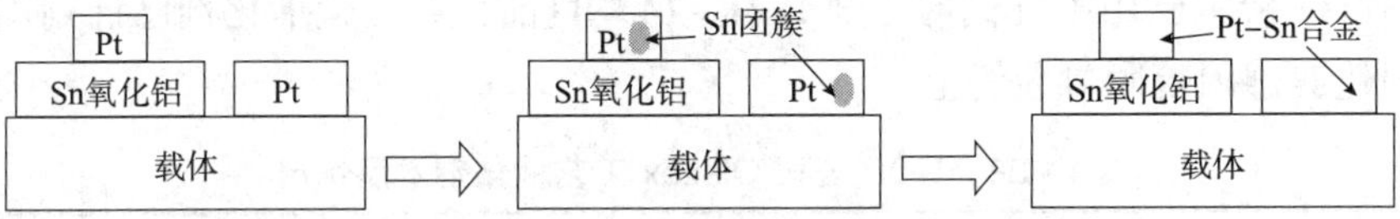

图 4－72 Pt－Sn 相互作用模型

目前所开发的贵金属催化剂无法从本质上解决烷烃深加工脱氢技术所遇到的瓶颈。其根本的原因就是，用于脱氢的 Pt 基催化剂与应用于其他领域的传统贵金属 Pt 基催化剂在 Pt 颗粒的分散度、粒径分布以及表面形貌等微观结构上有着明显的区别。如何合理设计催化剂结构，匹配活性组分与助剂是获得高效低碳烷烃 Pt 基催化剂的关键，而这方面的研究相对较少。

贵金属脱氢催化剂失活的主要原因就是积炭。张海娟等人考察了低碳烷烃催化剂的失活过程，确定了影响催化剂结焦的主要因素。对焦的芳香性质和石墨化程度来说，温度是主要的影响因素，氢烃比次之。Afonso 等认为，贵金属催化剂表面积炭的形成过程主要包括以下几个步骤：(1)烃类的连续脱氢/环化；(2)直链烃的聚合；(3)Diels－Alder 类反应。催化剂表面的酸量越多，越容易促进裂解、异构化等副反应的发生，增加催化剂表面的积炭量。积炭前驱体主要是通过金属表面的作用(脱氢)和载体表面的作用(裂解)产生的。

李庆推测了 Pt 基催化剂上丙烷脱氢催化剂结焦机理，其示意图如图 4－73 所示。在丙烷脱氢制丙烯过程中，丙烷首先被吸附在催化剂的活性位上，脱氢生成炭的前躯体，该前躯体一部分生成覆盖活性位的焦炭，另一部分可迁移至载体，参与载体上焦炭的生成。此外，生

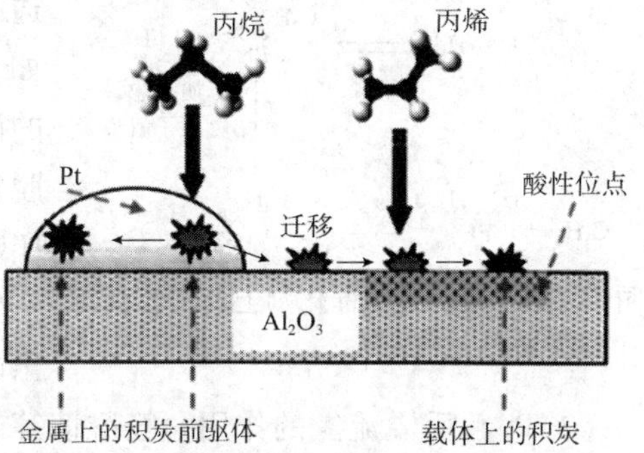

图 4－73 丙烷脱氢催化剂结焦机理示意图

成的丙烯可直接吸附在载体的酸性位上，参与载体上的结焦过程。而在催化剂活性位上生成的焦多为不定型焦，其氢炭比相对较高；而在载体上形成的焦多为石墨型焦，其氢炭比相对较低。且随着反应的进行，石墨型焦的数量将大幅度增长，而不定型焦的增长速度则较为缓慢。

未来，贵金属脱氢催化剂的设计应以活性金属与助剂协同作用和可控地调节活性中心原子簇晶粒大小为突破点，达到提高催化剂的寿命和抗结焦性能的目的。通过调节载体表面性质，使活性组分更多地锚定于助剂界面，从而形成更多的有效活性位；对 Pt 颗粒进行可控制备，避免生成对 C—C 键活化效果好，有利于裂解反应的小的 Pt 颗粒；控制合成一定粒径的 Pt 颗粒，使其对 C—H 键活化效果好，利于脱氢反应。所开发的脱氢催化剂应具有良好的目的产物选择性、稳定性、抗结焦性能及抗硫性能。

比较典型的低碳烷烃脱氢贵金属催化剂为 Oleflex 工艺所采用的 Pt - Sn 催化剂，其发展情况见表 4 - 38。第一代催化剂为 DeH - 6 铂催化剂，1996 年开发了第四代催化剂 DeH - 12。丙烷单程转化率 35% ~40%，生成丙烯的选择性为 89% ~91%。2003 年西班牙的 35×10^4 t/a 装置已用第五代催化剂 DeH - 14。目前，第六代催化剂已计划用在中国投资兴建的福建美德丙烷脱氢装置上。

表 4 - 38　UOP 公司 Oleflex 工艺催化剂发展情况

	DeH - 8	DeH - 10	DeH - 12	DeH - 14	DeH - 16
铂/%(质)	0.75	0.60	0.45	0.45	0.30
助剂/%(质)	载体	0.3 * 载体	0.3 * 载体	—	—
碱金属助剂/%(质)	载体	载体	0.7 * 载体	低于 DeH - 12	—

注：表中“ - ”UOP 公司没有指定。

四、丙烷脱氢反应机理

目前，由于对 Pt 所起作用的认识不同，可将 Pt 基催化剂脱氢机理分为两种：

(1) Pt 为烷烃脱氢的活性中心，其他添加剂仅起助剂的作用。铂催化剂上的活性结构可分为两类，即多铂原子组成的铂簇团和孤立的单金属原子中心。后者可能是位于晶粒边、角和棱上的孤立原子，也可能是被非活性金属如 Sn、In 等分割包围的孤立原子。Biloen 和 Kogan 的研究指出，丙烷脱氢的活性位是单个的铂原子，脱氢反应的决速步骤是 β 氢原子的解离。首先 C—H 断裂，发生解离吸附；其次，第二个 C—H 断裂产生一个 π 键；最后是烯烃发生脱附。Biloen 等提出的丙烷脱氢机理如图 4 - 74 所示。

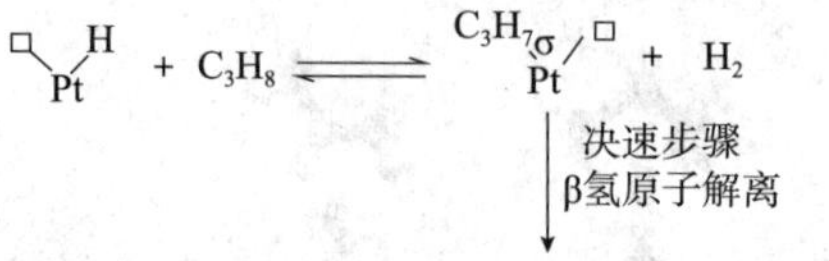

图 4 - 74　丙烷在铂催化剂上的脱氢机理

(2) Pt 起反溢流氢的作用。杨维慎等认为，在 Pt - Sn/Al_2O_3 上丙烷脱氢以不同于单铂催化剂的机理进行，催化剂中金属铂与氧化态锡组分间存在协同催化作用。即丙烷首先在氧化态锡中心活化形成中间物 RI，随后金属铂中心通过反溢流过程从反应中间物 RI 上移去 H_2，生成丙烯及氧化态锡中心复原，从而使催化脱氢过程得以循环进行，如图 4 - 75 所示。

无论脱氢机理是哪一种，在铂基催化剂上获得较高的脱氢选择性和稳定性，通常离不开助剂 Sn 的作用。锡助剂所起的独特作用引起研究者的极大关注，也导致了学术上的争论。其争论的核心是锡的存在形态，即是合金态的锡，还是氧化态的锡对活性组分 Pt 起积极作用。目前，大多数人认为氧化态的锡是有利的，而合金态的锡将使 Pt 的活性下降。在 Pt - Sn 催化剂中，Sn 的存在形式和载体种类密切相关。Odd 等发现，Sn 在 Al_2O_3载体上能以大于零的价态稳定存在，结果使 Pt 分散度增加，稳定性增强；在 SiO_2载体上 Sn 易被还原，容易形成合金，使催化剂的比活性下降。

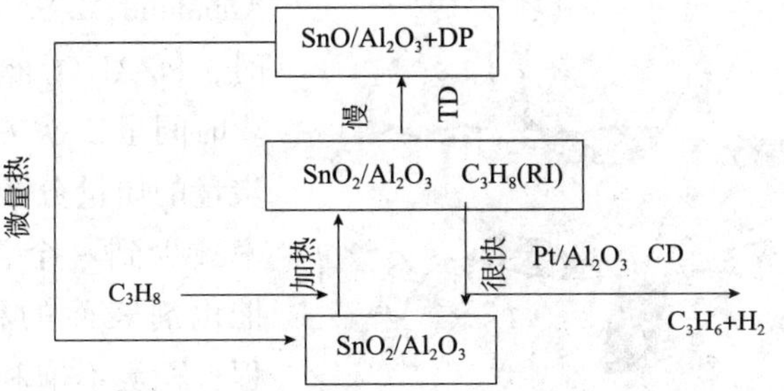

图 4 - 75　Pt - Sn/Al_2O_3催化剂中铂组分和氧化态锡组分的协同催化作用

DP—脱氢产物；TD—热分解；RI—中间反应物；CD—催化分解

五、催化剂积炭

催化剂结焦是烃类脱氢、加氢、裂解等反应过程中催化剂失活的主要原因。焦可以在金属上生成，也可以在载体上生成，不同位置上生成的焦其结构、性质也不同，对催化剂活性的影响亦不同。丙烷脱氢反应主要发生在催化剂的表面，这是由于金属颗粒分布在催化剂的表面，反应气体直接和金属颗粒接触反应后随气流流出反应管。因此，反应过程中产生的积炭将逐渐覆盖催化剂表面的金属活性中心，阻碍了反应气体和催化剂表面活性中心的有效接触，导致催化反应逐渐降低而没有高水平的活性稳定期。

Larsson 等利用程序升温氧化(TPO)方法研究了 Pt/Al_2O_3和 Pt - Sn/Al_2O_3催化剂上的积炭情况。实验检测出三种形态的积炭，分别为附着在金属上或周围的积炭、载体上的积炭以及载体上的石墨化积炭。三种形态的积炭含量与丙烷脱氢的反应条件密切相关。前两种积炭的量随着反应温度与丙烯的分压升高而递增，第三种积炭的量随着反应温度与丙烷的分压升高而递增。实验还发现，随着时间的增加，第一种积炭的含量趋于常数，而第二种积炭含量继续增加。他们还发现，催化剂上的结焦速率与反应条件紧密相关。他们认为，引起催化剂失活的仅涉及一小部分焦，大部分焦的生成与反应的气相组成无关而仅与温度有关。此外，他们还得出，氢气可以通过抑制焦前体的生成降低结焦速率和失活速率，但氢气无法除去催化剂上已经生成的焦。

Afonso 等认为，催化剂表面积炭的形成过程主要包括以下几个步骤：(1)烃类的连续脱氢/环化；(2)直链烃的聚合；(3)Diels - Alder 类反应。催化剂表面的酸量越多，越容易促进裂解、异构化等副反应的发生，增加催化剂表面的积炭量。积炭前驱体主要是通过金属表面的作用(脱氢)和载体表面的作用(裂解)产生的，见图 4 - 76。

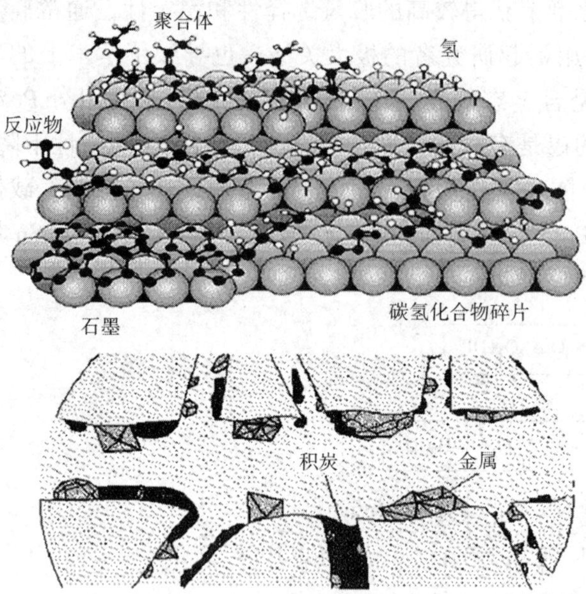

图4－76　催化剂积炭过程

催化剂的积炭机理比较复杂，烷烃分子在负载型金属催化剂表面形成含碳沉积物，一般都经过金属表面的深度脱氢和在载体酸性表面的聚合与环化过程。催化剂的表面积炭是一种非永久性失活，可以通过氧化再生将积炭除去，从而恢复催化剂的活性。Annaland M. S. 等人研究了反应开始时，Pt/Al_2O_3催化剂的积炭速率与反应时间呈二次方的关系；当催化剂积炭量的质量分数超过12%时，积炭速率减少到一个常数速率，趋于稳定。催化剂表面的积炭是一个动态的过程，积炭不饱和烃分子在催化剂表面随着反应进行而改变其化学状态和位置，Sn的加入可以促使$Pt-Sn/Al_2O_3$催化剂表面积炭更多地沉积在载体上，提高了催化剂的容炭量。

六、丁烷脱氢

烷烃脱氢，$C_nH_{2n+2} \longrightarrow C_nH_{2n} + H_2$，是强吸热反应，单程转化率受热力学平衡限制。热力学表明，对于烷烃，碳链越长，脱氢越容易，所需反应温度越低。因此，相比丙烷脱氢，异丁烷脱氢所需温度较低。除此之外，丙烷和丁烷脱氢的催化剂体系和脱氢工艺是类似的。

丁烷脱氢在山东省民营炼油厂较为集中，国内丁烷脱氢装置主要集中在山东地区，占比79%；华东供氧化装置为中国石化内部自供。2014年为丁烷脱氢投产元年，因乙醇汽油冲击，远期MTBE需求存在不确定性，2019年后暂无新装置规划。丁烷脱氢装置以国内货源为主，消耗进口丁烷超过100t，占比30%。

C_4烃类具有较多同分异构体，因此异丁烷脱氢产物比较复杂。而丙烷脱氢烯烃产物比较单一，为丙烯。由于脱氢温度低，异丁烷催化剂单程运转周期较长，积炭量小。异丁烷脱氢产物流直接接MTBE单元，而丙烷脱氢产物流要进行深冷分离，因此异丁烷脱氢费用相对要低一些。

综合比较经济性、能耗及安全环保等因素，Oleflex技术在丙烷脱氢应用市场中占有一定优势。但是对异丁烷脱氢而言，Oleflex技术与Catofin及FBD技术分庭抗礼。在目前市场中，由于丙烯短缺，丙烷脱氢装置开工率会好于异丁烷脱氢装置。

丙烷脱氢技术由于受热力学平衡控制，高温、低压的苛刻条件有利于反应的进行。但过高的反应温度，不但使丙烷裂解反应及深度脱氢加剧，选择性下降；同时也加快了催化剂表面的积炭，使催化剂迅速失活。目前，丙烷脱氢技术开发所面临的问题主要有两个方面：从催化剂角度来讲，就是如何能够提高催化剂的活性、稳定性和抗结焦性，延长催化剂的再生周期和获得稳定的再生性能；从工艺工程方面来看，就是如何实现超低压力的丙烷脱氢工艺，同时降低后期的分离能耗。

传统的催化剂很难在高温、低压、高空速条件下实现催化剂的高稳定性。国际上现采用添加稀释气氢气和负压操作来达到提高催化剂活性和稳定性的目的，这些技术没有从本质上解决催化剂脱氢活性和抗结焦性之间的矛盾。从现有烷烃脱氢技术研究趋势来看，高烷烃脱氢活性、低催化剂积炭速率是目前的催化剂研究热点，也是从根本上解决催化剂脱氢活性和抗结焦性之间的矛盾的有效方法之一。而未来具有经济吸引力的低碳烷烃深加工脱氢技术应是最佳的催化剂设计与反应工程之间良好的协同。

第七节 催化裂解制烯烃技术

一、技术简介

催化裂解是指烃类(包括石脑油、重油、轻烃等)分子在催化剂作用下发生 C—C 键和 C—H 键断裂，生产乙烯、丙烯等小分子烃类的过程。与常规的热裂解技术相比，不仅可降低反应温度，获得较高的低碳烯烃选择性，而且更易于调节产物组成的分布。催化裂解工艺技术其原则流程类似于催化裂化工艺，可利用现有的催化裂化工艺和反应器，只是该工艺反应条件相对催化裂化苛刻。因此，对催化裂化工艺的深入理解是进行催化裂解新工艺开发的前提。

石油馏分是极其复杂的烃类混合物，但归根结底还是由各种单体烃类混合组成的，因此石油馏分在进行催化裂化反应时，单体烃的反应规律仍是最主要因素，但它又不等同于各种烃类单独裂化反应的简单加和，任何一种烃类的裂化反应的同时都要受到其他烃类的影响。石油馏分的催化裂化是气－固相非均相催化反应，在反应器中，原料和产品是气相，而催化剂是固相。在催化剂表面进行裂化反应时，包括如下 7 个步骤：

第一步：原料油分子由主气流扩散到催化剂表面。

第二步：原料油分子沿催化剂微孔向催化剂的内部扩散。

第三步：油气分子被催化剂内表面吸附。

第四步：油气分子在催化剂内表面进行化学反应。

第五步：反应产物分子自催化剂内表面脱附。

第六步：反应产物分子沿催化剂微孔向外扩散。

第七步：反应产物分子扩散到主气流中。

反应物进行催化裂化的先决条件是原料油气先扩散到催化剂表面上，并被其吸附，才有可能进行各种反应。如果某种烃类难以被催化剂表面吸附，即使它有很高的反应速率，其总反应速度也不可能很大，因此，吸附速度是影响烃类反应速度的最主要因素。各类烃类在裂化催化剂上的吸附能力按其强弱排序是：稠环芳烃 > 稠环、多环环烷烃 > 烯烃 > 单烷基侧链的单环芳烃 > 单环环烷烃 > 烷烃；同族烃类中，大分子的吸附能力强于小分子的吸附能力。各族烃类的化学反应速度按其快慢排序是：烯烃 > 异构烷烃及环烷烃 > 正构烷烃。

催化裂化的主要化学反应是裂化反应，是 C—C 键断裂反应，反应速度比较快。同类烃反应速度随着分子量的增大而加快。一般来说，烯烃比烷烃更易裂化，环烷烃裂化时，既能断侧链也能开环变成烯烃；芳环烃很稳定不易发生反应，但芳烃中如果有侧链，则较易发生裂化反应，并且侧链越长，取代深度越深，反应速度就越快。单环芳烃不能脱甲基，只有三个碳以上的侧链才能发生反应，稠环芳烃侧链断裂都发生在根部。C—C 键裂化速度顺序为：叔碳 > 仲碳 > 伯碳。

烷烃及烯烃形成正碳离子后，裂化反应在带正电荷碳原子的 β 位的 C—C 键上发生。直链仲正碳离子裂解时生成伯正碳离子：

$$RCH_2CH_2CH_2\overset{+}{C}HCH_2CH_2CH_2R' \longrightarrow RCH_2\overset{+}{C}H_2+CH_2=CHCH_2CH_2CH_2R'$$

$$RCH_2CH_2CH_2\overset{+}{C}HCH_2CH_2CH_2R' \longrightarrow RCH_2CH_2CH_2CH=CH_2+\overset{+}{C}H_2CH_2R'$$

伯正碳离子很快进行氢转移，产生较稳定的仲正碳离子：

$$RCH_2\overset{+}{C}H_2 \rightleftharpoons CH_3\overset{+}{C}HR$$

直链烃在 β 位置继续裂化，导致大量丙烯生成。按照此机理是不生成乙烯的。因此乙烯产率高时，表示有自由基的热裂化，而丙烯产率高则是催化裂化的特征。

烷基苯的裂化则是形成正碳离子后，烷基从苯环上断裂，生成苯及烷基正碳离子，然后再失去质子生成烯烃：

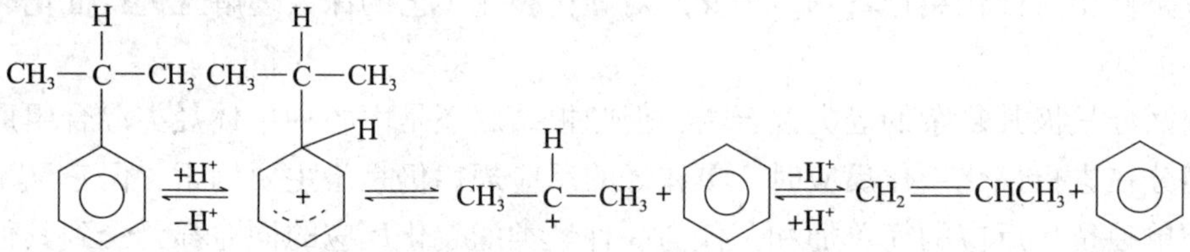

二、反应机理

目前，较普遍接受的催化裂解反应机理有：单分子裂化反应（Monomolecular cracking mechanism）和双分子裂化反应（Bimolecular cracking mechanism）机理。

1. 双分子裂化反应机理

双分子裂化反应机理，通常被称为正碳离子机理。1922 年，Meerwein 首先提出了烷基正碳离子这一概念，指出正碳离子是有机化学反应中的一种不稳定的过渡态中间物。之后，Whitmore、Gayer 等人相继进一步完善了上述概念，提出催化剂的酸性部位与活性中心相关。但这些概念在当时并没有引起足够的重视。直至 1947 ~ 1952 年，Thomas 和 Greensfelder 等人用正碳离子反应解释了催化裂化的反应机理。根据该理论，三配位的正碳离子（carbenium ion）是双分子裂化机理的中间过渡态，它非常活泼，其稳定性是影响其所进行反应的重要因素，这主要取决于电荷的容纳性，其中三配位的叔碳离子最稳定，其次是仲正碳离子，最不稳定的是伯正碳离子。在烷烃的双分子裂化反应过程中，正碳离子形成后，可以通过双分子的氢转移反应，即由一个已生成的正碳离子夺取烷烃分子中的氢负离子生成一个新的正碳离子，该反应是双分子裂化反应机理中链传递的核心步骤。除此之外，正碳离子将经历异构化、烷基化，以及β-断裂等反应后形成产品。

1)异构化反应

$$n-C_mH_{2m+1}^+ \longrightarrow i-C_mH_{2m+1}^+$$

该反应极易发生，主要包括1，2-氢迁移或1，3-氢迁移、骨架异构化和甲基迁移。

2)双分子氢转移反应

$$R_1^+ + HR_2 \longrightarrow R_1H + {}^+R_2$$

双分子氢转移反应是双分子机理中链传递的最重要的反应，正碳离子从烷烃分子中抽取一个氢负离子，产生一个新的烷烃分子和正碳离子。

3)β-断裂

根据正碳离子理论，C—C键的断裂发生在带有正电荷的C原子的β位置上，进而产生一个小的烯烃分子和小的正碳离子。

$$CH_3—CH_{2-}+CH—CH_2-CH_2—CH_2—CH_3 \longrightarrow CH_2=CH—CH_3+CH_{3-}+CH—CH_{2-}CH_3$$

由于伯正碳离子具有高度不稳定性，线型正碳离子进行β-断裂反应时，电荷迁移和骨架异构化反应极可能在β-断裂之前发生。而β-断裂更倾向于断裂成更稳定的三配位正碳离子，因此，一般来说，至少含有6个碳原子的正碳离子才可能发生β-断裂，并且最小的断裂产品含有3个碳原子。因而，根据双分子裂化反应机理，该过程无法产生C_1和C_2产品。

4)烷基化反应

$$C_mH_{2m+1}^+ + C_nH_{2n}^+ \longrightarrow C_{m+n}H_{2m+2n+1}^+$$

在裂化过程中，往往会有比原料分子碳数更大的烃分子产生。Wielers等人指出，在烷烃双分子裂化反应过程中，烯烃和小的正碳离子能够进行烷基化反应生成大的正碳离子，并随后发生β-断裂等反应。

5)正碳离子的脱附

$$C_mH_{2m+1}^+Z^- \longrightarrow C_mH_{2m}+HZ$$

当分子筛表面的正碳离子发生脱附时，产生相应的烯烃，B酸位被恢复，为过程的终止步骤。

2. 单分子裂化反应机理

尽管经典的双分子裂化反应机理已经被人们普遍接受，并广泛用于解释裂化反应。然而，对于烷烃裂解的初始引发过程，双分子裂化反应机理并没有给予明确的解释。实际上，人们对烷烃裂解反应的引发方式还存在较大的争议。起初，人们认为烯烃的存在，哪怕是极少量的，对于烷烃裂解的引发过程是必要的。烯烃分子很容易地通过催化剂上的B酸位质子化而形成正碳离子，进而通过氢转移反应夺取烷烃分子中的氢负离子，完成烷烃的初始引发过程。烷烃裂解是烯烃的来源，可以是烯烃杂质，或者是由热裂化产生的少量烯烃。也有研究者提出，Lewis酸位能从烷烃分子中抽取H离子，而产生三配位的正碳离子。然而，这些都无法让人信服地解释纯烷烃的裂化现象。另外，双分子裂化反应机理对于复杂的产物分布不能给予合理的解释。

Olah 等人于 1967 年首次提出了在液体超强酸 $FSO_3H_2-SbF_5$(魔酸 magic acid, $H_0<-18.99$)溶液中，饱和的烷烃分子如甲烷、乙烷和丁烷可以形成非经典正碳离子，或称鎓碳离子(Carbonium ions)，这一突破性推论却在后来数年内被极少提及。直至 1984 年，Hagg 和 Dessau 在研究 3-甲基戊烷于 623~823K 下在酸性分子筛催化剂(HZSM-5、Y)上的裂化反应时发现，当将结果外推到零转化率时，产物中含有相当量的氢气、甲烷和乙烷。然而，这些产物的生成很难用经典的双分子裂化反应机理来解释。而在此之前，也有研究得到了类似的结果，即在低转化率下产物中便已含有氢气和小分子烷烃。但 Mc Vicker 等人将实际的产物分布和正碳离子反应产物分布的差异归因于某种阳离子基团中间产物的生成。而 Hagg 和 Dessau 等人根据 Olah 提出的烷烃分子在液体超强酸中离子化的推论，提出了单分子裂化反应机理，又被称为质子化裂化机理。他们认为，在固体酸催化剂中，烷烃分子中的 C—C 键或 C—H 键也可被质子化而形成五配位正碳离子，作为单分子反应机理的过渡态。这个五配位的正碳离子一旦形成，就能迅速分解为小的烷烃分子和新的三配位正碳离子(进攻 C—C 键)，或者是氢气和相应的三配位正碳离子(进攻 C—H 键)，如图 4-77 所示。

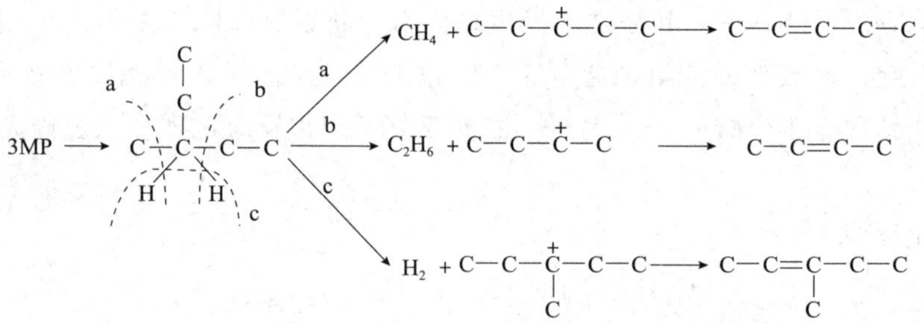

图 4-77　3-甲基戊烷的单分子裂解反应途径

单分子质子化裂解反应机理一经提出，就引起了研究者们的广泛关注。关于五配位正碳离子在分子筛中的形成，从理论的角度来看，由于 Si(OH)Al 中 O—H 的断裂需要很高的能量(约 1300kJ/mol)，因而低温下五配位正碳离子在分子筛表面的形成难度要比在超强酸溶液中大得多。尽管如此，不少研究者提出的产物分布数据都进一步证实了单分子质子化裂解反应机理的正确性。例如，Krannila 等人在 HZSM-5 催化剂上于 772K 左右研究了正丁烷的裂化反应。当将结果外推到零转化率时，他们发现产物分布与单分子裂化反应机理所预测的相吻合，并且在初始产物分布中，氢气、甲烷、乙烷，以及乙烯、丙烯、丁烯的摩尔含量几乎相等。Bandiera、Kwak、Stefanadis、Cheung 等人也在丙烷或异丁烷等的裂解反应中发现了类似的结果。S. R. Blaszkowski 的 DFT 计算结果表明，B 酸质子倾向于进攻烃分子中亲核性最强的键，如 σC—C 和 C—H。E. A. Lombardo 等人使用新戊烷在 Y 分子筛上进行裂解反应，结果表明质子进攻不会发生在伯碳原子的 C—H 键上；而 A. Corma 和 P. V. Shertudke 亦对这一点给予支持，指出氢气主要由含有叔碳原子的烷烃生成。单分子裂化反应只有在极低的烯烃浓度，或者烷烃裂化的低转化率下才具有动力学优势，提高反应温度也可以促进该反应的发生。由于烯烃比烷烃更容易被质子化，因而它的存在将成为烷烃质子化反应的强劲竞争对手，从而大大降低了单分子裂化反应概率。

三、催化剂

催化裂解是将石油烃通过催化剂的催化作用裂解生成乙烯、丙烯和丁烯等低碳烯烃的反应，催化剂可以直接影响到催化裂解产物的产物分布，因此催化剂的作用尤其重要。目前，催化裂解催化剂主要可以分为三类，即沸石分子筛催化剂、碱金属氧化物催化剂和复合催化剂。

1. 沸石分子催化剂

沸石分子筛催化剂是一种具有规整孔道结构、酸性及晶粒大小的催化剂，由于其还具备独特的择形功能，因此具有较高的反应活性和选择性。目前，分子筛催化剂受到广泛关注和研究。研究发现，分子筛催化剂的催化裂解性能与其酸性质有着密切关系。为了获得较高的低碳烯烃收率，分子筛催化剂要有足够的酸强度和较低的酸密度，通过不同的制备合成方法和修饰改性获得合理的酸性质，从而得到最佳的产物分布。目前，这方面研究比较多的是改性分子筛催化剂，通过对分子筛改性能够改善反应的产品分布，提高乙烯产率。改性分子筛催化剂早有报道。近年来，随着市场对乙烯和丙烯的需求，改性分子筛催化剂制低碳烯烃的报道也多了起来。通过改性可以增加分子筛强度，降低焦炭产率；通过碱土金属改性可以降低分子筛酸性，增加自由基裂解反应的比例，提高乙烯和丙烯的产率。无论是利用碱土金属还是稀土金属来改性分子筛，均利用了金属与分子筛的作用，使催化活性和稳定性都可以得到一定的提高。

(1)ZSM－5 分子筛：是一种具有独特的三维孔道体系结构和强酸性质的分子筛催化剂，作为主要的活性组分或载体，其抗积炭能力强，常用于催化裂解反应工艺中。通过前人的研究我们可以看出，目前用于催化裂解的酸性催化剂主要有碱土、稀土金属和磷改性分子筛催化剂，这类催化剂以一分子筛为活性组分，通过不同的改性元素改性达到获得高低碳烯烃收率及高丙烯乙烯比的目的。例如，磷修饰后能够改善水热稳定性，钾修饰可以部分提高丙烯选择性等。目前，由于原料的多样化和不同的裂解体系，原来单一的一催化剂已经不能满足生产的需要，因此采用多种不同的方式对催化裂解催化剂进行改良，使之成为性能更为优良的催化裂解催化剂，以达到高低碳烯烃收率及高丙烯乙烯比的目的。

(2)其他分子筛：烃类催化裂解的分子筛以 ZSM－5 研究和应用最为广泛外，还研究了 ZSM－23、MCM－22、MCM－49、SAPO－34、Y 和 β 等分子筛催化剂。目前，人们积极探索不同类型的催化裂解催化剂，通过研究发现不同类型的分子筛催化剂催化裂解的性能差异很大，选择合适的催化裂解催化剂对增产以乙烯和丙烯为代表的低碳烯烃具有重要意义。

2. 碱金属氧化物催化剂

在碱金属氧化物催化裂解体系中，钙和镁氧化物是廉价的金属氧化物，由于碱金属是炭气化的良好催化剂，而催化裂解中催化剂容易存在积炭现象，再加上可通过廉价的大理石焙烧制取，钙镁氧化物一度成为催化裂解的热点。人们对水蒸气分压、添加氢及反应物原料分压等工艺条件对催化剂反应性能的影响进行了研究。研究发现，当水蒸气分压升高时，在气相产物中的选择性降低，而转化率和液相产物中的选择性却升高。当水蒸气分压升高至某一值后，转化率停止上升。因此增加水蒸气分压不利于反应。水蒸气分压升高使转化率停止上升的原因，可能不仅与减少了接触时间有关，而且还与尾气中的生成相关。

当增加分压时，总转化率降低，选择性也降低，因此，可能是钙镁氧化物催化剂上正庚烷裂解的抑制剂。

3. 复合催化剂

我们将催化剂中含有一种以上分子筛组分的催化剂体系称为复合催化剂。复合催化剂相比单一组分催化剂而言，具有多重孔道结构的梯度分布和酸性分布，催化组分之间有着良好的协同催化作用，进而表现出比单一组分催化剂更加稳定、优良的催化活性和低碳烯烃收率。含多组分分子筛的复合催化剂更加有利于提高丙烯的选择性，同时还具有处理石脑油、重油等复杂裂解原料的能力。目前，复合催化剂通过其制备方法的不同可以分为物理法和化学法，物理法是通过加入黏结剂，将几种活性组分(可以是分子筛和无机氧化物)均匀混合制得。化学法是用化学的方法将不同类型分子筛合成到一起，如水热合成、气相转移等。

四、典型催化裂解制烯烃工艺介绍

1. 国内主要工艺

我国大多数原油密度较大，轻质组分含量较少且品质较差。为了合理地利用较重原油中的有效组分，提高重油的利用率及价值，国内许多研究机构如中国石油科学研究院、中国石化上海石油科学研究院、洛阳石化工程公司以及中国石油大学(华东)等都针对重质油的催化裂解过程相继开发了 DCC、CPP、HCC、TMP 以及 ARGG 等工艺，各工艺介绍如下。

1)DCC(深度催化裂化)工艺

DCC 即深度催化裂化，又称催化裂解，是 20 世纪 80 年代中期由石油化工科学研究院(RIPP)在流态化催化裂化技术(FCC)的基础上研究开发的一种以沸石分子筛为催化剂，在相对缓和的条件下使重质原料油裂解生成乙烯、丙烯、丁烯等小分子烯烃，并同时获得高辛烷值汽油的工艺过程，目前该技术已经实现了工业化。根据生产要求的不同，DCC 工艺提供了两套不同的操作条件。其中，DCC－Ⅰ以多产丙烯等气态烯烃为目的，该过程的操作条件相对苛刻，且反应主要在提升管以及密相流化床反应器中进行；DCC－Ⅱ除了能多产丙烯、异丁烯和异戊烯等低碳烯烃外，还可兼产高辛烷值汽油，其操作条件相对缓和，且反应仅在提升管反应器内进行。

2)CPP(催化热裂化)工艺

CPP 工艺是石油化学科学研究院以 DCC 工艺为基础，通过对 DCC 工艺原有工艺参数、催化剂以及装置结构的改进而开发出的一种以重油为原料，使用专用催化剂，利用原料的催化热裂化反应生产乙烯、丙烯的工艺技术。该工艺使用的专用催化剂为 CEP 催化剂，且由于该催化剂制备过程中使用了专用活性组分、基质和黏结剂以及对相应制备工艺的改进，使得该催化剂具有较高的 L 酸与 B 酸比值以及较好的水热稳定性，此外还具有较低的氢转移活性。石油化工科学研究院和大庆炼化分公司合作将一套 DCC 工业装置改造为处理量 8×10^4t/a 的 CPP 工业装置，并成功地进行了工业示范试验。

3)HCC(重油直接裂解)工艺

HCC 工艺是由洛阳石化工程公司开发的重油直接裂解生产乙烯，并兼产丙烯、丁烯和轻质芳烃(BTX 等)的工艺技术，该工艺以 LCM－5 为专用催化剂，并采用了类似 FCC 工艺的反再系统，其操作条件为：反应温度为 660～700℃，停留时间小于 2s，剂油比为 15～25。相比于管式蒸汽裂解工艺，HCC 工艺原料适用范围广，能加工多种类型的重质原料(BMCI 值为 20～52)；低碳烯烃产率较高，其乙烯质量产率可达 17%～27%，总烯烃质量产率超过 50%；液体产物芳烃含量高，可用作提取芳烃的原料以及高辛烷值汽油的调和组分。

4)TMP(两段提升管催化裂解多产丙烯)工艺

TMP 技术是中国石油大学(华东)在两段提升管的基础上开发的催化裂解多产丙烯工艺，其使用的是 LTB－2 专用催化剂，见图 4－78。该工艺通过对装置的改进实现了催化剂的接力以及反应物的分段反应。该工艺在保证短停留时间和大剂油比的操作条件下，可有效强化重油催化裂解过程中的催化反应的进行，从而消除了原料中轻重组分之间的恶性竞争关系，抑制了不利的二次反应和热裂化反应，降低了干气等低价物的收率，达到了优化产物氢分配的目的，并能够在大幅度提高丙烯收率的同时保证汽柴油的品质。此外，TMP 工艺技术的开发还拓宽了所加工原料的范围，蜡油、减压蜡油、常压渣油以及焦化蜡油等均可以作为其原料。

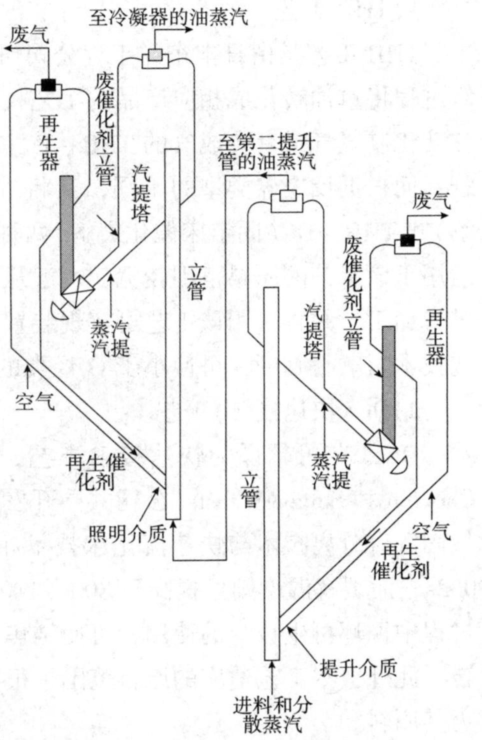

图 4－78　TMP 工艺流程示意图

图 4－78 为 TMP 工艺流程图，其工艺流程为：蜡油、减压蜡油、常压渣油等原料首先进入第一段提升管反应器，并在较为缓和的条件下反应，以获得较好的柴油组分；一段反应后，液体产物中的轻汽油馏分与重油再分段进入第二段提升管反应器；第二段提升管反应器中分段进料的方式可满足不同原料对反应苛刻度的要求，其中轻汽油中的烯烃可通过进一步反应转化为 LPG，重油则可发生进一步转化，从而可在提高重油转化率以及多产 LPG 的同时，起到降低汽油中烯烃含量的作用；此外，如果能够在第二段提升管中对液化气的 C_4 组分进行回炼，则可以进一步提高产物中乙烯、丙烯的收率。由该工艺在大庆炼化的工业化试验数据可知，当进料为大庆 AR 时，该工业试验装置的丙烯质量收率可达 22%，总液收大于 82%，而干气收率则只有 5.37%，且汽油产品具有较高的辛烷值。以上试验结果充分体现了 TMP 技术在增产丙烯、降干气收率以及兼顾汽柴油质量等方面的巨大优势。

5)ARGG(常压渣油多产液化气和汽油)工艺

ARGG 工艺同样是由石油化工科学研究院开发的。该工艺主要用于以重质油为原料生产化工原料丙烯、丁烯并兼产高品质汽油，其使用的专用催化剂 RAG－1 对重质油原料具有很强的转化能力，且具有较强的抗重金属污染能力以及较高的目的产物选择性。研究发现，当反应温度为510～530℃时，该工艺的液化气和汽油的总收率一般可达70%以上，其中液化气收率可达21%～30%，汽油收率则为45%～48%；该工艺所得汽油的研究法辛烷值(RON)一般为90～92，马达法辛烷值(MON)则在80左右，诱导期一般在500～900min。

2. 国外主要工艺

国内各科研机构在对重油催化裂解工艺进行大量研究的同时，国外研究人员也针对重油催化裂解过程开发了相应的工艺技术。以下仅就其中的部分工艺进行介绍。

1)THR工艺

THR工艺是由日本东洋工程公司研发的一种在水蒸气存在下，利用催化转化或催化裂解过程将重油转化成相应产品的工艺技术。根据所发生反应的不同，该工艺可分为通过催化转化制氢气或者合成气的THR－R(固定床催化转化)以及通过催化裂解反应制烯烃的过程；而根据反应器类型的不同，又将催化裂解制烯烃过程分为THR－RC(流化床催化裂解)和THR－DC(固定床催化裂解)两种。该工艺所用催化剂的主要成分为$Ca_{12}Al_{14}O_{33}$，且适用于该工艺的原料范围较宽，一般从石脑油到减压蜡油的几乎所有馏分均可使用该工艺进行加工，并且采用该工艺可实现装置的长周期运行。当反应温度为850℃时，采用该工艺技术裂解石脑油，可使小于C_4烃类的收率达到80%，而乙烯的选择性则可超过36%。

2)QC(快速接触)工艺

QC工艺可翻译为快速接触工艺，该工艺是在TRC法(热再生裂解法)的基础上由Chevron和Stone&Wehster公司共同开发的一项催化裂解制烯烃技术。该工艺过程将特殊的气固混合分离技术与快速流化床技术相结合，可使反应系统中反应物的停留时间缩短至0.2s，而裂解温度则可提高至800～1000℃，从而实现高温、短接触时间的工艺条件；该过程中循环再生技术的使用，可使结焦失活的催化剂循环再生以保证装置的长时间连续运转。此外，本工艺适应的原料范围也很宽，如石脑油、常压蜡油以及常压重油等都可以作为其原料。

3)PetroFCC(快速接触)工艺

PetroFCC工艺是由美国环球油品公司(UOP)开发的一种以常压渣油、减压渣油等重油为原料增产丙烯的工艺技术，该工艺使用了双提升管装置(如图4－79所示)，且两根提升管使用同一个再生器，而反应器内的催化剂则可通过环线传送的方式输送回提升管，以增大实际剂油比，进而增加反应深度以及低碳烯烃的收率。

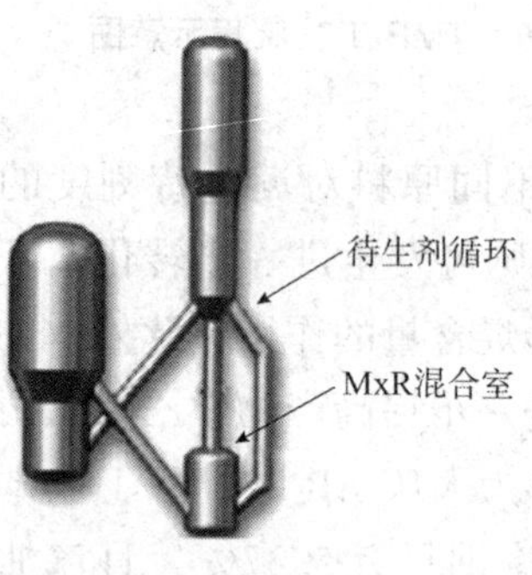

图4－79　PetroFCC工艺流程示意图

PetroFCC技术工艺流程如下：首先，重质油原料进入第一段提升管，该部分选取的反应温度较高，剂油比也相对较大，因此可以在最大限度提高重油原料的转化率，进而提高轻烯烃、汽油以及轻柴油的收率；然后，重质原料在第一段提升管内转化得到的部分石脑油馏分会进入第二段提升管，而为了使进入该部分的石脑油馏分进一步发生裂化反应多产低碳烯烃，第二段提升管内的反应条件相比于第一段要更为苛刻。UOP公司公布的数据显示，当采用本工艺时，丙烯的收率为20%～25%，乙烯的收率为6%～9%；汽油组分中芳烃的含量较高，且其中约有50%以上的为对二甲苯，而约15%的为苯。

4) Maxofin™工艺

Maxofin™工艺技术是1998年由Kelloge、Mobil两家公司合作开发的一项利用催化裂化过程增产低碳烯烃的工艺技术。该工艺使用并列式两段提升管反应器，并以ZSM－5分子筛为专用催化剂活性组分，可在低蒸汽耗量以及较为缓和的操作条件下实现丙烯产率的最大化生产，并可按多产烯烃和多产燃料油等多种模式进行操作，具有较高的操作灵活性，其工艺流程如图4－80所示。首先，重油原料进入第一段提升管，该部分反应温度为540℃，剂油比为9；一段反应后所得的汽油组分进入第二段提升管进行回炼以提高低碳烯烃收率，其反应苛刻度高于第一段提升管，反应温度大约为590℃，剂油比为25。除了使用双提升管外，该工艺还采用了ATOM－2型原料喷嘴、提升管末端分离(封闭旋风分离器)等先进技术，从而在提高原料与催化剂接触效率的同时缩短了反应后各产物在分离器中停留的时间，这也就减少了恶化产物分布的二次反应发生，提高了目的产物的收率及选择性。中试实验结果表明，当以蜡油和催化裂化汽油为原料时，其三烯(乙烯、丙烯和丁烯)质量收率可达36%，丙烯质量收率可达18.4%。

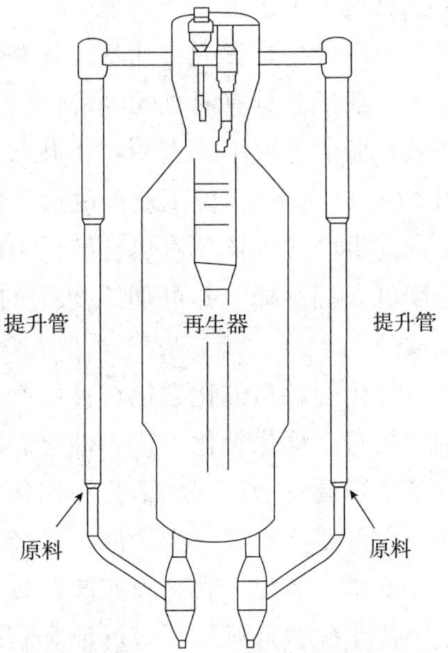

图4－80 Maxofin™工艺流程图

5) SCC工艺

SCC工艺的开发是由美国ABB Lummus公司完成的，该工艺在较苛刻的操作条件下，使用ZSM－5含量较高的专用催化剂，可以实现丙烯收率的最大化，其丙烯质量收率可达18%～20%；该工艺中直联式偶联旋风分离器以及Micro－Jet进料喷嘴的使用，可在有效提高反应效率的同时抑制副反应的发生，进而提高目的产物的收率及选择性。此外，该工艺过程中还引入了烯烃的歧化技术，可将反应产物中的乙烯和丁烯转化为丙烯，从而进一步提高丙烯的收率及选择性。

五、技术发展现状与展望

以乙烯、丙烯为代表的低碳烯烃是重要的基本有机化工原料，被誉为现代化学工业的基石，世界上对它们的需求和生产量都远高于其他化工产品。2015年世界乙烯产能15932×10^4t，产量14181×10^4t；丙烯产能12200×10^4t，产量9879×10^4t。据悉，“十二五”期间，我国乙烯和丙烯依赖进口。其中，2016年我国乙烯生产能力2280×10^4t/a，消费量达3810×10^4t。因此，伴随着低碳烯烃需求量的日益增长及应用领域的不断拓宽，对其高效制取方法的开发和研究就日显重要。催化裂解是在催化剂作用下将烃类转化为低碳烯烃的一种技术，由于其可加工的原料种类丰富，涉及C_4烃、庚烷、石脑油、催化裂化汽油、柴油、减压瓦斯油等，且可以重质油为原料直接制取低碳烯烃，因此早在20世纪50

年代，这方面的研究就已开始进行。

目前，生产低碳烯烃技术已经出现多样性，如催化裂化、丙烷脱氢、甲醇制烯烃、乙醇制烯烃、易位反应等技术，但全世界95%以上的乙烯和大约66%的丙烯仍采用管式炉蒸汽热裂解工艺来生产。

原料价格是影响石油基工艺路线制烯烃成本的主要原因，在同等加工规模的情况下，催化裂解工艺具有明显的经济性，尤其是以重油为原料的催化裂解工艺。北京化工研究院赴俄罗斯的考察结果表明：催化裂解获得每吨乙烯所需的基本建设费用比蒸汽热裂解少13%～15%；每单位工业产品操作费用和投资比蒸汽热裂解低10%～32%；催化裂解制取乙烯的生产成本比蒸汽热裂解低10.3%～12.0%。因此，相对于蒸汽裂解，催化裂解反应温度可大幅下降，并可加工更重的原料，既拓宽了原料来源又节约了能源，提高了经济效益。

催化裂解与催化裂化在目标产品、使用的催化剂、反应条件及工艺装置等方面均有区别。相对于催化裂化工艺，催化裂解的低碳烯烃产率更高，操作弹性更大，可根据市场需求来适当调整催化剂和工艺操作条件达到改变产品结构，从而既可多产低碳烯烃，少产汽油，也可多产汽油，少产低碳烯烃。

炼化一体化一直是国家产业政策导向，在多项产业政策或规划中被明文提出，其好处是可优化配置资源，统筹炼油和石化各种实物物料及外部资源，以及资金和管理资源等。催化裂解可将现有的炼油厂和化工厂联合起来，有利于炼油一体化的形成，为炼油与化学工业之间架起一座桥梁。例如，催化裂解可以和蒸汽裂解联合使用，一方面为下游化工装置提供所需要的烯烃原料，另一方面所产的乙烷、丙烷和丁烷可作为蒸汽裂解的原料，进一步生产低碳烯烃。为满足高辛烷值汽油的需求，现有炼油厂的催化裂解装置除可提供乙烯、丙烯外，还可提供异戊烯和异丁烯来生产TAME和MTBE。此外，停用的催化裂化装置可以改造成催化裂解装置，提高老旧装置的价值，为设备的更新利用提供一个好的途径。

因此，与传统方法相比，催化裂解的社会效益和经济效益均非常显著，具有广阔的应用前景。当然，由于蒸汽裂解已经比较成熟和完善，催化裂解代替蒸汽裂解成为市场主导仍需时日。此外，催化裂解工艺也仍有一些技术难题需要解决，比如如何开发选择性高且寿命符合要求的催化剂、如何解决催化剂的中毒及连续再生问题、如何降低生焦率、如何设计安全可靠的工业装置、如何开发组合工艺等。面对难题，今后应加强技术创新，注重对现有工艺、催化剂、工程与生产技术的改进及现有装置的改造。作为核心技术的催化裂解催化剂的开发应转向新型分子筛及分子筛的改性、特定性质的基质及新的制备技术，实现活性组分复合化、多功能化。

第五章　烯烃衍生物

第一节　乙烯衍生物

一、乙醇

1. 性质

乙醇(ethanol)，有机化合物，分子式 C_2H_6O，结构简式 CH_3CH_2OH 或 C_2H_5OH，俗称酒精。乙醇在常温常压下是一种易燃、易挥发的无色透明液体，低毒性，纯液体不可直接饮用；具有特殊香味，并略带刺激；微甘，并伴有刺激的辛辣滋味。易燃，其蒸气能与空气形成爆炸性混合物，能与水以任意比互溶。能与氯仿、乙醚、甲醇、丙酮和其他多数有机溶剂混溶。乙醇液体密度是 0.789kg/m^3，气体密度为 1.59kg/m^3，相对分子质量为 46.07，沸点是 78.2℃，14℃闭口闪点，熔点是 -114.3℃。

2. 用途

(1)生物学：99.5%(体积)以上的乙醇称为无水乙醇，可以用无水乙醇提取叶绿体中的色素。

(2)医用：95%的酒精可用于擦拭紫外线灯；70%～75%的酒精用于消毒；40%～50%的酒精可预防褥疮；25%～50%的酒精可用于物理退热。

(3)饮料制品：乙醇是酒的主要成分，日常饮用的酒通过微生物发酵得到。

(4)有机原料：乙醇也是基本的有机化工原料，可用来制取乙醛、乙醚、乙酸乙酯、乙胺等化工原料，也是制取溶剂、染料、涂料、洗涤剂等产品的原料。

(5)汽车燃料：燃料乙醇具有清洁安全、可再生的特点，是优良的替代能源之一，它不仅可以作为燃料，还可以作为燃油的增氧剂。乙醇可作为汽车燃料，也可与汽油混合作为混合燃料。

3. 典型生产工艺

1)工艺介绍

(1)水合法：石油在裂化和热解过程中会生成大量乙烯，以乙烯为原料合成燃料乙醇的生产路线称为“乙烯水合法”。乙烯水合法又分为间接水合法和直接水合法。

①间接水合法的反应分为“乙烯→硫酸酯”和“硫酸酯→乙醇”两步进行。

该方法在生产过程中需要使用浓硫酸作为乙烯吸收剂，对设备的腐蚀严重，且工艺流程较长、设备投资高，现已被直接水合法取代。

②直接水合法是采用负载于硅藻土上的磷酸作为催化剂，将乙烯与水在一定条件下直

接反应生产乙醇。相比于乙烯间接水合法，直接法不需要硫酸的加入，因此设备要求低，且不需要处理废酸，更加环保。但该工艺最大的缺陷是转化率低、生产能耗较高，影响其经济性，在石油资源丰富且价格较低的国家具有一定的竞争力。

(2)合成气法：合成气原料来源丰富，可由煤炭、石油、天然气等资源制取，考虑到我国“石油、天然气资源短缺，煤炭资源相对丰富”的能源结构，研发煤基合成气，制备乙醇生产技术更符合我国的能源战略需求。在经历煤制油、煤制天然气、煤制烯烃、煤制乙二醇等研发热潮后，煤制备乙醇已经成为煤化工行业发展的新热点。该工艺路线首先通过煤制合成气，再由合成气直接或间接合成乙醇，在我国具有大规模工业推广应用的可行性。

①直接加氢法：

$$2CO + 4H_2 \longrightarrow C_2H_5OH + H_2O$$

该反应是一个碳链增长过程，C_2 中间体的碳链增长在动力学上非常有利，生成的乙醇很容易转化为高级醇。因此，合成气直接加氢得到的反应产物主要为 $C_1 \sim C_5$ 的低碳混合醇，以及烷烃、烯烃、酯类、醛类、水和 CO_2 等多种副产物。由于乙醇选择性较低且后续分离提纯困难，现阶段合成气直接加氢制备乙醇工艺还未达到大规模工业化生产的阶段。

②间接加氢法：合成气间接加氢制备乙醇的工艺主要包括醋酸加氢制备乙醇工艺和二甲醚羰基化制备乙醇工艺。其中，醋酸加氢制备乙醇是基于我国乙酸产能过剩的现状发展起来的。该工艺首先由合成气生产甲醇，再通过甲醇羰基化合成醋酸，醋酸酯化加氢或直接加氢制备乙醇。二甲醚羰基化制备乙醇则是以甲醇、合成气为原料，依次经过甲醇脱水制备二甲醚、二甲醚羰基化、加氢过程生成乙醇。相比合成气直接加氢制备乙醇，合成气间接加氢工艺路线具有较高的乙醇选择性和收率，在我国已实现工业化。

(3)生物质发酵法：用于生产乙醇的生物质原料有很多，按照原料组分类别可划分为两大类：一类是淀粉和糖类原料，这类原料包含玉米、木薯、甘蔗等；另一类是纤维素类生物质原料，包括木材残留物、城市固体废弃物、农业废弃物等。

①糖和淀粉类原料：以淀粉及糖类作物为原料发酵制备乙醇是目前世界上应用最多的生物质制备乙醇方法，且大部分为燃料乙醇产品。不同国家根据本国农作物品种结构，采用不同的生产原料，例如美国主要采用玉米，巴西主要采用甘蔗，而我国则主要采用玉米、木薯及小麦等淀粉质原料。

②纤维素类原料：纤维素类生物质是地球上最丰富的可再生资源，以其作为原料生产生物乙醇最具发展前景。相比淀粉和糖类原料制备乙醇，纤维素原料制备乙醇具有原料来源广泛、资源丰富、符合绿色环保要求等。利用现代化生物技术手段开发以纤维素类生物质为原料的生物能源，已成为国家能源战略的重要内容。

2)催化剂

(1)直接水合法：1945 年，美国壳牌公司发现了磷酸对乙烯水合反应的催化作用，制成了固体磷酸硅藻土催化剂，目前，工业上主要采用负载于硅藻土上的磷酸作催化剂。

(2)直接加氢法：现阶段合成气直接加氢制备乙醇工艺还未达到大规模工业化生产的阶段，目前，合成气直接合成乙醇工艺的研究主要集中在乙醇产物高选择性及高产率的催化剂的开发与设计上。目前可分为四类：

①贵金属催化剂，主要为铑基和钌基催化剂；

②改性的 ZnO 催化剂，主要为低温应用的 $Cu/ZnO/Al_2O_3$ 催化剂和高温应用的 ZnO/Cr_2O_3 催化剂；

③改性的费托合成催化剂，主要为 Fe 和 Co 基催化剂；

④加入碱金属或过渡金属助剂的钼基催化剂。

(3)二甲醚羰基化加氢制备乙醇：主要采用分子筛催化剂或铜基催化剂，无须贵金属催化剂，生产成本相对较低。

3)典型流程示例

(1)乙烯直接水合法制备乙醇工艺(见图5-1)：乙烯的直接水合反应过程在绝热式反应器中进行，得到的反应产物冷却后进入高压分离器，分离出未反应的乙烯，经冷却水洗后大部分循环回反应器，少部分随副产物排出系统。自高压分离器得到的冷凝液送入低压分离器，经脱气后即得到粗乙醇水溶液，之后在精制系统中经提纯和精制得到浓度为95%的工业乙醇产品。该工艺的主要副产物是乙醚，此外尚有少量乙醛、丁烯、丁醇和乙烯聚合物等。其中，乙醚会返回反应器，以提高乙醇的产率。

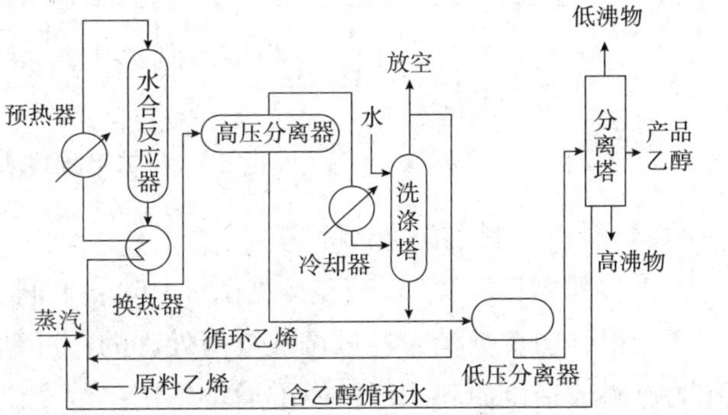

图5-1　乙烯直接水合法制备乙醇工艺路线图

(2)醋酸酯化加氢法

①醋酸与甲醇经过酯化反应生成醋酸甲酯，提纯后的醋酸甲酯在催化剂的作用下与氢气反应生成甲醇和乙醇，甲醇作为原料循环回用与醋酸反应，粗乙醇经过精制得到乙醇产品(见图5-2)。

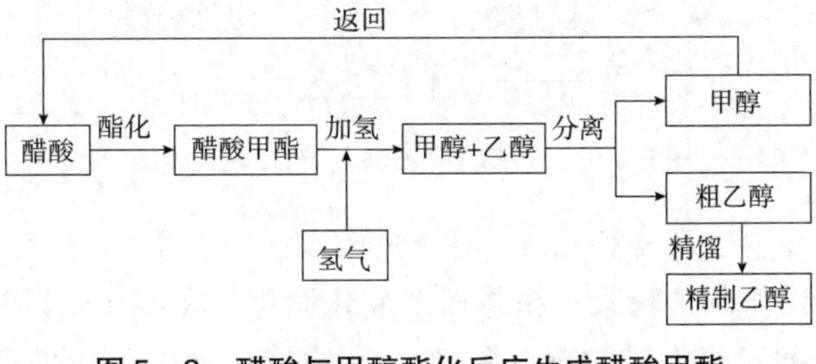

图5-2　醋酸与甲醇酯化反应生成醋酸甲酯

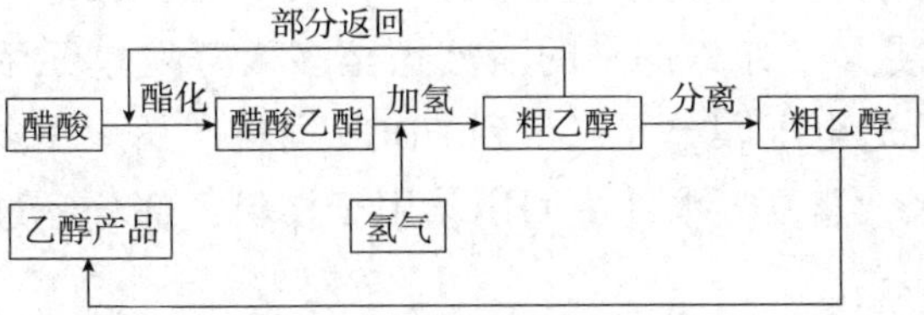

图5-3　醋酸与乙醇酯化反应生成醋酸乙酯

②醋酸原料与乙醇经过酯化反应生成醋酸乙酯，提纯后的醋酸乙酯在催化剂的作用下与氢气反应生成乙醇，一部分粗乙醇作为原料循环回用与醋酸反应，另一部分粗乙醇经过精制得到乙醇产品(见图5-3)。

(3)二甲醚羰基化加氢法：甲醇通过脱水反应合成二甲醚，之后再向反应器中通入一氧化碳，在催化剂的作用下进行二甲醚羰基化反应合成乙酸甲酯，分别回收反应器中一氧化碳和二甲醚，并用于羰基化反应，乙酸甲酯与氢气进行加氢反应生成粗乙醇，粗乙醇通过分离精制得到产品乙醇，副产物为甲醇和氢气(见图5－4)。

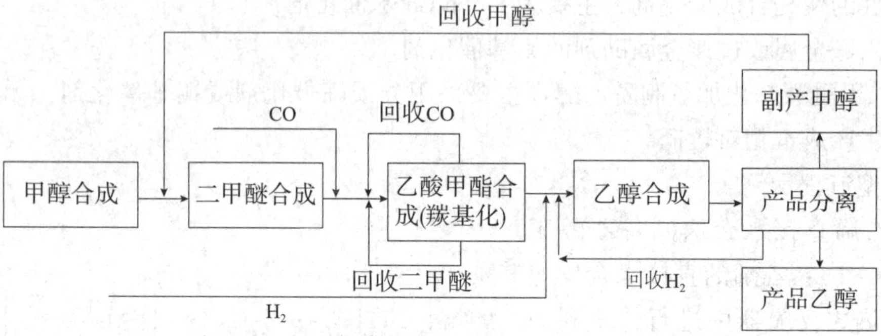

图5－4　二甲醚羰基化加氢法

(4)甘蔗燃料乙醇生产工艺

①甘蔗燃料乙醇生产工艺(见图5－5)：甘蔗原料在热水喷淋润湿的条件下，经过多辊压榨得到粗蔗糖汁，经过调酸澄清处理的粗蔗糖汁送入酒精发酵生产单元，甘蔗渣可以作为燃料或造纸原料。酒精发酵通常采用单浓度或双浓度连续发酵，发酵成熟醪通过离心分离回收酵母，部分酵母返回发酵回用，部分干燥后得到酵母饲料。发酵醪清液送入精馏脱水单元，精馏得到的接近共沸组成的酒精和水气相混合物直接送入分子筛脱水生产单元，脱除共沸水后得到燃料乙醇产品。废液储罐中的废水部分返回压榨生产单元，部分排放用于灌溉甘蔗农田。

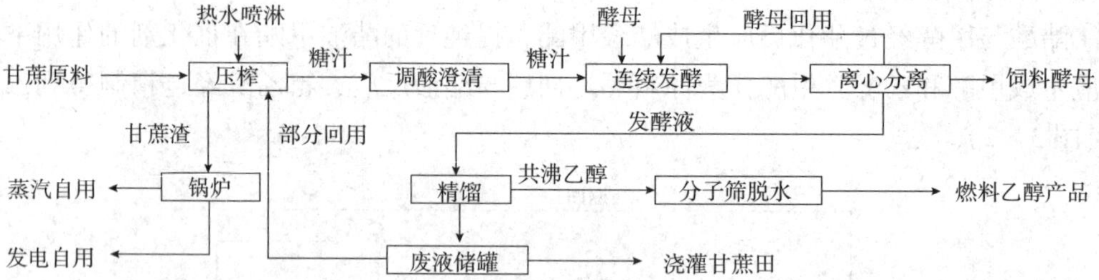

图5－5　甘蔗燃料乙醇生产工艺路线图

②以玉米为淀粉原料生产燃料乙醇工艺(见图5－6)：玉米原料送入预处理单元进行除杂、粉碎、调浆等操作制备粉浆。粉浆送至液化糖化，在液化酶及糖化酶作用下得到糖化醪，降温后的糖化醪送至发酵单元。得到乙醇浓度≥10%的成熟醪，经过精馏脱水单元，脱去杂质，浓缩得到共沸乙醇，共沸乙醇蒸气再经过分子筛脱水最后得到燃料乙醇产品。精馏单元排出的废醪液则送入固液分离装置，分离得到的清液送至多效蒸发单元浓缩。湿糟与来自多效蒸发单元的浓缩液混合后送至干燥单元，得到DDGS饲料产品。在多效蒸发单元浓缩后得到蒸发浓缩液和蒸发凝水，蒸发凝水部分回用，用于拌料，部分经过厌氧好氧处理后达标排放。

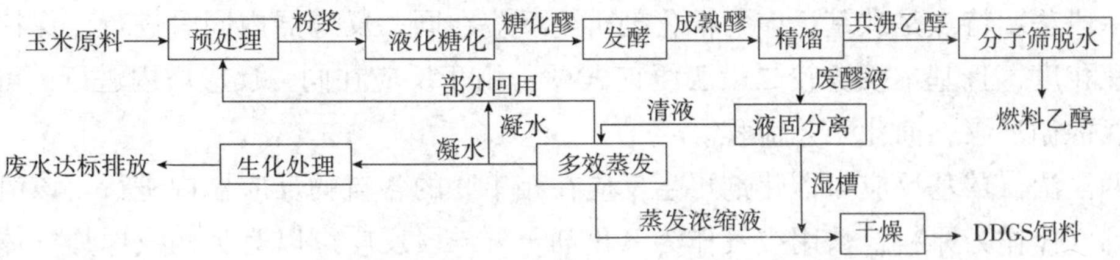

图5－6 以玉米为淀粉生产燃料乙醇工艺路线图

二、乙醛

1. 性质

乙醛(CH_3CHO)，又名醋醛，是一种无色、易流动、有刺激性气味的有机液体，易燃易挥发，熔点为－121℃，沸点为20.8℃，相对密度(水＝1)为0.78，相对蒸气密度(空气＝1)为1.52，闪点为－35℃，乙醛蒸气与空气能形成爆炸性混合物，爆炸极限4%～57%(体积)，能跟水、乙醇、乙醚、氯仿等互溶。

2. 用途

(1)乙醛在有机合成中，是二碳试剂、亲电试剂，可以看作乙醇的合成子，具有原手性。与格氏试剂和有机锂试剂反应生成醇。Strecker氨基酸合成中，乙醛与氰离子和氨缩合水解后，可合成丙氨酸。乙醛也可构建杂环环系，如三聚乙醛与氨反应生成吡啶衍生物。

(2)乙醛在阴离子交换树脂或碱性催化剂的作用下，可以发生醇醛缩合反应，转化为3－羟基丁醛，3－羟基丁醛再进行催化加氢可得到1，3－丁二醇。乙醛也可用于生产季戊四醇，乙醛通过歧化反应，使乙醛和甲醛发生醛醇缩合反应，可得季戊四醇，提纯后的季戊四醇主要用于各种树脂的制备。

(3)乙醛经氯化可得三氯乙醛，三氯乙醛的水合物是一种安眠药；乙醛也可以用于制备各种药物中间体；乙醛和氰化氢可发生反应生成乳酸。

(4)乙醛还有其他多种用途，可直接在水溶剂中发生氯化反应得到一氯乙醛；也可在冷却条件下用无水乙醛进行氯化，得到氯乙醛混合物；以乙醛作原料可以合成农药DDT。

3. 典型生产工艺

1)工艺介绍

(1)乙醇氧化法：

该反应是以铜－锌－铬为催化剂，温度为310℃下氧化制得。反应式如下：

$$2CH_3CH_2OH + O_2 \longrightarrow 2CH_3CHO + 2H_2O$$

乙醇氧化或脱氢制乙醛工艺都是传统的乙醛生产方法。经典的乙醇氧化法占多数，它是采用银催化剂，反应温度为550～580℃，单程收率70%～75%，选择性95%左右。乙醇氧化是强放热反应，避免乙醛在高温下发生分解和能量回收是目前乙醛生产的关键之一。从化学反应可看出，铜－锌－铬催化体系的乙醇脱氢制乙醛工艺，反应温度低(310℃以下)，乙醛不易发生热分解，乙醛收率比氧化法高，同时副产有经济价值的氢。

(2)乙烯氧化法：

$$2CH_2 = CH_2 + O_2 \longrightarrow 2CH_3CHO$$

乙烯氧化法是用氧气氧化乙烯生产乙醛，主要分一段法和两段法两种。

①一段法：特点是羰基反应与催化剂再生反应在同一反应器内同时进行，保持催化剂的一定氧化度，且基本投资较二段法便宜20%；由于反应在同一反应塔内进行，可以避免使用耐腐蚀循环泵，简化工艺流程。

②两段法：羰基反应与催化剂再生反应在相串联的各自的反应器内进行。该流程可使用富乙烯气体作为原料，采用空气作为氧化剂。分二段反应可以避免构成爆炸气体混合物的生成，且成本较一段法便宜3.3%。

(3)乙炔水合法：

$$CH\equiv CH(g)+H_2O \longrightarrow CH_3CHO(l)$$

乙炔水合法生产乙醛是一种古老的方法，我国目前基本没有用此法生产乙醛。该法分为汞法和非汞法两种，汞法生产1t乙醛要消耗0.8kg金属汞，汞蒸气会逸出并严重危害身体健康，污染环境。因此以前一般都用非汞法，以磷酸钙为催化剂，天然气乙炔为原料，采用多层塔式固定床反应器，但该方法的催化剂中的镉剧毒，且强度差，消耗高，生产成本高。乙炔水合法不需要贵金属钯催化剂、制氧设备及特种耐火材料，生产规模可大可小，在有天然气或煤炭和水电资源的地区因地制宜地采用乙炔水合法生产乙醛在技术经济上仍然站得住。

(4)以甲醛和氯甲烷为原料：全世界生产的乙醛几乎都以乙烯为原料。而乙烯是以天然气或石油为起始原料，因此将受限于有限的资源。并且随着石油价格的上涨，乙烯价格也大幅度上涨，从而乙醛价格也不断攀升。乙醛制造商为了摆脱对乙烯的依赖，对乙醛的新原料路线进行了研究。甲醛转化成丙酮过程中分两步进行，甲醛先和氯甲烷反应生产乙醛和氯化氢，然后生成的乙醛进一步与氯甲烷反应生成丙酮。这两步反应可用以下方程式表示：

$$HCHO+CH_3Cl \longrightarrow CH_3CHO+HCl$$

$$CH_3CHO+CH_3Cl \longrightarrow CH_3COCH_3+HCl$$

2)催化剂

(1)乙醇氧化法：该反应是以铜－锌－铬为催化剂。

(2)乙烯氧化法：$CuCl_2$、CuCl 和 $PdCl_2$等均参与反应，且反应前后基本没有变化，所以形成催化剂。

(3)乙炔水合法：一般以磷酸钙为催化剂。

3)典型流程示例

(1)甲醛与氯甲烷生产乙醛：原料流甲醛和氯甲烷加入预热器102，将原料加热到所需的温度，然后将经过预热的原料加入管式反应器104，控制物料在反应器中的停留时间，从反应器排出的反应气体进入淬冷塔106淬冷，可用丙酮做淬冷剂，生成的粗产品通过热交换器110，进一步控制粗产品的温度，从热交换器出来的粗产品进入蒸馏塔112，分离出乙醛(见图5－7)。

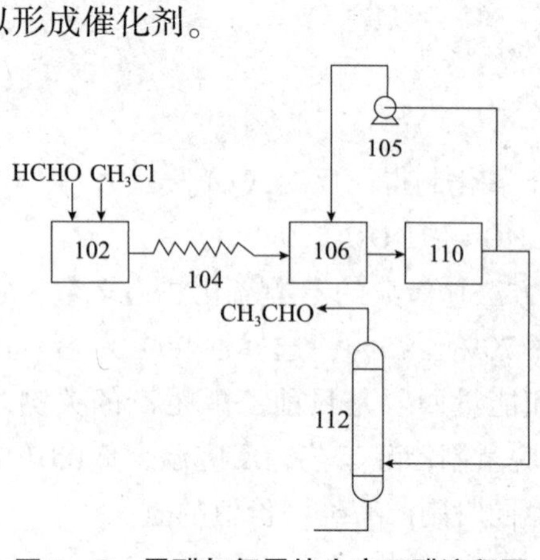

图5－7　甲醛与氯甲烷生产乙醛流程图

(2)一段法乙烯氧化制乙醛：循环气体与乙烯被引入充满催化剂溶液的垂直反应器，

纯氧亦同时引入反应器的底部，反应在微压下进行(约3大气压)，反应温度为120℃，反应热由部分水的蒸发热移去，被蒸发的水必须予以补充，以保持恒量的催化剂溶液。气体反应混合物(蒸汽、未反应的乙烯和反应产物)引入洗涤塔，利用水淋洒以吸收乙醛。脱尽乙醛的气体循环返回反应塔，其中一部分气体放空。制得的粗乙醛利用沸点不同，将轻、重化合物经过一系列蒸馏后移出，得到精制乙醛(见图5-8)。

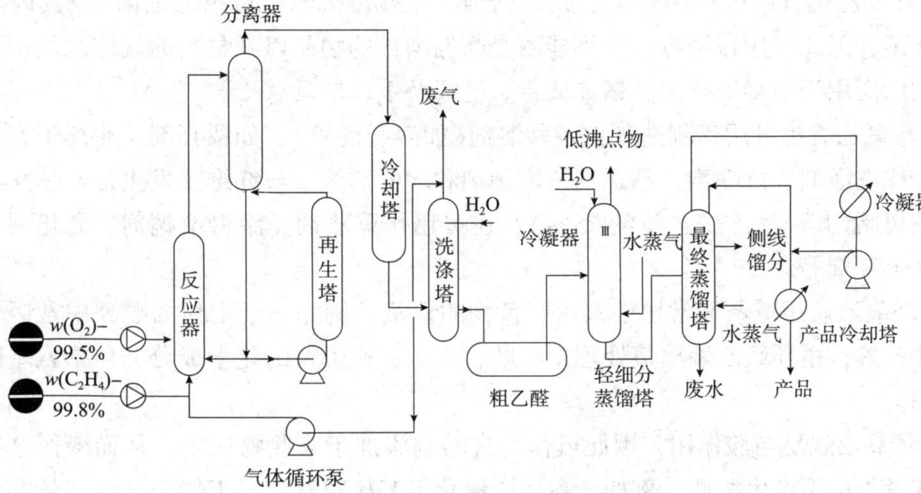

图5-8　一段法乙烯氧化制乙醛

(3)两段法乙烯氧化制乙醛：乙烯和氧在不同的反应器中发生反应，乙烯的反应和催化剂氧化在两个独立的泡罩塔反应器中。在第一个反应器中，乙烯被转化，而这种转化是几乎完全的，没有可回收的乙烯产生。在第二反应器中，催化剂发生再氧化($Cu^{+}\rightarrow Cu^{2+}$)。乙醛在粗醛塔中被浓缩，而轻、重化合物通过精馏被除去(见图5-9)。

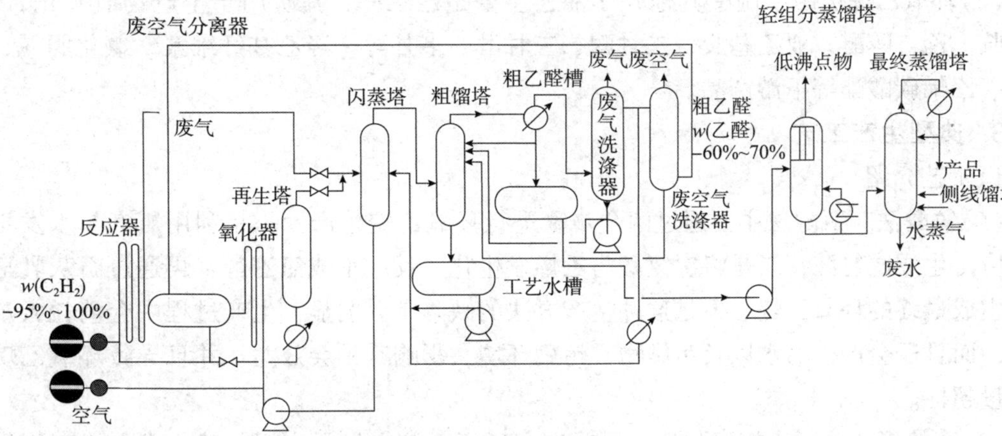

图5-9　两段法乙烯氧化制乙醛

三、环氧乙烷

1. 性质

环氧乙烷(EO)是一种有机化合物，化学式是C_2H_4O，环氧乙烷在低温下为无色透明液体，在常温下为无色带有醚刺激性气味的气体，易溶于水，是一种有毒的致癌物质，气体的蒸气压高，30℃时可达141kPa，被用来制造杀菌剂。环氧乙烷易燃易爆，熔点为-112.2℃，沸点为10.8℃，相对密度(水=1)为0.8711，相对蒸气密度(空气=1)为1.52，闪点为-29℃。

2. 用途

(1)环氧乙烷有杀菌作用，对金属不腐蚀，无残留气味，可杀灭细菌(及其内孢子)、霉菌及真菌，因此可用作消毒一些不能耐受高温消毒的物品以及材料的气体杀菌剂。环氧乙烷也被广泛用于消毒医疗用品诸如绷带、缝线及手术器具。

(2)环氧乙烷也可用于制造其他各种溶剂(如溶纤剂等)，如稀释剂、非离子型表面活性剂、合成洗涤剂、抗冻剂、消毒剂、增韧剂和增塑剂等。与纤维素发生羟乙基化可合成得水溶性树脂(其环氧乙烷含量约75%)；还可用作熏蒸剂、涂料增稠剂、乳化剂、胶黏剂和纸张上浆剂等。

(3)环氧乙烷用熏蒸剂常用于粮食、食物的保藏。例如，干蛋粉的贮藏中常因受细菌的作用而分解，用环氧乙烷熏蒸处理，可防止变质，而蛋粉的化学成分，包括氨基酸等都不受影响。

(4)环氧乙烷易与酸作用，因此可作为抗酸剂添加于某些物质中，从而降低这些物质的酸度或者长期不产生酸性。例如，在生产氯化丁基橡胶时，异丁烯与异戊二烯共聚物的溶液在氯化前如果加入环氧乙烷，则成品可完全不用碱洗和水洗。

(5)环氧乙烷易燃及在空气中有广阔的爆炸浓度范围，它有时被用作燃料气化爆弹的燃料成分。其自动分解时能产生巨大能量，可以作为火箭和喷气推进器的动力，一般是采用硝基甲烷和环氧乙烷的混合物[(60:40)~(95:5)]，这种混合燃料燃烧性能好，凝固点低，性质比较稳定，不易引爆。

(6)环氧乙烷被用于制造其他化学品，主要是乙二醇；其次用于生产乙氧基化合物、乙醇胺、乙二醇醚、亚乙基胺、二甘醇、三甘醇、多甘醇、羟乙基纤维素、氯化胆碱、乙二醛、乙烯碳酸酯等下游产品。

3. 典型生产工艺

1)工艺介绍

(1)氯醇法：氯醇法主要通过两个步骤进行环氧乙烷生产，一是利用氯气与水发生化学反应，生成次氯酸；二是将次氯酸与乙烯发生化学反应生成氯乙醇，再通过石灰乳皂化反应生成最终的环氧乙烷。但是这种生产方法的缺陷十分明显，生产过程中会消耗大量的氯气，而且还会产生污水以及污染物，污染环境，影响其社会效益，并且导致环氧乙烷中醛含量超标。

(2)直接氧化法：直接氧化法在目前生产环氧乙烷也经常应用，其分为空气直接氧化与氧气直接氧化两种方法。

①利用空气直接氧化是将空气作为氧化剂，但是需要空气净化装置的辅助，避免污染物在生产过程中对其活性造成影响。这种方法在生产过程中需要将多台反应器串联，始终保持催化剂处于高活性状态。

②氧气直接氧化是指将氧源作为氧化剂，但是必须保障是纯氧，持续性将其输入生产

系统中，使其中的惰性气体减少。这样，在生产过程中，未发生反应的乙烯可以实现循环利用，但是必须通过脱碳将其中的二氧化碳去除。这种方法可以保障反应中资源的充分利用，还能提高环氧乙烷的质量。单纯地从这两种方法的收率与单耗上来看，氧气直接氧化法的收率较高，并且乙烯的单耗也较低。

2)催化剂

能够用于乙烯氧化制环氧乙烷的催化剂种类繁多，但是根据其主要成分，可以分为高活性银催化剂和高选择性银催化剂。

(1)高选择性催化剂：Shell 催化剂，该催化剂是美国壳牌公司在 2000 年开发的银铼铯、银铼铯硫体系催化剂。这之后又在含铼元素催化剂的基础上进行了研究，展开了大量工作，例如：添加第六副族的金属元素的含阳离子的促进剂，添加镍元素促进液、添加氮族元素和铝族元素作为协同剂，这些都增强了催化剂的催化效果。壳牌公司目前拥有两种催化剂，即高活性和高选择性。其中，高活性催化剂系列的产品号是 S 系列的 860、861、862/863，该系列的催化剂具有初始反应温度低，最低选择性限可达到八成，持续性强，受温度影响较低，目前在我国的辽宁省北部已有使用。该公司的高选择性催化剂的系列产品号为 S 系列的 879、880、882，这些催化剂的特点是工艺成熟，性能优越。

(2)高活性催化剂。

YS 催化剂：该系列催化剂由燕山石化研究院在 1997 年研制成功，并在我国成功使用，目前国内八成左右的装置使用了该催化剂，所占市场份额的比例特别大。

YS－8510 催化剂：作为近年来燕山石化研究院在中等负荷产业高选择性的研究背景下的产品，与它的 YS－7 型相比，优点主要体现在以下四个方面：一是使用了由燕山石化研制出的新载体，提高了催化剂的性能；二是由于改变催化剂的构造，单位产量的用量可大幅减小；三是改变了活化条件，降低了能耗，提高了催化活性；四是提高了稳定性。

YS－B 催化剂：这是燕山石化研究院的最新科研成果，该催化剂在高活性的基础上做到了高选择性——88% 以上的选择性。与 8510 类似，这款催化剂是在 8510 的基础上进行的改进，运用了浸渍工艺，大幅度延长了使用寿命。

3)典型流程示例

(1)氯醇法：该方法主要分两步反应，第一步是把乙烯、氯气通入去离子水中，生成 2－氯乙醇；第二步是将上一步的产物与碱进行混合反应(这里的碱通常是氢氧化钙的悬浊液)，然后生成环氧乙烷，这也是我国最早用来制备环氧乙烷的方法(见图 5－10)。

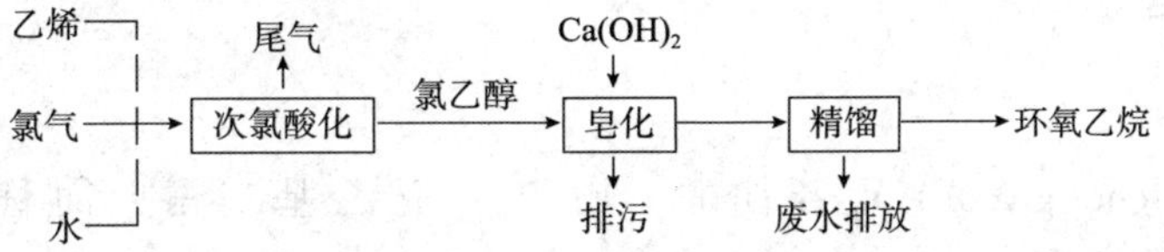

图 5－10 氯醇法制备环氧乙烷

(2)乙烯制环氧乙烷：乙烯与氧气催化氧化生成环氧乙烷，其成本主要集中在原料乙烯上，常见的乙烯合成来源是由石油炼制、天然气加工以及生物质能先转化为乙醇，再进一步合成乙烯。一些常见的装置都被设计为除生产精制环氧乙烷外，副产乙二醇(见图 5－11)。

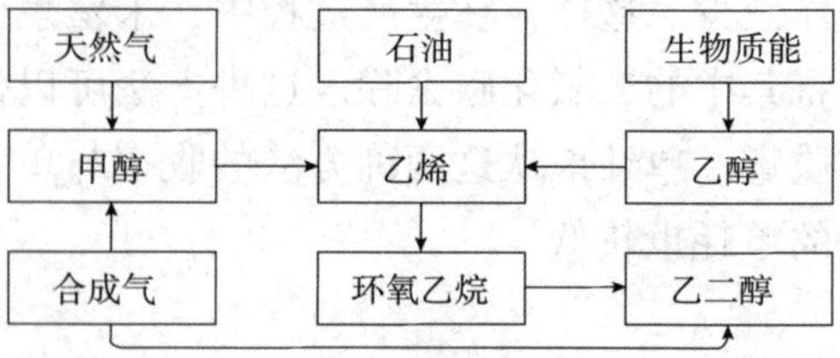

图5－11　乙烯制环氧乙烷合成路线

(3)乙烯制环氧乙烷工艺流程：乙烯与氧气混合进入氧化装置反应后进行环氧乙烷的吸收，反应器的入口温度一般是170～200℃，反应压力为1.6～2.2MPa。用反应器壳程的沸腾水移出反应热，反应器的撤热单元温度为220～280℃，靠调节蒸汽包的压力来控制反应温度。反应生成的富环氧乙烷气用低温的水进行吸收，经吸收后的贫环氧乙烷气经压缩机增压，补入新鲜的乙烯和氧气后，再循环回氧化反应器中，其主要目的是充分利用剩余气体中的乙烯。吸收下来的环氧乙烷在经过汽提和脱轻组分处理后，进一步精制加工，经过精制的环氧乙烷纯度(质量分数)能达到99.9%。此外，还可以使环氧乙烷与水进行反应生成乙二醇，进一步精制分离得到乙二醇、二乙二醇等产品。在乙烯氧化的进一步反应中会出现充分氧化生成二氧化碳，这种情况被称为尾烧。生成的二氧化碳杂质需要引入二氧化碳脱除单元，用含有活性剂的碳酸盐溶液对二氧化碳进行吸收(见图5－12)。

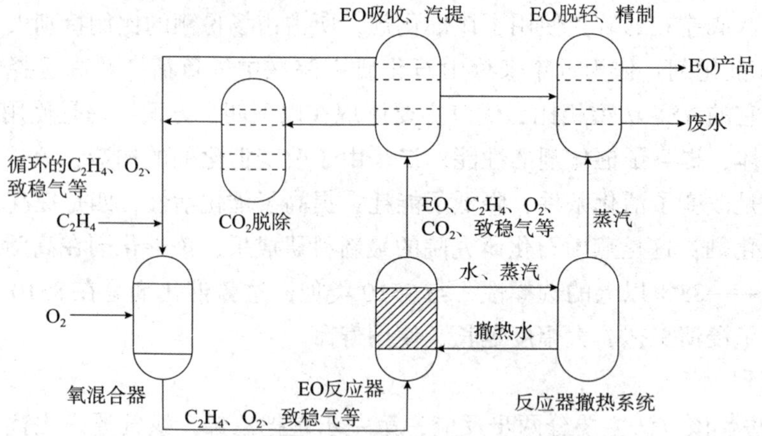

图5－12　乙烯制环氧乙烷工艺流程图

四、乙二醇

1. 性质

乙二醇(ethylene glycol)又名甘醇、1，2－亚乙基二醇，简称EG，化学式为$(CH_2OH)_2$，是最简单的二元醇。乙二醇是无色无臭、有甜味液体，对动物有毒性，人类致死剂量约为1.6g/kg。乙二醇能与水、丙酮互溶，但在醚类中溶解度较小。熔点为－12.9℃，沸点为197.3℃，相对密度(水＝1)为1.1155(20℃)；相对蒸气密度(空气＝1)为2.14，闪点为111.1℃。分子量低，性质活泼，可发生酯化、醚化、醇化、氧化、缩醛、脱水等反应。

2. 用途

(1)主要用于制聚酯涤纶、聚酯树脂、吸湿剂、增塑剂、表面活性剂、合成纤维、化妆品和炸药，并用作染料、油墨等的溶剂，配制发动机的抗冻剂，气体脱水剂，制造树脂，也可用于玻璃纸、纤维、皮革、黏合剂的湿润剂；可生产合成树脂 PET、纤维级 PET(涤纶纤维)，瓶片级 PET 用于制作矿泉水瓶等；还可生产醇酸树脂、乙二醛等。

(2)乙二醇甲醚系列产品是性能优良的高级有机溶剂，作为印刷油墨、工业用清洗剂、涂料(硝基纤维漆、清漆、瓷漆)、覆铜板、印染等的溶剂和稀释剂；可以作生产农药中间体、医药中间体以及合成制动液等化工产品的原料；作为电解电容器的电解质、制革化纤染剂等；用作纺织助剂、合成液体染料以及化肥和炼油生产中的脱硫剂的原料等。

(3)乙二醇也可用作防冻剂。除用作汽车用防冻剂外，还用于工业冷量的输送，一般称为载冷剂；同时，也可以与水一样用作冷凝剂。

3. 典型生产工艺

(1)工艺介绍：根据乙二醇生产过程中所需原料来源不同，世界上主要分为油制、气制和煤制三种生产乙二醇的工艺路线。而目前世界上生产乙二醇的主要生产工艺为石油路线，大约占世界乙二醇产能的2/3。其中，油制乙二醇工艺路线又分为两个，一是以石脑油为原料，另一个则以乙烷为原料，二者生产原理都是先将乙烯氧化成环氧乙烷，环氧乙烷再水合生成乙二醇。煤制乙二醇工艺生产路线则分为草酸酯加氢法、甲醇合成法与合成气直接合成法。

①油制乙二醇：油制乙二醇目前是国内外乙二醇的主要生产工艺，其优点是工艺稳定、成熟，弊端则是生产过程中消耗太大，成本高，且核心技术基本被壳牌、SD 以及 UCC 三家公司垄断。

②天然气制乙二醇：天然气制乙二醇，其生产原理为利用石油伴生气乙烷，通过乙烷制备乙烯，而后制备乙二醇。该方法的弊端则是受资源分布影响。

③煤制乙二醇：煤制乙二醇，是我国根据资源分布特点(煤炭资源储备量大)而开发的生产工艺，是我国独有的一套生产工艺路线。煤制乙二醇通常指的就是草酸酯加氢法。该工艺技术目前在我国已经大规模投入工业生产，且该方法具有工艺流程短、水耗少、成本低等优点。草酸酯加氢法则以煤为原料，经过气化、变换、净化、提纯后得到合成气 CO 和 H_2，而 CO 在催化剂作用下，与亚硝酸甲酯(MN)偶联合成草酸二甲酯(DMO)，提纯后的 DMO 再与 H_2 在催化剂作用下反应生成粗乙二醇，粗乙二醇通过精制后得到聚酯级乙二醇。但煤制工艺装置生产末期，由于催化剂的不稳定性，在加氢工艺阶段容易发生一些副反应，使得得到的产品乙二醇杂质较多且不易分离，影响透光率以及纯度。

不同原料路线乙二醇生产工艺示意图见图 5 - 13。

(2)催化剂。

①CO 氧化偶联催化剂：大多仍以 $\alpha-Al_2O_3$ 为载体，以 Pd 为主活性组分，制备方法以浸渍法为主。

②DMO 加氢催化剂：SiO_2氢体负载的 Cu 催化剂由于其在 DMO 加氢反应中的高转化率和高选择性、低廉的成本以及环境友好性，受到学术界和工业界的广泛关注，Cu/SiO_2

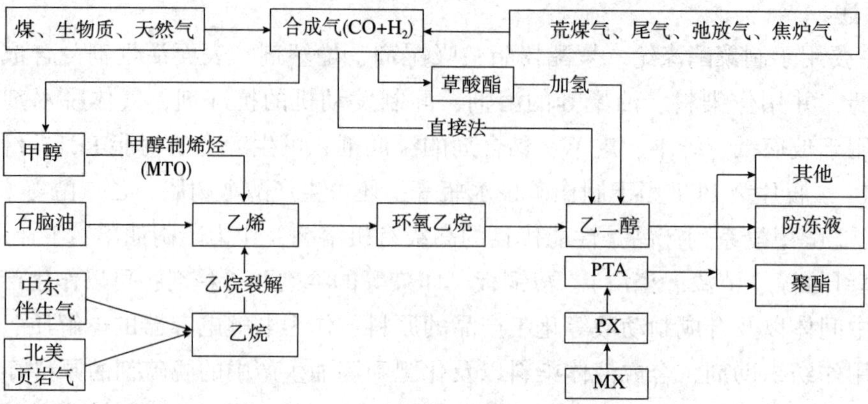

图5-13 不同原料路线乙二醇生产工艺示意图

增比剂的制备方法包括浸渍法、蒸氢法、沉积-沉淀。不同制备方法会影响 Cu 在 SiO_2 表面的分散，进而影响催化剂性能。

(3)典型流程示例。

①合成气制乙二醇：目前，工业上合成气制乙二醇工艺采用的是以草酸二甲酯为中间体的间接路线，该路线具有成本低、能耗低、水耗低、排放低等优点。主要流程如下：在第一阶段，一氧化碳与亚硝酸甲酯在负载型 Pd 基催化剂上发生气相偶联反应，生成草酸二甲酯和一氧化氮；在第二阶段，分离提纯后的草酸二甲酯经加氢反应后提纯即可获得产物乙二醇(见图5-14)。

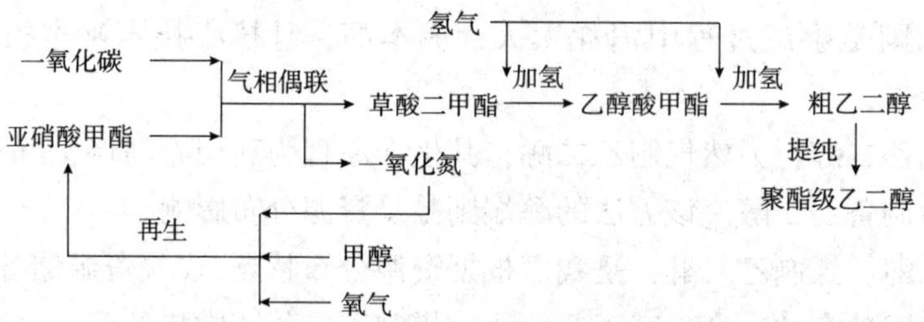

图5-14 合成气制乙二醇

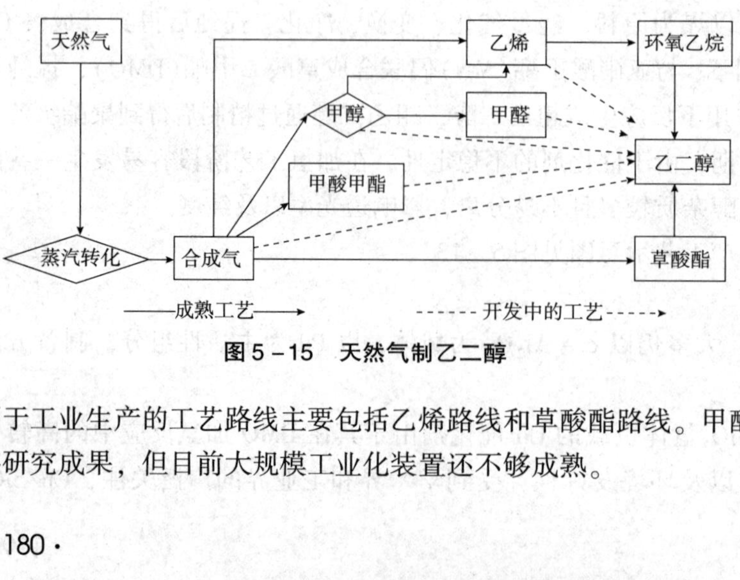

图5-15 天然气制乙二醇

②天然气制乙二醇：天然气制备乙二醇的工艺路线如图5-15所示，天然气首先通过蒸汽转化反应将甲烷转化为以 CO 和 H_2 为主的合成气，然后采用直接合成路线、草酸酯路线和甲醇甲醛途径合成乙二醇。目前，成熟并应用于工业生产的工艺路线主要包括乙烯路线和草酸酯路线。甲醇甲醛路线近年来取得了很多研究成果，但目前大规模工业化装置还不够成熟。

③煤制乙二醇：此工艺先由煤制得合成气，然后分离合成气中的CO，经过催化偶联过程合成草酸二甲酯，再经催化加氢制取乙二醇(见图5－16)。

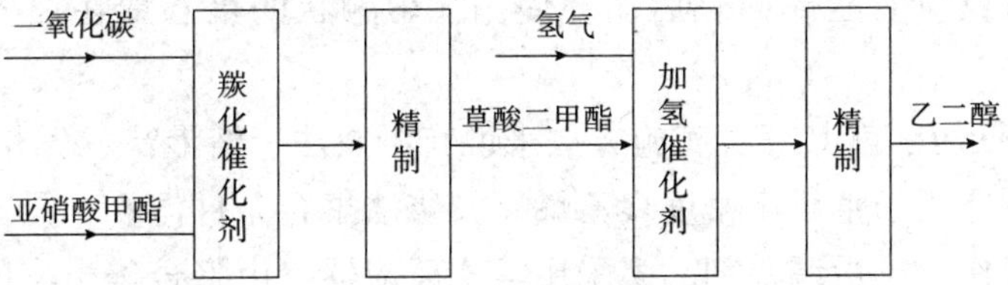

图5－16　煤制乙二醇

五、聚乙烯

1. 性质

聚乙烯(polyethylene，简称PE)，化学式$(C_2H_4)_n$，是乙烯经聚合制得的一种热塑性树脂。在工业上，也包括乙烯与少量α－烯烃的共聚物。聚乙烯无臭、无毒，手感似蜡，具有优良的耐低温性能(最低使用温度可达－100～－70℃)，化学稳定性好，能耐大多数酸碱的侵蚀(不耐具有氧化性质的酸)。常温下不溶于一般溶剂，吸水性小，电绝缘性优良。熔点为80～110℃，密度为0.962g/cm^3，闪点为270℃。聚乙烯化学稳定性较好，但不耐强氧化的腐蚀。聚乙烯的力学性能一般，拉伸强度较低，抗蠕变性不好，耐冲击性好。

2. 用途

(1)高密度聚乙烯：高密度聚乙烯主要应用于薄膜、注塑制品、吹塑、管材、单丝和编织等领域；薄膜集中在购物袋、方便袋、服装袋、垃圾袋、餐馆用一次性手套等；注塑制品主要用于托盘、日用制品及瓶盖；吹塑主要用于工业用桶、医药瓶、化妆品瓶、IBC桶和机油桶等方面；管材用于市政和建筑给排水、燃气、供热采暖、家用节水灌溉等领域；单丝用于制作丝绳、渔网、纱窗、篷布等方面。

(2)低密度聚乙烯：低密度聚乙烯主要应用于膜料、吹注塑料、电缆料、涂覆料、发泡料等；膜料包括农用塑料薄膜(如棚子塑料薄膜及地膜)、重质袋包装膜、货物运输薄膜、收缩薄膜、食品包装膜、高透明薄膜、化学品包装膜、医疗薄膜、建筑薄膜、垃圾袋薄膜、多层复合薄膜等；吹塑产品如瓶、罐、桶、盆、大型工业中的储槽及电缆护套等；注塑产品如鲜花等；电缆料包括线及电缆、电缆包皮、绝缘、交联材料以及电缆护套等。

(3)线型低密度聚乙烯：线型低密度聚乙烯主要应用于薄膜、注滚塑、片材、电缆制品等领域；薄膜应用于饮料包装、速冻食品包装、蒸煮食品包装、快餐食品包装等，以及医药和化工等领域包装、农业大棚农膜等；注塑用于生产废物箱、玩具和冷藏器具等；滚塑用于生产儿童爬梯、滚塑废料容器、燃料箱和化学品槽罐等；片材用作废渣填埋和废物池衬垫。

3. 典型生产工艺

1)工艺介绍

(1)高压法：高压法用来生产低密度聚乙烯，这种聚合方法是世界上最早开发生产聚乙烯的。但是随着生产工艺和催化剂技术的发展，其增长速度大大落后于低压法。高压法是用氧或过氧化物等作引发剂，使乙烯聚合为低密度聚乙烯的方法。乙烯经二级压缩后进入反应器，在压力100～300MPa、温度200～300℃及引发剂作用下聚合为聚乙烯，反应物经减压分离，使未反应的乙烯回收后循环使用，熔融状的聚乙烯在加入塑料助剂后挤出造粒。

(2)低压法：低压法就其聚合实施方法来说有淤浆法、溶液法、气相法。

①淤浆法：主要用于生产高密度聚乙烯。淤浆法聚合条件温和，易于操作，常用烷基铝作活化剂，氢气作分子量调节剂，多采用釜式反应器。由聚合釜出来的聚合物淤浆经闪蒸釜、气液分离器到粉料干燥机，然后去造粒。生产过程中还包括溶剂回收、溶剂精制等步骤。采用不同的聚合釜串联或并联的组合方式，可以得到不同分子量分布的产品。

②溶液法：聚合在溶剂中进行，但乙烯和聚乙烯均溶于溶剂中，反应体系为均相溶液。反应温度(≥140℃)、压力(4～5MPa)较高。特点是聚合时间短，生产强度大，可兼产高、中、低三种密度的聚乙烯，能较好地控制产品的性质；但溶液法所得聚合物分子量较低，分子量分布窄，固体物含量较低。

③气相法：乙烯在气态下聚合，一般采用流化床反应器。催化剂有铬系和钛系两种，由贮罐定量加入床层内，用高速乙烯循环以维持床层流态化，并排除聚合反应热。生成的聚乙烯从反应器底部出料，反应器的压力约2MPa，温度85～100℃。气相法是生产线型低密度聚乙烯最主要的方法，气相法省去了溶剂回收和聚合物干燥等工序，且比溶液法节省投资15%和操作成本10%。为传统高压法投资的30%，操作费的1/6，因而得到了迅速发展。但气相法在产品质量及品种上有待进一步改进。

④中压法：用负载于硅胶上的铬系催化剂，在环管反应器中，使乙烯在中压下聚合，生产高密度聚乙烯。

2)催化剂

(1)TH系催化剂：利用TH系催化剂生产高密度聚乙烯(HDPE)，可以使整个工艺的生产过程得到平稳的控制，并可以调节聚合物反应温度和压力。在这种情况下，聚合系统和母液回收系统将极少出现异常变化，从而使聚合浆液和粉末输送顺畅，继而使装置具有良好的适应性。同时，TH系催化剂具有较高的活性，并且本身的消耗量较小。此外，利用TH系催化剂生产HDPE，可以满足氯化聚乙烯的生产要求，并且使产品具有较高的性能。但是，TH系催化剂的牌号较多，并且具有切换复杂的特点。因此，一般不能采用单一催化剂进行全部聚乙烯牌号的生产，其主要用于生产单峰聚乙烯。此外，利用TH系催化剂生产的产品的聚合物灰分含量较高，并且产品颜色不好。

(2)铬系催化剂：主要用于生产HDPE，而该催化剂主要是由浸铬化合物的载体组成，载体本身为多孔硅胶。在氧化高温条件下，载体经高温煅烧而形成催化剂，而催化剂的铬含量小于1×10^{-5}g/(g-cat)，并且由于铬嵌入了聚合物中，所以不会被水萃取出来。而在工业生产中应用铬系催化剂时，制备不同性能的HDPE则需要进行工艺条件的调节。相较于钛系催化剂，铬系催化剂可以进一步生产宽分子量分布的HDPE产品，并且铬系催化剂的价格较低。就目前来看，铬系催化剂主要分为两种，即有机铬催化剂和氧化铬催化剂。但是，氧化铬催化剂对空气较敏感，所以有机铬催化剂得到了更好的应用。

(3)齐格勒–纳塔催化剂：齐格勒–纳塔催化剂(Z–N催化剂)是一种高效的聚乙烯

催化剂，它是化学键结合在含镁载体上的过渡金属化合物，主要是钛基催化剂。因其催化效率高，生产的聚合物综合性能好、成本低，在聚乙烯生产中占重要地位。

(4)茂金属催化剂：茂金属催化剂和传统的 Z－N 催化剂的主要区别在于活性中心的分布。Z－N 催化剂有多种活性中心，只有部分活性中心有立体选择性，所得聚合物支链多、分散性高；而茂金属催化剂只有单一的活性中心，所得聚合物立构规整、分散性低。茂金属催化剂具有较高的催化活性，单体插入时间短，每个烯烃分子的插入时间约为 10^{-5}s；具有良好的共聚能力，不同结构的茂金属催化剂催化烯烃聚合时，可得到各种立构规整的聚合物；分子量分布窄，可以准确地控制聚合物性能，使其满足更多用途要求。

(5)非茂金属催化剂：非茂金属催化剂又称为后过渡金属催化剂，涉及第Ⅷ族中的金属元素，主要集中在 Fe、Co、Ni、Pd 等 4 种金属元素，催化剂体系的配体种类主要有膦氧配体、二亚胺配体和亚胺吡啶配体等，同时该催化剂还需加入助 MAO 或离子型硼化物组成均相催化剂才有较高的活性。非茂金属催化剂具有中心原子的亲电性弱，对基团容忍性好，良好的基团容忍性使催化剂可在水溶液中进行烯烃聚合；可催化含有极性取代基的烯烃单体聚合，可制备功能性高分子材料；配体合成路线简单，收率高、成本低。

(6)双功能催化剂：双功能催化剂是复合催化剂的一类，具有两种活性中心。在聚合过程中，一种活性中心首先使乙烯发生二聚或三聚，另一种活性中心使这些低聚物再与乙烯共聚生成 LLDPE，实现了聚乙烯微观结构的设计。均相或负载型的双功能的两种活性中心可在溶液或载体上均匀分散，在活性位上增长的聚合物相距很近。由于聚合温度低于聚烯烃的熔点，聚乙烯在链增长的过程中相互缠绕、结晶，实现了树脂的超粒子级混合，产品具有更优良的性质。

(7)双峰或宽峰分子量分布复合催化剂：复合催化剂根据活性中心种类的不同存在多种复合形式，如 Z－N/茂金属复合催化剂、茂金属/茂金属复合催化剂、茂金属/非茂金属复合催化剂、非茂金属/非茂金属复合催化剂。其中，部分属于双功能催化剂，部分属于双峰或宽峰分子量分布的复合催化剂。复合催化剂在制备双峰聚乙烯时，所选的催化剂需在氢调响应、共聚性能上有较大的区别。早期的双峰聚乙烯催化剂研究对象是 Z－N/茂金属复合催化剂。

3)典型流程示例

①CX 工艺：日本三井油化公司的 CX 工艺(其流程图见图 5－17)曾是生产 HDPE 的主流工艺之一，单条生产线的产能为 70～100kt/a，共聚单体为丙烯和丁烯，分散介质为己烷。由于每条生产线包含两个搅拌釜式反应器，所以可采用并联和串联两种生产方式，反应浆液经离心机固液分离后采用滚动干燥床脱除聚合粉料中的残余溶剂。近年来，该装置大多采用釜外循环技术进行改造，产能明显提高。同时，新型高效催化剂的应用使装置生产的聚乙烯粉料堆密度大幅增加，细粉及低聚物含量明显降低，反应器结垢与母液线堵塞的风险减小，装置运行的稳定性增加。但由于 CX 工艺的升级改进较为缓慢，导致工艺在产能、能耗和装置占地面积等方面明显落后于现有的 Hostalen 工艺，因此国内新建聚乙烯装置并未采用该工艺。

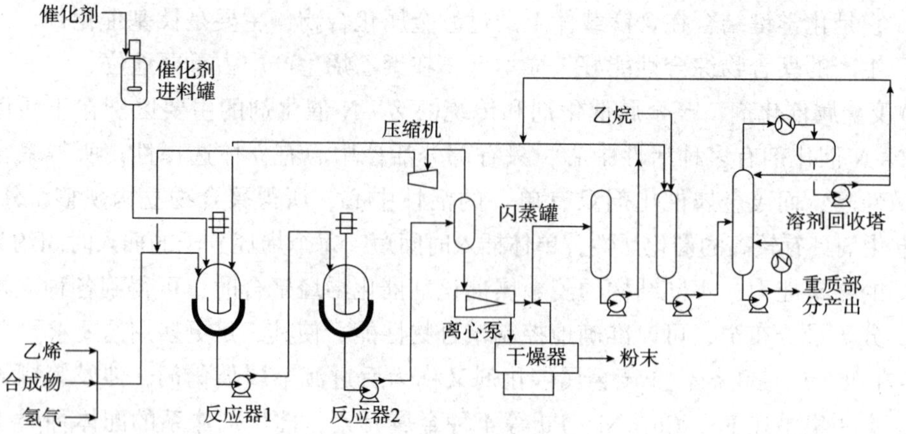

图 5－17　CX 工艺流程图

②Hostalen 工艺：Hostalen 工艺是 20 世纪 60 年代中期由德国 Hoechst 公司开发的，是使用 Z－N 催化剂的低压聚乙烯工业化装置(其流程图见图 5－18)。Hostalen 工艺产能较高，通常为 300～400kt/a，共聚单体为丁烯，分散介质为己烷。工艺包含两个搅拌釜式反应器，可采用并联和串联两种生产方式，反应浆液经离心机固液分离后采用流化床脱除聚合粉料中的残余溶剂。目前，新推出的 Hostalen ACP 工艺有 3 个搅拌釜式反应器，当采用串联方式生产管材料时，在第一反应器生产低分子量均聚物，第二反应器生产中分子量共聚物，第三反应器生产高分子量共聚物。此类产品具有优异的刚韧平衡、抗应力开裂和加工性能。

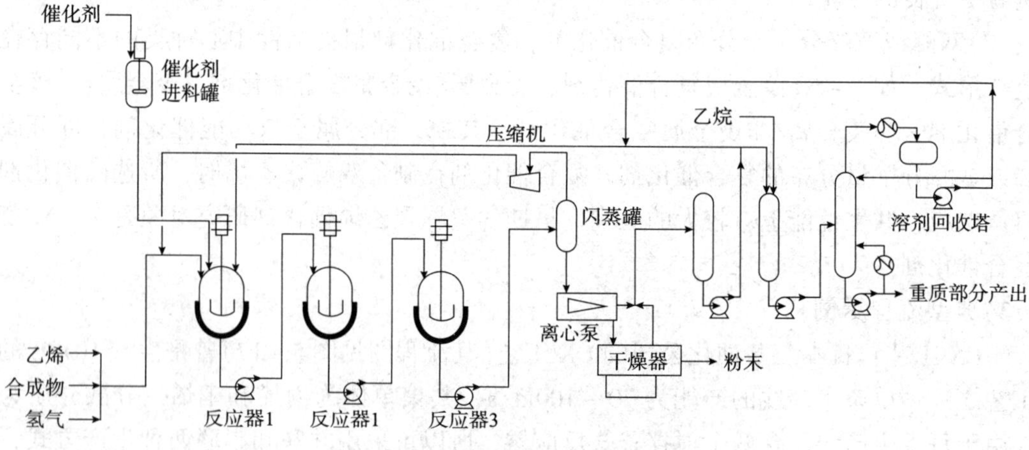

图 5－18　Hostalen 工艺流程图

③Innovene S 工艺：Innovene S 工艺(其流程图见图 5－19)是 Inoes 公司开发的双环管淤浆工艺，产能为 0.3～0.4Mt/a，共聚单体为己烯，分散介质为异丁烷，可以使用 Z－N、铬系和茂金属催化剂。该工艺装置由两个环管反应器组成，仅能以串联方式运行，聚合粉料经旋液分离器浓缩后直接闪蒸脱除残余溶剂。该环管工艺易于撤除反应热，且溶剂回收系统相对简单，因此具有较小的占地面积。该工艺没有脱蜡单元，所以溶解于反应溶剂的聚合物组分会附着于粉料表面、轴流泵和反应器内壁。因此，该聚合工艺对催化剂共聚性能的要求较高。

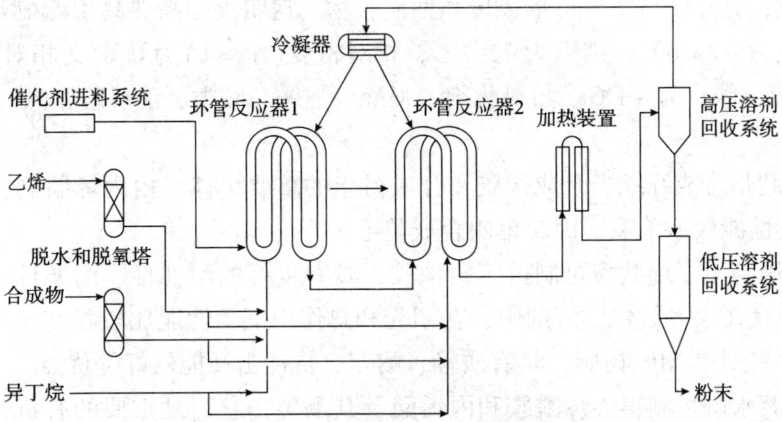

图 5－19　Innovene S 工艺流程图

④Unipol 工艺：该工艺于 1968 年开发成功，经过不断的改进与优化，目前可生产出高、中、低密度的各种聚乙烯产品。该工艺简单，操作弹性大，气相单体直接转化成干燥流动的固态粒状聚合物，无须分离、提纯和回收溶剂与稀释剂；较少产生废气、废液，对环境影响较小。Unipol 工艺流程图见图 5－20。

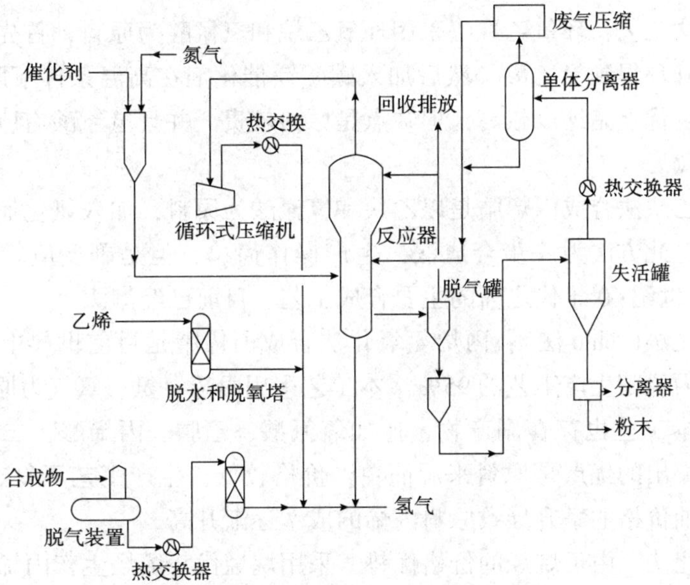

图 5－20　Unipol 工艺流程图

第二节　丙烯衍生物

一、丙烯腈

1. 性质

丙烯腈，化学式 C_3H_3N，是一种无色的有刺激性气味液体，微溶于水，易溶于多数有机溶剂，易燃，其蒸气与空气可形成爆炸性混合物。遇明火、高热易引起燃烧，并放出有毒气体。熔点为 -83.6℃，沸点为 77.3℃，相对密度(水 =1)为 0.81，相对蒸气密度(空气 =1)为 1.83，闪点为 -1℃。与氧化剂、强酸、强碱、胺类、溴反应剧烈。

2. 用途

(1)丙烯腈是合成纤维、合成橡胶和合成树脂的重要单体。由丙烯腈制得聚丙烯腈纤维即腈纶，其性能极似羊毛，因此也叫合成羊毛。

(2)丙烯腈与丁二烯共聚可制得丁腈橡胶，具有良好的耐油性、耐寒性、耐磨性和电绝缘性能，并且在大多数化学溶剂中，在阳光和热作用下，性能比较稳定。丙烯腈与丁二烯、苯乙烯共聚制得 ABS 树脂，具有质轻、耐寒、抗冲击性能较好等优点。

(3)丙烯腈水解可制得丙烯酰胺和丙烯酸及其酯类，它们是重要的有机化工原料。丙烯腈还可电解加氢偶联制得己二腈，由己二腈加氢又可制得己二胺。己二胺是尼龙 66 原料，可制造抗水剂和胶黏剂等，也用于其他有机合成和医药工业中，被用作谷类熏蒸剂等。此外，乙二胺也是一种非质子型极性溶剂，可作为油田泥浆助剂 PAC142 原料。

(4)丙烯腈也是杀虫剂虫满腈的中间体。

3. 典型生产工艺

(1)工艺介绍。

①环氧乙烷法工艺：环氧乙烷法采用环氧乙烷和氢氰酸为原料，首先环氧乙烷与氢氰酸发生亲核反应开环得到氰乙酸，然后加入碳酸镁催化剂在高温条件下脱水制得丙烯腈。本工艺路线的主要优点是纯度较高，但缺点是原料较贵，并且氢氰酸有剧毒。因此，此工艺路线基本被淘汰。

②乙炔法：乙炔法合成丙烯腈是以乙炔和氢氰酸为原料，加入氯化亚铜和氯化铵为催化剂合成丙烯腈。此方法为一步合成法，生产操作简单，但是副反应较多，产品提纯困难。此方法是 20 世纪 60 年代之前的主要合成工艺，目前已经淘汰。

③丙烯氨氧化法(sohio 法)：丙烯氨氧化法合成丙烯腈是目前世界上应用最广泛的工艺，如今占全球丙烯腈生产工艺的 95%。本工艺采用丙烯、氨、氧气为原料，经过催化合成丙烯腈，但是本工艺也存在副产物，比如氧氰酸、乙腈、丙烯醛、二氧化碳和一氧化碳。该工艺最为突出的优点是原料来源简单，价格较低，生产工艺不复杂，生产成本低，但是由于国际石油价格的攀升导致原料丙烯的成本逐渐升高。

④丙烷氨氧化法：由于烷烃的价格优势，采用烷烃代替烯烃生产丙烯腈受到人们的重视。用丙烷生产丙烯腈可以一步完成，称为丙烷直接氨氧化工艺；也可以分两步完成，即丙烷先生成丙烯，再将丙烯氨氧化生产丙烯腈，称为丙烷脱氢丙烯氨氧化工艺。

⑤以生物质为原料合成丙烯腈：对于合成丙烯腈的原料，丙烯和丙烷都来自石油、煤和天然气等传统能源。随着这些非可再生资源的日益消耗，丙烯腈业界已经开始探索原料的多样化和可持续性。生物质能源具有来源广泛、绿色环保和可再生循环利用等特点。生物质广义上是指能利用 CO_2、水和太阳能等通过光合作用而形成的各种有机体，如植物秸秆、植物油脂、淀粉、糖类和树木纤维素等。但这些新技术距离实现产业化还很遥远。

(2)催化剂。

①多组合复合金属钼酸盐催化剂：钼酸盐催化体系主要包括 Mo - Bi 系和 Mo - V 系两

大类。Mo－Bi 系催化剂原来是丙烯氨氧化催化剂，后来经改性用于丙烷氨氧化反应。该催化剂脱氢能力比较差，活性较低，丙烯腈选择性不高，仅有 50%～67%。

②多组分锑酸盐催化剂：在锑酸盐催化体系中，研究最多的是 V－Sb 复合氧化物催化剂，此外还有 Fe－Sb 和 Ga－Sb 等复合金属氧化物催化剂。该催化体系主要活性组分是由 $\alpha-Sb_2O_4$ 和具有金红石结构的 $VSbO_4$、$CrSbO_4$、$FeSbO_4$ 及 $GaSbO_4$ 等组成。研究表明，这两种组分构成的锑酸盐催化剂对丙烯腈有很好的选择性。

③钒铝氧氮化物催化剂：钒铝氧氮化物(VAlON)，其通式为 $VAl_xO_yN_zH_n$。这类催化剂具有碱性/氧化还原的双功能催化活性中心。VAlON 催化剂在丙烯腈选择性和收率上所占优势不大，但丙烯腈时空收率(单位催化剂每小时丙烯腈生成量)远远高于其他催化剂。VAlON 催化剂之所以具有较高空间收率主要与其能适应高空速条件有关。在丙烷低转化率的情况下，高空间收率决定了催化剂的实际效率，因而 VAlON 催化体系是一种具有发展前景的催化体系。

(3)典型流程示例。

①丙烯氨氧化法：将空气、氧、丙烯按照 10 : 1.5 : 1 的摩尔比从底部输入流化床反应器，反应温度为室温。该反应体系为放热体系，可以采用撤热水回收热量，产生高压蒸汽。反应气体反应完毕冷却，先后经过洗涤、吸收、精馏得到高纯度的丙烯腈(见图 5－21)。

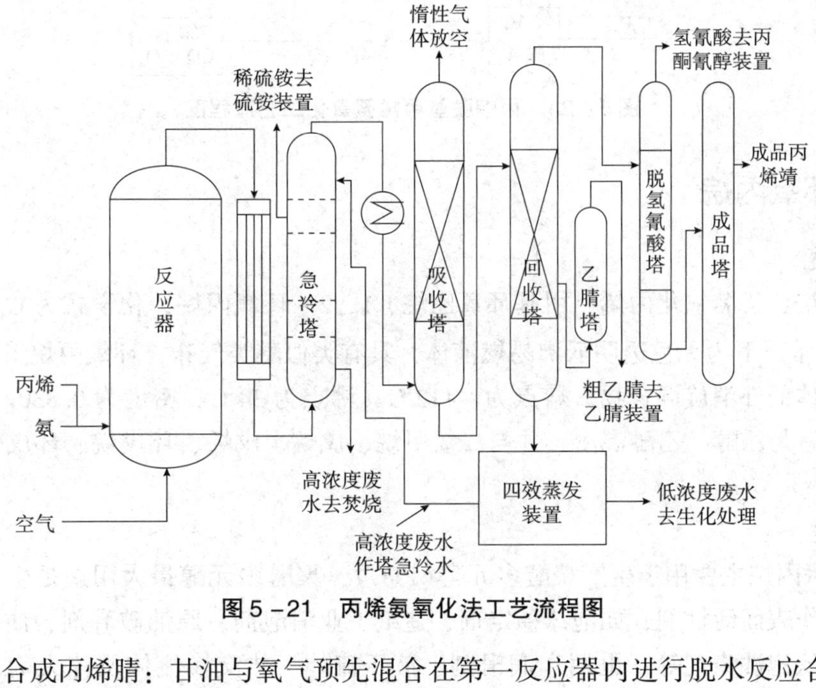

图 5－21　丙烯氨氧化法工艺流程图

②甘油合成丙烯腈：甘油与氧气预先混合在第一反应器内进行脱水反应合成丙烯醛，工艺中引入氧气主要是为了抑制炭的沉积从而避免催化剂的失活；经过第一步反应得到的丙烯醛随后进行吸收和除水精制再与氨、空气混合后进行氨氧化反应生成丙烯腈(见图 5－22)。

③丙烷脱氢丙烯氨氧化：丙烷脱氢丙烯氨氧化工艺是以丙烷为原料分两步进行，第一步是丙烷脱氢生成丙烯；第二步采用传统的丙烯氨氧化工艺生成丙烯腈(见图 5－23)。

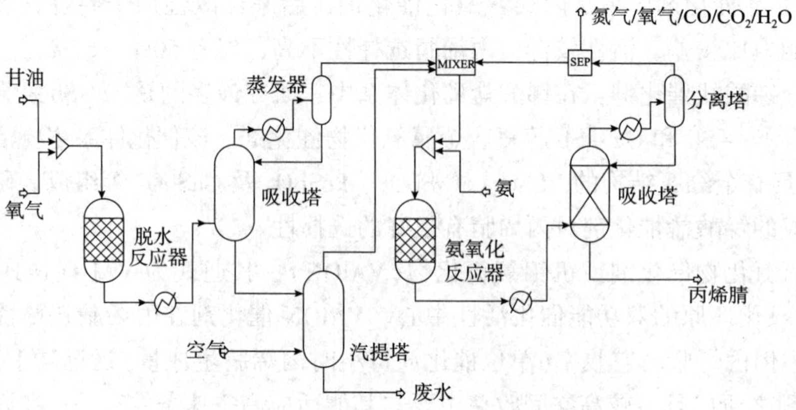

图 5-22　甘油两步法合成丙烯腈工艺流程图

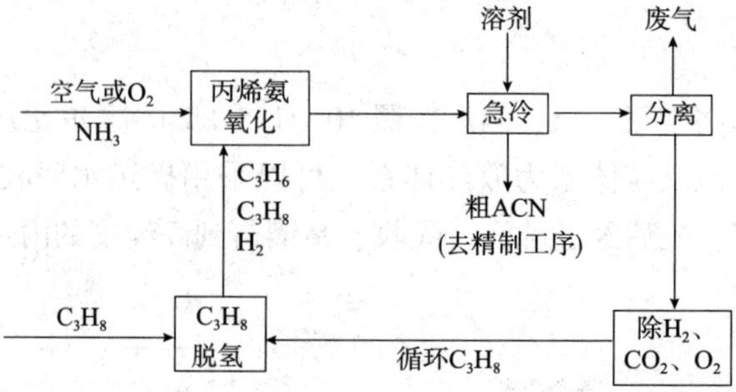

图 5-23　丙烷脱氢丙烯氨氧化工艺流程图

二、环氧丙烷

1. 性质

环氧丙烷，又名氧化丙烯、甲基环氧乙烷、1，2-环氧丙烷，化学式为 C_3H_6O，简称PO。在常温常压下为无色透明低沸易燃液体，具有类似醚类气味，环氧丙烷工业产品为两种旋光异构体的外消旋混合物。熔点为-112℃，沸点为34℃，密度为0.830g/cm^3，闪点为-37.2℃。与乙醇、乙醚混溶，并与二氯甲烷、戊烷、戊烯、环戊烷、环戊烯等形成二元共沸物。

2. 用途

(1) 环氧丙烷主要用于生产聚醚多元醇(PPG)，聚醚多元醇最大用途是生产聚氨酯塑料；其次用作表面活性剂，如泡沫稳定剂、造纸工业消泡剂、原油破乳剂、油井酸处理润湿剂及高效低泡洗涤剂等；也用作润滑剂、液压流体、热交换流体及淬火剂、乳胶发泡剂、多种切削和牵伸剂组分及专用溶剂等。

(2) 环氧丙烷的第二大用途是用于生产丙二醇、醇醚、碳酸丙烯酯，进而可制造贮槽、浴室设备、船壳等。

(3) 环氧丙烷还少量用于涂料、非离子型表面活性剂、油田破乳剂、阻燃剂、农药乳化剂及润湿剂等行业。环氧丙烷也可直接用作干果的打包熏蒸剂和食品诸如可可、调料、螺蛳肉、淀粉和树胶的散装熏蒸剂。

3. 典型生产工艺

(1)工艺介绍。

①氯醇法：氯醇法的主要工艺过程为丙烯氯醇化、石灰乳皂化和产品精制，其特点是生产工艺成熟、操作负荷弹性大、选择性好，对原料丙烯的纯度要求不高，从而可提高生产的安全性，建设投资少。由于固定资产投入少、产品成本较低，其产品具有较强的成本竞争力。但其需耗用大量氯气，生产过程中产生的次氯酸还严重腐蚀设备，产生大量石灰渣和含氯废水，综合治理投资较大。

②共氧化法：共氧化法又称哈康法，包括异丁烷共氧化法和乙苯共氧化法两种，分别由异丁烷或乙苯与丙烯进行共氧化反应，生成叔丁醇或苯乙烯，同时联产环氧丙烷。共氧化法克服了氯醇法的腐蚀大、污水多等缺点，具有产品成本低(联产品分摊成本)和环境污染较小等优点。但其工艺流程长、防爆要求严、投资大、对原料规格要求高、操作条件严格、联产品比例大等。生产 1t 环氧丙烷生成 2.5t 叔丁醇或 1.8t 苯乙烯，这远超主产品的产量，而且副产品的市场需求量波动大，所以环氧丙烷生产受市场因素制约严重。

③直接氧化法：丙烯直接环氧化制环氧丙烷技术(HPPO)是以丙烯和工业双氧水为原料，在钛硅分子筛催化剂催化下直接氧化生成环氧丙烷的全新技术和工艺，其主产物是环氧丙烷，副产物包括水、少量的丙二醇单甲醚，无有害气体排放。副产物中的丙二醇和丙二醇单甲醚可回收为高附加值的环氧丙烷衍生物产品，而水可经过一般性处理后排放或作为工艺水循环使用。该工艺具有条件温和、工艺简单、安全性好、不受联产品制约等优点，特别是具有内在清洁性。另外，HPPO 技术与其他常规环氧丙烷工艺相比，新建装置占地面积非常小，需要配套的基础设施少，可大大节省投资。

(2)催化剂。

①TS-1 催化剂：Taramasso 等人首次合成了钛硅石-1(TS-1)，并使用了多种合成方法得到了优良的溶胶，使用过氧化氢作为额外的氧化剂。目前，工业上获得过氧化氢是使用负载 Pd 或 Ni 的非均相催化剂从蒽醌中制备获得，但该制备方法成本较高，因为它使用了有毒溶剂并且需要较高要求的净化方法，以致操作过程花费较高。过氧化氢直接氧化法(HPPO)刚好解决了这一紧迫的问题，在该种方法中 H_2O_2 一步可获得，即通过蒽醌路线在一个分离的反应器中生成 H_2O_2，然后将其输送到下一反应器，发生丙烯环氧化反应。虽然说 HPPO 方法是对以往的环氧丙烷合成方法的改进，但 HPPO 方法需要使用两种不同的催化剂和反应器。目前，对于该方法的改进是开发一种非均相催化剂，其既可以实现 H_2 和 O_2 合成 H_2O_2，又可以实现丙烯环氧化工艺，实现一种功能性催化剂在同一反应釜中同时高效地催化两种反应。

②双功能催化剂：在目前的研究中，有几种以 TS-1 为载体、以 Au 和 Pd(Au)NP 为催化剂的双功能材料已经被制备得到，研究人员对在 H_2O_2(由 H_2 与 O_2 反应生成原位)作用下丙烯环氧化反应的催化活性也进行了研究。这种催化剂能够进行一点两步的连续反应。其中，金属 NPs 催化 H_2O_2 的形成，同时它也可以用作 TS-1 纳米晶体催化丙烯环氧化过程中的氧化剂。也有学者考虑过在反应过程中为了寻求增强和优化直接环氧丙烷(PO)合成的选择性，在超临界 CO_2 溶剂中加入其他共溶剂。通过连续再生进行催化剂稳定性研究

的过程中，对于双功能催化剂的物理化学改性，是通过使用表面酸性抑制剂和减少 H_2O_2 稳定剂来改变 Pd 和 Au NPs 的组分数。但其具有一个很明显的缺点，即价格远高于其他种类的催化剂。

(3)典型工艺示例。

①氯醇法：传统氯醇法生产环氧丙烷，先使用氯气、水与丙烯发生氯醇化反应，生成中间体氯丙醇，然后用石灰水进行皂化反应制得环氧丙烷(见图 5-24)。

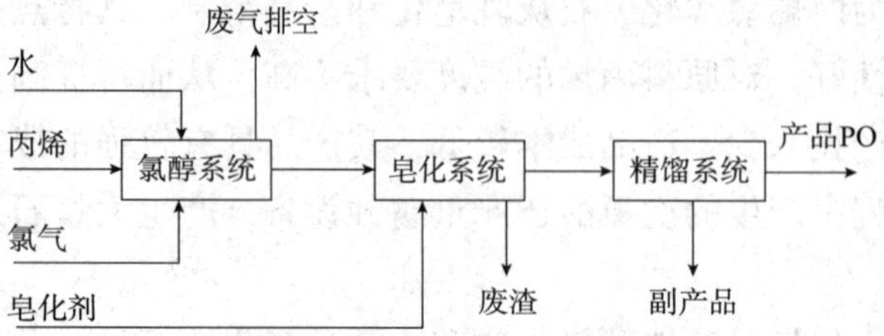

图 5-24　氯醇法工艺流程

②PO/SM 联产法：乙苯先在液相反应器中用氧气氧化生成乙苯过氧化物。生成的乙苯过氧化物经提浓后在反应温度为 110℃、压力为 4.05MPa 条件下，与丙烯发生环氧化反应生成环氧丙烷和甲基苄醇。环氧化反应液经过蒸馏得到环氧丙烷，甲基苄醇在 260℃、常压条件下脱水生成苯乙烯(见图 5-25)。

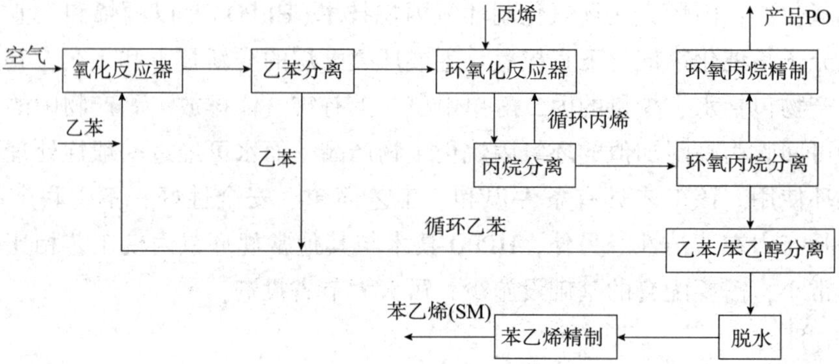

图 5-25　PO/SM 工艺流程简图

③HPPO 法：H_2O_2 在 TS-1 催化剂上催化环氧化丙烯生成 PO，溶剂为甲醇，在中温、低压和液相反应条件下操作。环氧化反应产物经丙烯塔分离后得到含丙烯的轻组分和含 PO、甲醇及水等的重组分，再经过连续萃取精馏法精制得到 PO(见图 5-26)。

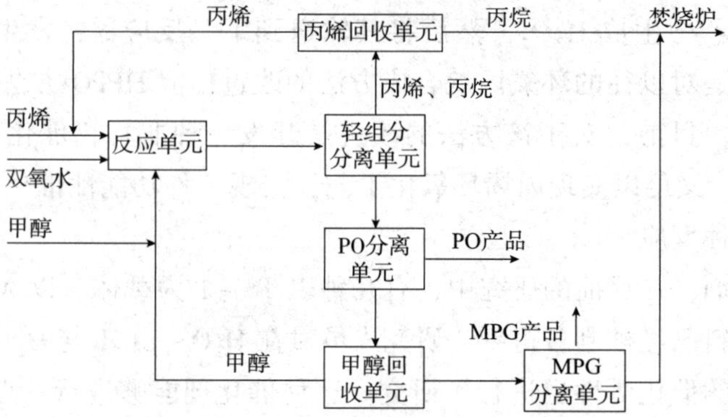

图 5-26　HPPO 法制 PO 流程图

三、聚丙烯

1. 性质

聚丙烯是丙烯加聚反应而成的聚合物，简称 PP，是一种无色、无臭、无毒、半透明固体物质，化学式为$(C_3H_6)_x$。聚丙烯是一种性能优良的热塑性合成树脂，为无色半透明的热塑性轻质通用塑料，具有耐化学性、耐热性、电绝缘性、高强度机械性能和良好的高耐磨加工性能等。密度为 0.89 ~ 0.91g/cm^3，易燃，熔点165℃，在155℃左右软化，使用温度范围为 -30 ~ 140℃。在80℃以下能耐酸、碱、盐液及多种有机溶剂的腐蚀，能在高温和氧化作用下分解。

2. 用途

(1)机械及汽车制造零部件：聚丙烯具有良好的机械性能，可以直接制造或改性后制造各种机械设备的零部件，如制造工业管道、农用水管、电机风扇、基建模板等。改性的聚丙烯可模塑成保险杠、防擦条、汽车方向盘、仪表盘及车内装饰件等，大大减轻车身自重，达到节约能源的目的。

(2)电子及电气工业器件：改性的聚丙烯可用于制作家用电器的绝缘外壳及洗衣机内胆，普遍用于电线电缆和其他电器的绝缘材料。

(3)建筑业：聚丙烯纤维是所有化学纤维中是最轻的，其密度为 0.90 ~ 0.92g/cm^3，具有强度高、韧性好、耐化学品性和抗微生物性好及价格低等优点。用玻璃纤维增强改性或用橡胶、苯乙烯 - 丁二烯 - 苯乙烯嵌段共聚物(SBS)改性过的聚丙烯被大量用于制作建筑工程模板，发泡后的聚丙烯可用于制作装饰材料。

(4)农业、渔业及食品工业：聚丙烯可用于制作温室气棚、地膜、培养瓶、农具、渔网等，制作食品周转箱、食品袋、饮料包装瓶等。与废旧 PET(聚对苯二甲酸乙二酯)反应性共混制成多功能废旧 PET，将多功能废旧 PET 与聚丙烯原位成纤可复合制成原位成纤复合材料。

(5)纺织和印刷工业：聚丙烯是合成纤维的原料，丙纶纤维被广泛用于制作轻质美观的耐用纺织用品，应用聚丙烯材料印刷出的画面特别光亮、鲜艳、美观。

(6)其他行业：在化学工业中，聚丙烯可以应用于制备各种耐腐蚀的输送管道、储槽、阀门、填料塔中的异型填料、过滤布、耐腐泵及耐腐容器的衬里；在医药方面可用于制作医疗器具；聚丙烯还可以通过接枝、复合和共混工艺，实现在能源领域的开发应用。

3. 典型生产工艺

(1)工艺介绍。

①浆液法：丙烯单体在惰性溶剂中进行聚合反应，生成的聚合物经过过滤分离，将聚丙烯颗粒分离出来，再经过干燥、挤压等工艺，最后形成聚丙烯。浆液法生产工艺易于控制，产品的质量超高，但流程较复杂，生产投资较大，能源消耗较高。随着催化剂的发展，浆液法生产工艺已不适合聚丙烯的生产。

②液相本体法：采用液相本体法生产聚丙烯，是在反应体系中不加任何其他溶剂，将催化剂直接分散在液相丙烯中进行丙烯液相本体聚合反应。聚合物从液相丙烯中不断析出，以细颗粒状悬浮在液相丙烯中。随着反应时间的增长，聚合物颗粒在液相丙烯中的浓

度增高。当丙烯转化率达到一定程度时，经闪蒸回收未聚合的丙烯单体，即得到粉料聚丙烯产品。这是一种比较简单和先进的聚丙烯工业生产方法。其系统中不加溶剂，丙烯单体以液相状态在釜式反应器中进行液相本体聚合，乙烯丙烯在流化床反应器中进行气相共聚；流程简单，设备少、投资省，动力消耗及生产成本低。

③气相法：在气相法中，常用到的工艺又细分为Innovene和Unipol两种工艺。第一种生产工艺是Innovene，这项技术充分利用了CD催化剂的特点来进行聚丙烯的生产，CD催化剂是一种可塑性极强的物质，将催化剂融入聚丙烯的生产过程中可以加强聚丙烯产品的塑性，同时实现快速的生产，提高生产的效率。聚丙烯产品的生产过程中会运用到化学工艺，所以也会产生一定的化学反应。Innovene技术在生产过程中可以加上气锁系统，将反应器内部与外界进行分隔，以免发生其他安全事故，这对聚丙烯产品的生产有较好的保护作用。Unipol技术也具有其自身的优势，例如Unipol技术的生产能力很好。尤其是在低温环境下，这项工艺能够通过技术的应用保证在冷却的状态下正常工作和运转，不会因生产线温度过高而影响到聚丙烯产品的生产。Unipol技术生产的产品质量好，且具有良好的性能。这两项技术都具有自身的优势，所以被广泛运用到了聚丙烯产品的生产过程中。

(2)催化剂。

①Z－N催化剂：目前来说应用最广的为第四代，其体系组成为$MgCl_2/TiCl_4/Ph(COO\text{-}iBu)_2-AlEt_3/Ph_2Si(OMe)$。催化剂活性与PP的等规度都得到了大幅度的提高，PP无须进行脱灰与脱无规处理，从而使聚丙烯的生产达到了一个新的高度。第五代利用1，3－二醚类化合物作为内电子，对第四代催化剂进行了改良，但因为成本较高，无法大规模使用。

②茂金属催化剂：茂金属催化剂主要是由Ti、Hf、Zr等金属与有机物环戊二烯配合衍生物而形成的络合物。这种催化剂的特点是：聚合活性好，活性中心单一，拥有非常好的共聚能力，定向配位能力也很好，得到的产品具有非常狭窄的分子量分布。茂金属催化剂可以生产多种性能的聚烯烃产品，包括很多Z－N催化剂无法合成的高间规度的聚丙烯产品，所以这类催化剂发展得较快。

③后过渡金属催化剂：研究人员发现，将Ni、Pd等金属与适当配体结合，形成的催化剂可以使烯烃很好地进行聚合，由此出发，发现Fe、Co、Ni、Pd等金属的络合物与MAO结合，形成了一种新的催化剂体系，广泛在烯烃生产中应用。这类催化剂特点是活性好、活性中心单一、较弱的亲电特性等，如果用Fe制备催化剂，工艺简单、成本低廉；缺点是有机配体在合成工艺方面还不成熟，工业化生产难度较大。

(3)典型工艺示例。

①Spherizone工艺：该工艺是巴塞尔公司研制的新型气相循环技术(见图5－27)。它采用的是Z－N催化剂。这种技术生产出的聚合物，较之前的技术生产的聚合物，更具有高结晶度、高刚性的特点。在拥有这些更高性能的同时，也保持了很好的加工特性，而且也有更加均一的表现。工艺的循环反应器具有突出的特点，它内置了一个障碍流，将反应器分成两个不同反应区，而这不同的两个反应区却保持相通。这样的设计就可以使得一个反应器内的两个反应区里的反应条件可以不同，不同的反应区可以有不同的温度设置、不同的氧气量投入、不同的共聚单体浓度。同时，又得到了不同种类双峰、多峰的均聚物。

聚合物重复地在两个反应区循环，可以提高粒子的均匀性，生产出不同的材料，扩大了性能范围。采用气相循环技术和催化剂相结合的 Spherizone 工艺技术既保证了聚丙烯产品拥有较高的稳定性和良好的化学性能，无论是高温还是低温的环境都不易变形，又能具有较强的可塑性。因为不同的行业对聚丙烯的具体要求都不一样，无论是制造业、化工行业还是汽车行业，都需要不同类型的原料，聚丙烯较强的可塑性就能根据各行业的实际需要生产出相应的聚丙烯产品，以满足各行业的需求。

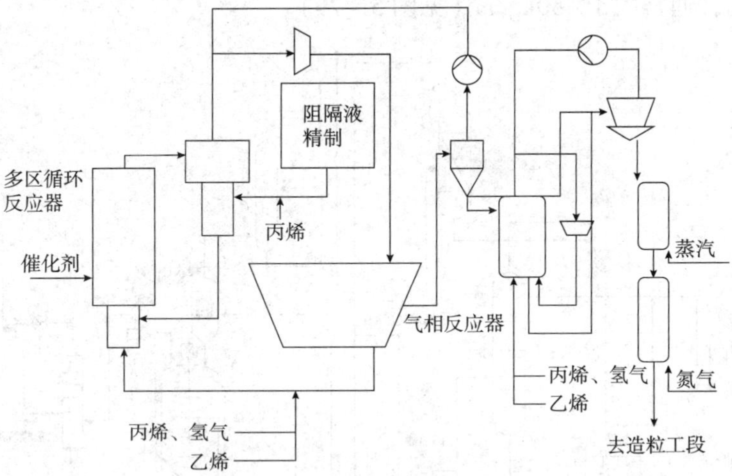

图 5-27　Spherizone 工艺流程

②Novolen 工艺：该工艺采用台带双螺带搅拌的立式反应器，均聚和共聚都采用气相聚合。它可以用共聚合反应器生产均聚物，使均聚物的产量提高，也可以将反应器串联从而生产无规共聚物(见图 5-28)。由于工艺的均聚和共聚都采用气相聚合，所以它与浆液法工艺相比，生产出的聚合物省去了闪蒸和干燥、溶剂回收的处理步骤，很好地控制了加工成本。

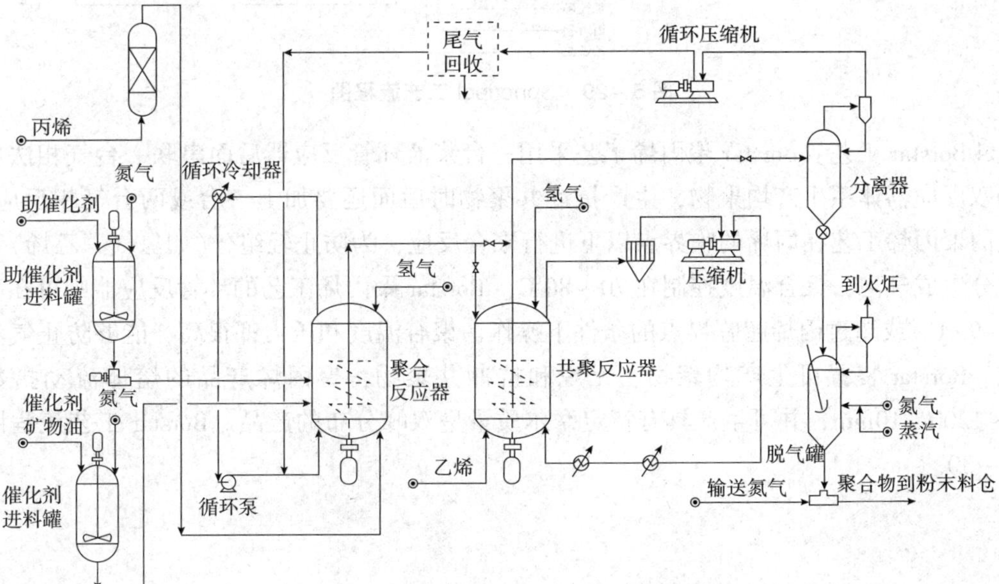

图 5-28　Novolen 工艺流程图

③Spheripol 工艺：Spheripol 生产工艺是目前使用十分灵活的聚丙烯生产制造技术。在 Spheripol 生产工艺中，特殊类型的无规则共聚物以及均聚物是由气相反应器互相联系的气相环流反应器生成的，而抗冲共聚物是由单独的或一对气相反应器串联而合成的。均聚反应利用环管反应器，它的降液浓度高，通常高于 50%（质量）。并且反应器单程生产率高，可以达到 50% ~62%。使用气相法技术的流化床反应器进行多相共聚反应。它的催化剂粒径粗而圆，聚合物粒径大(约 2mm)，粒径分布窄并且颗粒是圆球形，反应过程中流动性好，填料密度高，通常大于 $450kg/m^3$（见图 5 -29）。

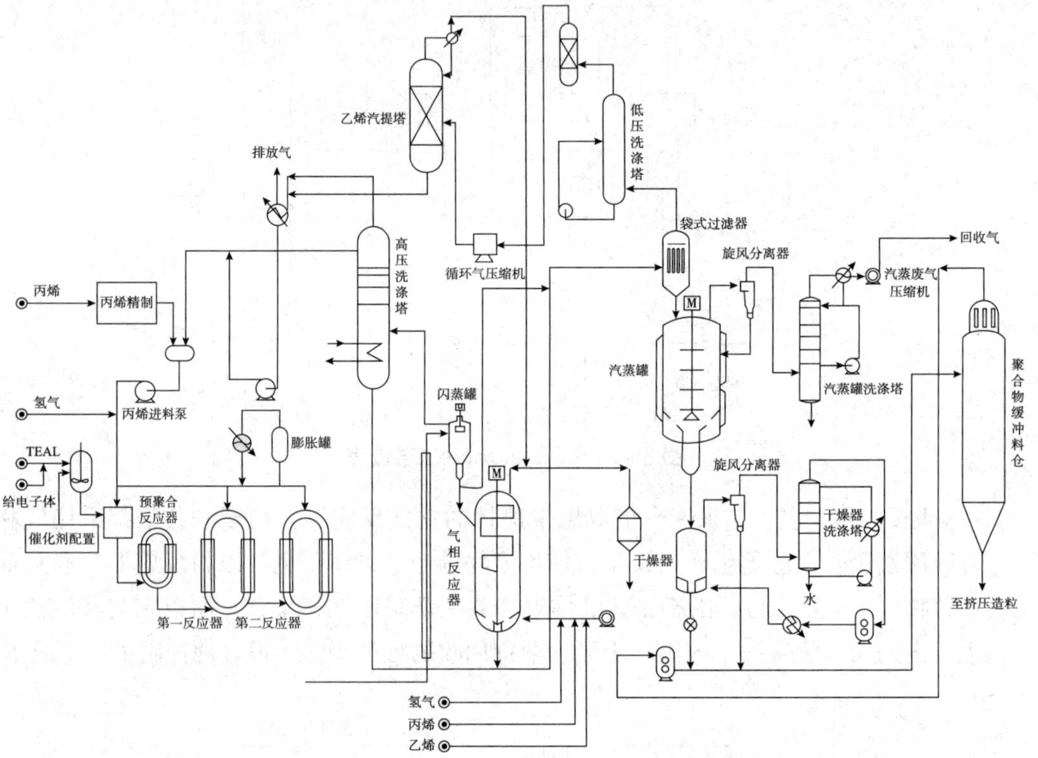

图 5 -29　Spheripol 工艺流程图

④Borstar 工艺：Borstar 聚丙烯工艺采用一台浆液环管反应器后面串联一台气相法反应器的双反应器体系生产均聚物，生产抗冲共聚物时后面还要加上一台或两台气相反应器。传统的聚丙烯工艺在丙烯的临界点以下进行聚合反应，为防止轻组分(如氢气、乙烯)和惰性组分生成气泡，聚合温度控制在 70 ~80℃。Borstar 聚丙烯工艺的环管反应器则可在高温(85 ~95℃)或超过丙烯超临界点的条件下操作，聚合温度和压力都很高，能够防止气泡的形成。Borstar 装置可生产均聚物、无规和抗冲共聚物，聚丙烯产品的熔体流动指数为 0.1 ~1200g/10min，并可生产具有特定摩尔质量呈双峰分布的产品。Borstar 工艺流程图见图 5 -30。

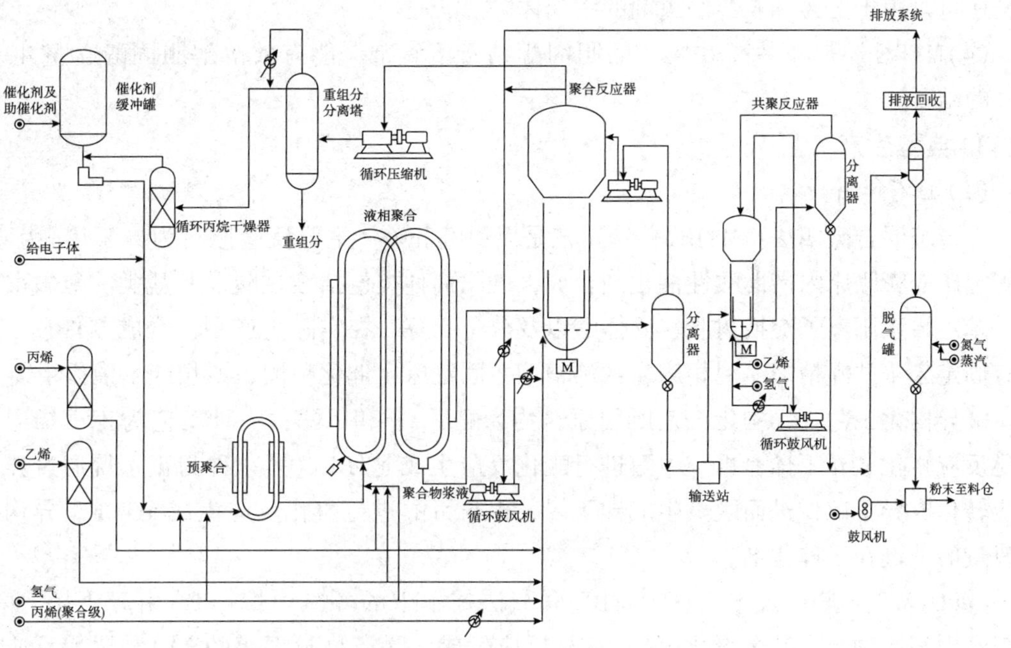

图 5－30　Borstar 工艺流程图

第三节　碳四烯烃衍生物

一、甲基叔丁基醚

1. 性质

甲基叔丁基醚(MTBE)是一种有机化合物，化学式为 $C_5H_{12}O$，分子量为 88.15，外观为无色液体，相对密度为 0.740，沸点为 55.2℃，微溶于水。在室温下能与醇、酸、脂肪烃、芳烃、卤化溶剂等完全互溶，有很强的抗自动氧化性，不易生成爆炸性过氧化物，但其易燃易挥发，遇火种、热源仍有爆炸的危险；与强无机酸相接触时则会发生分解反应，生成异丁烯、甲醇及烃类；在酸性三氧化二铝存在下，于 20℃和加压条件下，生成异丁烯和甲醇，由此性质可形成高纯度异丁烯；与甲酸在阳离子树脂上于 140℃反应则生成异戊二烯和甲醇。

2. 用途

(1)在燃料方面，MTBE 具有很高的净辛烷值，能与汽油较好地互溶，是生产无铅、高辛烷值、含氧汽油的理想调和组分，对于烷基化汽油、直馏汽油、催化裂化汽油等都有着很好的调和作用。

(2)MTBE 也是一种重要的化工原料，通过裂解制备的高纯度异丁烯广泛用于生产丁基橡胶、甲基丙烯酸甲酯(MMA)、ABS 树脂、聚异丁烯、特戊酸、叔丁胺以及酚类抗氧剂等。

(3)在溶剂方面，MTBE 作为反应溶剂、萃取剂，可用作异戊烯、甲酯、苯酚等的溶剂，还可以用于医药、农药杀虫剂的中间体等。

(4)MTBE 还是一种高效快速的胆固醇结石溶解剂，能有效溶解胆固醇含量 40% ~ 90% 的结石。

3. 典型生产工艺

(1)工艺介绍。

①传统混合碳四法：MTBE 传统工艺是以甲醇和 C_4(主要反应原料为异丁烯)为原料，在固定床或膨胀床内借助酸性催化剂合成，催化剂种类包括杂多酸及其盐类、氢氟酸、硫酸、苯乙烯系阳离子交换树脂、固体酸以及分子筛等。在实际生产中，合成 MTBE 工艺方案有固定床 + 共沸精馏、混相床 + 共沸精馏、固定床 + 催化精馏、混相床 + 催化精馏。

②异构化工艺：异构化工艺所用原料均为醚后 C_4 和甲醇，一种工艺为正丁烯通过异构化反应转化成异丁烯，再与甲醇进行醚化反应生成 MTBE；另一种为正丁烷通过异构化反应转化成异丁烷，进而脱氢生成异丁烯，再与甲醇进行醚化反应生成 MTBE。异构化工艺改进的关键在于催化剂。

③PO/MTBE 联产技术：PO/MTBE 联产法技术中的环氧丙烷(PO)由异丁烷、丙烯、氧气经中间产物叔丁基过氧化氢(TBHP)反应生成。联产物叔丁醇(TBA)与甲醇反应生成最终的联产品 MTBE。在过氧化单元，异丁烷与氧气反应主要生成 TBHP 及 TBA。之后反应产物分为浓缩 TBHP 物流，循环异丁烷物流及 TBA 物流进入相应系统。浓缩 TBHP 送入环氧化反应器，在此 TBHP 与丙烯在铝催化剂溶液作用下反应生成 PO 及更大量的 TBA。PO 产品经蒸馏精制后送入产品储罐。两个反应过程中生成的 TBA 用精馏方法精制后，经过氧化物、甲酸盐催化分解后，与甲醇反应生成 MTBE。

我国 MTBE 生产工艺技术对比情况见表 5 - 1。

表 5 - 1　我国 MTBE 生产工艺技术对比

工艺类型	优点/缺点比较
混合碳四工艺	优点：投资费用少；伴生醚后碳四原料气附加值高 缺点：混合碳四资源紧缺，价格高；收率较低；回报周期较长
异构化工艺	优点：除去混合碳四法外，投资较其他工艺相对较少；收率较高 缺点：原料醚后碳四资源紧缺，回报周期相对较长
异丁烷脱氢工艺	优点：原料价格较低，且较易获得；收率高；回报周期短 缺点：投资费用略大
PO/MTBE 联产工艺	优点：成本低，原料较易获得；收率最高 缺点：投资费用过大，一般企业负担不起

(2)催化剂。

①无机酸催化剂：这类催化剂主要包括硫酸、盐酸、磷酸、氢氟酸等。早期的 MTBE 生产工艺很多都采用无机酸做催化剂，异丁烯的转化率一般可达 90%，选择性达 95%，生产工艺也很成熟。但由于无机酸对设备有很大的腐蚀性，而且废酸处理也很困难，产物较难分离，废水量大，会严重污染环境，所以，这类催化剂现已被淘汰，取而代之的是其

他新型催化剂。

②阳离子交换树脂催化剂：这是目前最常用的一类催化剂。它是以苯乙烯和二乙烯基苯的聚合物为载体，经磺化反应后制得的大孔强酸性阳离子交换树脂。由于树脂骨架上的功能基(主要是 $-SO_3H$)在溶胀状态下有近似无机酸的性质，所以它可作为醚化反应的催化剂，但普通阳离子交换树脂其耐温性能较差，在高温状态下磺酸基团易脱落，所以通常其使用温度都控制在90℃左右，最高不超过120℃。

③分子筛催化剂：分子筛催化剂是以多孔沸石为骨架，经加工处理并负载特定功能基后制成的。其品种繁多(如β沸石、L分子筛、X分子筛及丝光沸石系列等)，可选择面广。另外，与树脂催化剂相比，分子筛催化剂的耐温性好，使用寿命长。以分子筛作为醚化反应的催化剂时，影响反应的因素主要有以下几个方面：第一是分子筛本身的性质(分子筛种类、孔道的结构与尺寸、酸强度及活性点分布)；第二是预处理方法(改性方法、焙烧温度、交换或负载金属的种类等)；第三是操作条件(反应温度、反应压力、进料比、时空速率等)。

④杂多酸催化剂：作为固体酸催化剂，杂多酸的独特之处在于，它是酸强度较为均一的纯质子酸，且其酸性比 $SiO_2-Al_2O_3$、H_3PO_4/SiO_2 分子筛(HX、HY)等固体酸催化剂强得多。研究表明，负载型杂多酸催化剂用于合成MTBE时有较好效果。

(3)典型工艺示例。

①固定床反应技术：混合 C_4 与甲醇按一定比例混合，进入装有净化剂的离子过滤器过滤掉阳离子和水后，与反应器一段循环物料汇合后从顶部进入醚化反应器进行反应。在醚化反应器中，绝大部分的异丁烯与甲醇反应生成MTBE。醚化反应后的物料由反应器底部流出，经换热器换热后进入 C_4 精馏塔进行分离。塔底为MTBE产品，C_4 及甲醇从 C_4 精馏塔顶馏出去水洗塔，由水萃取后送出装置，萃取水去甲醇回收塔回收甲醇(见图5-31)。

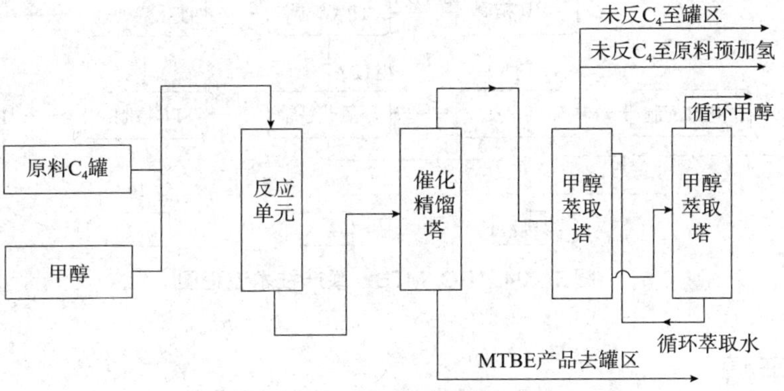

图5-31 固定床生产MTBE流程图

②煤基混合 C_4 联产MTBE工艺：随着煤化工产业的蓬勃发展，煤基 C_4 作为煤制烯烃项目的副产，需要进一步加工利用，充分利用煤基 C_4 已经成为提高企业附加值和效益增长点的有效途径。一般来说，根据不同工艺，煤基混合 C_4 可以生产丙烯、甲乙酮、1-丁烯、丁二烯和2-丙基庚醇等，而MTBE可作为其中的主要副产物通过联产获得(见图5-32)。

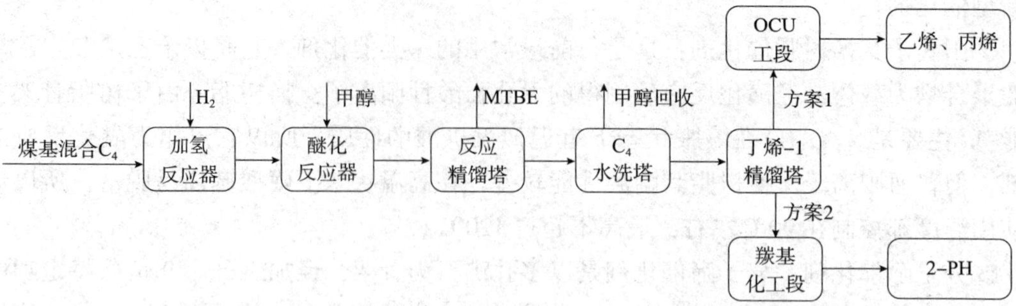

图5-32　煤基混合C_4联产MTBE工艺流程图

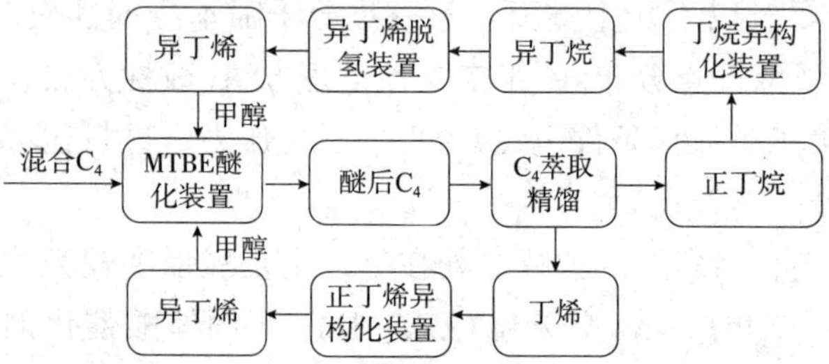

图5-33　异构化工艺流程图

③异构化工艺：原料均为醚后C_4和甲醇，一种工艺为正丁烯通过异构化反应转化成异丁烯，再与甲醇进行醚化反应生成MTBE；另一种为丁烷通过异构化反应转化成异丁烷，进而脱氢生成异丁烯，再与甲醇进行醚化反应生成MTBE（见图5-33），异构化工艺改进的关键在于催化剂。

④PO/MTBE联产技术：PO/MTBE联产技术流程图见图5-34。

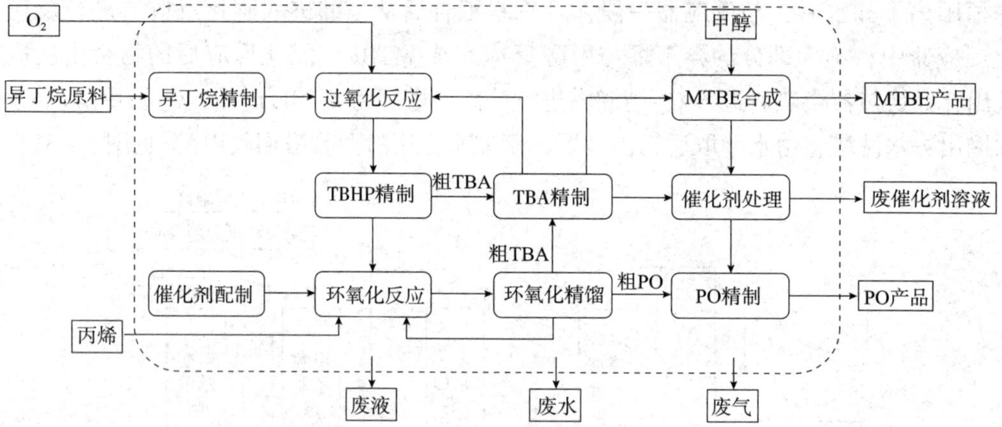

图5-34　PO/MTBE联产技术流程图

二、丁辛醇

1. 性质

由于丁醇和辛醇可以在同一装置中用羰基合成法生产，故习惯称为丁辛醇。

(1)丁醇：化学式为$C_4H_{10}O$，分子量为74.12，无色透明油状液体，有刺激性气味，与水可形成共沸物。正丁醇为黏度稍大的无色液体；熔点-89.5℃，沸点117.2℃，相对密度(d_{20}^{20})0.8098，相对蒸气密度(空气=1)2.55，临界温度287.10℃，临界压力5×10^6Pa。

(2)辛醇：分子式为 $C_8H_{17}OH$，分子量为130.23。无色液体，有强烈的刺激性气味。相对密度(水=1)0.83(20℃)，相对蒸气密度(空气=1)4.48，折射率1.430，熔点-16℃，沸点196℃。不与水混溶，但与乙醇、乙醚、氯仿混溶。

2. 用途

(1)丁醇主要作为树脂、油漆和黏接剂的溶剂和增塑剂的原料(如邻苯二甲酸二丁酯)，此外还可用作选矿用的消泡剂、洗涤剂、脱水剂和合成香料的原料。

(2)辛醇可直接作为有机溶剂用于油漆、涂料、照相、造纸和纺织、轻工等行业，但其最重要的用途是与邻苯二甲酸酐酯化反应得到邻苯二甲酸二辛酯(DOP)。DOP是聚氯乙烯的重要增塑剂，用量相当大；其他酯类如脂肪族二元酸酯类及磷酸酯类等，这些酯均可作为塑料的主增塑剂和耐寒辅助增塑剂。

3. 典型生产工艺

(1)工艺介绍。

①发酵法：粮食或其他淀粉质农产品，经水解得到发酵液，在丙酮-丁醇菌的作用下发酵得到丙酮-丁醇和乙醇的混合物，然后经精馏分离即得到相应产品。该法设备简单、投资少，但消耗粮食多，生产能力小，因而限制了它的发展。随着生物技术工程的发展，近年来采用固定化细胞生产丁醇、丙酮的生产能力已有很大的提高。预计未来，原料将会更加多样化，各种木质纤维素原料将在丙酮、丁醇生产中大量使用，丁醇的产量将会有更大的提高。

②乙醛缩合法：乙醛在碱性条件下进行液相缩合制得2-羟基丁醛，然后经脱水成为丁烯醛(俗称巴豆醛)，丁烯醛再经催化加氢制得正丁醇。此法操作压力低，无异构物产生，但流程长、步骤多、设备腐蚀严重，生产成本较高，目前只有少数厂家采用此法生产。

③丙烯羰基合成法：丙烯羰基合成法又称氢甲酰化法，首套工业化装置于1944年建成投产。该工艺过程是丙烯与合成气进行氢甲酰化反应生成正丁醛和异丁醛，丁醛催化加氢得到正丁醇和异丁醇；丁醛经缩合脱水生成2-乙基己烯醛，然后催化加氢得到辛醇。丙烯羰基合成法又有高压钴法、中压法(改良钴法、改良铑法)、低压法(低压铑法)。

a. 高压羰基合成法：1944~1965年是高压羰基合成法发展阶段。1944年德国鲁尔公司建立了全球第一套高压羰基合成设备，主要包括巴斯夫等诸多技术。1960年左右有诸多厂商建立了高压羰基合成工厂，这大大推动了该合成技术的发展，反应压力控制在19.6~29.4MPa内，使得此方法成为当时丁辛醇的主要生产工艺之一。在当时，高压钴法技术已经非常成熟，然而存在产物的正异构比例偏低、反应压力偏高、严重腐蚀巴斯夫生产设备、鲁尔设备维修费和周期较长等缺陷。为避免严重腐蚀，巴斯夫生产设备不得不选用不锈钢和含钼不锈钢材质，使得设备的成本显著增大。20世纪70年代以后，高压羰基合成技术已经逐渐被工艺操作条件更具有竞争优势的低压合成方法替代。低压合成方法已经成为世界上生产丁辛醇的主要手段，然而高压法仍然继续应用于高碳醇的生产，在羰基法制备醇反应中扮演着重要作用。

b. 中压法：20世纪60年代，中压改造钴法技术被壳牌公司发明，这是首个中压羰基合成技术。随后，日本三菱公司在20世纪70年代也发明了新的中压法，该方法以铑法为基础。Ruhr-chemic公司在80年代研究了一种可靠稳定的羰基合成方法，其催化剂为可溶于水的铑。Ruhr-chemic在1984年投产了单个系列丁醛合成装置，装置产能为 10×10^4 t/a，在此基础上，该公司又重新建设了新的丁醛合成装置，装置产能为 $17 \times 10^4 t/a$，上述两条生产线运行较为平稳，但此种合成方法并没有真正对外技术许可并大量应用。中压羰基合成技术拥有产物沸点高、铑较易溶于水等优势，副产物不易在反应体系中积存，正异构比例较高、高选择性的催化反应，可实现就地回收失活催化剂中的金属铑等特征。

c. 低压羰基合成工艺：低压法又分为雷普技术、三菱化成技术、巴斯夫技术、伊士曼技术、UCC/Daw/Johnson Mattey 技术。

(2)催化剂。

①丁辛醇合成催化剂：目前，丁辛醇的生产方法主要是在催化剂存在下以丙烯为原料的羰基合成法。近年来，丁辛醇生产工艺不断改变，但归根结底是催化剂的演变。钴、铑、钌、铱、铂、铁、钯和锇等金属的羰基配位络合物对丙烯的羰基合成反应有催化作用，对这些络合物的催化作用国内外均有研究。

(3)典型工艺示例。

①Davy/Dow 铑法低压羰基合成法：Davy/Dow 低压 OXO 工艺的优点是，原料消耗低，产物正/异构比高，反应压力低，流程短，设备少，腐蚀低，投资较低。该工艺是 OXO 最先进的技术之一，其缺点是铑催化剂对毒物相对较敏感，对丙烯原料与合成气的净化要求较高(见图 5－35)。

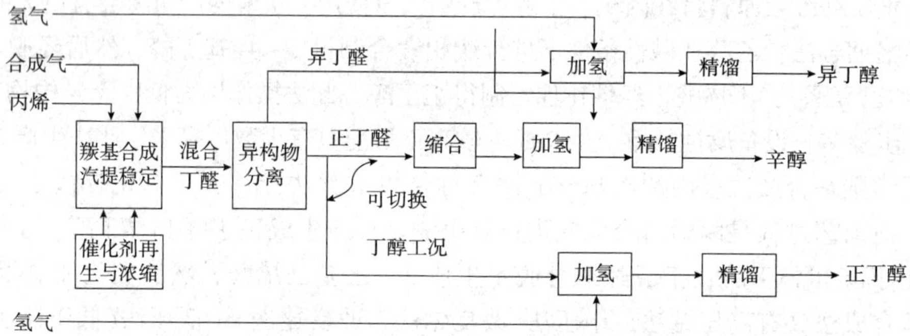

图 5－35 Davy/Dow 铑法低压羰基合成法流程图

②BASF 铑催化剂低压羰基合成工艺：BASF 低压 OXO 技术是该领域最先进的技术之一，该工艺技术原料及公用工程消耗低，流程简单，反应压力低，正异构比例高并且有一定的变化弹性，采用一台鼓泡塔型反应器及液相加氢工艺，设备腐蚀小，装置投资较低(见图 5－36)。

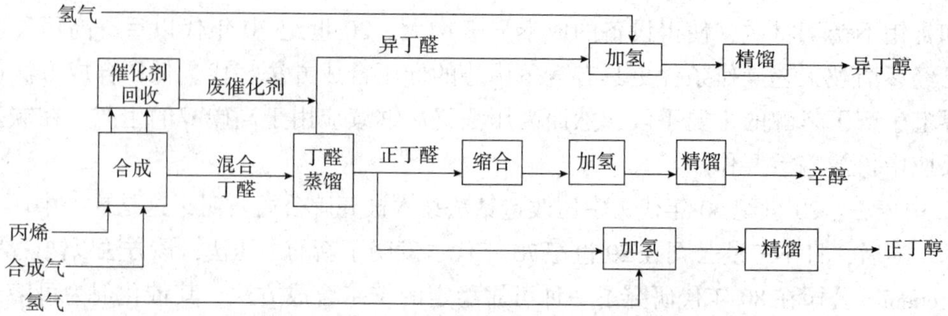

图 5－36 BASF 铑催化剂低压羰基合成工艺流程图

③三菱化成铑法低压羰基合成工艺：该工艺的反应温度及反应压力比较低，设备腐蚀轻微。虽然省去了闪蒸和蒸发过程，但工艺又设置了醛塔分离催化剂，而且催化剂回收系统复杂。同时，需要连续向反应器补加新鲜催化剂，因此流程长，设备多，总投资较高（见图5－37）。

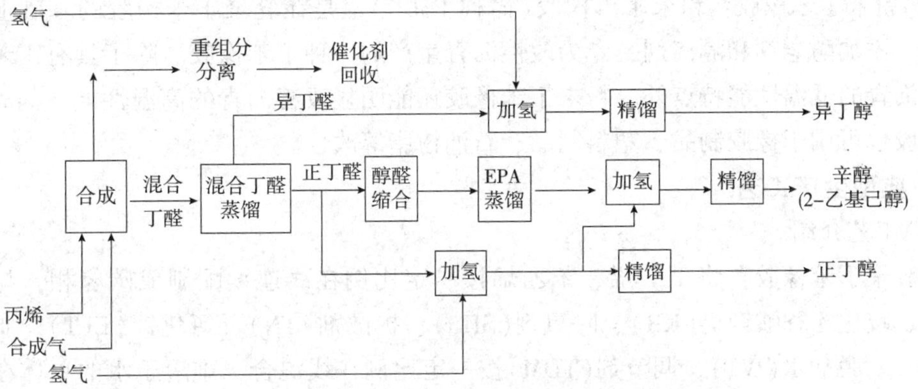

图5－37　三菱化成铑法低压羰基合成工艺流程图

三、丁苯橡胶

1. 性质

丁苯橡胶(SBR)是以苯乙烯和丁二烯为单体，采用自由基引发乳液聚合或阴离子溶液聚合工艺而制得，是目前世界上产量最高、消费量最大的一种通用合成橡胶(SR)。按生产工艺不同，可分为乳液聚合SBR(ESBR)和溶液聚合SBR(SSBR)两种。

2. 用途

(1)乳聚丁苯橡胶：乳聚丁苯橡胶是合成橡胶中消费量最大的胶种，乳聚丁苯橡胶产品分为通用品种和特殊品种两大类。

①SBR－1500是通用污染型软乳聚丁苯橡胶的最典型品种，生胶黏着性和加工性能均优，硫化胶耐磨性能、拉伸强度、撕裂强度和耐老化性能较好。SBR－1500广泛用于以炭黑为补强剂和对颜色要求不高的产品，如轮胎胎面、翻胎胎面、输送带、胶管、模制品和压出制品等。

②SBR－1502是通用非污染型软乳聚丁苯橡胶的最典型品种，其性能与SBR－1500相当，有良好的拉伸强度、耐磨耗和屈挠性能。SBR－1502广泛用于颜色鲜艳和浅色的橡胶制品，如轮胎胎侧、透明胶鞋、胶布、医疗制品和其他一般彩色制品等。

③SBR－1712是一种填充高芳香烃油的软乳聚丁苯橡胶的污染型品种，它具有优良的黏着性、耐磨性和可加工性以及价格便宜等优点。SBR－1712广泛用于乘用车轮胎胎面胶、输送带、胶管和一般黑色橡胶制品等。

(2)溶聚丁苯橡胶：溶聚丁苯橡胶具有耐磨、耐寒、生热低、收缩性低、色泽好、灰分少、纯度高以及硫化速度快等优点，兼具滚动阻力小、抗湿滑性和耐磨性能优异等优点，在轮胎工业，尤其是绿色轮胎、防滑轮胎、超轻量轮胎等高性能轮胎中具有广泛的应用。另外，由于溶聚丁苯橡胶具有触感好、耐候性好、回弹性好以及永久变形小等优点，可用于制作雨衣、毡布、风衣及气垫床等，还可制作发泡均匀、结构致密的海绵材料。溶聚丁苯橡胶由于其良好的辊筒操作性、压延性、耐磨性以及高填充性，还广泛地用于制鞋业，用它制作的鞋，具有色泽鲜艳、触感良好、表面光滑、花纹清晰、不易走形以及硬度适中等特点。

(3)粉末丁苯橡胶：粉末丁苯橡胶(简称 PSBR)，是在乳聚丁苯橡胶的基础上接枝其他单体，添加防老剂和隔离剂，专为改性沥青生产的一种丁苯橡胶。除了具有丁苯橡胶显著改善沥青的低温性能特点外，粉末丁苯橡胶还能明显改善沥青的高温性能。同时，粉末丁苯橡胶也可用于橡胶制品、塑料制品、石油树脂等改性。

3. 典型生产工艺

(1)工艺介绍。

①乳聚丁苯橡胶：将丁二烯、苯乙烯按一定比例在线连续配制成碳氢相，与活化剂(ACT)、歧化松香酸钾皂(KR)、除氧剂(SHS)、扩散剂(TN)、氯化钾(ELT)、脂肪酸钾皂(FAD)、脱盐水(WT)、调节剂(TDM)按一定比例在线混合，难溶于水的单体在乳化剂的作用下分散在水相介质中形成聚合乳液，在首釜加入引发剂(DIP)，同时根据聚合反应速度在中间釜分两点加入调节剂，将聚合反应温度控制在5～8℃，单体在DIP的作用下进行聚合反应，生成丁二烯与苯乙烯的共聚物，即丁苯橡胶。

②溶聚丁苯橡胶：将难溶于水的丁二烯、苯乙烯单体分散在有机溶剂中形成聚合溶液，以有机锂化合物作为引发剂进行阴离子共聚反应。溶液丁苯具有多种结构，能制取多锂化合物作为引发剂进行阴离子共聚反应。溶液丁苯具有多种结构，能制取多种类型的橡胶制品，按丁二烯、苯乙烯单体共聚结合的方式，它可分为无规共聚型和嵌段共聚型，前一类为通用型合成橡胶，多用于轮胎、鞋类和工业橡胶制品；后一类为热塑性弹性体，主要用于鞋类及其他工业制品。溶聚丁苯和乳聚丁苯一样，也可充油或炭黑得到相应的充油型或充炭黑型溶聚丁苯橡胶。

(2)催化剂。

溶聚丁苯橡胶：它是采用阴离子型(丁基锂)催化剂，使丁二烯与苯乙烯进行溶液聚合的共聚物。根据聚合条件和所用催化剂的不同，可以分为无规型和无规嵌段型两种。

(3)典型工艺示例。

①低温乳液聚合丁苯橡胶：由丁二烯、苯乙烯为主要单体，配以其他辅助化工原料，在一定工艺条件下，经乳液法聚合首先生成丁苯胶浆，脱除胶浆中未转化的单体后，再经凝聚、干燥等工序而生产出产品胶(见图5－38)。

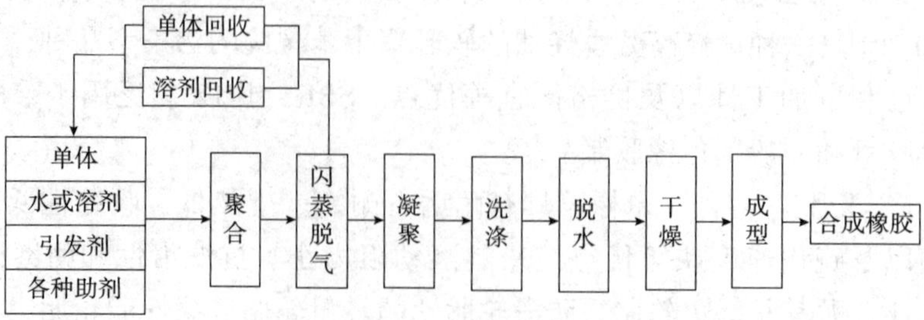

图5－38 低温乳液聚合丁苯橡胶流程图

②溶聚丁苯橡胶工艺：精制后的丁二烯、苯乙烯进入聚合釜，加入配制好的引发剂、无规剂后在聚合釜内进行聚合。反应是放热的，同时在聚合过程中黏度急剧上升，因此传热和搅拌是聚合反应的关键。调节催化剂用量和配比可以控制门尼黏度和转化率。离开聚合釜的胶液进入闪蒸塔，除去未反应单体和部分溶剂，使胶液浓度提高到25%，再进入掺混罐掺混以获得希望的门尼黏度。掺混好的胶液进入凝聚釜，在热水中同时进行凝聚和脱除溶剂。回收溶剂经分层罐除去大量的水后，返回溶剂精制工序。凝聚后的胶粒进入振动筛除去水分，并经机械干燥机除去余下的水分。干燥后的胶粒经提升机提升到达压块机，经称重、压块后即得到成品(见图5－39)。

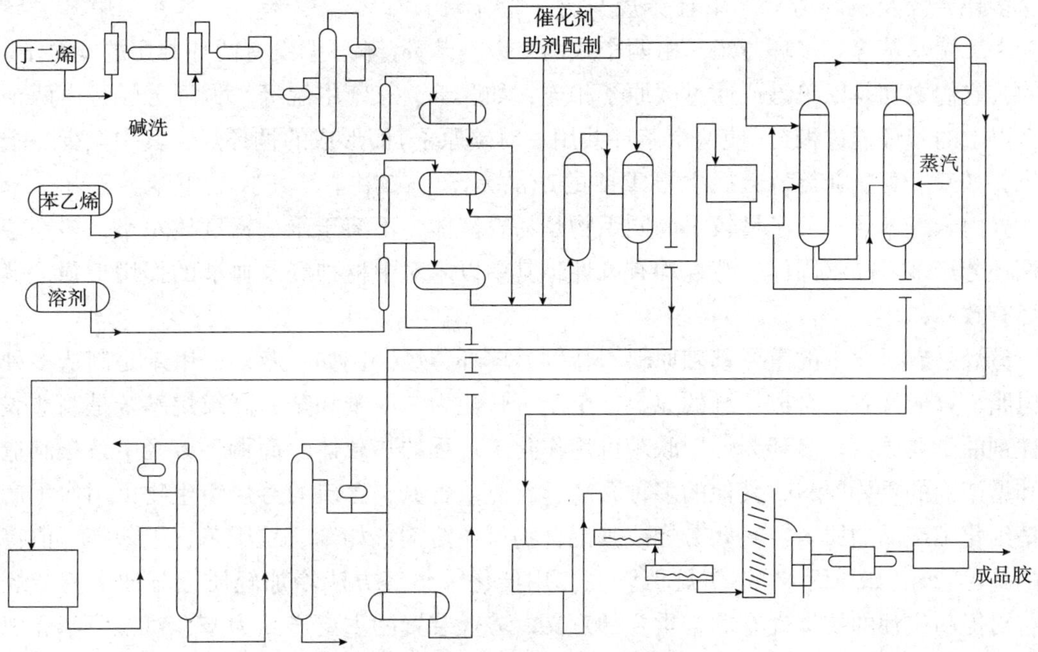

图5－39　溶聚丁苯橡胶工艺流程

第六章　芳烃生产

芳烃是含有苯环结构的碳氢化合物的总称，是有机化工过程的重要原料，包括单环芳烃、多环芳烃及稠环芳烃。单环芳烃只含一个苯环，如苯、甲苯、乙苯、二甲苯、异丙苯、十二烷基苯等。多环芳烃是由两个或两个以上苯环(苯环上没有两环共用的碳原子)组成的，它们之间是以单键或通过碳原子相连，如联苯、三苯甲烷等。稠环芳烃是由两个或两个以上的苯环通过稠合(使两个苯环共用一对碳原子)而形成的稠环烃，其中至少一个是苯环，如萘、蒽、菲等。芳烃中最重要的产品是苯、二甲苯，其次是甲苯、乙苯、苯乙烯、异丙苯。苯及其分子量较小的同系物是易燃液体，不溶于水，密度比水小；多环芳烃及稠环芳烃多是晶状固体。芳烃均有毒性，其中以苯对中枢神经及血液的作用最强，稠环芳烃有致癌作用。

芳烃是有机化工的重要基础原料，特别是单环芳烃，例如：苯、二甲苯是制造多种合成树脂、合成橡胶、合成纤维的原料；甲苯可转化为二甲苯和苯；高级烷基苯是制造表面活性剂的重要原料。多环芳烃中联苯可用作化工过程的热载体，而稠环芳烃中萘是制造染料和增塑剂的重要原料，其他的多种含氧、含氯、含氮、含硫的芳烃衍生物可用作生产多种精细化工产品的原料。某些芳烃或其混合物可作溶剂，如苯、二甲苯、甲苯等。值得一提的是，芳烃(如异丙苯等)辛烷值较高，用催化重整等方法增加轻质馏分油中的芳烃含量，对提高汽油的抗爆性有非常重要的意义。芳烃装置的主要产品为苯、对二甲苯和邻二甲苯，对二甲苯是生产精对苯二甲酸的主要原料，而精对苯二甲酸又是生产化纤的主要原料；苯和邻二甲苯是重要的有机化工原料。

目前，我国芳烃的生产装置主要采用炼油厂的催化重整装置、石油化工厂的乙烯裂解汽油和芳烃生产联合装置以及焦化装置等。还可利用甲苯脱烷基、甲苯歧化和烷基转移技术将甲苯和 C_9、C_{10}芳烃转化为混二甲苯和苯，在大型芳烃联合装置上有一半以上的混二甲苯都通过此技术生产，该法是增产对二甲苯的主要途径。另外，甲苯选择性歧化也是生产对二甲苯的一个途径。

第一节　芳烃来源

一、煤焦化芳烃

煤的焦化是煤化工的重要过程之一，是指在隔绝空气的条件下加热煤，使其分解，生成焦炭(或半焦)、煤焦油、粗苯、煤气等产物的过程。在高温作用下，煤在焦炉炭化室内进行干馏时，发生一系列的物理化学变化，除生成75%的焦炭外，还副产粗煤气约25%，其中粗苯约占1.1%，煤焦油约占4.0%以上均为质量分数。粗煤气经初冷、脱氨、脱萘、终冷后，进行粗苯回收。粗苯是由多种芳烃和其他化合物组成的，其主要组分是苯、甲苯和二甲苯，其组成见表6-1。

表6-1 粗苯的组成

组成	苯	甲苯	二甲苯	C_9 芳烃	不饱和烃	硫化物		饱和烃
						CS_2	噻吩	
质量分数	55%~75%	11%~22%	2.5%~6%	2.5%~6%	3.9%~8.3%	0.3%~1.4%	0.2%~1.6%	0.6%~1.5%

粗苯经分馏，分成轻苯与重苯。粗苯中大部分BTX、硫化物及50%的不饱和烃集中于轻苯之中。轻苯再经分馏，塔顶馏出低沸物，塔底馏出重馏分为BTX混合馏分。混合馏分经精制处理后，得到BTX产品。BTX混合馏分经过精制处理除去不饱和烃和杂质后，再经精馏分离可得到苯、甲苯和二甲苯，其中苯含量占50%~70%，所以粗苯是获得苯的好原料。煤焦油经分馏得到的轻油、酚油等馏分，再经精馏、结晶等方法分离可得到苯系、萘系等芳烃。

二、催化重整芳烃

标准石油是不可再生资源，其最佳应用是达到效益最大化和再循环利用，而石油化工是目前最重要的发展方向。BTX是一级基本化工原料，全世界所需的BTX有一半以上来自催化重整。催化重整是以石脑油为原料，在催化剂的作用下，烃类分子重新排列成新分子结构的工艺过程。其主要目的一是生产高辛烷值汽油组分；二是为化纤、橡胶、塑料和精细化工提供苯、甲苯、二甲苯。除此之外，催化重整过程还生产化工过程所需的溶剂、油品加氢所需的高纯度廉价氢气(75%~95%)和民用燃料液化气等副产品。

催化重整无论是生产高辛烷值汽油还是轻芳烃，都是通过化学反应来实现的。在催化重整过程中会发生一系列的芳构化、异构化、裂化和生焦等复杂的平行和顺序反应。

从全世界来看，催化重整装置中有10%左右生产轻芳烃，90%生产高辛烷值重整汽油，而国内各占一半。重整汽油中含50%~80%的芳烃(质量)，不含N、O、S化合物，分离前不用加氢处理，可用重整汽油抽提提取芳烃。以生产轻芳烃为目的的催化重整过程主要由原料预处理、重整反应、芳烃抽提和芳烃精馏四部分构成，见图6-1。

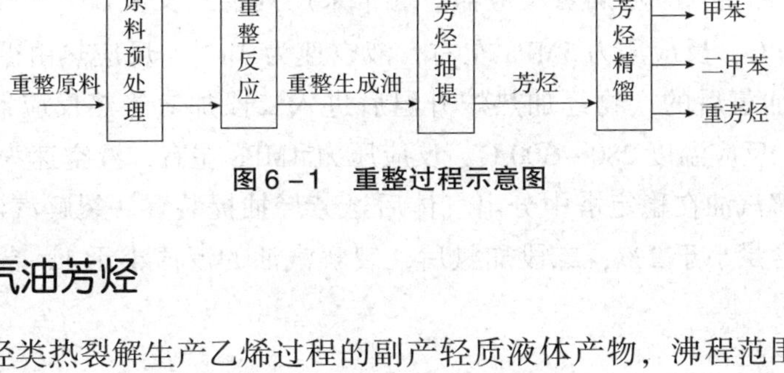

图6-1 重整过程示意图

三、裂解汽油芳烃

裂解汽油是烃类热裂解生产乙烯过程的副产轻质液体产物，沸程范围50~200℃，主

要成分为 $C_6 \sim C_9$ 烃类。裂解汽油中除含有50% ~70%的芳烃外，还含有20%左右的单烯烃、双烯烃和烯基芳烃（如苯乙烯）以及微量的含硫、氮、氧、氯的杂质。由于裂解原料烃和裂解条件的不同，裂解汽油的收率和组成也不完全相同。以乙烷、丙烷等气态烃为原料时，裂解汽油的收率只有原料的2% ~5%（质量）；以石脑油、轻柴油等液态烃为原料时，则为15% ~24%（质量）。

因为裂解汽油中的杂质含量远远超过芳烃生产后续工序所能允许的标准，必须进行预处理，预处理的工艺过程包括裂解汽油预分馏和裂解汽油的加氢精制两部分。

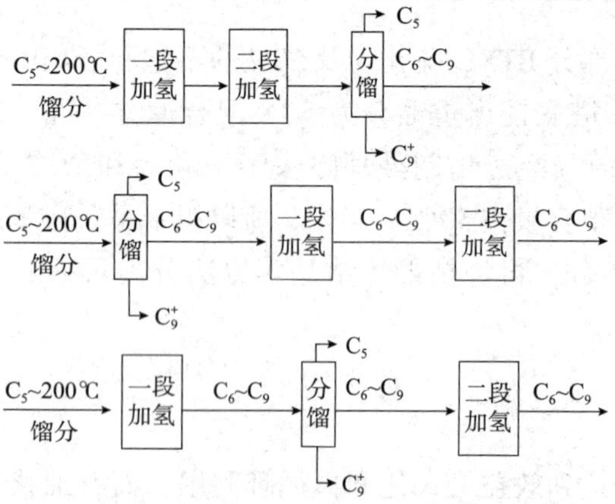

图6－2　裂解汽油预分馏示意图

1. 裂解汽油预分馏

裂解汽油 C_5 馏分中含有较多异戊二烯、间戊二烯与环戊二烯，它们是合成橡胶和精细化工的重要原料。C_5 馏分中二烯烃经加氢生成烯烃，是很好的汽油组分。而烯烃进一步加氢生成 C_5 烷烃，可作为烃类热裂解原料。根据 C_5 馏分的不同利用途径，加氢精制原料的分馏也有所不同，如图6－2所示。但其共同点是，必须经蒸馏过程除去裂解汽油中的 C_5 馏分、部分 C_9 芳烃与 C_9 以上馏分得到 $C_6 \sim C_9$ 馏分。

2. 裂解汽油的加氢精制

由于裂解汽油中含有二烯烃、苯乙烯等易聚合的不饱和烃和硫化物、氮化物、氧化物等有害杂质，在分离芳烃前必须先进行预处理，一般采用二段加氢精制工艺。第一段加氢的目的是将易生焦的二烯烃加氢转化为单烯烃以及将烯基芳烃转化为烷基芳烃。一段加氢在比较缓和的工艺条件下进行，是低温液相加氢，以避免二烯烃聚合。第二段加氢是高温气相加氢，使单烯烃加氢成饱和烃；使硫化物、氮化物等杂质加氢裂解为相应的硫化氢、氨气等而被除去。其示意流程如图6－3所示。

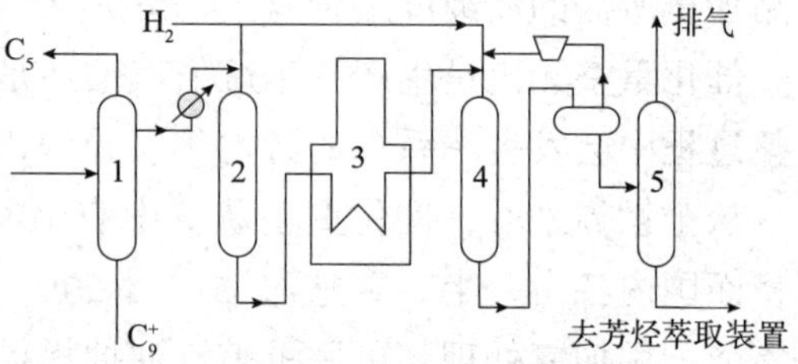

图6－3　二段加氢示意流程图

1—分馏塔；2—第一反应器；3—加热炉；4—第二反应器；5—稳定塔

经预热的裂解汽油先进入分馏塔，脱去 C_5、C_9、$C_9{}^+$ 馏分后进入一段加氢反应器。通常采用列管式反应器，催化剂为 $Pd/A1_2O_3$，反应温度80 ~130℃，反应压力5MPa左右，液空速为 $3h^{-1}$。反应热由循环管间的锅炉给水所带出。一段加氢后的产物经加热炉升温后进入二段加氢绝热反应器以 $Co-Mo-S/A1_2O_3$ 为催化剂，反应温度280 ~300℃，反应压力4MPa左右，液空速为 $1.5h^{-1}$。经两段加氢处理后的裂解汽油在稳定塔中分出气体后送芳烃抽提装置。裂解汽油经一段加氢后，其中二烯烃质量含量小于2%；二段加氢后，裂解汽油的溴值小于1，含硫质量分数小于 2×10^{-6}。

四、轻烃芳构化生产芳烃

轻烃芳构化可将低分子的烃类直接转化为苯、甲苯和二甲苯等轻芳烃，国外在20世纪就已陆续实现工业化。LPG、轻烯烃、重整抽余油等轻烃原料不宜作为催化重整原料，但可通过芳构化增产芳烃。轻烃芳构化生产芳烃工艺按反应器形式的不同，可分为固定床工艺和移动床工艺两大类。而现有技术按所用催化剂不同又分成两条技术路线：一条是采用改性ZSM－5分子筛催化剂的芳构化技术，加工原料为C_2～C_5轻烃组分，目前国外有代表性的技术主要包括BP公司和UOP公司联合开发的以LPG为原料的Cylar移动床工艺、AsahiChemical公司可加工富含烯烃物料的AlphaARO固定床工艺等，此类工艺具有很高的芳构化反应选择性，芳烃收率均达60%以上；另一条路线采用PVKL碱性分子筛催化剂，主要加工C_2～C_5烷烃，Chevron公司的Aromax工艺和UOP公司的RZ铂重整工艺属于此类工艺，这两种工艺的BTX收率比传统重整工艺高，但对原料精制要求苛刻。

进入21世纪后，中国石化成功自主开发出固定床和移动床轻烃芳构化催化剂及工艺技术。2011年，处理能力200kt/a的LHTA－M移动床芳构化工艺实现工业应用，装置运行稳定。2013年，加工70kt/a轻石脑油的LHTA－F固定床芳构化工艺成功工业应用。此外，大连理工大学等开发的采用纳米分子筛催化剂的固定床轻烃芳构化技术也在多套装置上实现了工业应用。目前，绝大多数轻烃芳构化技术采用固定床反应器，但其发展受催化剂运转周期较短的限制，因此采用移动床技术是轻烃芳构化技术的发展趋势。降低轻烃芳构化的干气产率、进一步改进碱性分子筛催化剂的抗硫能力，也是该领域未来的发展方向。

第二节 芳烃分离

催化重整油或乙烯装置副产的裂解汽油都是芳烃和非芳烃的混合物，必须将其中的各种芳烃分离出来才能满足工业需要。对液体混合物的分离，工业上常采用精馏的方法，但是该方法难以用来分离纯芳烃，这是因为：

①相同碳原子数的烷烃、环烷烃和芳烃之间沸点差很小，用一般精馏方法不能得到高纯产物；

②芳烃和许多非芳烃形成低沸共沸物，影响芳烃的精馏分离。

基于上述原因，各国纷纷研究采用其他方法分离芳烃和非芳烃。目前，工业上实际应用的主要是溶剂抽提法和萃取蒸馏法。前者适用于从宽馏分中分离苯、甲苯、二甲苯等；后者适用于从芳烃含量高的窄馏分中分离纯度高的单一芳烃。

一、溶剂抽提

溶剂抽提也称芳烃萃取、溶剂萃取，利用芳烃在某些溶剂中的溶解度比非芳烃大这一特点，采用萃取剂从烃类混合物中将芳烃分离出来。该方法可以回收纯度很高的芳烃，主要用于从催化重整和烃类裂解汽油中回收轻质芳烃(苯、甲苯、各种二甲苯)，有时也用于从催化裂化柴油中回收萘。抽出芳烃以后的非芳烃剩余物称为抽余油。抽提所得混合芳烃再进行分馏便可得到苯、甲苯和二甲苯等。

溶剂的好坏是芳烃抽提的关键因素，它的性能对于芳烃收率、产品质量、设备容积、操作费用等影响最大。对溶剂的基本要求是：

①对芳烃的选择性要好，以利于提高芳烃的纯度；

②对芳烃的溶解能力强，从而降低溶剂比和操作费用；

③对溶剂和原料形成的体系，其总组成必须位于两相区，形成两个共存相，两相的相对密度差要大，并且不易乳化，以保证在抽提塔内能顺利地进行连续逆流抽提；

④两相间界面张力要大，以利液滴聚集和分层；

⑤为了回收溶剂，溶剂与芳烃的沸点差要大；

⑥蒸发潜热和热容量要小，便于降低溶剂回收过程的能耗；

⑦要有低的蒸汽压，减少操作中的溶剂损失；

⑧凝固点要低，黏度要小，便于输送保存，也有利于抽提过程的质交换；

⑨无毒、无腐蚀性，便于操作和选材；

⑩热稳定性和化学稳定性高、价格低廉、来源易得等。

实际过程中所选溶剂不可能完全具备上述要求，但在比较和选择溶剂时应就以上各点全面考虑和权衡。在上述溶剂性能中，最重要的还是溶剂的基本性质，即溶解能力和选择性。溶剂对芳烃的溶解能力越大，所需的溶剂比和动力消耗就越小，设备效率也越高，因而就越经济。

常用的萃取剂有二乙二醇醚(二甘醇)、三乙二醇醚(三甘醇)、四乙二醇醚(四甘醇)、环丁砜等，也用二甲基亚砜、*N*－甲基吡咯烷酮、*N*－甲酰基吗啉等。

以二乙二醇醚抽提催化重整汽油为例，介绍其工艺流程，见图6－4。原料在抽提塔中与溶剂逆流接触进行萃取，温度为125～140℃，溶剂对原料比(质量)约15：1。抽提塔底的产物为抽出油，主要为溶解在溶剂中的芳烃，将其送入汽提塔，使溶剂与芳烃分离，塔底的溶剂循环去抽提塔，塔顶产物送入芳烃水洗塔洗去残余溶剂后即为纯芳烃混合物。抽提塔顶的非芳烃，送水洗塔除去残余溶剂。两个水洗塔底部产物均为水和溶剂，送去溶剂回收塔将水蒸出后，塔底溶剂去抽提塔循环使用。

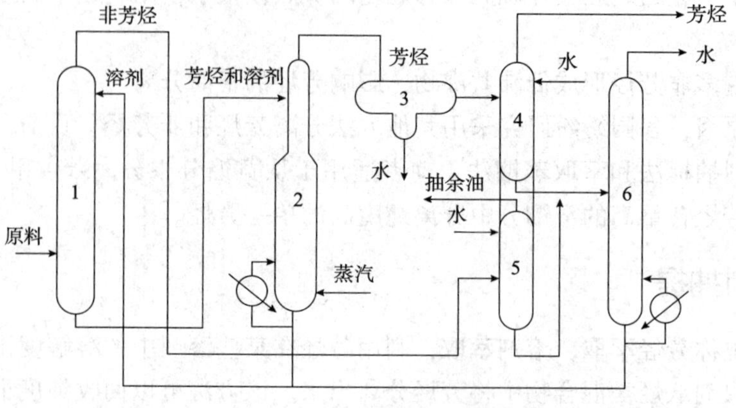

图6－4　溶剂萃取示意图

1—抽提塔；2—汽提塔；3—分离器；4、5—水洗塔；6—溶剂回收塔

二、萃取蒸馏

萃取蒸馏是在有一种易溶、高沸点并且不挥发的组分存在下的蒸馏，而这种组分本身并不与混合物中的其他组分形成恒沸物。萃取蒸馏通常用来分离组分间相对挥发度很低甚至相等的物系。由于混合物中各组分的挥发度接近相等，使得它们在接近相同的温度下蒸发，而且蒸发的程度也相近，从而使分离变得困难。因此，相对挥发度很低的物系采用简单的蒸馏过程通常很难将其分离。萃取蒸馏是利用极性溶剂与烃类混合时，能降低烃类蒸汽压使混合物沸点提高的原理来设计的。此种效应对芳烃影响最大，对烷烃的影响最小，有助于芳烃与非芳烃的分离。

在萃取蒸馏过程中，使用一种不挥发、高沸点并且易溶的溶剂与混合物混合，但并不与混合物中的组分形成恒沸物，而是与混合物中的各个组分发生不同的作用，使它们的相对挥发度发生变化，从而可将其在蒸馏过程中分离出来。塔顶产品为挥发度高的组分，塔釜产品则由溶剂与另一组分混合而成。由于溶剂并不与另一组分形成恒沸物，可以再用适合的方法将其分开。

这种蒸馏方法的核心就是溶剂的选择。在分离两组分的过程中，溶剂扮演着重要的角色。在选择溶剂时，需要注意以下几个方面：

①溶剂能显著改变组分的相对挥发度，否则便是徒劳的尝试；

②注意溶剂的经济性；

③在塔釜中要容易将溶剂分离；

④溶剂不能与各组分或混合物发生化学反应；

⑤溶剂不能造成设备腐蚀。

面对芳烃需求和原料组成的不断变化，采用溶剂抽提法同时回收苯、甲苯、二甲苯，有时显得不够经济，而萃取蒸馏法作为分离芳烃的另一种选择，引起了人们的注意，并取得了一定的进展。

图 6－5 为以 *N*－甲酰基吗啉（NFM）为溶剂的莫菲兰（Morphylane）法工艺。原料在萃取蒸馏之前需先进行预分馏，切除轻、重部分，留下中心馏分送去蒸馏。

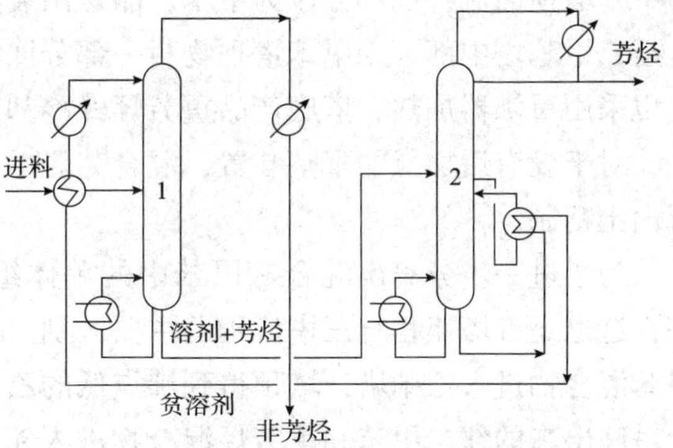

图 6－5　Morphylane 法工艺流程图

1—萃取蒸馏塔；2—汽提塔

原料送入萃取蒸馏塔中段，溶剂送入塔的上段。经萃取蒸馏后，溶有芳烃的溶剂自塔底流出，进入汽提塔分离芳烃。汽提塔底的贫溶剂经热回收后返回萃取蒸馏塔使用。塔顶抽余油含少量溶剂，需经水洗再送出装置（图上未示出）。洗水用少量原料处理，以抽提所含的溶剂。处理之后，洗水返回水洗系统，处理洗水的原料送回萃取蒸馏塔分离芳烃。

三、芳烃精馏

溶剂抽提得到的芳烃是一种混合物，其中包括苯、甲苯和各种二甲苯的异构体，乙基苯以及各种不同结构的 C_9 和 C_{10} 芳烃，通过精馏可得到各种单体芳烃。

芳烃精馏的工艺流程一般有两种类型：三塔流程和五塔流程。三塔流程主要用来生产苯、甲苯、混合二甲苯和重芳烃；五塔流程主要用来生产苯、甲苯、邻二甲苯、乙基苯和重芳烃。下面以三塔芳烃精馏为例介绍其工艺流程，如图 6 -6 所示。

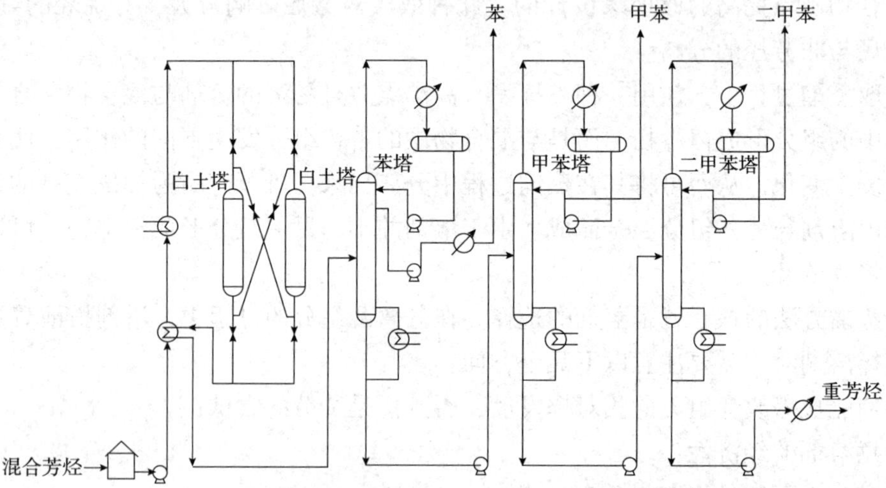

图 6 -6　催化重整装置工艺原理流程(三塔芳烃精馏)

抽提后的混合芳烃经加热和换热后进入白土塔，通过白土吸附除去其中的不饱和烃。自白土塔底出来的混合芳烃与进料换热后进入苯塔中部，塔顶物料冷凝后进入回流罐，经沉降脱水后进行全回流。苯产品自苯塔侧线抽出，经冷却后送出装置作产品。塔底物料在重沸器内加热，经泵进入甲苯塔中部。甲苯塔顶物料经冷凝后进入甲苯回流罐，一部分作为甲苯塔顶回流，一部分作为甲苯产品送出装置。甲苯塔底物料同样经重沸器加热，用泵送至二甲苯塔中部。二甲苯塔顶物料一部分回流，一部分作为混合二甲苯产品出装置。塔底也采用重沸器加热，塔底产品重芳烃经冷却后出装置。

对于设有后加氢的重整装置，混合芳烃不再含有不饱和烃，因此在进行分馏前无须进行白土精制。

为了进一步分离出混合二甲苯中的单体组分，五塔流程还设置了邻二甲苯塔和乙苯塔，这也是五塔流程与三塔流程的主要区别。二甲苯塔顶得到的乙基苯和间二甲苯、对二甲苯混合物进入乙苯塔，塔顶得到沸点低的乙基苯，塔底为间二甲苯、对二甲苯。自二甲苯塔底出来的邻二甲苯和重芳烃混合物进入邻二甲苯塔，塔顶引出邻二甲苯产品，塔底出重芳烃。得到的邻二甲苯和乙基苯纯度均可达 99% 以上。具体的五塔芳烃精馏工艺流程见图 6 -7。

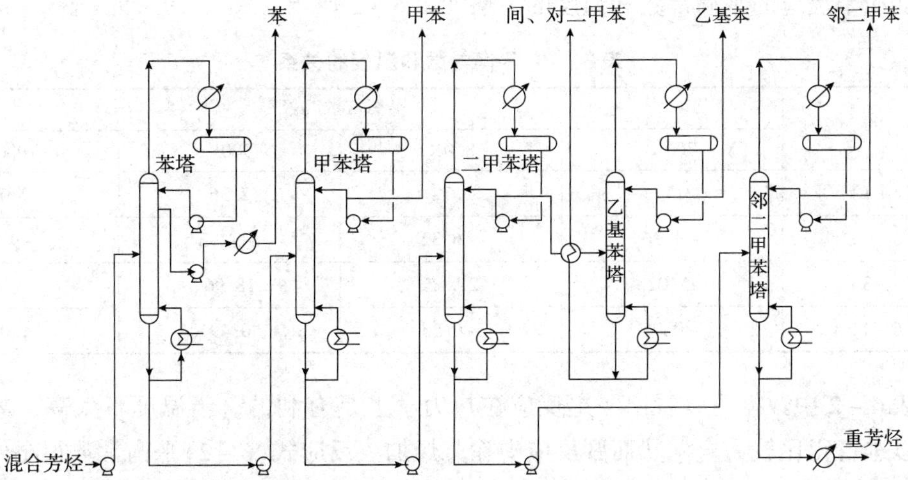

图6－7　催化重整装置工艺原理流程(五塔芳烃精馏)

第三节　芳烃转化

一、脱烷基化

烷基芳烃分子中与苯环直接相连的烷基，在一定的条件下可以被脱去，此类反应称为芳烃的脱烷基化。其中，甲苯脱甲基制苯、甲基萘脱甲基制萘等都在工业上得到广泛的应用。下面以甲苯加氢脱烷基制苯为例，说明芳烃脱烷基化过程。

1. 反应原理

国外苯的需要量很大，而甲苯则大量过剩。为满足苯的需要，在20世纪60年代初期，美国开始采取加氢脱烷基法由甲苯来生产苯。此后，欧洲及日本也相继建设了一些甲苯脱烷基制苯的装置。

该过程的主副反应和热力学分析如下：

主反应：

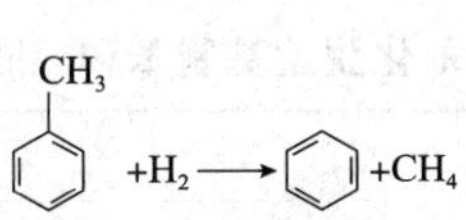

$$\Delta H^{\ominus}(800K) = -49.02kJ/mol \quad (6-1)$$

副反应：

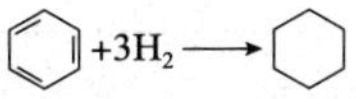

$$\Delta H^{\ominus}(800K) = -220.6kJ/mol \quad (6-2)$$

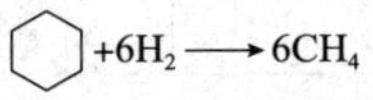

$$\Delta H^{\ominus}(800K) = -367.32kJ/mol \quad (6-3)$$

$$CH_4 \longrightarrow C + 2H_2$$

$$\Delta H^{\ominus}(800K) = 87.15kJ/mol \quad (6-4)$$

上述四个反应的平衡常数和温度的关系如表6－2所示。

表6－2 平衡常数和温度的关系

反应	平衡常数/$\lg K_p$			
	700K	800K	900K	1000K
式(6－1)	3.17	2.72	2.36	2.07
式(6－2)	－4.26	－6.32	－7.92	－9.19
式(6－3)	25.02	21.65	18.96	16.70
式(6－4)	－0.95	－0.15	0.49	1.01

从表6－2中数据可以看出，主反应在热力学上是有利的。当温度不太高、氢分压较高时可以进行得比较完全。然而副反应中除芳烃加氢反应式(6－2)平衡常数很小外，环烷烃的加氢裂解反应式(6－3)在热力学上却十分有利，为不可逆反应，只要芳烃一经加氢成环烷烃，如有足够长的反应时间，就会深度加氢裂解成甲烷；虽然采用较高的反应温度、较低的氢分压，深度加氢裂解反应可以被抑制，但温度过高、氢分压过低同样对主反应不利，相反却有利于甲烷分解生成碳的副反应和芳烃脱氢缩合反应。所以这些副反应都很难从热力学上加以抑制，因此只有从动力学角度来控制它们的反应速度，使它们尽量少发生。

从以上分析可知：加氢脱烷基的反应温度不宜太低也不宜太高；较大的氢分压和氢气/甲苯(摩尔比)对防止结焦和加氢脱烷基反应都比较有利，但对抑制一些加氢副反应的发生是不利的，而且也会使氢耗增加。

虽然加氢脱烷基是一种放热反应，高温对平衡转化不利，但由于该反应的活化能高、反应速度小，因此工业上为达到合理的反应速度，仍需一定的反应温度。增加氢烃比对转化有利，因此尽管理论上甲基芳烃加氢脱烷基所需的氢气不多，实际上却采用大量的氢气，目的在于提高转化率，减少甲烷分解生成碳的副反应和芳烃脱氢缩合反应。

2. 脱烷基化方法

烷基苯的脱烷基工艺有加氢法和水蒸气法两类，后者处于中试阶段，尚未在工业上应用。加氢法又分为催化法和热法两种，各有特点(见表6－3)。

表6－3 加氢催化脱烷基制苯和热脱烷基制苯比较

加氢催化脱烷基法	加氢热脱烷基法
1. 需催化剂，增加了装卸、活化、再生、更换等操作	1. 不需催化剂，操作简单
2. 运转周期一般为半年	2. 运转周期可达一年
3. 空速较低，反应器较大	3. 空速较高，反应器较小
4. 原料适应性较差，非芳烃和C_9^+芳烃含量不能太高	4. 原料适应性较好，允许含非芳烃达30%、C_9^+芳烃达15%
5. 补充氢的杂质含量有一定要求	5. 补充氢的杂质含量不限制
6. 生成的气态烃稍少，氢耗稍低	6. 生成的气态烃稍多，氢耗稍高
7. 反应温度较低，反应器材质要求低	7. 反应温度高，反应器材质要求高
8. 产品苯纯度99.9%～99.95%，含环烷烃稍多	8. 产品苯纯度达99.99%，含环烷烃稍少

催化法和热法两者相比，两法各有优缺点。由于热法不需催化剂，具有苯收率高和原料适应性较强等优点，所以采用加氢热脱烷基的装置日渐增多。

烷基苯的水蒸气脱烷基法早在20世纪40年代在美国就有人着手研究，60年代，日本、苏联也相继开展了这方面的工作。水蒸气法最突出的优点是，以廉价的水蒸气代替氢气作为反应剂，反应过程不但不消耗氢气，还副产大量含氢气体。但此法与加氢法相比，苯收率较低，一般在90%～97%；需用贵金属铑作催化剂，成本较高。

3. 脱烷基化方法的工业化

甲苯脱烷基制苯是其最大的化工利用，也是苯的主要来源之一，但随着苯的使用受到限制，此类装置的发展趋于停滞，甚至有的已经关闭。我国仅有少量甲苯用于脱烷基制苯。脱烷基制苯工艺分为催化脱烷基与热脱烷基两种。催化脱烷基生产方法有美国UOP公司的Hydeal法、Airproducts and Chemicals公司的Pyrotol法、壳牌公司的Beztol法及Union Oil公司的Unidak法；热脱烷基生产方法有ARCO公司的HDA法、三菱油化公司的MHC法、海湾公司的THD法及UOP公司的New Hydeal法等。

1)催化脱烷基制苯

(1)Hydeal法。本法是目前工业上采用较多的一种催化脱烷基制苯过程，其原料为催化重整油、裂解汽油、甲苯及煤焦油等。其工艺流程如图6－8所示。新鲜原料、循环物料、新鲜氢气与循环氢气经加热炉加热到所需温度后进入反应器，如果原料中含非芳烃较多时，需两台反应器，并控制不同的反应条件，在第一台反应器中进行烯烃和烷烃的加氢裂解反应，在第二台热反应器中进行加氢脱烷基反应。从反应器出来的气体产物经冷却器冷却、冷凝，气液混合物一起进入闪蒸分离器，分出的氢气一部分直接返回反应器；另一部分中除小部分排出作燃料外，其余送到纯化装置除去轻质烃，提高浓度后再返回到反应器使用。液体芳烃经稳定塔除去轻质烃，白土塔脱去烯烃后至苯精馏塔，塔顶产品为苯，塔釜重馏分送至再循环塔。再循环塔塔顶的未转化的甲苯再返回反应器使用，塔底的重质芳烃排出系统。

(2)Pyrotol法。本法的特点是将裂解汽油中的芳烃全部转化为苯，其工艺流程如图6－9所示。

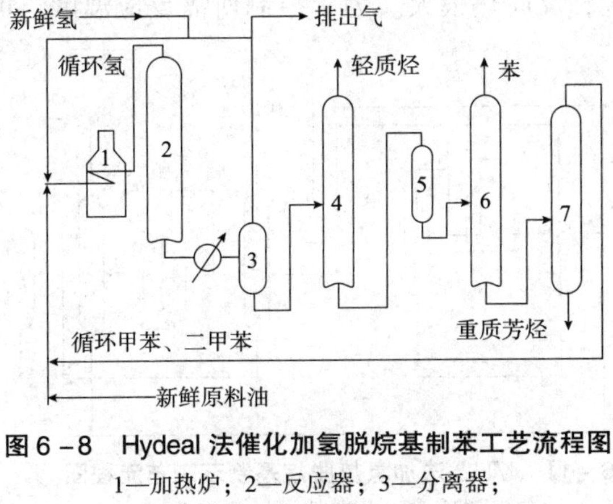

图6－8　Hydeal法催化加氢脱烷基制苯工艺流程图

1—加热炉；2—反应器；3—分离器；4—稳定塔；5—白土塔；6—苯塔；7—再循环

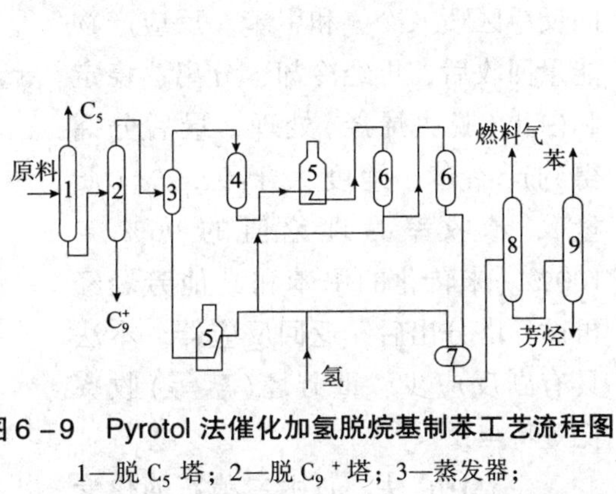

图6－9　Pyrotol法催化加氢脱烷基制苯工艺流程图

1—脱C_5塔；2—脱$C_9$$^+$塔；3—蒸发器；4—预加氢器；5—加热炉；6—反应器；7—高压分离器；8—稳定塔；9—重芳烃塔

此工艺采用绝热式固定床反应器，为避免反应剧烈而结焦，一般采用两台反应器。第一台反应器主要进行非芳烃裂解反应，生成甲烷、乙烷等低分子烃；第二台反应器主要进行烷基苯的脱烷基反应，因此第二台反应器的温度要比第一台反应器的温度高。原料裂解汽油首先进行预分馏，除去 C_5 以及 C_9 以上的烃类，得到的 $C_6 \sim C_8$ 馏分作为脱烷基的原料，进入蒸发器。借热的循环氢使之汽化，未汽化的少量残液返回预分馏塔。汽化的 $C_6 \sim C_8$ 馏分和补加的氢气一起进入预加氢反应器加氢除去烯烃、二烯烃及苯乙烯。预加氢产物与蒸出苯后的未反应的芳烃馏分混合加热至550～650℃进入脱烷基反应器进行反应。脱烷基产物在高压分离器中分离，气体经过氢精制设备提浓后返回反应系统，液体经稳定塔及白土(脱去烯烃)处理后进入苯分馏塔，塔顶得到高纯度苯，塔底为未反应的甲苯等芳烃，返回反应器。

2) 甲苯热脱烷基制苯

甲苯在600℃以上，氢压4MPa以上时，可以发生热加氢脱甲基反应。反应温度、液空速、氢/甲苯摩尔比等操作参数对苯的收率有影响。较适宜的反应条件为：反应温度700～800℃，液空速3～6h^{-1}，氢/甲苯(摩尔比)3～5，压力3.98～5.0MPa和停留时间60s左右。

(1) HAD法。本法由美国碳氢化合物研究公司(Hydrocarbon Research Inc.)及Atlantic Richfield公司联合开发。可用甲苯、混合芳烃及裂解汽油为原料。反应温度为600～760℃，反应压力为3.43～6.87MPa，氢/烃(摩尔比)为1～5，停留时间为5～30s。HAD过程的最大特点是，在柱塞流式反应器的6个不同部位加入由分离塔闪蒸出来的氢，从而控制反应温度稳定。以甲苯为原料加氢热脱甲基制苯的工艺流程基本上与催化加氢脱甲基的流程相似，只是反应温度较高，热量需要合理利用。其流程如图6－10所示。

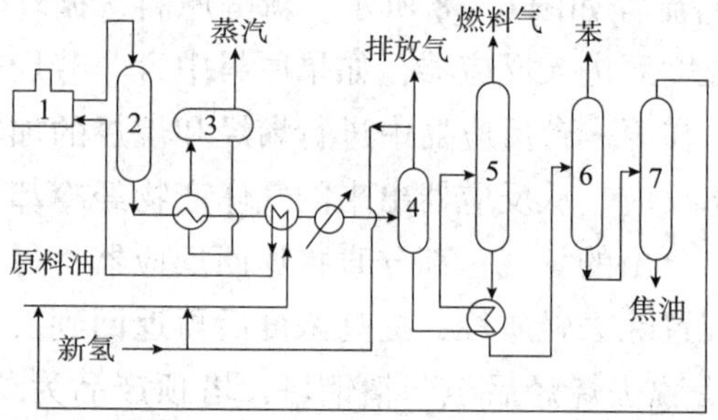

图6－10 HAD法加氢热脱烷基制苯工艺流程图

1—加热炉；2—反应器；3—汽包；4—分离器；5—稳定塔；6—苯塔；7—重芳烃塔

原料甲苯、循环芳烃和氢气混合，经换热后进入加热炉，加热到接近热脱烷基所需温度进入反应器，由于加氢及氢解副反应的发生，反应热很大。为了控制所需反应温度，可向反应区喷入冷氢和甲苯。反应产物能量回收后，再经冷却、分离、稳定和白土(脱去烯烃)处理，最后分馏得到产品苯，纯度大于99.9%(质量)，苯收率为理论值的96%～100%。未转化的甲苯和其他芳烃经再循环塔分出后，返回反应器。本法具有副反应少、重芳烃(蒽等)收率低等特点。

(2) MHC法。日本三菱石油化学公司开发，其流程如图6－11所示。

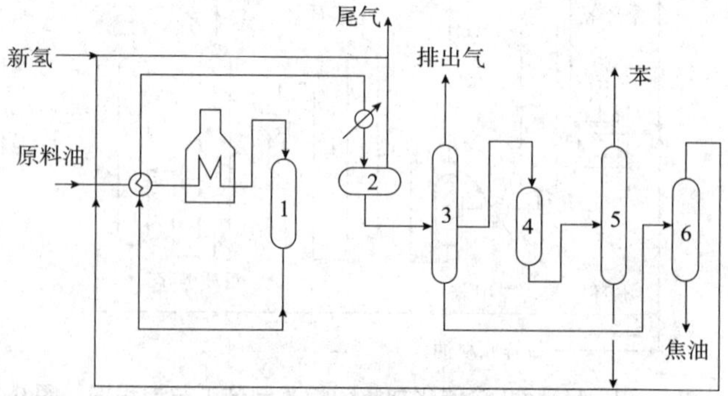

图6－11 MHC法加氢热脱烷基制苯工艺流程图

1—反应器；2—分离器；3—稳定塔；4—白土塔；5—苯塔；6—脱焦油塔

原料、循环物料(未转化的烷基苯与一部分缩合芳烃)与氢气混合，经加热炉预热后进入反应器。反应产物经冷却、分离，分离气大部分作为循环氢返回反应系统，其余经过芳烃回收装置回收苯后，送至制氢装置作原料，或送到深冷分离装置回收氢气。气液分离器流出的生成油进稳定塔脱除其中的气态烃和重芳烃，侧线抽出粗苯馏分经白土处理后，进入苯塔分离产品苯。苯塔塔底液为未转化的甲苯，返回反应器。稳定塔底流出的重芳烃在除焦油塔中脱除焦油，塔顶物循环到反应器，塔底焦油排出装置。当原料为裂解汽油时，要先进行两段加氢精制，第一段于液相进行，温度约100℃；第二段于气相进行，温度约350℃。由于氢解作用，原料中含有的硫、氮化合物转化为硫化氢和氨等。在热脱烷基中，硫化氢和氨不影响脱烷基反应过程，第二段加氢产品不需冷却分离或稳定处理，即可直接进入脱烷基反应系统，因而降低了投资和成本。MHC过程的单程转化率为90%～95%，苯的收率为98%～99%，苯的纯度可达99.99%。

二、芳烃歧化和烷基转移

芳烃的歧化是指两个相同的芳烃分子在酸性催化剂作用下，一个芳烃分子上的侧链烷基转移到另一个芳烃分子上的反应。烷基转移反应是指两个不同的芳烃分子之间发生烷基转移的过程。催化重整油和裂解汽油含有的各种芳烃中，苯和二甲苯是重要的化工基础原料，而甲苯和 C_9 芳烃用途不大，相对过剩。歧化和烷基转移正是利用过剩的甲苯和 C_9 芳烃增产二甲苯和苯的一种方法。与脱烷基制苯不同，歧化和烷基转移反应仅是甲基在芳烃间转移，所以芳烃质量收率高、氢耗少(甚至不用氢气)，反应条件缓和，设备材质和设计无特殊要求，设备费和消耗指标均低。

1. 甲苯歧化的化学过程

1)甲苯歧化的主、副反应

甲苯歧化的主反应如下所示，是可逆吸热反应，但反应热效应甚小。

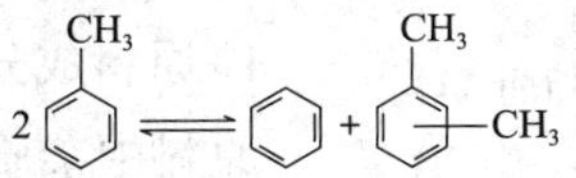

$$\Delta H^{\ominus}(800\mathrm{K}) = 0.84\mathrm{kJ/mol}$$

2)产物二甲苯的二次歧化

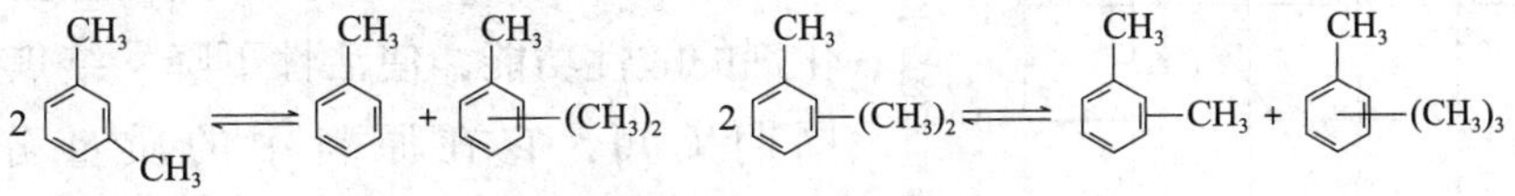

上述歧化产物还会发生异构化和歧化反应。

3)产物二甲苯与原料甲苯或副产物多甲苯之间的烷基转移反应

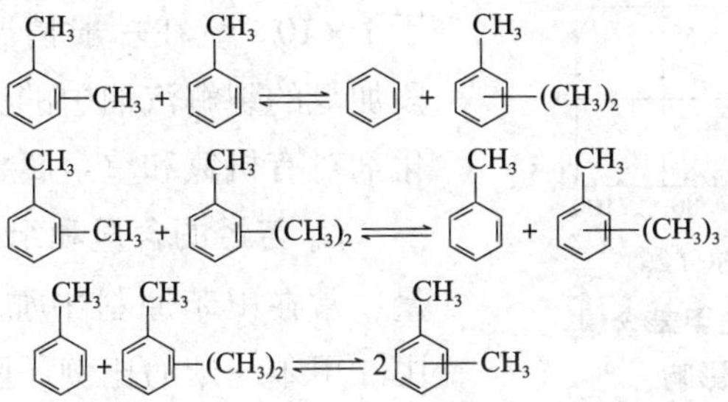

工业上常利用此类烷基转移反应，在原料甲苯中加入三甲苯以增产二甲苯。

4) 甲苯的脱烷基反应

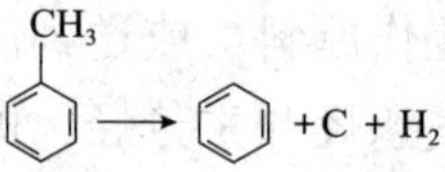

5) 芳烃的脱氢缩合生成稠环芳烃和焦

在甲苯歧化过程中，此副反应的发生会使催化剂表面迅速结焦而活性下降，为了抑制焦的生成以延长催化剂的寿命，工业生产上常采用临氢歧化法。在氢存在下进行甲苯歧化反应，不仅可抑制焦的生成，也能阻抑副反应的进行，避免炭的沉积。但在临氢条件下也增加了甲苯加氢脱甲基转化为苯和甲烷以及苯环氢解为烷烃的副反应，后者会使芳烃的收率降低，应尽量减少发生。

2. 催化剂与动力学

烷基苯的歧化和烷基转移必须借助于催化剂。目前，工业上使用的催化剂有 Y 型、M 型(丝光沸石)及 ZSM 系分子筛催化剂等。其中，Y 型沸石有很高的甲苯歧化活性和选择性；氢型丝光沸石不仅有很高的甲苯歧化催化活性，而且对于烷基转移也有很高的活性；ZSM 系分子筛催化剂的化学组成、晶体结构以及物化性质具有很多独特的性质，对歧化具有很高的活性和选择性，它的开发研究尤为活跃。当前，工业上广泛采用的是丝光沸石催化剂。

研究表明，在一定压力范围内，歧化速率是随甲苯分压增加而加快的。但其加快的程度随甲苯分压的增加而渐趋缓慢，当甲苯分压大于 0.304MPa 时，对歧化速率的影响很小。适宜压力的选择与氢纯度和催化剂的活性有关，目前生产上选用总压为 2.55 ~ 3.40MPa，循环氢气纯度为 80%(摩尔)以上。不临氢时，因甲苯压力增加会加速芳烃的脱氢缩合成焦反应，故宜在常压下进行。

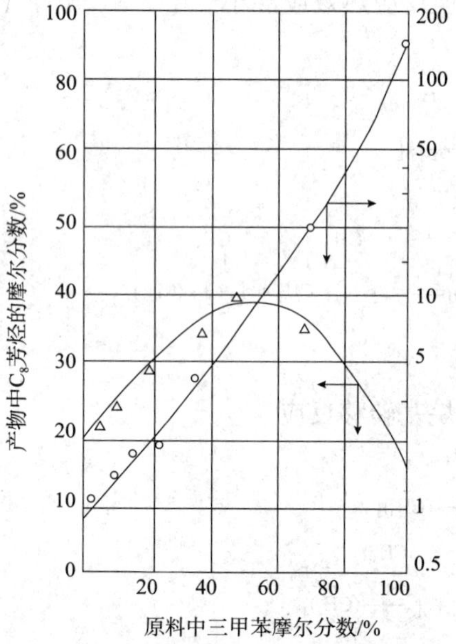

图 6-12　原料中三甲苯含量对产品分布的影响

3. 工艺条件

1) 原料成分

原料中杂质含量：原料中的水分对沸石催化剂的活性有影响，应在原料分馏过程中把水分脱除，以免影响催化剂。有机氮化物会严重影响催化剂的酸性功能，使活性下降、结焦加剧、运转周期缩短，它在原料中的质量分数应小于 2×10^{-7}。此外，重金属如砷、铅、铜等能促进芳烃脱氢，加速缩合反应，因此其质量分数应小于 1×10^{-8}。在一般情况下，重整芳烃和经过两段加氢的裂解汽油中的芳烃，能符合烷基转移催化剂对有机氮和重金属含量的要求。

C_9 芳烃的含量和组成：为了增加二甲苯的产量，常在甲苯原料中加入 C_9 芳烃，以调节产物中二甲苯与苯的比例。图 6-12 为原料中三甲苯浓度对产物分布的影响。

由图6－12可见，产物中C_8芳烃与苯的摩尔比可由原料中三甲苯摩尔分数来调节。当原料中三甲苯摩尔分数为50%左右时，反应生成液中C_8芳烃的摩尔分数最高。但是C_9芳烃组成中除了三个三甲苯异构体外，还有三个甲乙苯异构体以及丙苯。甲乙苯和丙苯除了发生甲基转移反应外，还要发生下面的氢解反应。

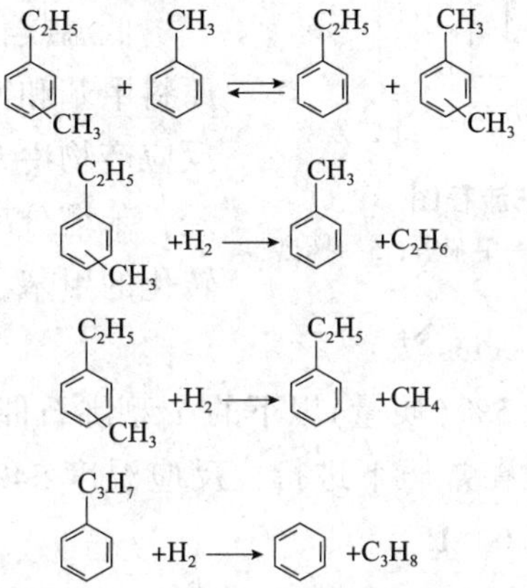

丙苯在烷基转移的反应条件下，几乎全部转化为苯和C_3烃，造成芳烃损失，且生成的苯对甲苯系统的反应平衡有影响，在某种程度上阻碍了甲基苯的烷基转移反应。故C_9芳烃中有这些组分存在，不仅使乙苯含量增加，而且使氢气消耗量也增加。若在歧化过程中将未转化的C_9芳烃全部循环使用，必然会使甲乙苯的浓度积累，并使反应液中乙苯含量越来越高，直至达到平衡值。所以甲乙苯和丙苯在C_9芳烃中的含量应有一定的限量。

2)氢烃比

虽然主反应不需要氢，但是氢气的存在对结焦生炭等反应的进行有抑制作用，能显著改善催化剂表面的积炭程度，故反应通常在临氢的条件下进行。但氢气量过大，不仅增加动力消耗，而且降低反应速度。工业生产上，一般选用氢与甲苯的摩尔比为10左右。另外，氢烃比也与进料组成有关，当进料中C_9芳烃较多时，由于C_9芳烃比甲苯易发生氢解反应，要多耗氢，故需适当提高氢烃比；当C_9芳烃中甲乙苯和丙苯含量高时，所需氢烃比更高。

3)液体空速

如图6－13所示，转化率随空速的减小而增大，随温度的升高而增大。但当转化率增大到40%以后，其变化趋于平缓。实际生产中可根据相应的反应温度来选择适宜的液体空速以满足转化率的要求。

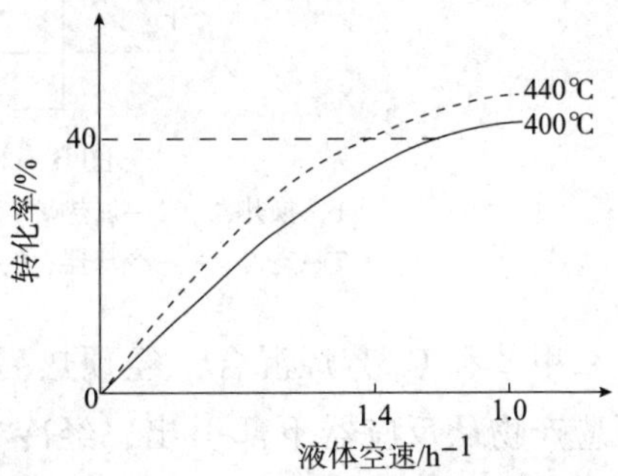

图6－13　液体空速与转化率的关系

4. 工业生产方法

芳烃歧化的工业生产方法主要有美国Atlantic Richlield公司开发的二甲苯增产法(Xylene－Plus法)、日本东丽公司和美国UOP公司共同开发的Tatoray法、Mobil公司的低温歧化法(LTD法)。前两种方法既可用于歧化，又可用于烷基转移，后一种方法专用于歧化。

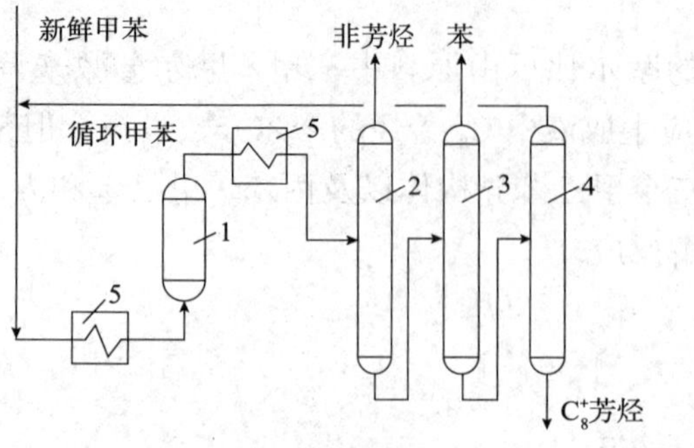

图6-14 LTD法工艺流程图

1—反应器；2—稳定塔；3—苯塔；4—甲苯塔；5—换热器

1)低温歧化法(LTD法)

美国Mobil公司开发的LTD低温歧化法，采用ZSM系列沸石催化剂和固定床反应器于液相进行甲苯歧化反应，该过程不用氢气。

低温歧化法的流程示意图见图6-14。原料甲苯和循环甲苯经预热后进入反应器，反应产物冷却后，经非芳烃塔分离出非芳烃，苯塔分离出产品苯，甲苯塔分离出未转化的甲苯，由甲苯塔底得二甲苯产品。

2)二甲苯增产法(Xylene-Plus法)

二甲苯增产法采用含稀土5%(质量)以下的Y型沸石催化剂，在移动床反应器中进行歧化或烷基转移反应。该过程在常压下进行，反应温度540℃，空速0.9h^{-1}，不用氢气。二甲苯增产法流程示意图见图6-15。

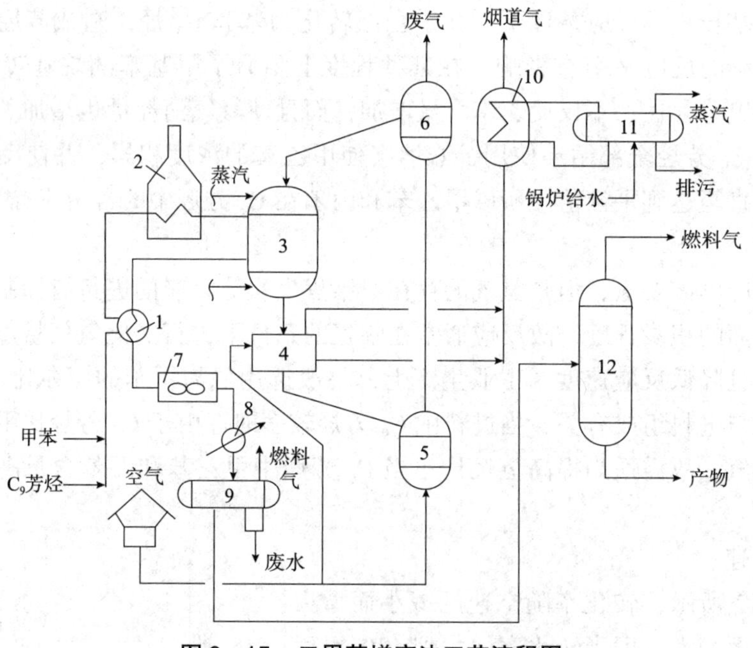

图6-15 二甲苯增产法工艺流程图

1—换热器；2—加热炉；3—反应器；4—再生器；5—提升器；6—分离器；
7—空冷；8—冷却器；9—分离器；10—废热锅炉；11—汽包；12—稳定塔

甲苯和C_9芳烃混合，经预热后从上部进入反应器，与自上而下移动的催化剂接触。反应产物从反应器下部引出，经冷却、分离后送去稳定和分馏。催化剂从反应器底部引出，在再生器中烧焦后，进入汽提罐，用空气提升至高处的分离罐，分出的催化剂流入反应器再次循环。从再生器顶部出来的烟道气，经废热锅炉回收热量后排入大气。

二甲苯增产法既可用于歧化反应，也可用于烷基转移反应。用于甲苯歧化反应时，反应条件较苛刻，设备投资稍大；用于烷基转移反应时，反应条件较缓和，装置投资稍低。

3) Tatoray 法

Tatoray 法是由日本东丽公司与美国环球油品公司联合开发的，采用固定床反应器，于一定的氢压下进行歧化反应或烷基转移反应。所用催化剂为氢型丝光沸石，再生周期 6 ~ 10 个月，催化剂寿命 3 年以上，流程示意图见图 6 – 16。

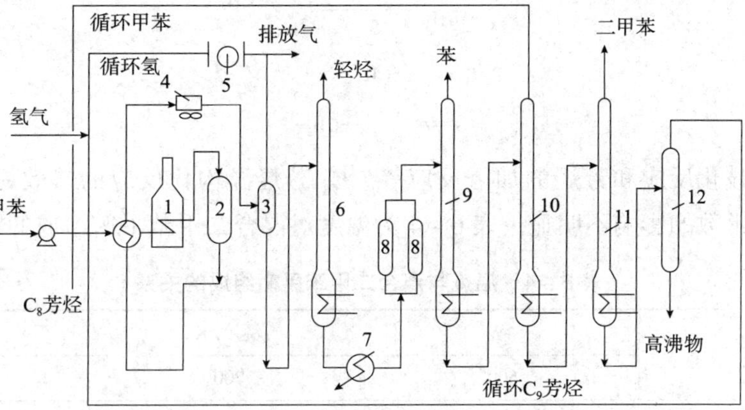

图 6 – 16　Tatoray 法烷基转移工艺流程图

1—加热炉；2—反应器；3—分离器；4—空冷；5—压缩机；6—稳定塔；7—冷凝器；8—白土塔；9—苯塔；10—甲苯塔；11—二甲苯塔；12—C_9 塔

原料甲苯与芳烃及循环氢混合，在加热炉中加热到反应温度后进入反应器。反应产物冷却后在高压分离器进行分离。含氢气体通过循环压缩机再循环到原料中。液相经稳定和白土精制后去分馏塔，将苯、甲苯、C_9 芳烃分开，其中苯和二甲苯为产品，而甲苯和 C_9 芳烃则返回反应器。Tatoray 法催化剂的加氢活性较弱，故芳烃加氢极少。由于芳烃加氢极少，裂解反应也很少，故 Tatoray 法的化学氢耗很低。

三、C_8 芳烃异构化

20 世纪 50 年代后期，随着合成纤维和合成树脂工业的迅猛发展，出现了 C_8 芳烃异构化的技术。早期的异构化装置，采用黏土型催化剂，在常压下进行二甲苯的异构化反应，具有目的产物产率高、过程不用氢气、催化剂价格便宜、生产成本低等特点，但因乙苯不能异构化，需先用精馏法将其分离出来，故装置的投资较高，近年来采用者较少。20 世纪 60 年代，各种异构化工艺相继问世。目前，就异构化的研究工作，各国主要着重在改进催化剂的性能和研制新型催化剂。

从催化重整油、裂解汽油、甲苯歧化及其他来源得到的 C_8 芳烃，都是二甲苯异构体(对、邻、间)和乙苯混合物。工业上 C_8 芳烃的异构化是以不含或少含对二甲苯的 C_8 芳烃为原料，在催化剂的作用下，转化成浓度接近平衡浓度的 C_8 芳烃，从而达到增产对二甲苯的目的。

1. C_8 芳烃异构化的化学过程

主副反应及热力学分析

在 C_8 芳烃异构化的过程中，可能进行的主反应是三种二甲苯异构体之间的相互转化和乙苯与二甲苯之间的转化，反应方程式如下。

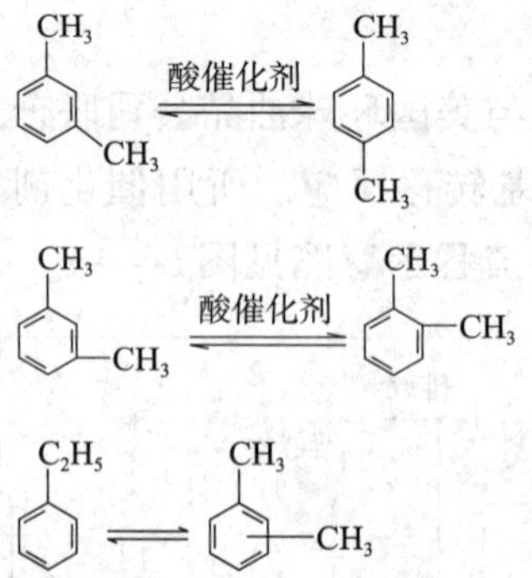

副反应是歧化反应和芳烃的加氢反应等。C_8 芳烃异构化反应的热效应是很小的，因此温度对平衡常数的影响不明显。表 6-4 为温度对混合二甲苯平衡组成的影响。

表 6-4 温度与混合二甲苯平衡组成的关系

组分	温度/K		
	500	700	800
对二甲苯	24	23.5	23
间二甲苯	55	52	51.5
邻二甲苯	21	24.5	25.5

由表 6-4 可以看出，在平衡混合物中，间二甲苯的含量总是最高。对二甲苯和间二甲苯的平衡浓度随着温度的升高逐渐降低，对二甲苯的组成最高只能达到24%；邻二甲苯的浓度随温度升高而增高。由于受到热力学平衡的限制，在 C_8 芳烃异构化过程中，对二甲苯在异构化产物中的浓度最高在24%。这也是尽管 C_8 芳烃来源不同，但其产物组成却相似的原因。为减少歧化和芳烃加氢等副反应的发生，工业上采用各种催化剂来提高异构化过程的选择性，有时还向原料中加入芳烃的副反应产物，例如向 C_8 芳烃中加入甲苯以抑制歧化反应、加入 C_8 环烷烃以抑制加氢反应等。

2. 异构化过程

1) 二甲苯的异构化过程

采用 $SiO_2-Al_2O_3$ 催化剂，曾对二甲苯异构化的反应做了动力学规律研究。得到的实验结果是：邻二甲苯异构化的主要产物是间二甲苯；对二甲苯异构化的主要产物也是间二甲苯；而间二甲苯异构化产物中，邻二甲苯和对二甲苯的含量却非常接近。因此认为，二甲苯在该催化剂上异构化的反应历程应是连串式异构化反应。反应过程如下所示：

$$邻二甲苯 \rightleftharpoons 间二甲苯 \rightleftharpoons 对二甲苯$$

对于间二甲苯非均相催化异构化的研究表明，反应速率是由表面反应所控制的，其动力学规律与单吸附位反应机理相符合，此处就不做介绍了。

2) 乙苯的异构化过程

乙苯异构化的反应历程如下所示。显然在乙苯异构化过程中，除了要进行异构化反应外，还要进行加氢和脱氢反应。低温对加氢反应有利，高温对异构和脱氢反应有利，因此只有协调好各种操作条件，才能使乙苯异构化得到满意的结果。

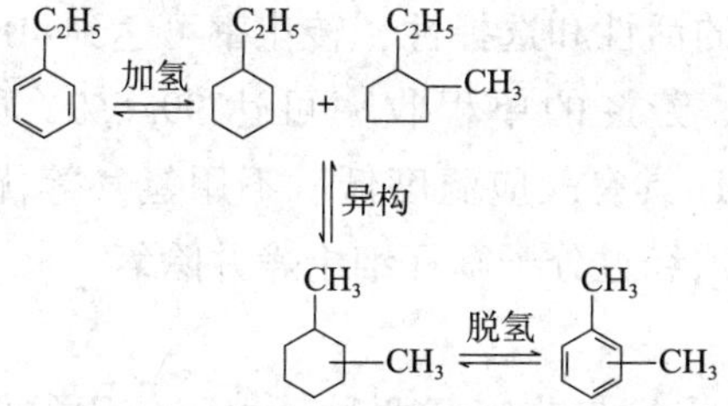

采用 Pt/Al_2O_3 催化剂，研究了乙苯的气相临氢异构化反应。结果表明，乙苯异构化的反应速度比二甲苯的慢，而且受温度的影响较显著，温度越高，乙苯转化率越小，二甲苯收率也越小。

3. 催化剂

C_8 芳烃异构化过程采用的催化剂主要有无定形 $SiO_2-Al_2O_3$ 催化剂、负载型铂催化剂、ZSM 分子筛催化剂和 $HF-BF_3$ 催化剂等。

1）无定形 $SiO_2-Al_2O_3$ 催化剂

采用硅铝催化剂，在 350～500℃、常压的操作条件下，二甲苯发生显著的异构化反应。有机氯化物、氯化氢或水蒸气的存在会使其异构化活性进一步加强。但二甲苯在硅铝催化剂上的异构化过程常伴有歧化反应，为了抑制其发生，需向原料中加入水蒸气或氢气。硅铝催化剂无加氢、脱氢功能，不能使乙苯异构化，所以乙苯应先分离出去，否则会发生歧化和裂解等反应而使乙苯损失。此类催化剂价格低廉、操作方便，但选择性较差、结焦快，故需频繁再生。

2）铂/酸性载体催化剂

这类催化剂有 $Pt/SiO_2-Al_2O_3$、Pt/Al_2O_3 和铂/沸石等。因为金属铂具有加氢、脱氢功能，酸性载体具有异构化功能，所以不仅能使二甲苯之间发生异构化，而且可使乙苯异构化为二甲苯，并具有较好的活性和选择性。所得产物二甲苯异构体的组成接近于热力学平衡值。通过选择适宜的氢压和温度能促使乙苯异构化并提高其转化率，一般在 400～500℃和 0.98～2.45MPa 的氢压下进行异构化反应。

3）ZSM 分子筛催化剂

ZSM－4 和经 Ni 交换的 NiHZSM－5 是这类催化剂的代表。由 Mobil 公司研制成功的 ZSM－4 型沸石催化剂主要优点是：在不临氢的条件下仍能保持活性，因而不需使用铂、钯等贵金属组分，也就不会因加氢裂解造成芳烃损失，且在反应过程中几乎不生成气体和非芳烃产物，不需要气、液分离，简化了产物的精馏分离。它的主要缺点是，乙苯（乙苯含量低时）在过程中几乎不发生反应。因此，为了防止乙苯在系统中积累，需要从原料和循环物料中将乙苯分离出来，从而增加了装置的投资。此外，为了抑制歧化反应，减少二甲苯损失，采用甲苯循环，也使投资和成本增加。用 Ni 改性后的 NiHZSM－5 催化剂，乙苯歧化速度远大于二甲苯歧化速度，因而可以在二甲苯损失不大的前提下，使乙苯达到大量转化。该催化剂在临氢的条件下对乙苯异构化具有较好的活性，试验表明在 332℃下，乙苯在 NiHZSM－5 催化剂上的转化率达 34.9%，二甲苯组成接近平衡值，其质量收率达 99.5%。

4）$HF-BF_3$ 催化剂

$HF-BF_3$ 催化剂是液相催化剂，通常发生均相催化反应。该催化剂在以间二甲苯为原料的异构化过程中具有较高的活性和选择性，转化率可达到40%左右，产物二甲苯异构体组成接近热力学平衡值，C_8 芳烃的单程收率可达99.6%（质量），副产物单程收率仅0.37%（质量）。此类催化剂还具有反应温度低、不用氢气等优点；但 HF - BF_3 在水分存在下腐蚀性强，因此原料必须经过分子筛仔细干燥并除氧。

4. 异构化工业方法

C_8 芳烃的异构化工艺有临氢与非临氢两种，由于使用的催化剂不同，出现了多种异构化方法，但其工艺过程大同小异。下面介绍几种 C_8 芳烃异构化的工业方法。

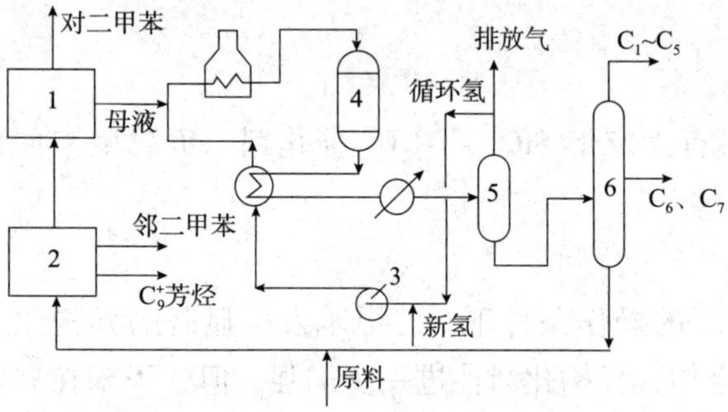

图6-17 Octafining 法制对二甲苯、邻二甲苯流程图

1—对二甲苯分离装置；2—邻二甲苯分离装置；3—压缩机；4—反应器；5—分离器；6—稳定塔

1）Octafining 法

Octafining 法是由美国大西洋富田公司和恩格哈德公司合作开发的 C_8 芳烃异构化工艺，采用 Pt/SiO_2 - Al_2O_3 催化剂，该方法对原料中乙苯的含量未做规定。在循环反应的过程中，约有70%的乙苯转化为二甲苯，其余转化为副产物。原料乙苯含量高，会造成氢耗和催化剂积炭量增大。其流程见图6-17。

由于水分影响催化剂稳定性，原料 C_8 芳烃必须先进行脱水处理。由于二甲苯与水会形成共沸混合物，故一般采用共沸蒸馏脱水，使其含水质量分数降到 1×10^{-5} 以下。脱水以后的原料 C_8 芳烃与稳定后的异构化产物混合，进入邻二甲苯分离装置，将邻二甲苯和 C_9 芳烃（歧化产物）分离出来，其余物料进入对二甲苯分离装置。分离了对二甲苯后的母液与循环氢混合经加热炉加热后，进入反应器。反应产物经换热、冷却后进入分离器，部分气体于压缩后再次送入反应器。液相产物则进入稳定塔，塔顶分出裂解产物 C_1 ~ C_5 烷烃；侧线为苯、甲苯以及芳烃加氢产物；塔底液返回邻二甲苯分离装置。当该方法仅制取对二甲苯时，用脱 C_9 塔代替邻二甲苯分离装置，由塔顶引出 C_9 芳烃与新鲜 C_8 芳烃混合后送去分离对二甲苯。

该工艺适宜的反应条件为：反应温度520～485℃，反应压力1.8～2.0MPa，循环氢与原料液的摩尔比一般为10，原料液空速一般为0.5～1.0h^{-1}。

2）MGCC 法

该方法是由日本气体化学品公司开发的。该法首先用溶剂抽提烃中的间二甲苯，然后在选定的条件下使间二甲苯催化转化为对二甲苯和邻二甲苯。

MGCC 法抽提和异构化工艺流程图见图6-18。

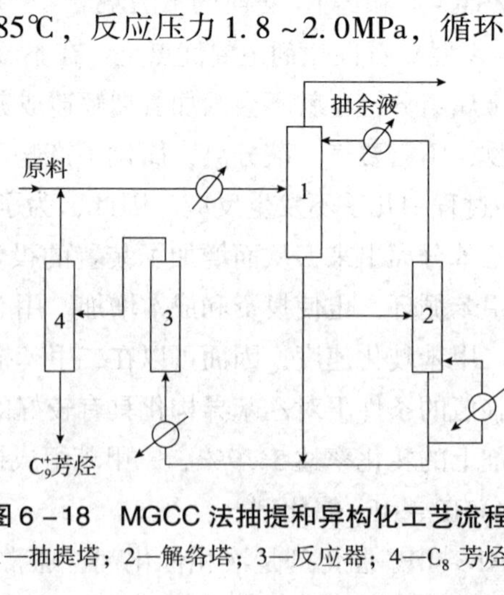

图6-18 MGCC 法抽提和异构化工艺流程图

1—抽提塔；2—解络塔；3—反应器；4—C_8 芳烃塔

C_8 芳烃原料进入抽提塔的中部，溶剂

$HF-BF_3$进入抽提塔的上部。含0.1%间二甲苯的抽余液从塔顶引出，对其中的邻二甲苯、乙苯和对二甲苯进行分离。含99%间二甲苯的抽提液由塔底引出。一部分抽提液进入解络塔，经解络除去$HF-BF_3$的解络液与其余的抽提液混合，进入异构化反应器。异构化产物进入C_8芳烃塔，将其中的C_9芳烃分离出来，塔顶产物与原料C_8芳烃混合，返回抽提塔。

异构化反应的工艺条件：HF/原料（摩尔比）为0.3～0.5；BF_3/原料（摩尔比）为0.03～0.5，反应温度约为100℃，反应压力约3MPa，原料液空速为$2h^{-1}$。

MGCC法的抽提溶剂和异构化催化剂均用$HF-BF_3$，不需其他催化剂和高温设备，不使用氢气，但HF和BF_3在水分存在下具有腐蚀性，故原料必须经过分子筛仔细干燥，并经除氧器除氧。与其他工艺不同，MGCC法一开始就分离出间二甲苯，然后再使之异构化，因而能显著降低全套装置的物料循环量。

5. C_8芳烃的分离

1)C_8芳烃的组成与性质

各种来源的C_8芳烃都是三种二甲苯异构体与乙苯的混合物。这些组分的某些性质如表6－5所示。由表可见，邻二甲苯与间二甲苯的沸点差为5.3℃，工业上可以采用精馏法分离。乙苯与对二甲苯的沸点差为2.2℃，在工业上勉强可用精馏法分离，但绝大多数的加工流程不将它们分开，而是在异构化装置中将其转化。间二甲苯与对二甲苯沸点差仅为0.75℃，用精馏法是难以进行分离的，所以C_8芳烃的分离技术难点主要在于间二甲苯与对二甲苯的分离。

表6－5 C_8芳烃的一些性质

组分	沸点/℃	熔点/℃	相对碱度	与$HF-BF_3$生成配合物相对稳定性
邻二甲苯	144.41	－25.17	2	2
间二甲苯	139.10	－47.87	3～100	20
对二甲苯	138.35	13.26	1	1
乙苯	136.19	－94.97	0.1	—

2)精馏法分离邻二甲苯和乙苯

C_8芳烃中邻二甲苯的沸点最高，与关键组分间二甲苯的沸点相差5.3℃，可以采用精馏法分离，精馏塔需要150～200块塔板，两塔串联，回流比7～10，塔底出邻二甲苯。

C_8芳烃中乙苯的沸点最低，与关键组分对二甲苯的沸点仅差2.2℃，可以用精馏法分离，但较困难，也可用络合萃取法和吸附法。工业上分离乙苯的精馏塔实际塔板数达300～400，三塔串联，塔釜压力0.35～0.4MPa，回流比50～100。

3)对、间二甲苯的分离

由于对二甲苯与间二甲苯的沸点差只有0.75℃，难以采用精馏的方法进行分离。目前，工业上分离对二甲苯的方法主要有深冷结晶分离法、络合分离法和模拟移动床吸附分离法三种。

(1)深冷结晶分离法(低温结晶分离法)。

C_8芳烃异构体中对二甲苯和间二甲苯沸点十分接近，而熔点则差异较大(见表6－5)，因而可用结晶法进行分离。

进入深冷结晶装置的原料含对二甲苯往往较稀，需较低的冷却温度才能达到要求的产率。若温度控制不当，就可能出现与其他异构体共析出的现象，影响对二甲苯纯度。同时，温度越低，对二甲苯结晶越细，母液黏度也越大，因而滤出物含液量大，进一步影响了对二甲苯纯度。为了解决纯度与产率之间的矛盾，工业上多采用二段结晶工艺。第一段结晶在低温下进行，温度控制在 -80 ~ -60℃，产率达到最大值。第一段对二甲苯纯度为 85% ~90%，熔化后再进行第二段结晶。第二段冷冻温度为 -10 ~20℃，在这样的温度条件下，除对二甲苯外其他芳烃不能结晶。第二段结晶对二甲苯纯度可达 99.2% ~99.5%。

结晶分离的工业方法较多，有 Chevron 公司的 Chevron 法、Krupp 公司的 Krupp 法、Amoco 公司的 Amoco 法、日本丸善公司的丸善法和 ARCO 公司的 ARCO 法等。它们之间主要差别是制冷方式与分离设备的不同。典型的工艺流程如图 6 -19 所示。

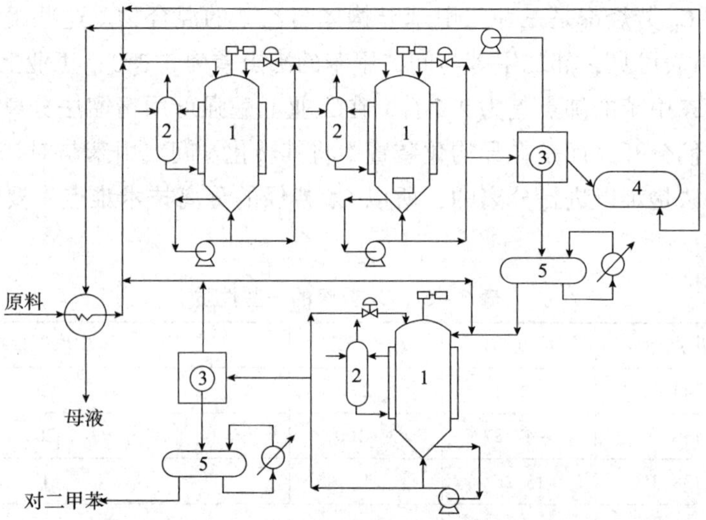

图 6 -19　Amoco 对二甲苯结晶分离流程

1—结晶槽；2—分离器；3—离心机；4—滤液罐；5—熔化槽

原料先在换热器中预冷到比初始结晶温度略高几度(约 -30℃)，然后在第一结晶器中冷却到 -50 ~ -40℃，最后在第二结晶器冷却到 -78 ~ -62℃，使产率达到最大理论值的 90%。浆料自结晶器进入连续式沉淀过滤离心机。离心机沉淀区的滤液含对二甲苯约 10%，经换冷后送去异构化。含母液 30% ~40% 的滤饼在离心机的过滤区进一步脱除母液后，对二甲苯含量提高到 85%，进入熔化槽。离心机过滤区母液对二甲苯含量约 50%，返回与原料混合。

一段结晶熔化后进入第二段结晶器，在 -6 ~10℃ 的温度下生成浆料，于连续过滤式离心机中分成固液两相，液相约含 60%(重)的对二甲苯，送去与原料混合；固相为产品对二甲苯。

(2)络合萃取分离法。

C_8 芳烃中，间二甲苯的碱性最高，与 $HF-BF_3$ 形成的络合物远比其他异构体相应的络合物稳定，利用这一特性可从 C_8 芳烃中分离出间二甲苯。络合分离法中最成功的工业实例是日本三菱瓦斯化学公司发展的 MGCC 法，而且此法也是有效分离间二甲苯的唯一工业化方法，同时也能使其他 C_8 芳烃的分离过程大为简化。C_8 芳烃的四个异构体与 HF 共存于一个系统时，形成两个互相分离的液层，上层为烃层，下层为 HF 层。当向系统加入 BF_3 后，会发生下列反应而生成在 HF 中溶解度大的络合物。

$$X + HF + BF_3 \longrightarrow XHBF_4$$

式中，X 代表二甲苯。由于间二甲苯碱度最大，所形成的 $MXHBF_4$ 络合物的稳定性最大，故在系统中能发生如下置换反应：

$$MX + PXHBF_4 \longrightarrow PX + MXHBF_4$$

$$MX + OXHBF_4 \longrightarrow OX + MXHBF_4$$

式中，MX、PX、OX 分别代表间、对、邻二甲苯。络合物置换的结果是，$HF - BF_3$ 层中的间二甲苯浓度越来越高，烃层中的间二甲苯浓度越来越低，从而达到选择分离的目的。

工业上萃取间二甲苯是在0℃和0.4MPa 的条件下进行。萃取液(酸层)与烃层分离后，在40～170℃络合物分解，获得纯度为98%以上的间二甲苯。由于 $HF - BF_3$ 也是二甲苯异构化催化剂，所以此分离法可与间二甲苯液相异构化过程联合，以获得更多的对二甲苯和邻二甲苯。其工艺过程如图 6－20 所示。

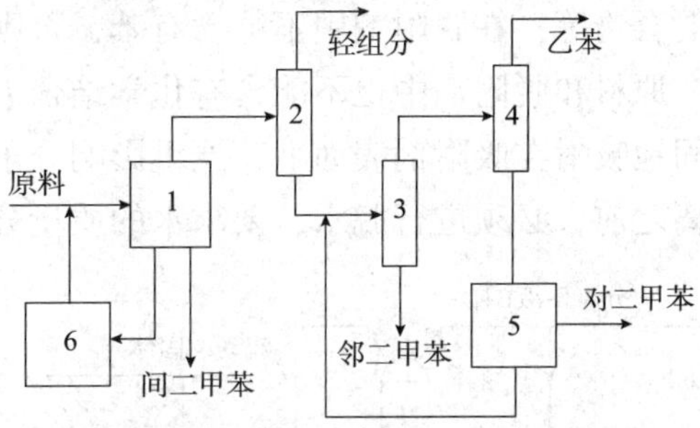

图6－20 MGCC 法二甲苯分离示意图

1—间二甲苯抽提设备；2—轻组分塔；3—邻二甲苯塔；4—乙苯塔；5—对二甲苯分离设备；6—异构化设备

原料与异构化产物混合，进入间二甲苯抽提分离装置。除去间二甲苯后的抽余液，先蒸掉其中的稀释剂等低沸物，然后进行精馏，分离出邻二甲苯和乙苯。产品乙苯纯度达99.8%，邻二甲苯纯度达98%。由于原料二甲苯已除去了含量达40%的间二甲苯，乙苯浓度提高了0.6倍，因而乙苯塔的回流比大幅度降低，大致会降到原来的62%，使乙苯塔直径缩小、操作费用下降。同时，由于消除了间二甲苯的稀释作用，乙苯塔塔顶、塔底的目的组分浓度基本相同，分离的单程收率得以提高。该过程主要缺点是 HF 有毒，且有强腐蚀性。

(3)吸附分离法。

吸附分离是利用固体吸附剂对二甲苯各异构体吸附能力的不同而进行的一种分离方法。吸附分离法工艺过程简单，单程回收率达98%，生产成本较低，已取代深冷结晶成为一种广泛采用的二甲苯分离技术。

①吸附剂。吸附分离是根据吸附剂对 C_8 芳烃各异构体吸附能力的差别来实现分离的。选择性能良好的吸附剂是很重要的，优良的吸附剂吸附容量大，这样在一定的处理条件下吸附剂的用量就越少，并可缩小吸附塔的尺寸，从而减少设备投资和操作费用。吸附剂一般以选择吸附系数 β 来表示吸附剂的选择性，β 可表示如下：

$$\beta = \frac{\left(\frac{x}{y}\right)_A}{\left(\frac{x}{y}\right)_R}$$

式中，x 为组分 1 的摩尔分数；y 为组分 2 的摩尔分数；A 代表吸附相；R 代表未被吸附相。

对于一种吸附剂来说，$\beta=1$ 是无法实现吸附分离的，β 越远离 1，越有利于吸附分离。β 值取决于吸附温度和组分含量。

②脱附剂。在吸附分离中，脱附和吸附同样重要。本工艺所用的脱附剂必须满足如下条件：与 C_8 芳烃中的任一组分均能互溶；与对二甲苯有尽可能相同的吸附亲和力，与对二甲苯进行反复的吸附交换；与 C_8 芳烃的沸点有较大差别，至少差 15℃；脱附剂存在下，不影响吸附剂的选择性；价廉易得，性质稳定。

用于对二甲苯脱附的脱附剂一般是芳香烃，例如甲苯、二乙苯和对二乙苯与正构烷烃的混合物等；在脱附剂中不能含有苯，否则将会降低吸附选择性。

原料和脱附剂中也不能含有化学结合力很强的极性化合物如水、醇等，因为它们会被牢固地吸附在吸附剂表面上，严重影响分子筛的吸附容量和相对吸附率。因此在进行吸附分离之前，必须进行脱水，要求水的质量分数降至 1×10^{-5} 以下。

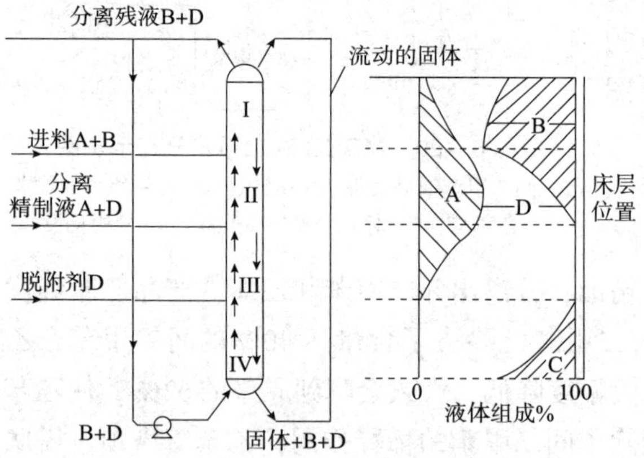

图 6－21　移动床连续吸附分离示意图

③模拟移动床分离 C_8 芳烃的基本原理。

移动床作用原理。图 6－21 为移动床连续吸附分离示意图，A 和 B 分别代表被分离的物质，D 代表脱附剂。

在此移动床中，固体吸附剂和液体做相对移动，并反复进行吸附和脱附的传质过程。A 比 B 有更强的吸附力，吸附剂自上而下移动，脱附剂 D 逆流而上，把被吸附的 A 与 B 可逆地置换出来；被脱附下来的 D 与 A、D 与 B 分别从吸附塔引出，经过蒸馏可将 D 与 A、D 与 B 分开。脱附剂再送回吸附塔循环使用。

模拟移动床的作用原理。从移动床的作用原理和液相中各组分的浓度分布图可看出，如果固体吸附剂在床内固定不动，而将物料进出口连续向上移，其作用与保持进出口不动而连续自上而下移动固体吸附剂是一样的。根据此原理设计出的分离装置称作模拟移动床。

④模拟移动床吸附分离流程。图 6－22 是立式吸附塔模拟移动床分离 C_8 芳烃的流程示意图。

整个吸附分离过程是在两个吸附塔中完成的，两个吸附塔借循环泵首尾相连如同一个。塔内有若干塔节，一般为 24 节，各塔节中装有固定的吸附剂，并用管线与旋转阀相连，通向物料的 4 个进出口控制阀。旋转阀的转动是根据原料处理量、原料组成、吸附剂的填充量等因素，依一定时间用计时开关来进行控制而完成吸附和脱附操作的。

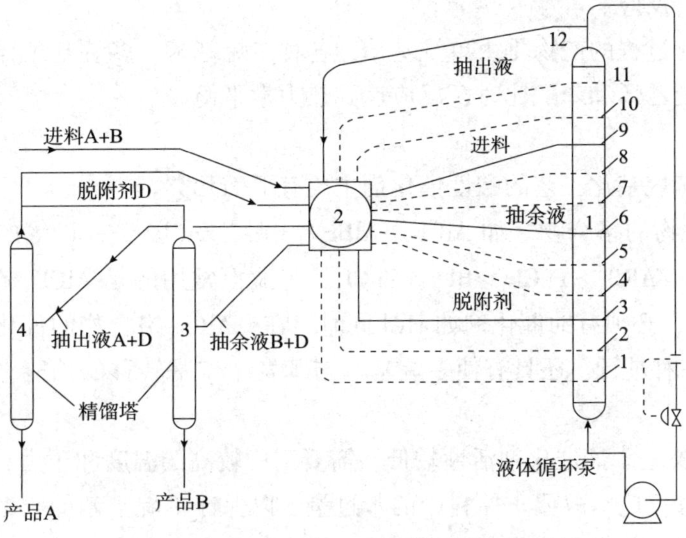

图 6－22　模拟移动床分离流程示意图

1—吸附塔；2—旋转阀；3—抽余液精馏塔；4—抽出液精馏塔

四、烷基化

芳烃的烷基化是指在芳烃分子中，苯环上的一个或几个氢为烷基所取代而生成烷基芳烃的反应。在芳烃的烷基化反应中，以苯的烷基化最为重要。这类反应在工业中主要用于生产乙苯、异丙苯和十二烷基苯等。能为烃的烷基化提供烷基的物质称为烷基化剂，可采用的烷基化剂有多种，工业上常用的有烯烃和卤代烷烃。

烯烃：以乙烯、丙烯、十二烯为主。烯烃不仅具有较好的反应活性，而且比较容易得到。由于烯烃在烷基化过程中形成的正烃离子会发生骨架重排，取得最稳定的结构，所以碳数大于二的烯烃与苯进行烷基化反应时，只能得到异构烷基苯而不能得到正构烷基苯。烯烃的活泼顺序为：异丁烯 > 正丁烯 > 丙烯 > 乙烯。

卤代烷烃：主要是氯代烷烃，如氯乙烷、氯代十二烷等。

活性顺序为：

同种卤素的卤代烷烃：叔卤烷 > 仲卤烷 > 伯卤烷。

不同卤素同种烷烃的卤代烷烃：碘代烷烃 > 溴代烷烃 > 氯代烷烃 > 氟代烷烃。

其他：如醇类、酯类、醚类等也可作为烷基化剂。

1. 苯烷基化反应的化学过程

1) 主反应

苯的烷基化反应主要包括苯与烷基化试剂的反应。苯的烷基化反应是一放热反应，且反应热效应很大。

在较宽的温度范围内，苯的烷基化反应在热力学上都是很有利的。只有当温度较高时，才有较明显的逆反应发生。

2) 副反应

苯的烷基化主要包括多烷基苯的生成、二烷基苯的异构化反应、烷基转移反应、芳烃缩合和烯烃的聚合反应。

所以苯烷基化过程的产物是由单烷基苯、各种二烷基苯、多烷基苯异构体组成的复杂混合物。在适宜的乙烯和苯配比时，反应达到热力学平衡。

3)催化剂

工业上用于苯烷基化工艺的酸性催化剂主要有下面几类。

(1)酸性卤化物的络合物。如 $AlCl_3$、$AlBr_3$、BF_3、$ZnCl_2$、$FeCl_3$ 等的络合物，它们的活性次序为 $AlBr_3 > AlCl_3 > FeCl_3 > BF_3 > ZnCl_2$。工业上常用的是 $AlCl_3$ 络合物。纯的无水 $AlCl_3$ 无催化活性，必须有助催化剂如 HCl 同时存在。$AlCl_3$ 络合物的催化剂活性甚高，可使反应在 100℃左右进行，还具有使多烷基苯与苯发生烷基转移的功能，但其对设备、管道的腐蚀性较强。

(2)磷酸/硅藻土。该催化剂活性较低，需要采用较高的温度和压力；又因不能使多烷基苯发生烷基转移反应，故要求原料中的苯过量，以保证单烷基苯的收率。另外，该催化剂对烯烃的聚合反应也有催化作用，会使催化剂表面积炭而活性下降。此催化剂在工业上主要应用于苯和丙烯气相烷基化生产异丙苯。

(3)$BF_3/\gamma-Al_2O_3$。这类催化剂的活性较好，并对多烷基苯的烷基转移也具有催化活性。用于乙苯生产时还可用稀乙烯为原料，乙烯的转化率接近 100%，但具有强腐蚀性和毒性。

4)ZSM-5 分子筛催化剂

这类催化剂的活性和选择性均较好，用于乙苯生产时，可用 15%~20% 低浓度的乙烯作为烷基化剂，乙烯的转化率可达 100%，乙苯的选择性大于 99.5%。

2. 烷基化的工业生产方法

这里主要介绍苯烷基化制乙苯和异丙苯的生产工艺。

1)乙苯生产工艺

按苯和乙烯烷基化的酸性催化剂来分类，烷基化工艺分为三氧化铝法、$BF_3-Al_2O_3$ 法和固体酸法。若按反应状态分，可分为液相法和气相法两种。液相三氯化铝法又可分为传统的两相工艺和单相高温工艺，前者的典型代表是 Dow 法、旧 Monsanto 法等，后者典型代表是新 Monsanto 法。而气相固体催化剂烷基化法的典型代表是 Mobil-Badger 新工艺。

不论工艺流程上有何差异，其反应机理基本一致。苯和乙烯在催化剂存在下反应生成乙苯。最常用的催化剂是三氯化铝，如果在反应中加入氯化氢或氯乙烷助催化剂，将会提高催化剂的活性，使烷基化反应更有效地进行。

(1)液相烷基化法。

①传统的无水三氯化铝法。此法是最悠久和应用最广泛的生产烷基苯的方法，如图 6-23 所示。

在低温(95℃)、低压(101.3~152.0kPa)下，在反应器中加入 $AlCl_3$ 催化剂络合物、苯和循环的多乙苯混合物，搅拌使催化剂络合物分散，向反应混合物中通入乙烯，乙烯基本上能完全转化。由反应器出来的物流大概是由 55% 未转化的苯、35%~38% 的乙苯、15%~20% 的多乙苯混合的有机相和 $AlCl_3$ 络合物组成。经过冷却分层，$AlCl_3$ 循环返回反

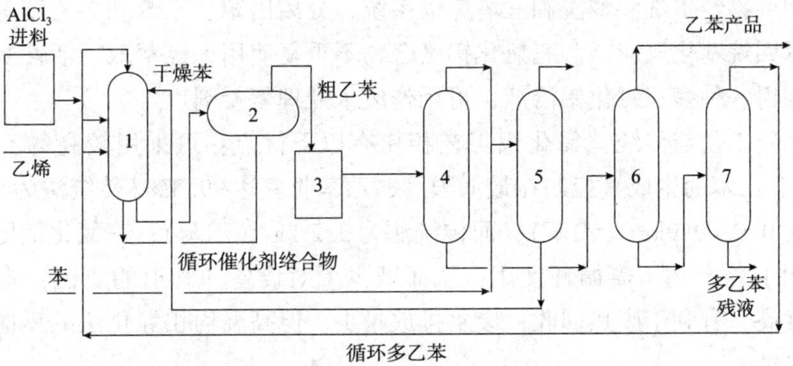

图 6-23 Union Carbide-Badger 乙苯生产工艺流程图

1—反应器；2—澄清器；3—前处理装置；4—苯回收塔；5—苯脱水塔；6—乙苯回收塔；7—多乙苯塔

应器。少部分被水解成 $Al(OH)_3$ 废液。有机相经水洗和碱洗除去微量的 $AlCl_3$ 得到粗乙苯。最后经三个精馏塔分离得到纯乙苯。在上述工艺流程中，不同生产厂家可能在乙烯与苯的配比、多乙苯返回量、催化剂用量、反应操作条件等参数上有所差异；就精馏分离部分，各生产厂家在降低能耗上也有不同程度的设计改进。迄今多数厂家通过改进已达到最佳操作，在原料和能量消耗上都有降低。

②高温均相无水三氯化铝法。1974 年，Monsanto 公司根据多年的生产经验，对乙苯收率低、能量回收不合理、"三废"多及设备腐蚀严重的液相烷基化传统工艺进行了改进。从反应机理入手，与富有工程设计经验的 Lummus 公司合作，联合开发了高温液相烷基化生产新工艺。该流程与传统工艺基本无差别，不同的是，Monsanto 公司与 Lummus 公司联合，成功设计出一种有内外圆筒的烷基化反应器。乙烯、干燥的苯、三氯化铝络合物先在内筒反应，在此内筒里乙烯几乎全部反应完，然后物料折入外筒中使多乙苯发生烷基转移反应。改进后的工艺称高温均相无水三氯化铝法，其流程示意图如图 6-24 所示。

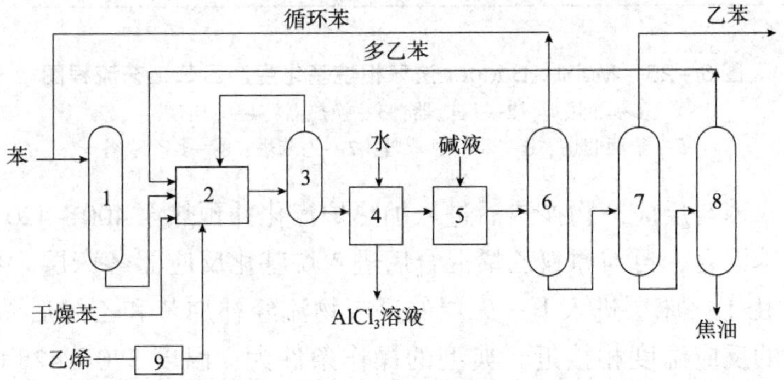

图 6-24 Monsanto-Lummus 高温均相烃化生产乙苯流程图

1—苯干燥器；2—烷基化反应器；3—闪蒸塔；4—水洗涤器；5—碱洗涤器；
6—苯塔；7—乙苯塔；8—多乙苯塔；9—催化剂制备槽

新鲜的乙烯、干燥的苯以及配制的三氯化铝配合物连续加入烷基化反应器中，在乙烯与苯的摩尔比为 0.8、反应温度 140~200℃、反应压力 0.588~0.784MPa、三氯化铝用量为传统法的 25% 的条件下进行反应。反应产物经绝热闪蒸，蒸出气态轻组分和氯化氢返回反应器；液相产物经水洗、碱洗和三塔蒸馏系统，分离出苯、乙苯和多乙苯等。苯循环使用，多乙苯返回烷基化反应器。三氯化铝络合物不重复使用，经萃取、活性炭和活性氧化铝处理后，制得一种多三氯化铝溶液，可用作废水处理絮凝剂。

高温均相新工艺与传统三氯化铝工艺相比有以下优点：可采用较高的乙烯/苯(摩尔比)，并可使多乙苯的生成量控制在最低限度，乙苯收率达99.3%(传统法为97.5%)；副产焦油少，为0.6~0.9kg/t(乙苯)，而传统法为2.2 kg/t(乙苯)；三氯化铝用量仅为传统法的25%，并且络合物不需循环使用，从而减少了对设备和管道的腐蚀，降低了防腐要求；反应温度高，有利于废热回收；废水排放量少。但高温均相烃化法的反应器材质必须在高温下耐腐蚀。

(2)气相烷基化法。

气相烷基化法以固体酸为催化剂，最早采用的是以磷酸/硅藻土为催化剂的固体磷酸法，但只适用于异丙苯的生产。后来开发了以 $BF_3/\gamma-Al_2O_3$ 为催化剂的 Alkar 法，可用于生产乙苯。20 世纪 70 年代，Mobil 公司又成功开发了以 ZSM－5 分子筛为催化剂的Mobil－Badger 法。该方法采用 ZSM－5 分子筛催化剂，气相烷基化所用反应器为多层固定床绝热反应器，其示意工艺流程图如图 6－25 所示。

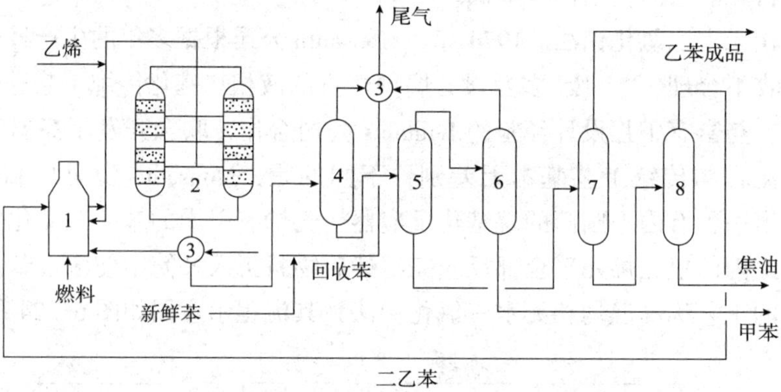

图 6－25　Mobil－Badger 法气相烷基化生产乙苯工艺流程图

1—加热炉；2—反应器；3—换热器；4—初馏塔；
5—苯回收塔；6—苯、甲苯塔；7—乙苯塔；8—多乙苯塔

新鲜苯和回收苯与反应产物换热后进入加热炉汽化并预热至400~420℃。先与已加热汽化的循环二乙苯混合，再与原料乙烯混合后进入烷基化反应器各床层。各床层的温升控制在70℃以下。由上一床层进入下一床层的反应物流经补加苯和乙烯后骤冷至进料温度，使每个反应床层的反应温度相接近。典型的操作条件为：温度370~425℃，压力1.37~2.74MPa，质量空速3~5kg(乙烯)/(kg 催化剂·h)。烷基化产物由反应器底部引出，经换热后进入初馏塔，塔顶蒸出来的轻组分及少量苯，经换热后到尾气排出系统作燃料；塔釜物料进入苯回收塔，在该塔内将物料分割成两部分，塔顶蒸出苯和甲苯进入苯、甲苯塔；塔釜物料进入乙苯塔。在苯、甲苯塔分离得到的苯进行循环使用，甲苯作为副产品引出。在乙苯塔塔顶蒸出乙苯成品送至贮罐。塔底馏分送入多乙苯塔，多乙苯塔在减压下操作，塔顶蒸出二乙苯，返回烷基化反应器，塔釜引出多乙苯残液送入贮槽。该法的主要优点为：无腐蚀无污染；反应器可用低铬合金钢制造；尾气及蒸馏残渣可作燃料；乙苯收率

高，以 ZSM－5 为催化剂时乙苯收率达 98%，以 HZSM－5 为催化剂时乙苯收率达 99.3%；烷基化反应温度高，有利于热量的回收；完善的废热回收系统使装置的能耗少；催化剂消耗低，寿命 2 年以上，每千克乙苯耗用的催化剂费用是传统三氯化铝法的 1/20～1/10；因此装置投资较低，生产成本低。但该法由于催化剂表面易积焦，催化剂的活性下降很快，需频繁进行烧焦再生。

2）异丙苯生产工艺

固体磷酸法（UOP 法）、非均相三氯化铝法（SD 法）及均相三氯化铝法（Monsanto 法）是目前工业上主要的异丙苯生产工艺。

由于苯和丙烯烷基化反应为放热反应，又是连续反应，其反应温度与产物精馏温度接近，可以利用反应热直接进行精馏。在苯/丙烯摩尔比为 3 的时候，反应放出的热量足够使苯汽化。美国 Chemical Research&Licensing（CR&L）公司在 MTBE 催化精馏设计的基础上已经开发出一种利用沸石作催化剂的催化精馏工艺（CD 法），用于生产异丙苯。由于异丙苯及时地与苯分离，故减少了串联副反应的发生，使多异丙苯的生成量大为降低。苯和丙烯烷基化工艺流程如图 6－26 所示。

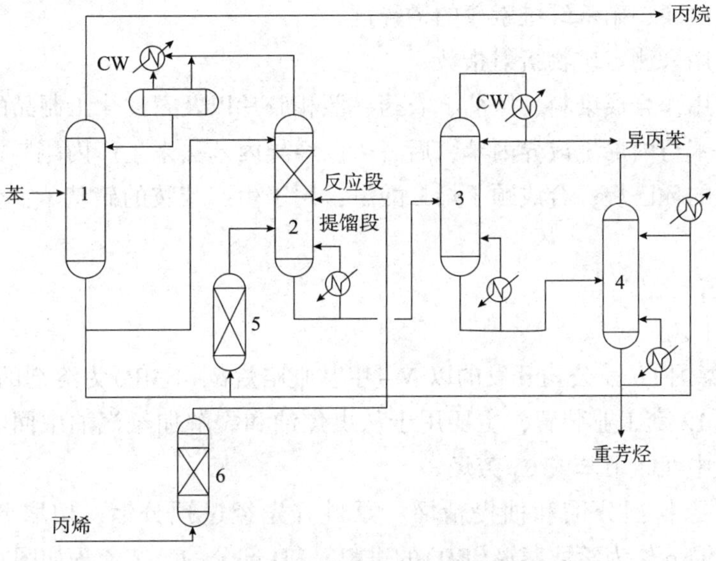

图 6－26 催化精馏法合成异丙苯

1—苯塔；2—反应精馏塔；3—异丙苯精馏塔；4—多异丙苯塔；5—反应器；6—干燥器

该工艺关键设备是反应精馏塔。塔分为两部分，上段为反应段，采用沸石分子筛催化剂；下段为提馏段。由反应精馏塔的反应段顶部出来的苯蒸气经塔顶冷凝器冷凝，将其中的不凝气体分离出来，然后流入苯塔，与新鲜苯混合，返回反应精馏塔的反应段上部作为回流，在向下流动的过程中，通过床层时与从反应段下部进入的干燥丙烯接触进行反应生成异丙苯。反应段流下的液体中，部分未反应的苯由于吸收反应热而汽化，在反应精馏塔的提馏段被汽提出来进入反应段。反应精馏塔釜流出的液体产物中含有异丙苯、多异丙苯，经异丙苯精馏塔，从塔顶回收异丙苯产品，塔釜液送入多异丙苯塔，在多异丙苯塔釜排出烃化焦油，从塔顶分出的多异丙苯循环至烷基转移反应器（反烃化器），与苯塔来的部分苯反应转化为异丙苯后进入反应精馏塔的提馏段。在反应精馏塔中，反应段的苯浓度可以维持在很高水平，减少了丙烯自身聚合和异丙苯进一步烷基化反应，减少了重组分对床层的污染，有利于连续稳定操作。该工艺流程简单，可根据反应温度要求调节压力，压力一般控制在0.3~1.0MPa。

第四节　芳烃衍生物

一、苯

1. 基本性质和用途

苯(benzene)，有机化合物，是组成结构最简单的芳香烃，分子式 C_6H_6。在常温下为一种无色、有甜味、油状的透明液体，其密度小于水，为0.88g/cm^3，具有强烈的特殊气味，易挥发，具强折光性。燃烧时的火焰光亮而带黑烟。熔点5.5℃，沸点80.1℃，闭口闪点-11.1℃。苯能与水生成恒沸物，沸点为69.25℃，含苯91.2%。

溶剂：苯可以做脂肪、树脂、碘、脱漆剂、润滑油、油脂、蜡、赛璐珞、树脂、人造革等溶剂，以及清漆、硝基纤维素漆的稀释剂。

探测：可以用来测定矿物折射指数。

有机原料：用作合成染料、医药、农药、照相胶片以及石油化工制品的原料。

工业合成：苯与丙烯生成异丙苯，后者可以经异丙苯法来生产丙酮与制树脂和黏合剂的苯酚；制尼龙的环己烷；合成顺丁烯二酸酐；用于生产苯胺的硝基苯；生产多用于农药的各种氯苯。

2. 生产工艺

1) Distapex 工艺

Distapex 是德国 Lurgi 公司开发的以 *N*-甲基吡咯烷酮(NMP)为溶剂的抽提精馏工艺。据统计，已建成12套工业装置，主要用于从煤焦油和裂解加氢汽油中回收纯苯，也有用于从催化重整液中回收甲苯或 C_8 芳烃。

该工艺包括原料预分馏和抽提精馏。原料首先经过预分馏，切取芳烃含量不低于60%~70%的窄馏分作为萃取蒸馏(ED)的进料。ED部分的工艺流程如图6-27所示。

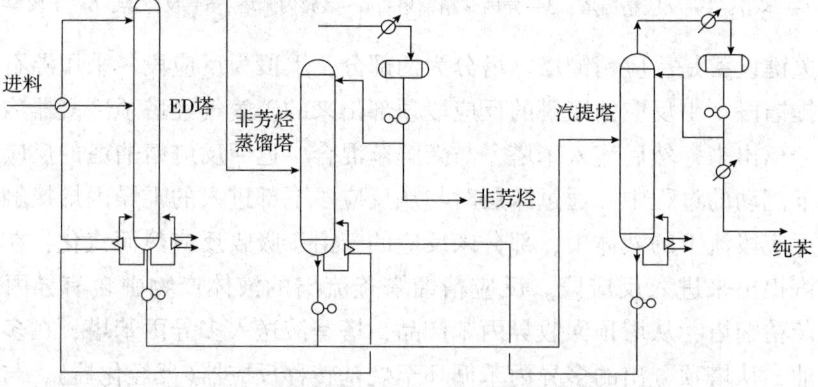

图6-27　Distapex 工艺流程简图

富含苯(甲苯或二甲苯)的窄馏分经换热后进入抽提精馏塔的中部，系统的循环溶剂NMP则从塔顶进入。溶剂在下降过程中与烃蒸气逆流接触进行传热、传质，由于溶剂对苯较强的亲和力，苯优先溶于溶剂之中，被逐级提纯后流至塔底，然后被送入汽提塔进行苯和溶剂的分离。非芳烃则以气态形式被蒸发至塔顶。该ED塔不设回流，非芳烃携微量溶剂一起进入非芳烃蒸馏塔。非芳烃蒸馏塔以系统的循环溶剂作为热源，塔顶蒸气经冷凝冷却后部分回流，部分作为非芳烃产品送出装置。富溶剂在汽提塔中进行减压蒸馏，塔顶苯蒸气经冷凝冷却后，一部分作为回流，一部分作为产品送出装置，系统溶剂从汽提塔底出来，经过换热后循环至抽提精馏塔。

2)Morphylane 工艺

德国 Koppers 公司开发的 Morphylane 工艺，采用 *N*－甲酰基吗啉(NFM)为溶剂。20 世纪 90 年代，我国科研单位也开展了以 NFM 为溶剂的抽提精馏工艺的研究，使以 *N*－甲酰基吗啉为溶剂的抽提精馏工艺得到了进一步发展。

Morphylane 抽提精馏部分的工艺流程如图 6－28 所示。

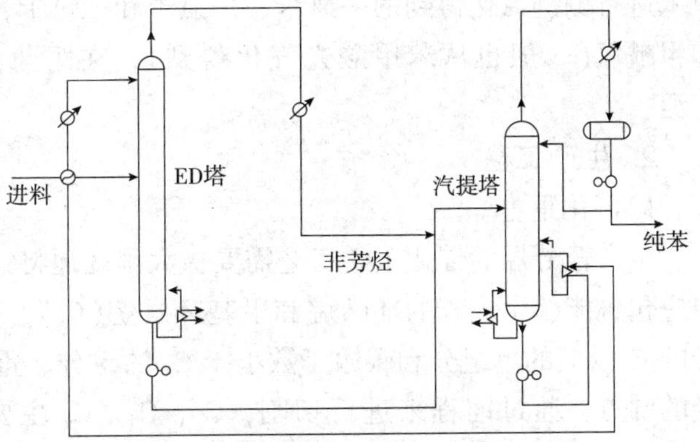

图 6－28 Morphylane 工艺流程示意图

抽提精馏原料经换热后进入抽提精馏塔的中部，循环溶剂 NFM 则从塔顶进入。溶剂在下降过程中与烃蒸气逆流接触进行传热、传质。经过抽提精馏，富含芳烃的溶剂自塔底抽出，送入汽提塔进行芳烃与溶剂的分离。汽提塔底贫溶剂经过热交换后，返回抽提精馏塔循环使用。抽余油含少量溶剂，需经水洗再送出装置。洗后水用原料处理，回收少量溶剂。处理后的水返回水系统循环使用，处理水洗水的原料则送回抽提精馏塔进行芳烃分离。

近年来，KruppWood 又提出了同时制取苯、甲苯的新流程，其主要做法是：先将原料进行预分馏，切取苯馏分和甲苯馏分，然后将两个馏分输入同一个抽提精馏系列，苯馏分进入 ED 塔的下部，甲苯馏分送入 ED 塔上部，经过抽提精馏和芳烃与溶剂的分离后得到高纯度苯甲苯混合物，再通过精馏分离，得到苯、甲苯产品。由于苯馏分和甲苯馏分的进料位置得到了最优化，难分离的重质非芳烃随甲苯馏分进入 ED 塔的上部，在此区域溶剂浓度最高，选择性最好，重非芳烃容易被蒸发出去，因此保证了甲苯的高纯度。而含轻质非芳烃的苯馏分进入 ED 塔的下部，因轻非芳烃很容易除去，因此不仅不影响芳烃的纯度，还保证了苯的回收率。

二、甲苯

1. 基本性质和用途

甲苯是有机化合物，在常温下呈液体状，是一种无色、带特殊芳香味的易挥发液体，有强折光性，属芳香烃，结构简式为 $C_6H_5CH_3$。能与乙醇、乙醚、丙酮、氯仿、二硫化碳和冰乙酸混溶，极微溶于水。易燃，蒸气能与空气形成爆炸性混合物，爆炸极限 1.2% ~

7.0%(体积)。低毒,半数致死量(大鼠,经口)5000mg/kg。高浓度气体有麻醉性,有刺激性。它的沸点为110.8℃,凝固点为-95℃,密度为0.866g/cm^3。

染料助剂:溶剂、高辛烷值汽油添加剂。

化学工业:甲苯用于脱烷基制苯或歧化制二甲苯。

萃取剂:甲苯用作萃取溴水中的溴,但是不和溴水反应。

炸药:甲苯容易发生硝化,生成对硝基甲苯或邻硝基甲苯,它们都是染料的原料;一份甲苯和三份硝酸硝化,可得到三硝基甲苯(TNT)。

其他:甲苯磺化,生成邻甲苯磺酸或对甲苯磺酸,它们都是做染料或制糖精的原料;甲苯进行侧链氯化得到的一氯苄、二氯苄和三氯苄,包括它们的衍生物苯甲醇、苯甲醛和苯甲酰氯(一般也从苯甲酸光气化得到),在医药、农药、染料特别是香料合成中应用广泛。

2. 生产工艺

1)催化重整

生产轻芳烃的催化重整工艺需要极大程度地将链烷烃和环烷烃转化为芳烃,重整原料中应包含能够生成苯的环己烷和甲基环戊烷(C_6)、C_7~C_8 组分,并尽可能去除生成重芳烃的 C_9以上的重组分和碳原子数小于 C_6 的组分。重整原料碳原子数的控制主要依据单体烃的沸点,通过馏程来进行切割,C_6、C_7、C_8 主要烃类的沸点分别为 60~81℃、80~111℃、110~145℃

催化重整工艺按催化剂的再生方式分为固定床半再生、固定床循环再生和移动床连续再生 3 种类型。重整原料对重整产物的分布、产率等都有重要影响。原料中正构烷烃环化脱氢成芳烃的反应速率很慢、转化率低,而环烷烃和异构烷烃环化脱氢成芳烃的反应速率相对较快。对重整原料石脑油进行吸附分离或馏分切割做到"宜烯则烯,宜芳则芳"是充分利用重整原料、优化产物分布并提高芳烃收率的重要手段。

生产芳烃的重整技术的发展方向之一是降低苯含量,最常用的方式是从重整原料石脑油中尽可能地除去在重整过程中会生成苯的苯前身物。适当提高石脑油的初馏点到80℃左右,可以降低苯的产率,增加甲基苯和多甲基苯的产率。

2)轻烃芳构化

LPG、轻烯烃、芳烃抽余油等轻烃原料不宜作重整原料,但可通过芳构化增产芳烃,甚至甲烷、甲醇也可以经芳构化后得到芳烃。

1984 年,美国 UOP 公司和英国 BP 公司联合开发了 Cyclar 工艺。该工艺采用 BP 公司发明的改性 ZSM-5 分子筛催化剂和 UOP 公司的模拟移动床再生技术,将 C_3~C_4 烃或液化石油气(LPG)选择性地转化为高附加值的芳烃(BTX),并联产大量氢气。Cyclar 工艺装置主要由反应器、催化剂再生(CCR)单元和产物分离装置三大部分组成,工艺条件为:温度 482~537℃,重时空速 2.0h^{-1},低压和高压两种操作模式均不超过 689kPa。所使用的 Ga 改性 ZSM-5 催化剂具有良好的反应性能,催化剂抗结焦能力强、热稳定性好、机械强度高,其运转寿命为 2 年,抗硫、氮及二氧化碳、水等杂质,因此不需进行原料精制等预处理。

20 世纪 80 年代中期,美国 Mobil 公司开发了有别于催化重整过程生产芳烃的 M-2

Forming 工艺，该工艺采用 HZSM－5 沸石催化剂，将热解汽油或催化裂解产生的不饱和气体、烷烃类石脑油、LPG 转化为 BTX。反应温度随原料而变，如反应原料为烯烃，则反应可在较低温度下进行(370℃)；如为丙烷，则在较高温度下进行(530℃)。催化剂与传统的酸催化剂相比稳定性较好，但催化剂仍存在较严重的积炭失活，同时，芳烃产物需循环处理。

由洛阳石化工程公司炼制研究所开发的 GAP 工艺，将杂质直馏汽油芳构化改质生产高辛烷值汽油。GAP 工艺采用三炉三反工艺流程，3 台反应器循环进行反应再生。该装置不另建单独吸收－稳定系统，而是依靠 FCCU 吸收－稳定系统的富余能力，反应生成的油气经换热、冷却后分离。液体产品作为高辛烷值汽油或高辛烷值汽油调和组分；气体产品经压缩后进 FCCU 的吸收－稳定系统，得到干气和液化气。该工艺催化剂 LAC－1 是 HZSM－5沸石经金属改性得到的条形剂，具有活性高、抗中毒能力强和稳定性好的特点。

3)催化裂化干气芳构化

催化裂化干气是催化裂化装置加工重质油得到的副产物。催化裂化干气主要由氢气、甲烷、乙烯、乙烷等成分构成，当前对它的加工利用方式有两种：一是对其进行组分分离提纯，得到相应组分后再利用；二是在一定的温度、压力与催化剂作用下，直接加工生产成混合芳烃。

在芳构化过程中，主要产生裂解、叠合、氢转移、环化、脱氢、异构化等化学反应，它是在一定的温度、压力、空速与催化剂作用下，利用吸附作用使成分占据在催化剂酸性中心上，吸热形成碳正离子，然后相互运动、相互作用形成中间聚合体；中间聚合体或烯烃分子继续反应生成六元环状化合物，由于成环分子间键的断裂，其是放热反应；六元环状化合物继而脱氢形成芳烃。

经研究表明，加工长链烷烃和烯烃的芳构化反应是较容易进行的，所以为了改善甲烷的芳构化过程，降低甲烷芳构化过程中对反应温度的要求，避免催化剂积炭，使该过程操作条件温和，可将甲烷与长链烷烃和烯烃组成芳构化的理想体系。另外，干气中除了甲烷还有乙烯、乙烷等成分，这些成分也是可以芳构化的，所以研究直接将干气进行芳构化具有非常重要的意义。

三、二甲苯

1. 基本性质和用途

二甲苯(dimethylbenzene)是一种有机化合物，分子式为 C_8H_{10}，为无色透明液体，是苯环上两个氢被甲基取代的产物，存在邻、间、对三种异构体，在工业上，二甲苯即指上述异构体的混合物。二甲苯是无色透明液体，有芳香烃的特殊气味。BTX 系由 45%～70%的间二甲苯、15%～25%的对二甲苯和 10%～15%的邻二甲苯三种异构体所组成的混合物，易流动，能与无水乙醇、乙醚和其他许多有机溶剂混溶。二甲苯异构体有三种，分别是对二甲苯 PX(沸点 138.35℃)、邻二甲苯 OX(沸点 144.41℃)、间二甲苯 MX(沸点 139.10℃)。

溶剂：涂料、树脂、染料、油墨等行业用作溶剂。

有机原料：作为高辛烷值汽油组分，是有机化工的重要原料。

医学：医学上主要用于组织、切片的透明和脱蜡。

其他：用于医药、炸药、农药等行业做合成单体或溶剂。

2. 生产工艺

1）石脑油催化重整分离

PX可从混合二甲苯中抽提分离，也可将间、邻二甲苯和乙苯异构化转化为PX。还可以通过甲苯歧化生产PX，改进的工艺技术可使甲苯歧化生成PX的产率提高到90%以上。生产PX主要工艺技术有UOP的PX－Hus法、ExonMobil化学的PXMax法。ExonMobil化学的PXMax工艺已在日本石油炼制公司水岛芳烃厂使用。由BP公司和UOP公司合作开发的Cyclar工艺技术以液化石油气为原料生产液体芳烃，其中包括PX产品，首套工业化装置已在沙特阿拉伯Yanbu的IbnRushd厂建成，并于1999年投产，工艺过程如图6－29所示。

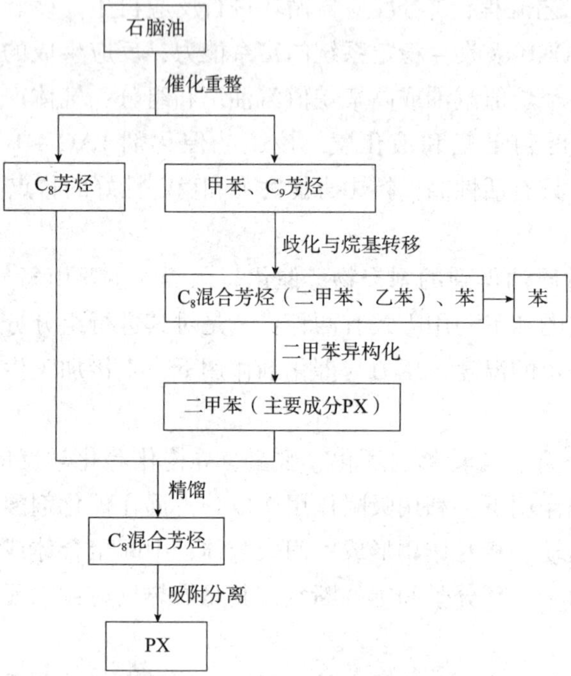

图6－29　石脑油催化重整分离PX

2）甲苯歧化与烷基转移

甲苯歧化单元是芳烃联合装置中关键单元之一，起物流转换枢纽和有效调整芳烃原料与产品结构的重要作用。甲苯与C_9芳烃进行歧化及烷基转移反应生成低乙苯含量的混合二甲苯，是生产对二甲苯的优质原料。该工艺可以最大限度地利用重整生成油中的甲基和芳环资源，是目前芳烃联合装置中普遍采用的增产二甲苯的技术单元。不同的甲苯歧化技术的主要区别在于催化剂处理C_{9+}芳烃的能力及稳定性等。

甲苯经择形歧化反应，生成高PX浓度的混二甲苯产物，有效地降低了PX分离的成本。STDP工艺可从甲苯原料提供高浓度对二甲苯物料（大于80%）和大量的苯副产物；普通甲苯歧化技术C_9芳烃可以和甲苯一起加工，得到二甲苯的平衡混合物（对二甲苯含量为20%～25%），但苯副产物较少。普通甲苯歧化技术既应用了甲苯歧化反应，又利用了烷基转移反应。近年来，随着甲苯择形歧化技术的不断提高，该工艺越来越具有竞争力。甲苯转化率、对位选择性以及PX收率的提高，进一步降低了该工艺的能耗物耗，目前国外新建PX装置中已有一半采用该技术。

3）二甲苯异构化技术

混合二甲苯中各组分间凝固点相差较大，因此可以用冷冻结晶法分离生产PX。结晶分离法一般由两段结晶过程组成。第一段结晶温度控制在低共熔温度（－68～－62℃），以提高PX的回收率，PX晶体的纯度为85%～90%；第二段结晶过程中将一段结晶粗产品熔融后，控制结晶温度为－20～－10℃，进行重结晶，以提高产品的纯度，可获得纯度>

98%的PX。二次结晶产品用甲苯洗涤，可以脱除PX晶粒间夹杂的间位和邻位异构体。晶体熔化后经精馏塔脱甲苯，得到的PX产品的纯度可达99.8%。

吸附分离是获得对二甲苯产品最主要的方法，工业上采用逆流模拟移动床工艺技术。早期大规模商业化的是UOP的Parex工艺，1995年Axens推出了Eluxyl工艺。二者分别使用旋转阀和程控阀组来实现工艺物料分配和步进切换，同时配套专用的吸附室格栅内构件和吸附剂等。在此基础上，石科院与SEI合作，选择程控阀组控制方式，先后完成了新型格栅、模拟移动床程序控制系统等研究开发，形成了中国石化自主吸附分离工艺技术（SorPX），并成功实现了工业化。PX吸附分离的核心是高效吸附剂，长期以来吸附剂和吸附分离技术为UOP和IFP垄断。石科院于2007年在中国石化齐鲁分公司Parex装置上成功工业应用了RAX-2000A型PX吸附剂，其新一代的RAX-3000吸附剂也已完成了实验室研发工作。具有自主知识产权的中国石化成套吸附分离技术也在加快研发中。

4）甲苯甲基化技术

甲苯甲基化（甲苯与甲醇烷基化）技术是一种PX生产新技术。与已经工业化技术相比，甲苯甲基化的主要优势在于，能最大限度地将甲苯原料转化为PX产品，即甲苯利用率非常高；另一优势是采用甲醇作为烷基化试剂。甲醇是煤化工的主要中间产物，受国内产能的快速增长及廉价进口甲醇的竞争，国内甲醇价位将在未来相当长的时间内维持较低的水平。基于廉价的甲醇原料及甲苯原料的高效转化，甲苯甲基化技术具有很好的技术经济性。该技术作为未来芳烃转化的关键新技术，必将引起更加广泛的关注。

四、乙苯

1. 基本性质和用途

乙苯（ethylbenzene），芳香族有机化合物，分子式$C_6H_5C_2H_5$，存在于煤焦油和某些柴油中。易燃，其蒸气与空气可形成爆炸性混合物，遇明火、高热或与氧化剂接触，有引起燃烧爆炸的危险。乙苯不溶于水，可混溶于乙醇、醚等多数有机溶剂。乙苯由于苯环上连有乙基，故使苯环活化，比苯更容易发生化学反应。乙苯可以被硝化，也能被磺化；和高锰酸钾反应，产生苯甲酸。乙苯的液体密度是0.87g/cm^3，相对分子质量为106.6，沸点为136.2℃，闭口闪点为15℃，熔点为-94.9℃。

化学工业：在石油化学工业中，乙苯是一种重要的基本化工产品，主要用途是生产苯乙烯等树脂和塑料的中间体，而所制得的苯乙烯常被用来与丁二烯、丙烯腈共聚用于生产ABS工程塑料；与丁二烯共聚用于生产乳胶（SBL）和合成橡胶（SBR）；与丙烯腈共聚合成AS树脂。

有机合成工业：乙苯作为基础原料可以用于有机合成工业，例如生产苯乙酮、乙基蒽醌、对硝基苯乙酮、甲基苯基等中间体。

医学：医药上可以用作合成合霉素和氯霉素的中间体。

溶剂：乙苯可用作稀释剂或者溶剂，能溶解氯化橡胶、天然橡胶、丁基橡胶、环氧树脂、油脂、石蜡油、蜡等。

生活：乙苯经过处理后可用于制作香料的成分之一。

2. 生产工艺

1)苯烷基化法

20世纪80年代以前，苯和乙烯烷基化法是工业上生产乙苯的主要方法，以 $AlCl_3$ 为催化剂，包括传统的 $AlCl_3$ 法、改良的 $AlCl_3$ 法和 Alkar 法。由于 $AlCl_3$ 腐蚀性较大，带来污染环境、设备腐蚀严重、生产安全隐患大等一系列问题，此三种方法逐渐被淘汰。在采用乙烯制备乙苯的工艺合成方法时，其中主要存在有两种反应，分别为烷基化反应和烷基化转移反应，它们分别发生在烃化反应器与反烃化反应器中。

在烃化反应器中，原料乙烯物流和原料苯物流在酸性催化剂环境下进行反应得到产物乙苯，但这个反应也会过度地进行导致其生成多乙苯，并且在原料中残留一定量的丙烯与丁烯也会和苯发生反应生成高级烷基苯。在烃化反应器中发生的反应如下：

$$C_6H_6 + C_2H_4 \longrightarrow C_6H_5C_2H_5$$

为了减少原料的损失，提高乙苯的产率，需要将烃化反应器内的所生产产品进行分离，可以得到乙苯、多乙苯、高级烷基苯，并将其中的多乙苯和高级烷基苯输送到反烃化反应器中和苯采用不同配比进行混合，使非乙苯产品能够变成目标产品乙苯。在反烃化反应器中，最主要反应是烷基化转移反应。此类反应是将来自烃化反应器中的多乙苯产物在催化剂的作用下与苯进行混合，并转化为目标产物乙苯的过程

2)FCC 干气气相法制乙苯

中国科学院大连化学物理研究所和抚顺石油二厂合作开发了沸石催化剂气相法由 FCC 干气制乙苯，该工艺于1993年在抚顺石油二厂投产，规模为 3×10^4t/a 乙苯，填补了我国在这方面的空白。

使用的3884催化剂以含稀土的 ZSM－5/ZSM－11 为活性基质。反应条件为：温度375～450℃，压力0.5～2.0MPa，乙烯质量空速0.5～1.8/h，苯/乙烯摩尔比大于8。乙烯转化率可达90%，生成乙苯和二乙苯的选择性可达99%，催化剂单程寿命达40～60天，且有良好的再生性能。该工艺对原料气中丙烯、H_2S、H_2O 和 O_2 等杂质含量要求不严格，可直接用于 FCC 干气，而不需要对原料气进行特殊精制[丙烯≯0.7%(体积)，水为饱和水，总硫≤3000mg/m^3]。但与其他气相法一样，最大的不足在于反应温度较高，致使产物中含有较多的二甲苯，影响了产品乙苯的质量。

催化蒸馏合成乙苯工艺具有如下优点：反应温度易于控制，单烷基苯选择性高，反应热利用充分，将烷基化反应器与苯分离塔合二为一，可简化设备节省投资，催化剂的稳定性好、寿命长，再生周期在2年以上。虽然空速低、催化剂用量高，仍被认为是乙苯合成技术的发展趋势，特别是用于催化裂化干气等稀乙烯制乙苯，具有更大的吸引力。

五、苯乙烯

1. 基本性质和用途

苯乙烯(Styrene，STY)是用苯取代乙烯的一个氢原子形成的无色透明油状有机化合物(分子式为 C_8H_8，结构简式 $C_6H_5CH=CH_2$)。苯乙烯是无色、有特殊香气的油状液体。不溶于水(<1%)，溶于乙醇、乙醚中，暴露于空气中逐渐发生聚合及氧化，要加阻聚剂作稳定剂，延缓其聚合过程才能贮存。密度为0.909g/cm^3，相对分子质量为104.15，沸点

为 145 ~ 146℃，闪点为 13℃。

有机原料：苯乙烯可以用来生产丁苯橡胶和聚苯乙烯，同时也可以与其他单体共聚生产种类用途不同的工程塑料。

工业合成：苯乙烯可用于合成聚酯玻璃钢、涂料、染料中间体蒽醌、农药乳化剂、医药、选矿剂苯乙烯膦酸等。

药物中间体：作为麻醉性镇痛剂强痛定中间体的肉桂基氯可以通过苯乙烯氯甲基化得到，同时苯乙烯还是易咳嗪、胃肠宁的原药。

其他：苯乙烯是用于制造苯丙乳液和溶剂型压敏胶的硬单体，也可用于配制镀铜光亮剂；苯乙烯同时也是制备香料的中间体。

2. 生产工艺

1）乙苯催化脱氢法

（1）Lummus/UOP 工艺。反应在高温、低压下进行，乙苯（包括新鲜和循环乙苯）和稀释蒸汽以过热蒸汽（800℃）为热载体，蒸汽与乙苯质量比 1.0 ~ 1.5，采用带有级间二次加热的二级串联径向固定床反应器，脱氢产物经过分馏后从塔底得到苯乙烯，塔顶馏出未反应完全的乙苯。反应温度一般为 600 ~ 640℃，反应压力一般为 40 ~ 56kPa。

（2）Fina/Badger 工艺。该工艺主要原理是绝热脱氢，用过热蒸汽提供乙苯脱氢所需热量并抑制催化剂结焦以及降低乙苯的分压，实现了对粗苯乙烯塔热量的循环利用。与 Lummus/UOP 工艺相比，该工艺消耗的冷却水和蒸汽较少。反应温度一般为 560 ~ 650℃，脱氢反应压力一般为 43 ~ 68kPa。

（3）BASF 工艺。BASF 工艺由德国开发，工艺的特点是用烟道气直接加热的方式提供反应热，这是与绝热反应的最大不同点；与绝热反应相比，其最大特点是把加热系统和反应器连成一体，用高温烟道气直接加热提供热量，烟道气进出口温度分别为 750℃ 和 630℃，使乙苯进料温度达到 585℃左右并直接与催化剂接触进行脱氢反应。出口气体经换热冷却、分离气液相、蒸馏等制得苯乙烯。该工艺因存在反应器等方面的问题，所以应用较少。

2）乙苯、丙烯共氧化法

乙苯经空气氧化制得氢过氧化物，再与丙烯进行环氧加成合成环氧丙烷，联产的 α－苯乙醇经脱水得苯乙烯。乙苯氧化反应温度 100 ~ 150℃，压力 0.3 ~ 0.5MPa，反应时间 3 ~ 5h，以乙苯氢过氧化物为引发剂，无水碳酸钠为助剂，用空气液相氧化而得乙苯氢过氧化物。环氧化丙烯与乙苯氢过氧化物反应，催化剂为钼，反应温度 90 ~ 110℃，反应时间 40 ~ 60min，反应压力 1.96 ~ 3.92MPa，反应结束后，可得 α－苯乙醇和环氧乙烷。苯乙醇脱水反应在固定床、气相、常压下进行。该反应为吸热反应，脱水温度为 250 ~ 260℃，以水蒸气为稀释剂，水与醇摩尔比为 5，催化剂为二氧化钛。在此条件下，α－苯乙醇的转化率达 87% ~ 92%，苯乙烯单程收率达 85%，选择性可达 95% 以上。该法除了获得苯乙烯之外，还可联产环氧乙烷。

3）选择氧化脱氢法

该工艺采用低温放热反应替代传统乙苯脱氢法的高温吸热反应，因而大幅度降低了能耗。目前，该工艺主要包括乙苯脱氢选择性氧化工艺（Styro－Plus 工艺）和苯乙烯单体先进反应器工艺(Smart 工艺)。

(1)乙苯脱氢选择性氧化工艺(Styro – Plus 工艺)。该工艺是 20 世纪 80 年代由美国 UOP 公司成功开发的，并且在 1986 年实现了工业化，此工艺可以在保持高苯乙烯选择性的情况下，使转化率稳定在 90% 以上。该工艺采用氧化供热的方式，将乙苯脱氢反应生成的氢气选择性燃烧，从而影响反应的化学平衡，向生成苯乙烯的方向移动，提高了乙苯的转化率，并且为反应提供热量，减少能耗。与传统工艺相比，Styro – Plus 工艺生产单位质量苯乙烯消耗的蒸汽降低 34% 左右，节能优势明显。由于该工艺较高的乙苯转化率，所以降低了精馏工序的负荷，并且随着氢气燃烧生成的水冷凝排出，减轻了压缩机的工作负荷。

(2)苯乙烯单体先进反应器工艺(Smart 工艺)。Smart 工艺是 20 世纪 90 年代初期由 UOP、Monsanto 和 Lummus 公司联合开发的。该工艺是在 Styro – Plus 工艺的基础上，将 Styro – Plus 工艺与乙苯脱氢工艺集成一体，已经成为先进的苯乙烯制造工艺。该工艺在乙苯脱氢的基础上，向脱氢产物中加入一定量的空气或氧气，在催化剂条件下使氢气氧化成水，从而降低了氢分压，打破了化学平衡使反应向生成苯乙烯的方向进行。在选择性相同条件下，与传统乙苯脱氢工艺相比，乙苯的转化率超过 80%，减少了乙苯循环量，降低了精馏阶段的能耗。

第七章　高分子化工

高分子材料是以人工合成的高分子化合物为基础，再加入其他特殊性质的添加剂所构成的材料，也可称为聚合物合成材料。随着现代石油化工的发展，高分子合成材料的原料越发广泛和廉价，几乎所有通用单体都已经实现了工业化生产。高分子化工过程是实现炼油－化工－材料一体化的重要环节。目前，高分子材料不仅为工农业生产及人们的日常生活提供了不可缺少的材料，而且为发展高新技术提供了更多、更有效的高性能结构材料、高功能材料以及满足各种特殊用途的专用材料，在生物医药、人工智能等尖端领域，航空航天和军事装备等国防领域以及国民经济各个领域得到了广泛应用，在国民经济和社会可持续发展战略中占有重要的地位。

高分子及高分子材料是人类生活和社会发展的必需品，高分子材料遍及人类现代生活的衣、食、住、行、用等各个方面，随手可得，随处可见。在现代交通工具方面的应用，高分子材料约占飞机总质量的65%，约占汽车总质量的18%，论体积已远超过金属的用量。

第一节　概述

一、高分子的基本含义

1. 基本概念

高分子是一类相对分子质量较大的化合物，其相对分子质量在一万和百万之间，所包含的原子数多达$10^3 \sim 10^5$个。尽管高分子的相对分子质量较大，但是其分子链往往由许多结构简单的重复单元以共价键连接而成。通过聚合反应，用于合成聚合物的低分子化合物称为单体，如氯乙烯经聚合反应而成聚氯乙烯，氯乙烯就称为聚氯乙烯的单体。同样地，丙烯为聚丙烯的单体。为区别于高分子，相对分子质量低于1000的化合物称为低分子化合物，而相对分子质量介于高分子与低分子之间的化合物称为低聚物。

2. 高分子的分类

随着社会的进步和物质文明的不断发展，新型高分子不断合成和实现材料生产，以满足人民日益增长的对高分子材料的需要。为了便于高分子材料的合成研究和生产，从不同专业角度对聚合物进行多种分类：按来源分，可分为天然高分子、合成高分子、改性高分子；按照合成反应类型分，可分为加聚和缩聚两类高分子；按加热行为分，可分为热塑性高分子和热固性高分子；按高分子主链的几何形状分，可分为线型高分子、支链型高分子和交联型高分子；按聚集态结构分，可分为无定形高分子、结晶高分子和液晶态高分子等；按应用功能分，可分为通用高分子、特殊用途高分子、功能高分子和仿生高分子等。

通常，按照高分子材料的性能与用途分类，可将高分子材料分为塑料、纤维、橡胶三大类，此外还有涂料、胶黏剂、离子交换树脂等。

(1)塑料。塑料是以合成树脂为主要成分，辅以填充剂、增塑剂和其他助剂，在一定温度和压力下加工成型的材料或制品。塑料又可分热塑性塑料与热固性塑料两种。热塑性塑料可熔可溶，在一定条件下可反复加工成型，如聚乙烯、聚丙烯、聚氯乙烯等；而热固性塑料，只有在一定温度与压力下加工成型时会发生化学变化，并只能一次成型，如酚醛树脂、脲醛树脂等。

(2)纤维。长径比在1000以上且具有一定强度的线条或丝状高分子材料称为纤维。纤维的直径一般很小，受力后形变较小(一般为百分之几到20%)，在较宽的温度范围内(-50~150℃)力学性能变化不大。纤维分为天然纤维和化学纤维。化学纤维又分为人造纤维和合成纤维，人造纤维是将天然纤维经化学处理后再纺丝而得到的纤维，如人造丝；合成纤维是将单体经聚合反应得到的树脂经纺丝而成的纤维，常见的品种有聚酯纤维(涤纶)、聚酰胺纤维(如尼龙-66、尼龙-6)、聚丙烯腈纤维(腈纶)和聚丙烯纤维(丙纶)等。

(3)橡胶。具有典型高弹性的高分子材料称为橡胶。在外力作用下，橡胶能产生很大的形变(可达1000%)，外力除去后又能迅速恢复原状。在很宽的温度范围内具有良好的弹性，所以又称为弹性体。重要的橡胶品种有聚丁二烯(顺丁橡胶)、聚异戊二烯(异戊橡胶)、丁苯橡胶、氯丁橡胶、丁基橡胶等。

二、高分子产品的应用

高分子材料因其多样性和功能性，应用十分广泛。就结构高分子而言，大家知道最多的当属塑料、橡胶和纤维。其中，塑料产量最大，主要用于包装材料、结构材料、建筑材料以及交通运输材料；橡胶的主要用途为制造轮胎；纤维的主要用途为衣着用料。此外，高分子还包括涂料、黏合剂、工程塑料、耐高温高分子以及液温高分子等。

三、高分子生产过程

与其他化工产品的反应相比，高分子生产具有以下特征：反应机理多样、动力学机理复杂、实验的重现性差和微量杂质对反应的影响大。

1. 聚合反应的准备工作

聚合物反应的准备工作包括原料的前(预)处理和催化剂(或引发剂)的配制，这些准备工作都是以聚合反应的高效产出合格产品为目标的。

(1)聚合物合成工业中，主要的原料包括单体、共聚单体，根据具体生产过程还需要加入有机溶剂或者水作为反应介质。在聚合物生产中，无论单体还是有机溶剂、反应介质等都可能引入杂质，这些杂质可能对反应起到阻聚作用或者使反应发生链转移；也可能使催化剂中毒或者分解失效；或过早地起到封端作用，降低高聚物的平均分子量；有的杂质还能引起聚合物的色泽变化，不能达到产品要求。因此，在聚合反应过程中，要求单体和溶剂都有很高的纯度，一般要求在99%以上。

(2)像化工生产一样，催化剂(或引发剂)对聚合物生产很重要。一般认为，在连锁自由基机理中引发聚合的称为引发剂，而在连锁离子聚合或配位聚合中称为催化剂，逐步机理聚合中也称为催化剂。多数引发剂受热后易分解引起爆炸，因此在包装、运输和贮存中都要做好安全防护措施。例如过氧化物类引发剂，固体类可加水保持潮湿状态，液态类可加水稀释保存。

2. 聚合反应过程

聚合反应过程是将准备好的原料及单体，进行加成聚合或缩聚反应，使低分子转化成高分子，这是合成高分子材料的关键步骤。它对包括从原料预处理到产品的分离纯化整个高分子的生产过程起决定性的作用。针对不同的聚合方法，相应的生产工艺流程不同，单元设备不同，控制方案和生产管理都不同。

聚合反应过程又对高分子的结构、性能起关键作用，为了有效控制高分子的微观结构，必须控制好反应的物系组成，需要利用分子设计的原理和方法及实验筛选确定工艺配方及条件，科学地确定聚合反应的实施方案。

3. 高聚物生产中的分离过程

由于聚合反应后所得物料中还含有未反应的单体，反应用的介质及溶剂需要进行分离。合成的方法多，品种不同，聚合后产品的物质组成不同，分离的方法也不一样。本体聚合与熔融缩聚反应的转化率很高，单体几乎全部转化为高分子化合物，一般不需要经过分离，可以将高黏度的熔体直接进行后处理。悬浮聚合得到的聚合物呈圆珠状，分散在水介质中，未反应的单体及分散剂、悬浮剂等必须进行分离。乳液聚合的分离过程更加复杂，特别是二烯类的产品，聚合完成后，未反应单体含量较多，如丁二烯与苯乙烯共聚，单体转化率为70%～80%，未转化单体为两种单体的混合物且每种单体的含量与聚合之前的投料比不同，需要分别回收纯化处理之后再利用。

4. 聚合物后处理

经过分离过程制得的固体聚合物，含有一定的水分和未脱出的少量溶剂，需要经过干燥。对粉末状或圆珠状的合成树脂的处理，多用气流干燥或沸腾床干燥，或者采用气流加沸腾床干燥器串联的方式进行，或者用两个气流干燥器串联。干燥后粉状合成树脂不能直接用作塑料的原料，必须加入稳定剂、润滑剂、增塑剂、着色剂等多种助剂，经混合均匀后加工造粒，制成的粒料作为产品出售。合成橡胶的后处理包括凝聚过程和脱水干燥过程两部分。以溶液聚合的合成橡胶在分离单体和溶剂的同时橡胶凝聚成小的颗粒，乳液聚合的胶乳在脱出单体后，用酸和盐的水溶液破乳凝聚，凝聚后絮状的胶粒进入洗涤槽，洗去胶粒中残留的乳化剂和电解质。洗涤好的胶粒通过振动筛，将胶粒与水分离，胶粒从振动筛送入螺旋挤水机，将胶粒中的水脱除，后送入膨胀干燥机，在高温下进一步脱水干燥，从膨胀干燥机挤出合格的胶粒。

5. 高分子生产中的“三废”处理及安全生产

聚合物合成工业，同样也存在“三废”问题。废气主要来源于气态或易挥发单体和有机溶剂，废水来源于聚合物分离和洗涤以及清洗设备产生的大量废水；聚合物残留和催化剂的残渣构成了废渣。

对于“三废”处理，首先应该在工厂的工程设计阶段优化工艺设计，采用先进的聚合物方法，从源头上减少“三废”；另外，在设备上尽量采用密闭循环系统。在此基础上，掌握

“三废”来源、性质和数量，有针对性地进行回收和利用。

第二节 高分子聚合原理

一、逐步聚合

1. 概述

逐步聚合反应是目前生产聚合物的主要方法之一，其应用十分广泛。通过活性官能团单体的逐步聚合，可以制得具有很高工业价值的大多数杂链聚合物、耐高温聚合物和梯形聚合物，还可以制备许多功能高分子和许多天然生物高分子。

2. 逐步聚合反应分类

(1)缩聚反应。缩聚反应是由含有两个或两个以上官能度的单体分子间逐步缩合聚合形成高聚物，同时生成低分子副产物的化学反应。绝大多数的缩聚反应是逐步聚合反应，具有逐步聚合反应的基本特征，其显著特点是，在单体发生聚合的同时，伴随有小分子化合物的生成。

(2)逐步加成聚合。单体官能团之间通过反复加成，使分子间形成共价键，逐步生成高相对分子质量聚合物的过程，称为逐步加聚反应或聚加成反应。与缩聚不同的是，聚合物形成时不生成小分子副产物。

3. 逐步聚合反应的特征

逐步聚合反应最大的特点是，在反应中逐步形成聚合物分子链，即聚合物的相对分子质量随反应时间的延长而逐渐提高，直至反应达到平衡为止。逐步聚合反应的一般特征如下：①反应是通过单体功能团之间的逐步加成完成的；②每一步反应的速率和活化能大致相同；③反应体系主要由单体和相对分子质量递增的一系列中间产物组成，单体和任何一种中间产物两分子间都能发生继续反应；④聚合产物的相对分子质量是逐步增大的。

二、连锁聚合

1. 概述

大多数不饱和单烯烃和二烯烃类单体的加聚反应属于连锁加成聚合反应，即反应活性中心一旦形成，单体就迅速加成到活性中心，瞬间生成高分子化合物。在聚合物工业化生产中，通过自由基聚合所得聚合物占总产量的60%以上，如低密度聚乙烯、聚氯乙烯、聚苯乙烯、聚甲基丙烯酸甲酯、ABS树脂、聚丙烯腈、聚醋酸乙烯酯、聚四氟乙烯、丁苯橡胶、丁腈橡胶、氯丁橡胶等。

2. 连锁聚合反应特征

(1)整个反应过程由链引发、链增长、链终止和链转移等基元反应组成，且反应瞬间完成，各步的反应速率与活化能差别很大。反应一旦开始，即一旦形成反应活性中心，便在极短的时间(以秒计)内，许多单体加成上去，生成高相对分子质量的聚合物。

(2)一般都是放热反应，且反应不可逆。在加聚反应中，烯类单体每一次加成就打开一个双键的 π 键，同时形成两个 σ 单键。尽管连锁聚合反应是放热反应，但首先要给予单

体打开 π 键的活化能，因此通常都采用引发剂或催化剂，使它们能在较低活化能下顺利发生反应。

第三节　高分子聚合的实施

一、概述

单体的聚合过程需通过一定的工艺方法才能实施，并转化为有实用价值的高聚物。不同的聚合反应所需的实施方法不尽相同。选择同种单体，采用同类型的聚合反应，也可选择不同的聚合方法进行实施。

二、缩聚反应实施方法

逐步缩聚反应可采用熔融缩聚、溶液缩聚、界面缩聚和固相缩聚四种实施方法，其中熔融缩聚和溶液缩聚最常用。

(1)熔融缩聚。当单体和缩聚物都处于熔融状态下进行的缩聚反应称熔融缩聚。熔融缩聚法主要用于平衡缩聚反应，如合成涤纶聚酯、酯交换法合成聚碳酸酯、合成聚酰胺等。

熔融缩聚的优点是反应物系简单，产品纯净，可连续生产。聚合设备利用率高、产能高，如果后续过程设计合理，利用缩聚物直接纺丝，可降低生产成本。熔融缩聚需要精准控制单体官能团呈等摩尔比，控制难度大。长时间的高温缩聚过程易发生副反应，生成复杂的分子链结构。

(2)溶液缩聚。溶液缩聚是指将缩聚单体溶解在一定的溶剂中进行的聚合反应过程。聚合物系包括单体、溶剂和少量的催化剂，所用溶剂可以是单一的，也可以是几种溶剂的混合物。溶液缩聚广泛用于涂料、胶黏剂等的制备，特别适于合成难熔融的耐热聚合物，如聚酰亚胺、聚苯醚、聚芳香酰胺等。与熔融缩聚相比，反应温度较低，因此逆反应转化不明显，副反应也较少。

(3)界面缩聚。界面缩聚是将两种单体分别溶解在互不相溶的两种溶剂中，当两种溶液接触时，在两液相的界面上发生缩聚反应，缩聚产物不溶于溶剂，在界面析出。一般要求缩聚产物具有足够的机械强度，能够以连续膜或丝的形式从界面持续地被拉出，避免缩聚物在界面的聚集影响单体的扩散与相互接触，从而保证聚合反应按照一定速率持续进行。界面缩聚因高活性单体的使用而成本较高，且溶剂消耗量大、设备利用率低，尽管有许多优点，但实际工程中应用并不多。

(4)固相缩聚。固相聚合是指单体或预聚物始终保持在固相状态下进行的聚合反应，主要用于一些熔点高的单体或部分结晶低聚物的后聚合反应。固相聚合的反应温度一般比单体熔点低 15～30℃。如果是低聚物，为防止在固相聚合反应过程中固体颗粒间发生黏结，在聚合反应前必须先让低聚物部分结晶，聚合反应温度一般介于非晶区的玻璃化温度和晶区的熔点之间。

三、连锁聚合反应的实施方法

连锁聚合反应的实施方法主要有本体、溶液、悬浮、乳液四种聚合方法。按自由基机理的聚合反应，上述四种方法都可以选择，离子型聚合和配位聚合通常只能实施本体聚合和溶液聚合。

1. 本体聚合

1）本体聚合及其分类和特点

本体聚合是只有单体加引发剂（有时也不加）或在光、热、辐射的作用下进行聚合反应的一种方法。在本体聚合体系中不含有溶剂或分散介质，只在必要时加入少量增塑剂、相对分子质量调节剂、润滑剂、色料等助剂。它适用于自由基、离子型与配位聚合和缩聚反应。

本体聚合的突出优点是：①产品杂质少、纯度高、透明性好，尤其适于制板材、型材等透明切割品：②本体聚合的工艺流程短，工序简单；③可实现连续化生产，生产能力大。

本体聚合的缺点是：聚合热难散发。若聚合热不能及时排出，将产生不良后果，严重影响产物相对分子质量及其分布、力学性能和表观性能。聚合初期，转化率不高，体系黏度不大，散热尚不困难；但当转化率提高，体系黏度增大后，散热随之变得困难，加上自加速效应，放热速率提高。如散热不良，轻则造成局部过热，使相对分子质量分布变宽；重则温度失控，引起爆聚。

2）实施本体聚合应考虑的因素及生产工艺要点

实施本体聚合的关键是聚合热的移除，具体的解决措施是对单体进行分阶段聚合。第一阶段保持较低转化率（10% ~40% 不等），此时体系黏度不太高，散热尚不困难，可在聚合釜中进行聚合：第二阶段，进行薄层聚合或减慢聚合速率，加强冷却等。工业上实施本体聚合时需要充分考虑出料问题，如果控制不好，不仅会影响产品质量，还会造成生产事故。

2. 溶液聚合

1）溶液聚合及其特点

单体和引发剂溶于适当的溶剂中进行的聚合反应，自由基、离子型与配位聚合、缩聚反应均可选用。与本体聚合类似，根据聚合物与溶剂的互溶情况，可将其分为均相聚合和非均相聚合（沉淀聚合）两类。

工业上溶液聚合多用于聚合物溶液直接使用的场合，如涂料、胶黏剂、合成纤维纺丝液、浸渍剂等的制备。溶液聚合优点体现在：①体系黏度较低，混合和传热较容易，温度均匀且易控制；②较少出现自加速效应，甚至可以消除，可避免局部过热；③可通过溶剂的链转移反应调节产物相对分子质量，相对分子质量分布均匀。溶液聚合的缺点是：①由于使用溶剂，起始单体浓度较低，聚合速率相对较慢，使得设备利用率和生产能力降低；②溶剂的存在会影响聚合反应的机理和速率，导致产物相对分子质量下降；③要获得固体产物时，需除去溶剂，未去除的残留溶剂会带入产品，使产物纯度降低。

2）实施溶液聚合需考虑的因素

对于溶液聚合，溶剂的性质能影响聚合速率、产物的相对分子质量和产率，因此溶液聚合的关键是溶剂的选择。在选择溶剂时应考虑如下因素。

①溶剂的链转移常数 C。当溶剂的 C 值较大时，链自由基较易发生向溶剂的链转移，

导致产物相对分子质量下降，并对引发剂有诱导分解作用，会影响引发效率及聚合速率。因此，除了为调节产物相对分子质量，在一定范围内选择 C 值较大的溶剂兼作相对分子质量调节剂的特殊情况外，一般应选用 C 值较小的溶剂。

②溶剂对聚合物的溶解性能和对自加速效应的影响。选用溶剂时，构成均相体系，若单体浓度不大，有可能消除自加速效应。选用非溶剂时，构成非均相体系，高分子会边生成边沉淀析出。

③极性溶剂的极性对离子型聚合尤为重要，应充分考虑溶剂极性对引发剂的毒性、对活性中心离子对的溶剂化作用和对聚合物与引发剂的溶解能力等。

3. 悬浮聚合

悬浮聚合是指溶解有引发剂的单体在强烈搅拌和悬浮剂作用下，以小液滴状态悬浮于水中进行聚合的方法。悬浮聚合体系一般由单体、油溶性引发剂、水及分散剂四个基本成分组成。按高聚物与单体的互溶情况，悬浮聚合也可分为均相聚合和非均相聚合(沉淀聚合)。悬浮聚合结束后，回收未反应的单体，聚合物经洗涤、分离、干燥后，即得珠状或粉末状树脂产品。

悬浮聚合的优点有：①体系黏度较低，且在反应过程中黏度变化不大，操作简单安全；②聚合热易除去，温度较易控制；③产物相对分子质量及其分布较稳定，且相对分子质量一般比溶液法高；④后处理工序比溶液法及乳液法简单，生产成本较低，粒状树脂可用于直接加工。该法的缺点是：①产品中附有少量分散剂残留物，如要生产透明和绝缘性能高的产品，需将其除尽；②连续化生产尚处于研究之中，目前还只能采用间歇分批生产。

4. 乳液聚合

乳液聚合是指单体在水介质中由乳化剂分散成乳液状态进行的聚合。传统乳液聚合的基本配方由单体、水、水溶性引发剂和水溶性乳化剂四组分构成。乳液聚合适用于自由基聚合，广泛用于生产丁苯橡胶、丁腈橡胶、氯丁橡胶等合成橡胶及其胶乳，以及糊用聚氯乙烯树脂、胶黏剂、表面处理剂和涂料用乳液等。

乳液聚合具有许多优点：①以水作介质，环保安全，胶乳黏度低，便于混合传热、管道输送和连续生产；②聚合速率快，可在较低的温度下聚合，同时产物相对分子质量高；③胶乳可直接使用，如水乳漆、胶黏剂以及纸张、织物、皮革的处理剂等。乳液聚合的缺点是：①需要固体产品时，胶乳需经凝聚、洗涤、脱水、干燥等多道工序，成本较高；②产品中留有乳化剂杂质，难以完全除尽，有损电性能等。

第四节 高分子材料分类

一、塑料

1. 概述

以合成或天然高聚物为基本成分，配以一定的高分子助剂(如填料、增塑剂、稳定剂、着色剂等)，经加工塑化成型，并在常温下保持其形状不变的材料，称为塑料。一般来说，塑料用高聚物的内聚能介于纤维和橡胶之间，使用温度范围在其脆化温度和玻璃化温度之间。按塑料的使用功能分，可分为通用塑料、工程塑料和特种塑料。通常把产量大、价格便宜、原料来源丰富、应用面广的称为通用塑料，占塑料总量的80%，主要作为非结构材料使用；把具有优异的力学性能、热性能、尺寸稳定性或能满足特殊要求的某些塑料称为工程塑料；把一些生产难度大、产量小、性能优异、价格较贵、在某些特殊场合使用的塑料称为特种塑料，如聚四氟乙烯、有机硅树脂、环氧树脂、芳香环树脂等。

2. 通用塑料

1）聚乙烯塑料

聚乙烯（PE）是由乙烯自由基聚合或配位聚合而获得的聚合物。聚乙烯按树脂合成工艺的不同，可分为低密度聚乙烯（LDPE）、高密度聚乙烯（HDPE）。聚乙烯具有突出的电绝缘性和介电性，特别是高频绝缘性极好，并不受湿度和频率的影响，故常用作电器零部件、电线及电缆护套。

PE是仅含有碳、氢两种元素的长链脂，单体对称，结构单元在大分子链中以反式键接。但由于聚合方法的不同，也表现在大分子的支化程度及结构有较大的差异，因而在性能上有着明显的不同。LDPE是通过高压聚合法得到的。高压法是自由基聚合机理，在反应中容易发生大分子间和大分子内链转移，导致LDPE支化度高，长短支链不规整，呈树枝状，相对分子质量低（25000~50000），机械强度低。HDPE是通过低压聚合法得到的。低压法是配位机理聚合，使得HDPE支化度低，为线型结构，相对分子质量高（约350000），制品的耐热性好，机械强度比LDPE高。

2）聚丙烯塑料

聚丙烯（PP）是丙烯单体在齐格勒－纳塔催化剂和一定的温度与压力条件下，经配位聚合而得。自1957年意大利Montecatini公司首先生产以来，已成为发展速度最快的塑料品种，其产量仅次于PE、PVC和PS而位居第四。

聚丙烯树脂大多为乳白色蜡状颗粒物，无毒，无臭，无味，透明性好，几乎不吸水，在水中24h的吸水性仅为0.01%，密度0.89~0.91g/cm^3，是常用树脂中最轻的一种。PP具有较好的化学稳定性，除能被浓硫酸和浓硝酸侵蚀外，对其他各种化学试剂都比较稳定；且其化学稳定性随结晶度的增加而有所提高，与PE和PVC相比，在80℃以上还能耐70%以上硫酸、硝酸、磷酸及各种浓度盐酸和40%的氢氧化钠溶液，甚至在100℃以上还能耐稀酸和稀碱。

聚丙烯宜采用注射、挤出吹塑等方法加工成型，用途广泛，主要用于制造薄膜、电绝缘体、容器、包装品等，还可以用作机械零件如法兰、接头、汽车零件、管道等，可用作家用电器如电视机、收录机外壳及洗衣机内衬等，由于其无毒及具有一定耐热性，广泛应用于医药工业如注射器及药品包装、食品包装等，并且聚丙烯可拉丝成纤维，用于制作地毯及编织袋等。

3）聚氯乙烯塑料

聚氯乙烯（PVC）是由氯乙烯通过自由基聚合而得。聚氯乙烯是工业化生产较早（1931年）的通用塑料，目前年产量仅次于聚乙烯位居第二。

PVC具有良好的化学稳定性和阻燃性。除浓硫酸（90%以上）和浓硝酸（50%以上）以外，无增塑的PVC能耐大多数无机酸、碱、盐溶液，能耐大多数油类、醇类和脂肪烃类的侵蚀，但不耐芳烃、氯代烃、酮类、酯类和环醚等有机溶剂。PVC 阻燃性良好，其氧指数高达 40%，在空气中能自熄。PVC 电性能良好，是体积电阻率和介电强度较高、介电损耗较小的电绝缘材料之一。PVC 的热性能较差，特别是其耐热稳定性差，软化点为 80℃，于 130℃开始分解变色，并析出氯化氢，同时加热时容易吸附在金属表面上。

聚氯乙烯塑料主要用于：软制品，主要是薄膜和人造革；薄膜制品，主要是农膜、包装材料、防雨材料、台布等；硬制品，主要是硬管、瓦楞板、衬里、门窗、墙壁装饰物；电线、电缆的绝缘层；地板、家具、录音材料等。

4) 聚苯乙烯塑料

聚苯乙烯(PS)于 1930 年在德国首先工业化生产。苯乙烯类塑料是以苯乙烯树脂为基体成分的塑料，其中包括均聚物和以苯乙烯为主的共聚物。目前产量仅次于聚乙烯和聚氯乙烯而位居第三。

PS 是由苯乙烯通过自由基聚合、离子型聚合等方式合成得到的，工业应用较多的是采用本体聚合和悬浮聚合方法。工业生产的 PS 相对分子质量为 40000 ~ 200000，相对分子质量的大小及分布与聚合方法与条件有关，对 PS 的力学性能有着较大影响。PS 具有优良的电绝缘性能，有高的体积电阻率和表面电阻率，介电损耗小，是良好的高频绝缘材料。由于 PS 的吸水性低，所以上述电性能随温度和湿度的改变仅有微小的变化。PS 具有一定的化学稳定性，能耐某些矿物油、有机酸、盐、碱及其水溶液。由于 PS 具有上述性能，故被广泛应用于工业装饰、各种仪器仪表零件、灯罩、电子工业中高频零件、透明模型、玩具、日用品等。另外还用于制备泡沫塑料材料，作为重要的绝缘和包装材料。

3. 工程塑料

随着科学技术的进步和对高性能材料的需求日益增长，自 20 世纪 80 年代以来，工程塑料得到了快速发展，产量以每年 15% 的速度增长，超过了通用塑料的增长速度。但就其产量而言，仅占塑料总产量的 5% ~ 7%。根据长期使用温度的高低，工程塑料有通用工程塑料(使用温度 100 ~ 150℃)和特种工程塑料(使用温度 > 150℃)之分。目前，通用工程塑料品种主要有聚酰胺、聚碳酸酯、聚甲醛、热塑性聚酯和聚苯酯。以下仅介绍通用工程塑料的主要品种。

1) 聚酰胺

聚酰胺(PA，俗称尼龙)是指大分子链结构单元中含有酰胺基—CONH—的一类聚合物的总称。PA 按其主链结构可分为脂肪族 PA、半芳香族 PA、全芳香族 PA、含杂环芳香族 PA 等。目前，塑料工业常用的是脂肪族 PA，主要品种有聚己内酰胺、聚己二酰己二胺、聚癸二酰己二胺、聚癸二酰癸二胺、聚十一内酰胺、聚十二内酰胺等。其中聚癸二酰己二胺是 1941 年由美国杜邦公司首先工业化生产的，聚己内酰胺于 1943 年由德国法本公司首先工业化生产。这两种 PA 的产量最大，约占 PA 总产量的 90%。聚癸二酰癸二胺于 1959 年由我国首先工业化生产，此后我国又先后自行开发了聚己二酰己二胺、聚癸二酰己二胺、聚己内酰胺、聚十二内酰胺等品种。

PA 主要是通过相应的二元酸与二元胺缩聚而成，或是由氨基酸或相应的内酰胺合成得到，也可由多种二元胺、二元酸或内酰胺进行共缩聚制得。

脂肪族 PA 为线型聚合物，由于分子链上具有极性的酰氨基，可以使分子链间形成氢键，从而使分子间力增大，内聚能高达744J/cm^2，加之PA分子结构规整，故易于结晶。PA相对分子质量不高，一般不超过5万。但由于分子链间能形成氢键和易于结晶，因而具有工程塑料的优良性能。

PA无毒、无味，不霉烂，外观为半透明或不透明的乳白色或淡黄色粒料。密度一般在1.02~1.36g/cm^3，吸水率为0.3%~9.0%，随着链节中碳原子数的增加，密度和吸水率下降。但由于酰氨基的存在，PA类聚合物都显示出耐磨和易吸湿的共性。PA是典型的硬而韧的聚合物，综合性能优于前面介绍的各种通用塑料。与金属材料相比，PA的比拉伸强度大于金属，比压缩强度与金属相当，但刚性较低，可代替某些金属材料使用。PA的拉伸强度、弯曲强度和硬度随温度和吸水率的增大而降低，冲击强度则明显提高。PA的品种不同，强度受温度和吸水率的影响也不同，随酰氨基之间亚甲基数的增加，受温度和吸水率的影响减弱。玻璃纤维增强PA的强度受温度和吸水率的影响较小。优良的耐磨性是PA力学性能的一个显著特点，尤以PA-1010的耐磨性最佳，它的密度约为铜的1/7，而耐磨性却是铜的8倍。各种PA的摩擦系数差别不大，通常在0.1~0.3。在自润滑性以及冲击韧性方面，PA的性能也很好。

在化学性能上，PA能耐大多数盐类，耐油、耐芳烃类化合物方面也较好，但不耐强酸和氧化剂。尽管PA的熔点较高(180~280℃)，但热变形温度较低，使得其长期使用温度不高，连续使用一般温度在80~120℃(视不同品种而变化)；大多数PA具有自熄性，少数品种虽具有可燃性，但对火焰的传播速度很慢。

PA最大的缺点是吸水性较大。PA材料吸水后，其力学性能及电性能皆会变劣，PA制品的尺寸也会发生变化。

聚酰胺的成型加工方法有很多，可采用注射、挤出、吹塑、烧结及冷加工等方法，还可进行特殊的单体浇注(MC尼龙)新工艺。

聚酰胺工程塑料广泛用于各种工业部门中制作机械、化工和电气绝缘等方面的零部件，如齿轮、轴承、轮轴、泵叶轮、风扇叶片、涡轮、高压密封圈、垫片、电池箱电缆、电器线圈和接头等。现今在建筑业、交通运输业及生活用品方面也取得了广泛的应用。

2)聚碳酸酯

聚碳酸酯(PC)首先由德国Bayer公司在1958年工业化生产，20世纪60年代发展成为一种新型的热塑性工程塑料，目前已成为仅次于PA的第二大工程塑料产品。

工业生产双酚A型PC主要采用光气法和酯交换法，以光气法为主。PC的相对分子质量对其性能与加工影响较大，光气法生产的PC的相对分子质量一般控制在100000以内。

聚碳酸酯是一种新型的工程塑料，具有很好的综合性能，是一种无味、无臭、无毒的无定形热塑性聚合物，密度约为1.2g/cm^3，吸水率小于0.2%，透明度达90%，仅次于PMMA，它刚硬而有韧性，蠕变值很小，具有高耐冲性和尺寸稳定性；使用温度很宽，具有良好的电绝缘性和耐热性。燃烧缓慢，离火自熄。它的最大缺点是很容易形成应力集中，使产品容易开裂。此外，它耐药品腐蚀性较差，高温易水解，无自润滑性，疲劳强度与耐磨性一般。

PC可采用注射、挤出、吹塑、热成型和流延等工艺进行复杂形状产品的加工，可制成透明、半透明和不透明制品。

3）聚甲醛

聚甲醛（POM）是指分子链中以—CHO—链节为主的线型聚合物。自20世纪60年代初工业化生产以来，因具有优异的综合力学性能、良好的尺寸稳定性和成型加工性，获得了较快发展，现在已成为工程塑料中的一个重要品种，产量在工程塑料中仅次于PA和PC，居第三位。

虽然均聚甲醛的结晶度、密度、机械强度较高，但热稳定性不如共聚甲醛，且共聚甲醛合成工艺简单、易成型，所以，目前工业生产以共聚甲醛为主。常用的聚合方法有溶液聚合和本体聚合。

POM的分子结构与PE较相似，链节结构简单、对称，无支化现象，因而容易结晶，是典型的结晶聚合物。POM大分子链上C—O键的键长较小（C—C键为0.154nm，C—O键0.146nm），有极性，因而它的分子敛集紧密，显示出比PE高得多的刚度和硬度。同时，C—O键的存在使大分子的内旋转容易，因而POM的熔体流动性好，固体冲击强度高。

POM的比强度和比刚度与金属十分接近，其制品80%以上用于代替铜、锌、铝等有色金属和合金制造各种零部件，广泛应用于汽车工业、机械制造、精密仪器、电子电器、化学工业、农业和日用制品等方面，也可以挤出片材、棒和管材等制品。此外，POM无毒卫生，还可用于医疗方面，如人工心脏瓣膜、起搏器及假肢等医用修补物。

二、橡胶

1. 概述

橡胶是所有高分子弹性体的总称。橡胶按其来源可分为天然橡胶和合成橡胶。按橡胶的性能与应用分，除天然橡胶外（天然橡胶是最典型的通用橡胶），合成橡胶可分为通用合成橡胶（简称通用橡胶）和特种合成橡胶（简称特种橡胶），凡性能与天然橡胶相近，广泛用于制造轮胎及其他大量制品的合成橡胶则称通用合成橡胶，如丁苯橡胶、顺丁橡胶、丁基橡胶等。凡具有特殊性能的如耐候性、耐热性、耐油性、耐臭氧性等，并用于制造特定条件下使用的橡胶制品称为特种合成橡胶，如丁腈橡胶、硅橡胶、氟橡胶、聚氨酯橡胶等。某些特种橡胶，随着成本下降，应用扩大，也可以作为通用合成橡胶使用，如乙丙橡胶等。按大分子主链的化学组成，又可将橡胶分成碳链弹性体和杂链弹性体，碳链弹性体又可分为二烯类橡胶和烯烃类橡胶。二烯类橡胶的主要品种有丁苯橡胶、丁腈橡胶、聚丁二烯橡胶、聚异戊二烯橡胶和聚戊二烯橡胶等；烯烃类橡胶的主要品种有丁基橡胶、乙丙橡胶等；杂链弹性体的主要品种有硅橡胶、聚氨酯橡胶等。

所有橡胶及弹性体，在橡胶工业上都称为生胶，而由废旧橡胶“脱硫”制造的再生橡胶称为再生胶。以生胶与再生胶为主要原料，配以其他填料与助剂，加工制造成的各种成品称为橡胶制品。橡胶制品的品种繁多，可制成轮胎、胶管、胶鞋以及其他橡胶工业制品，如胶辊、胶布、胶板、油封等。

2. 通用合成橡胶

1）聚丁二烯橡胶

聚丁二烯的单体为丁二烯，可分为顺式-1，4-聚丁二烯、反式-1，4-聚丁二烯和乙烯基丁二烯橡胶。聚丁二烯橡胶(BR)最早是由自由基聚合来制备的，但选择性差，在聚合物中有各种异构体存在。自 Z－N 催化剂使用后，可得规整性好的二烯类橡胶。按聚合方法不同，可分为溶聚丁二烯橡胶、乳聚丁二烯橡胶以及苯酮聚合的丁钠橡胶。在聚合过程中采用不同的催化剂可制成高顺式聚丁二烯、中顺式聚丁二烯、低顺式聚丁二烯和反式聚丁二烯橡胶不同的品种。

聚丁二烯橡胶中最重要的品种是溶聚高顺式丁二烯橡胶(顺丁橡胶)，是世界上用量仅次于丁苯橡胶的第二大通用合成橡胶。我国采用环烷酸镍－三异丁基铝－三氟化硼乙醚络合物引发体系，采用低级芳烃或溶剂油为溶剂，进行配位溶液聚合而得。其性能特点是：弹性高，是当前橡胶中弹性最高的一种；耐寒性好，其玻璃化温度为－150℃，是通用橡胶中耐低温性能最好的一种；耐磨性能优异；滞后损失小；耐屈挠性好；与其他橡胶相容性好。其缺点是：拉伸强度和撕裂强度低于天然橡胶和丁苯橡胶，用于轮胎在湿路面上易打滑，另外加工性能差。高顺式丁二烯橡胶主要用于制造轮胎、胶鞋、胶带、胶辊等耐磨制品。

2)聚异戊二烯橡胶

异戊橡胶(IR)是由异戊二烯单体在催化剂作用下，经溶液聚合而制得的顺式－1，4－聚异戊二烯。因顺式－1，4－聚异戊二烯分子结构和性能与天然橡胶相似，是天然橡胶的最好代用品，故也称为“合成天然橡胶”，其产量占合成橡胶的第三位。异戊橡胶是一种综合性能最好的通用合成橡胶，具有优良的弹性、耐磨性、耐热性、耐撕裂性及低温屈挠性。与天然橡胶相比又具有生热低、耐龟裂的特性，因吸水性小，故而电绝缘性好及耐老化性能好。但其硫化速率较天然橡胶慢，此外炼胶时易黏辊，成型时黏度大，而且价格昂贵。其主要用于制作轮胎、医疗制品、胶管、胶鞋、胶带、运动器材等。其他异戊橡胶主要有：充油异戊橡胶，是在异戊橡胶中填充各种不同分子量的油(如环烷油、芳烃油)，以改善性能(如流动性，以便于制作复杂的模型制品)和降低成本；反式－1，4－聚异戊二烯橡胶，在常温下呈结晶状态，具有较高的拉伸强度和硬度，但由于成本高，尚未广泛应用；聚异戊间二烯橡胶是由异戊间二烯聚合而成的。

3)丁苯橡胶

以丁二烯为主体可制成一系列共聚物，其中丁二烯－苯乙烯橡胶(丁苯橡胶，SBR)已经成为目前世界上产量最大的通用合成橡胶，其产量约占合成橡胶总产量的55%。目前，丁苯橡胶的合成方法主要有低温自由基乳液聚合和阴离子溶液聚合，所得产品分别称乳聚低温丁苯橡胶和溶聚丁苯橡胶。丁苯橡胶的耐磨、耐热、耐油、耐老化性能比天然橡胶好，硫化曲线平坦，不易焦烧和过硫，与天然橡胶、顺丁橡胶混溶性好。其缺点是弹性、耐寒性、耐撕裂性和黏着性能均较天然橡胶差，纯胶强度低，滞后损失大，生热高。由于分子链中双键少，所以硫化速率慢。由于成本低廉，当与天然橡胶并用时可改善性能，主要用于制造各种轮胎及其他工业橡胶制品，如乳胶带、胶管、胶鞋等，可以部分或全部代替天然橡胶。

4)丁基橡胶

丁基橡胶(BR)是丁烯和少量异戊二烯的共聚物，为白色或暗灰色的透明弹性体，又称异丁橡胶，产品生产初期是作为特种橡胶使用的，但其发展很快，已成为通用橡胶之一。丁基橡胶是以异丁烯和少量的异戊二烯为单体进行阳离子聚合生产的，以氯甲烷为溶剂，以路易斯酸（如 $AlCl_3$）为催化剂，在 -100℃下进行反应，即得胶浆，蒸馏除去未反应的单体及溶剂，经脱水、干燥即得制品。丁基橡胶具有高度的耐热性，最高使用温度可达200℃；优异的耐候性，能长时间地暴露在阳光和空气中而不易损坏；很好的抗臭氧性能；化学稳定性好，能耐酸、碱和极性溶剂；耐水性能优异，水渗透率极低；另外电绝缘性、减震性能良好。丁基橡胶的主要缺点是硫化速率慢，需采用强促进剂和高温、长时间硫化，由于缺乏极性基团，所以自黏性差，与其他橡胶相容性差，难以并用，耐油性不好。丁基橡胶主要用于气密性制品，如汽车内胎、无内胎轮胎的气密层等，也广泛用于蒸汽软管、耐热输送带、化工设备衬里、耐热耐水密封垫片、电绝缘材料及防震缓冲器材等。

5）乙丙橡胶

乙丙橡胶（EPR）是以乙烯、丙烯及少量非共轭二烯类为单体在引发剂作用下进行溶液聚合或悬浮聚合所得到的无规共聚弹性体。乙丙橡胶包括二元乙丙橡胶（乙烯、丙烯共聚物，EPM）和三元乙丙橡胶（乙烯、丙烯及少量非共轭双烯共聚物，EPDM）两类。EMP 分子链中不含双键，不能以硫黄硫化，只能用过氧化物进行交联，使得硫化速率慢并且所得胶的性能也差。EPDM 分子链中由于引入了第三单体（一般使用量为总单体的 3% ~8%），使之在主链中引入了含双键的侧基，所以可用硫黄进行硫化交联。乙丙橡胶基本上是一种饱和橡胶，因而构成了它的独特性能。三元乙丙橡胶虽然引入了少量不饱和基团，但双键处于侧链上，因此基本性质仍保留乙丙橡胶的特点。其耐老化性能是通用橡胶中最好的一种，包括具有突出的耐臭氧性、耐候性、能长期在阳光下曝晒而不开裂；具有较高的弹性，其弹性仅次于天然橡胶和顺丁橡胶；耐热性好，能在 120℃下长期使用，最低使用温度可达 -50℃；电绝缘性能优良，超过丁基橡胶，尤其是耐电晕性，因为其吸水性小，所以浸水后电绝缘性能仍良好；化学稳定性好，对酸、碱和极性溶剂有较大的耐性；单体易得，密度小，可以混入大量填料和油类中，实行高填充配合，而性能下降不大。乙丙橡胶的主要缺点是硫化速率慢，不易与不饱和橡胶并用，自黏性和互黏性差，耐燃性、耐油性和气密性差。由于黏着性差，所以主要用于非轮胎方面，如汽车零件、电气制品、建筑材料、橡胶工业制品及家庭用品等。

6）丁腈橡胶（NBR）

以丁二烯和丙烯腈为单体，经自由基乳液聚合而制得的高分子弹性体，即为丁腈橡胶NBR。丁腈橡胶的主要特点是，具有优良的耐油性和耐非极性溶剂性能，另外其耐热性、耐腐蚀性、耐老化性、耐磨性及气密性均优于天然橡胶。但其耐臭氧性、电绝缘性和耐寒性较差。丁腈橡胶主要用于各种耐油制品，丙烯腈含量高的丁腈橡胶可用于直接与油接触的制品，如密封垫圈、输油管、化工容器衬里；丙烯腈含量低的丁腈橡胶可适用于低温耐油制品和耐油减震制品。丁腈橡胶的改性制品主要有羧基丁腈橡胶，是丁二烯、丙烯腈和丙烯酸类三元共聚物，其主要特点是具有突出的高强度、良好的黏着性和耐老化性能。

三、合成纤维

1. 概述

纤维是指长度比其直径大很多倍，并且有一定柔软性的纤细的物质。典型的纺织纤维直径为几微米到几十微米，而长度超过25mm。纤维可分为两大类：一类是天然纤维，如棉花、羊毛、丝和麻等；另一类是化学纤维，化学纤维又可分为人造纤维和合成纤维。人造纤维是以天然高聚物经化学处理与机械加工而制成的纤维(又称再生纤维)，人造纤维根据化学组成不同可分为再生纤维素纤维、纤维素酯纤维和再生蛋白质纤维。合成纤维素是由合成的高分子化合物加工制成的纤维，根据大分子主链的化学组成，又分为杂链纤维和碳链纤维。

2. 主要合成纤维

合成纤维工业是在20世纪40年代才发展起来的。由于合成纤维性能优异、原料丰富、价格便宜、用途广泛，生产不受自然条件和气候的限制，因此合成纤维工业得到了迅速发展。目前，合成纤维的品种繁多，但其中最主要的是聚酰胺、聚酯和聚丙烯腈三大类，三者的产量占合成纤维总产量的90%以上。此外，常用的合成纤维还有聚丙烯纤维、维尼纶和芳纶等。

1)聚酰胺纤维

聚酰胺纤维是最早投入工业化生产的合成纤维，是指大分子主链中含有酰胺键的一类合成纤维。中国的商品名为锦纶，国外商品名有尼龙、卡普隆等，其产量在所有的合成纤维中位居第二。聚酰胺纤维主要品种有PA-6和PA-66，其物理性能相差不多。PA纤维最大的特点是，耐磨性特别好，强度很高，弹性恢复能力大，耐疲劳性好，经得起上万次折叠而不损坏，吸湿性和染色性都比涤纶好，耐碱而不耐酸，但PA的耐光性和保型性较差，长期暴露在日光下其纤维强度会下降，易变形，不挺括。

2)聚酯纤维

聚酯纤维是大分子链中各链节通过酯基相连的成纤高聚物纺制而成的纤维(英文缩写为PET)。我国将含聚对苯二甲酸乙二酯组分大于85%的合成纤维称为聚酯纤维，商品名为涤纶。1941年Whinfield和Dickeon用对苯二甲酸二甲酯(DMT)和乙二醇(EG)合成了聚对苯二甲酸乙二酯(PET)，这种聚合物可通过熔体纺丝制得性能优良的纤维。1953年，美国首先建厂生产聚酯纤维。目前，聚酯纤维已成为发展速度最快、产量最大的合成纤维品种，占世界合成纤维总产量的55%以上。聚酯纤维的力学性能优异，强度高、模量高、耐磨性好、延伸率适中、回弹性好(接近于羊毛)，易保型挺括；涤纶除耐碱性差以外，耐其他试剂性能均较优良；耐微生物作用，不受蛀虫、霉菌等作用；吸水性低，加工及穿着时静电现象严重，织物透气性和吸湿性差。聚酯纤维在工农业及高新技术领域应用也日益广泛，如帘子线、输送带、绳索、电绝缘材料等。

3)聚丙烯腈纤维

聚丙烯腈(PAN)纤维是指由聚丙烯腈或丙烯腈含量占85%以上的线型聚合物所纺制的纤维，我国的商品名称为腈纶。目前的世界产量占所有合成纤维的第三位。由于聚丙烯腈纤维绝大多数产品都是短纤维，所以以湿法纺丝为主。

腈纶很像羊毛，故以“人造羊毛”著称。由于其具有很多优良性能，因此广泛用于混纺或纯纺，制成华达呢、大衣呢、针织品、毛毯、长绒织物以及缩绒拉毛织物等。聚丙烯腈中空纤维膜具有透析、超滤、反渗透、微过滤等功能。以PAN中空纤维组成的装置可用于混合流体的选择性分离、浓缩和净化等。例如，用于医用无菌水的制造，人工肾、人工肝、血液透析超滤器、血液浓缩器等；还可用于超纯水的制造、污水的处理和回用等。

4）聚丙烯纤维

聚丙烯纤维，亦称PP纤维或丙纶。由于聚丙烯纤维原料来源丰富，生产过程简单，成本低，应用广泛。20世纪70年代以后，聚丙烯纤维生产发展迅速，已成为合成纤维的第四大品种。预计今后10年聚丙烯纤维还会以较快的速度增长。聚丙烯是以丙烯为原料进行定向聚合，得到等规聚丙烯树脂，然后采用熔融纺丝法纺丝，纤维的后加工过程与聚酯纤维基本相似。聚丙烯纤维的首要特点是具有很好的强度，能与高强力的聚酯、聚酰胺媲美；具有很好的耐磨性和弹性；聚丙烯纤维还具有良好的耐腐蚀性，特别是对无机酸、碱都具有很好的稳定性。同时，它不发霉、不腐烂、不怕虫蛀，但对有机溶剂的稳定性稍差。短纤维具有较高的蓬松性和保暖性。聚丙烯纤维的主要缺点是耐光性和染色性差，耐热性也不够好，吸湿性及手感性差。聚丙烯纤维产品有很多，较常见的有长丝、短纤维、鬃丝等、它可以纯纺或与其他纤维混纺用作衣料。工业上常用于制作绳索、渔网、帆布、水龙带、包装材料、滤布、工作服、地毯基布等。

5）聚乙烯醇纤维

聚乙烯醇纤维是合成纤维的主要品种之一，其常规产品是聚乙烯醇缩甲醛纤维。我国简称维尼纶或维纶（代号为PVA）；产品大多是短纤维，其性状颇与棉花相似。目前，我国维纶的年生产能力和产量均居世界首位。维纶是世界上合成纤维第五大品种。由于聚乙烯醇纤维原料易得，性能良好，用途广泛，性能近似棉花，因此有“合成棉花”之称。聚乙烯醇纤维是现有合成纤维中吸湿性最大的一个品种，在标准状态下其吸湿率可达4.5%～5%，与棉花接近；它的耐磨性好，比棉花高5倍；强度高，是棉花的1.5～2倍。此外，耐腐蚀性好，不仅耐酸耐碱，并能耐一般的有机酸、醇、酯及石油等溶剂；耐日晒，不发霉，不腐烂。其主要缺点是耐热水性差，在湿态下加热到150℃时将发生显著收缩；易褶皱；染色性差。聚乙烯醇纤维的最大用途是与棉花混纺做成各种维棉混织物。此外工业上还用作帆布、防水布、滤布、输送带、包装材料、渔网及河上作业用缆绳等。

6）特种合成纤维

随着工业的发展，特别是高新技术领域、航空航天、原子能工业等的发展，对纤维提出许多新的、特殊的要求，如要求纤维耐高温和低温、耐辐射、耐腐蚀、耐燃、高温绝缘等，于是人们开发了一系列特种用途的纤维。

（1）碳纤维（CF）。它是无机类高强度高模量纤维的代表，纤维的化学成分中碳元素占总质量90%以上。碳纤维只能通过高分子有机纤维的固相炭化而制得，工业上是以纤维素纤维、聚丙烯腈纤维及沥青纤维为原丝通过固相炭化制得碳纤维的。碳纤维具有与石墨类似的结构，是一种高强度和高耐热性的高性能纤维材料，强度高于一般金属丝，而密度却非常小，可耐3000℃以上的高温，耐腐蚀，具有良好的导电性和导热性。因此是宇宙飞行、火箭、喷气技术以及工业高温、防腐蚀领域的良好原料。碳纤维复合材料被称为先进复合材料，可利用碳纤维复合材料做大型卡车和高速列车的车厢，以减轻车身自重，增加有效载重量；也可应用于高精度天线、卫星天线等电子装备上。可用于制造高强度体育运动器材，如钓鱼竿、高尔夫球杆、网球拍、赛艇、自行车、滑雪器材等；由于碳纤维的生物相容性好，可用于制造人工骨骼、人造关节、假肢等。

(2)芳香族聚酰胺纤维。由芳香族聚酰胺经液晶溶液纺丝得到的纤维即为芳香族聚酰胺纤维(Aramid 纤维，我国称芳纶)。其主要品种有聚间苯二甲酰间苯二胺纤维。芳纶和脂肪族聚酰胺纤维相比，其性质和用途有很大区别，芳纶 1313 耐高温性好，不会熔融；芳纶 1414 强度高、模量高又耐高温，比强度高于玻璃纤维和碳纤维。芳纶已广泛用于航空航天工业和军事用途，如飞机壳体、防弹背心、头盔、降落伞、特种缆绳等。Kevlar 纤维的问世，代表着合成纤维在高强度、高模量和耐高温的高性能化上达到了一个新的里程碑，成为高技术纤维工业的先驱，占有很重要的地位。

(3)耐腐蚀纤维。主要是聚四氟乙烯纤维，此外还有四氟乙烯－六氟乙烯共聚物纤维等。聚四氟乙烯纤维的商品名为氟纶。聚四氟乙烯纤维采用特殊的乳液纺丝法制得。这是借助于一种可纺性很好的物质作载体，使聚四氟乙烯均匀地分散于该载体中呈乳液状态，然后按载体常用的方法使之纺丝成型。目前常用的纺丝载体有纺黏胶纤维用的黏胶和纺维纶用的聚乙烯醇水溶液。得到的纤维经拉伸后，在高温下进行烧结，此时载体炭化，而其中聚四氟乙烯颗粒则在黏流温度下粘连而成为纤维。

(4)弹性纤维。弹性纤维是指具有类似橡胶丝那样的高伸长性(>400%)和回弹力的一种纤维。通常这类纤维经纯纺或混纺成织物，供各种紧身衣着用，如内衣、运动衣、游泳衣及各种弹性织物。目前主要品种有聚氨酯弹性纤维和聚丙烯酸酯弹性纤维。

(5)阻燃纤维。能抑制、延缓或阻止燃烧的合成纤维称为阻燃纤维。含氟纤维、聚氯乙烯纤维和聚偏氯乙烯纤维等本身就具有阻燃特性，大部分合成纤维则必须通过阻燃处理来提高其阻燃性。纤维的阻燃技术如下：①在纺丝原液中添加阻燃剂；②与阻燃单体(如氯乙烯)共聚、共混或接枝以合成耐热性的聚合物；③对纤维制品进行阻燃后加工。阻燃纤维的织物已广泛用于制作窗帘、幕布、地毯、床上用品、消防服、工作服等。主要的品种有氯乙烯和丙烯腈共聚纤维及氯乙烯与聚乙烯醇接枝共聚纤维。

四、其他高分子材料

1. 胶黏剂

胶黏剂又称黏结胶、黏合剂，简称为胶，是能把两种或两种以上同质或异质的物件(或材料)紧密地胶接在一起，固化后在结合处具有足够强度的物质。借助胶黏剂将各种物件连接起来的技术称为胶接(黏结、黏合)技术。因此胶黏剂在胶接的某个阶段是流体，能在被胶接物的表面良好浸润，而后在一定条件(温度、压力、时间等)下固化，使被胶接物形成一个牢固的整体。天然产物胶黏剂已应用有几千年之久，直到 20 世纪 30 年代随着工业发展的需要及高分子材料工业的发展，出现了以合成高分子材料为基料的合成胶黏剂。

2. 涂料

涂料是应用于物体表面而能结成坚韧保护膜的物料的总称，多数是含有或不含颜料的液体，俗称“油漆”。自古以来，人们就用植物油和天然漆来涂饰物品的表面。但是涂料作为化工产品的生产仅有 100 多年。直到 20 世纪由于各种合成树脂获得迅速发展，用它们作主要成分来配制的涂覆材料已逐渐代替了天然油漆，这些涂覆材料被更广义地称为“涂料”。

3. 离子交换树脂

离子交换树脂是具有离子官能团的网状结构多孔性树脂。这些官能团由两种电荷相反的离子组成：一种是以化学键结合在大分子链上的固定离子(可以是阳离子，也可以是阴离子)；另一种是与离子键及固定离子结合的反离子。在一定条件下，这种官能团的反离子能离解出来，与周围的外来离子相互交换，从而起到离子交换功能。

4. 光敏高分子

光敏高分子又称感光树脂，是具有光敏性能的高分子物质。高分子的光敏现象是指高分子吸收了光能量后，在分子内或分子间产生化学的或结构的变化，如交联、降解、重排等。但是吸收光的过程并非一定是高分子本身，也包括与其共存的感光性化合物(光敏剂)，吸收了光能后再引起高分子化学和结构的变化。

5. 导电高分子

1971 年日本的白川用 Zeigler - Natta 催化剂成功地合成了聚乙炔薄膜，具有金属光泽和很高的结晶度，室温下电导率在 10^{-9}(顺式) ~ 10^{-5}(反式)S/cm。1977 年美国宾夕法尼亚大学的 Mac Diarmid 等用白川的方法制备聚乙炔膜，再用电子受体 I_2 进行掺杂，使其电导率提高到 10^2S/cm，并覆盖整个半导体到金属导体之间的区域。此类不含任何金属原子的导电高分子具有如此高的电导率，引起人们的极大重视，从而开创了结构型导电高分子新领域。

6. 医用高分子

生物医用高分子是用在人体上以医疗为目的的高分子材料，它包括人工脏器、医疗用具和高分子药物。由于它直接关系到人的生命与健康，因而医用高分子除了有医疗功能外必须安全无毒，具有组织相容性和血液相容性，有时还需具有生物降解性。

第八章 碳一化工

第一节 概述

世界石油化学工业系以石脑油等为原料，制造乙烯、丙烯、芳烃并以其为中间原料生产各种石油化工产品。然而，由于储量的相对固定性及原油逐渐重质化，谋求代替石脑油使原料多样化，自然就成为迫切开发的课题。

20 世纪 70 年代以来的三次“石油危机”的冲击，使人们清醒地认识到能源危机的实质是能源储量构成与消费构成失调的结果，因而必须考虑能源和化工原料来源的多样化。另外，从资源战略的角度来考虑，以煤逐步取代石油是今后发展的必然趋势，因而世界各发达国家都相继由政府出面统一制订了庞大的有关开发新能源的发展规划。规划的研究重点都集中在煤的气化、液化、化工原料生产和燃料的合成上。随着煤液化新技术的开发，大型甲醇厂的建设和高效定向催化技术的发展，逐步形成了以煤直接液化、间接液化和甲醇为主要原料生产有机化工产品和合成燃料的新一代煤化工。

笼统地说，用含一个碳的化合物合成化学品或燃料的化学称为“碳一化学”，这个名称是日本科学界提出来的，后来，美国也采用了碳一化学这一术语。作为一个在全世界大力发展的领域，给出一个科学的定义是必要的，我们把含一个碳的化合物，例如：CO、CO_2 或者与之等价的 CH_4、CH_3OH、HCHO 等作为起始原料，合成石油化学中间原料或产品的化学，叫作“碳一化学”。实现碳一化学的工业过程叫作碳一化工。显然，碳一化学所包含的内容很丰富，本章围绕合成气的生产、利用，煤的直接液化等内容展开讨论。

第二节 洁净煤技术

一、洁净煤技术的提出

洁净煤(clean coal)一词是 20 世纪 80 年代初期美国和加拿大关于解决两国边境酸雨问题谈判的美国特使 Drew Lewis 和加拿大特使 William Davis 提出的。洁净煤技术(clean coal technology，简称 CCT)的含义是：旨在减少污染和提高效率的煤炭加工、燃烧、转化和污染控制等新技术的总称。当前已成为世界各国解决环境问题主导技术之一，也是高技术国际竞争的一个重要领域。

二、我国洁净煤技术的内容

由于中国煤炭开采和利用的特点决定，中国洁净煤技术领域与国外洁净煤技术领域重点放在燃烧发电技术上有所不同，涵盖从煤炭开采到利用全过程，是煤炭开发和利用中旨在减少污染和提高效率的煤炭加工、燃烧、转化及污染控制等新技术的总称。

按照国务院1997年批准的《中国洁净煤技术"九五"计划和2010年发展纲要》，中国洁净煤技术包含4个领域、14项技术：

(1)煤炭加工领域：选煤、型煤、水煤浆。

(2)煤炭高效燃烧与先进发电技术领域：CFBC、PFBC、IGCC。

(3)煤炭转化领域：气化、液化和燃料电池。

(4)污染排放控制与废弃物处理领域：烟气净化、电厂粉煤灰综合利用、煤层气的开发利用、煤矸石和煤泥水的综合利用。

三、我国洁净煤技术领域简要介绍

1. 煤炭加工领域

煤炭加工是指在原煤投入使用之前，以物理方法为主对其进行加工，这是合理用煤的前提和减少燃煤污染的最经济的途径，主要包括煤炭洗选、型煤、水煤浆制备。常规的物理选煤可除去煤中的60%的灰分和约50%的黄铁矿硫。煤炭经洗选可大大提高燃烧效率，大大减少污染物排放，入选1×10^8t原煤一般可减少燃煤排放的SO_2 $100\times10^4\sim150\times10^4$t，成本仅为洗涤烟气脱硫的十分之一。型煤是具有发展中国家特点的洁净煤技术，与烧散煤相比，可节煤20%~30%，减少黑烟排放80%~90%，颗粒物减少70%~90%，SO_2减少40%~60%；水煤浆是新型的煤代油燃料，优质煤制成水煤浆其灰分小于8%，硫分小于1%，燃烧效率高，烟尘、SO_2、NO_x等排放都低于燃油和散煤，一般1.8~2.1t水煤浆可代替1t重油。

2. 煤炭高效燃烧与先进发电技术领域

煤炭高效、洁净燃烧与发电技术是洁净煤技术的核心。从煤炭中获取能量主要靠燃烧，目前以循环流化床锅炉(CFBC)的适应煤种广、燃烧效率高，且易于实施床内脱硫，与常规粉煤锅炉比，SO_2、NO_x，可减少50%以上，较采用粉煤锅炉加净化装置可节约投资10%~15%。CFBC(包括常压AFBC、增压PFBC)是近年来国际上竞相发展的洁净燃烧技术；发展高效低污染粉煤燃烧(先进的燃烧器)应以稳燃、高效、低污染和防结渣作为开发燃煤技术与燃烧器的目标；燃煤联合循环发电包括煤气化联合循环发电(IGCC)和增压流化床联合循环发电(PFBC-CC等)是新一代高效、洁净燃煤发电技术。IGCC电厂供电效率可达50%~52%，脱硫率可达99%，NO_x排放只有常规电厂的15%~30%，耗水只是常规电厂的1/3~1/2。

3. 煤炭转化领域

煤炭转化是指以化学方法为主将煤炭转化为洁净的燃料或化工产品，包括煤炭气化、煤炭液化和燃料电池。煤炭转化以气化为先导，以碳一化工为重点，走燃料化工和煤深加工的技术路线。作为化工原料，煤化工在芳烃生产方面有石油化工和天然气化工所不具备的优势。煤炭气化包括完全气化、温和气化(低温热解)和地下气化是实现煤炭洁净利用的先导技术和主要途径。多年来，针对不同用户开发了多种气化工艺。从发展趋势来看应优选煤种适应广、技术先进的流化床和气流床气化技术；煤炭液化是将煤在适宜的反应条件下转化为洁净的液体燃料和化工原料。工艺上分为直接(加氢)液化、间接(先气化)液化、由直接液化派生的煤油(废塑料等)共炼工艺。发展替代液体燃料是一项具有战略意义的任务。燃料电池是直接将燃料的化学能转化为电能的技术，目前国际上已经开发出数种不同类型的燃料电池，主要用于航天器的动力，使用的主要燃料为氢气和甲烷气。

4. 污染排放控制与废弃物处理领域

工业污染防治要逐步从生产末端治理转到源头和生产全过程的控制，把分散治理与集中控制结合起来，把浓度控制与总量控制结合起来，并把燃煤所造成的污染放在突出位置。因此，对煤炭开发利用中产生的污染和废弃物进行控制和处理是实现国家环保目标使煤炭成为高效、洁净、可靠能源的重要环节。烟气净化是清除煤炭燃烧产生的烟气中的有害物质(灰尘、SO_2、NO_x)。在我国燃煤锅炉排放的烟尘、二氧化硫、氮氧化物是空气污染的主要原因。从各个环节脱除煤中的硫是洁净煤技术的重要内容。

废弃物处理主要包括对煤炭开采和利用过程中所产生的矸石、煤层甲烷、煤泥、矿井水及燃煤电站所产生的粉煤灰等进行处理。这些污染物的大量排放既污染环境，又造成了资源的浪费。国外对煤矸石的处理有比较健全的法规和管理办法，基本实现了无害化处理。主要用途是回填采空、作为建筑工程填料、筑路造地、回收有用成分及作燃料、建筑材料和改良土壤等用。我国矿区煤矸石每年的排放量为$1.5\times10^8 \sim 2\times10^8$t，主要利用途径是发电、生产水泥和烧砖，但利用总量较少。煤层甲烷(又称煤层瓦斯或煤层气)是与煤共生，开采煤炭时从煤体内析出。它是一种优质能源，但同时又是煤炭开采的一种主要灾害，其大量排空对全球环境变化(温室效应)有较大影响。目前，世界上主要产煤国对煤层甲烷的资源化开发利用程度较高，主要方法是地面钻井开采。美国1993年煤层气的产气井有5000余口，产气量达到$207\times10^8m^3$。我国煤层气的开发利用程度还很低，主要是采取井巷抽放，气体利用价值低，地面开采尚处于探索研究阶段，正在开展示范工程并与国外进行合作勘探。粉煤灰是燃煤电站排出的固体废弃物，欧美发达国家的大型电厂已将烟气净化。灰渣干排、干灰调湿等纳入电厂规划，达到既清洁发电又使粉煤灰资源化，粉煤灰被大量应用于筑路、生产水泥和优质混凝土、制砖及其他建材，并将粉煤灰大量用于建筑高速公路。中国粉煤灰研究和利用的重点是大用量方向，如掺于混凝土中建桥、建坝、高层建筑底板、核发电站的安全壳等。更大量的利用在于修筑高等级公路，已推广于沪宁、京深及京冀公路建设。还用于矿区回填、农业上改良土壤、墙体材料烧结砖、混凝土、粉煤灰水泥等。我国煤矿大量矿井水外排与矿区严重缺水局面并存，如我国有约70%的矿区缺水甚至严重缺水。随着煤矿城市社会、经济的迅速发展，煤炭生产基地的战略西移，水资源的供需矛盾将日趋紧张。许多矿井水含有大量悬浮物及少量有害元素。因此，最大限度地处理和净化矿井水，使之资源化，对减少矿区环境污染、缓解干旱缺水地区用水紧张情况起到积极作用。目前，主要的矿井水处理方法有混凝沉淀法、电渗析法、反渗透法和中和法。混凝沉淀法主要用于处理含悬浮物矿井水；电渗析法和反渗透法用于处理高矿化度矿井水；中和法是处理酸性矿井水最常用的一种方法。

第三节 合成气的生产

利用石油特别是利用轻质油以外的重渣油、天然气(甲烷)、煤、焦油、沥青、油母页岩或炼铁厂副产气直接制取石油化学产品目前还存在一定的困难。首先，需要把上述原料变为合成目的产物所必需的原料——合成气。合成气是由 CO 与 H_2 组成的混合物，英文缩写是 Syngas。再以合成气为中间原料制成甲醇、乙烯、丙烯或者直接合成各种石油化学产品。

由合成气出发制造石油化学产品技术开发的重要性毋庸置疑。合成气的生产方法有多种，目前天然气法和煤的气化法被较多地采用。

一、天然气法

石油、天然气和煤炭是当今世界一次能源的三大支柱。天然气作为重要的清洁燃料和化工原料，已广泛用于民用燃料、工业燃料、燃气发电、合成液体燃料和化工原料等领域。世界天然气资源十分丰富，国际能源专家预测，世界常规天然气资源量为 $436\times10^{12}m^3$，可开采资源量为 $330\times10^{12}m^3$，按目前的开采速度可供开采 120 年，而石油储量仅可开采 40 年。

我国天然气资源比较丰富，加快开发利用天然气资源，已成为世界制定能源发展战略时必须考虑的重要内容。

1. 合成方法和基本原理

以天然气为原料生产合成气，无论从工程投资、能量消耗、生产成本来看都有优势。主要方法有水蒸气转化法、部分氧化法，以前者为主。水蒸气转化法是在加压、800℃左右将原料烃类与水蒸气用催化剂进行反应的方法。

水蒸气转化法是一个复杂的反应体系，其主要反应如下。

水蒸气转化反应：

$$CH_4 + H_2O \rightleftharpoons CO + 3H_2$$

$$\Delta H_{298K} = 206.3kJ/mol$$

$$CH_4 + 2H_2O \rightleftharpoons CO_2 + 4H_2$$

$$\Delta H_{298K} = 165.3kJ/mol$$

水煤气变换反应：

$$CO + H_2O \rightleftharpoons CO_2 + H_2$$

$$\Delta H_{298K} = -41.19kJ/mol$$

完全燃烧反应：

$$CH_4 + 2O_2 \rightleftharpoons CO_2 + 2H_2O$$

$$\Delta H_{298K} = -879kJ/mol$$

部分氧化反应：

$$CH_4 + 1/2O_2 \rightleftharpoons CO + 2H_2$$

$$\Delta H_{298K} = -36kJ/mol$$

天然气中所含的少量低分子烷烃乙烷、丙烷和丁烷发生以下反应：

$$C_nH_{2n+2} + nH_2O \rightleftharpoons nCO + (2n+1)H_2 + Q$$

$$C_nH_{2n+2} + 2nH_2O \rightleftharpoons nCO_2 + (3n+1)H_2 + Q$$

在一定的条件下，反应过程可能进行生成积炭的反应。天然气蒸气转化过程中必须防止的副反应如下：

$$2CO \rightleftharpoons CO_2 + C$$

$$\Delta H_{298K} = -172.5kJ/mol$$

$$CH_4 \rightleftharpoons 2H_2 + C$$

$$\Delta H_{298K} = 74.9kJ/mol$$

$$CO + H_2 \rightleftharpoons H_2O + C$$

$$\Delta H_{298K} = -131.47kJ/mol$$

上述反应均为可逆反应。对于天然气水蒸气转化，总的过程是强吸热的，工业上采用管式炉从外部提供热量。

从上述反应原理可知，采用低压和高温对甲烷蒸气转化是有利的，但从能耗和投资综合来看，工业上均采用加压转化。

2. 催化剂和工艺条件

甲烷转化催化剂由主催化剂、助剂和载体组成。

(1)主催化剂。目前一段转化催化剂均以镍为主催化剂；二段转化催化剂和自热式纯氧部分氧化催化剂中的耐热催化剂是以铬为主催化剂，同时具有耐热保护和转化功能，通常放在转化炉催化剂床层的顶部。也有不少催化剂研究者添加钯、钌等贵金属，以提高转化催化剂的活性。通常，催化剂中镍的含量越高，转化的活性越好，见表 8－1。

表 8－1　镍含量与转化活性的关系

镍含量/%(质量)	10.6	13.9	17.9	20.8	25.8
甲烷转化率/%	10.3	13.4	19.8	20.1	20.6

注：试验条件为 $CH_4/H_2O=3$；入口 450℃，出口 600℃；压力 26×10^5Pa；湿气空速 35000^{-1}。

转化催化剂的制备通常有浸渍型和沉淀型，采用不同方法制备的催化剂活性是不相同的，其最佳镍含量也不相同。例如，浸渍型转化催化剂含 NiO 10% ~14%时，已相当于沉淀型(黏结型)转化催化剂含 NiO 30% ~35%时的活性。

(2)助催化剂。加入助催化剂将有效地抑制熔结过程中镍晶粒长大，其目的是：①提高催化剂的活性和稳定性；②抑制转化过程中的析炭；③提高抗毒能力；④改善还原性能；⑤延长催化剂的寿命。

由于转化催化剂使用温度高，所以通常采用难还原、难挥发的金属氧化物作助催化剂(如 Al_2O_3、MgO、Cr_2O_3、TiO_2 等)。有许多助催化剂对提高转化催化剂的活性有明显作用。同样，助催化剂也会影响转化催化剂的强度和耐热性能。综合对各方面性能的影响，Al_2O_3、MgO 和 CaO 是最常用的效果较好的助催化剂。

所有转化催化剂设计中为抑制危害最大的析炭反应，常常添加能够减少催化剂表面酸度的碱金属或碱土金属，最常用的有 K_2O、MgO、CaO 和稀土氧化物等。

(3)载体。转化催化剂都是在高温和高压下使用的，载体在使用条件下应当有利于活性镍的分散，所以转化催化剂的载体通常使用难熔的耐火氧化物，如 Al_2O_3、MgO、CaO、ZrO_2、TiO_2 等。目前，在工业上通常使用的载体是铝酸钙型和低表积的耐火材料型。

合成气可用于多种合成。但用于生产甲醇合成气的转化工艺操作参数与合成氨厂有较大的差别。蒸汽转化过程中的主要工艺操作参数是压力、温度、水碳比、空速、气氧比、二氧化碳加入量等。对于合成甲醇来讲，希望合成气中 CO 的含量高些，CO_2 含量低些，CH_4 的含量越低越好；合成气的压力越高，能耗越低。工艺操作条件不能孤立考虑，不能只顾及它们本身对反应的影响，还要考虑到炉型、原料、炉管材料、催化剂等对这些参数的影响。而且参数的合理确定，不仅要考虑对本工序的影响，也要考虑对压缩、合成工艺的影响。合理的工艺操作条件最终应在总能耗及投资上表现出来。由于以天然气为原料制备合成气的工艺多种多样，工艺条件不再分述，转化工艺指标对照见表 8-2。

表 8-2　天然气转化制合成气工艺指标对照表

工艺	一段转化		二段转化		部分氧化
	传统	补 CO_2	传统	换热式	
转化压力/MPa	2.0~2.5	2.0~2.5	3.0~4.5	3.0~4.5	3.5~5.0
出一段温度/℃	890~920	890~920	700~750	660~720	
出二段温度/℃			950~990	950~990	9500~1050
残余甲烷/%	2.5~3.2	2.5~3.2	0.5~1.2	0.5~1.2	1~2
空分装置	不要	不要	较小	较小	大
天然气消耗/m^3	950	920	900	880	940
综合能耗/GJ	31~32	31~32	29.5~31.5	29.5~31.5	32~34
补 CO_2	不要	约 200m^3	不要	不要	需脱 CO_2
蒸汽平衡	自身平衡	自身平衡	需外供较少	需外供较多	需外供较多
操作难易	最易	最易	容易	较容易	较难
投资以 2500t/d 为例	1.05	1.05	1	0.95	1.02
适宜装置规模/(t/d)	≤2500	≤3000	2500~6000	2500~6000	5000~10000

3. 天然气转化的工艺流程

现以换热式转化工艺流程为例简要介绍。

换热式转化工艺流程也是纯氧二段转化工艺的一种，是由二段转化发展而来的，其区别是将传统的二段转化的一段转化炉改为一台换热式转化炉。这台转化炉就是一台热交换器，热流体为出二段转化炉的高温转化气，列管即是转化管，转化管内装填一段镍催化剂。冷流体就是进一段转化炉的天然气和蒸汽。可见，一段转化所需的热量不是由烧嘴来提供的，而是由高温二段转化气的冷却来提供的。由于没有一段箱式炉，也就没有对流段，所以天然气的预热与天然气和蒸汽的加热必须由另外的加热炉来完成；另外，由于高温二段转化气的热量绝大部分用来供一段炉的天然气转化用，因此换热式转化工艺蒸汽必须外供。

换热式转化是英国ICI公司于1988年提出来的。我国于1993年也开发了纯氧换热式转化。换热式转化的工艺流程见图8－1。

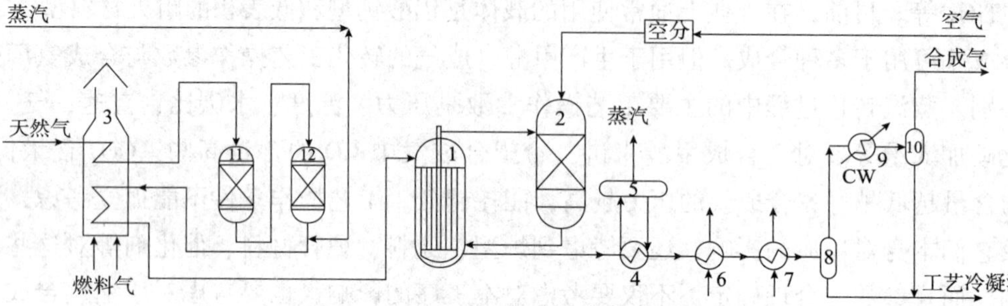

图8－1　换热式两段转化工艺流程

1—换热式转化炉；2—二段炉；3—加热炉；4—废热锅炉；5—高压汽包；6—锅炉给水加热器；7—换热器；8—分离器；9—水冷器；10—分离器；11—加氢反应器；12—脱硫槽

换热式转化流程与传统的二段转化流程基本相同。压力4.0～4.5MPa的天然气经脱硫净化后，补入蒸汽在加热炉中加热到480～520℃进入换热式转化炉，使25%～30%的甲烷进行蒸汽转化反应，在650～680℃出换热式转化炉进入二段转化炉，在二段转化炉进一步转化，二段转化炉是一个绝热的部分氧化炉，由空分来的纯氧(99.5%)先经蒸汽预热再送入二段转化炉。出二段转化炉的转化气温度约为1000℃，在一段转化炉壳程冷却为600～650℃后再去转化气废热锅炉，再经热回收冷却分离工艺冷凝液后即为合成气。与传统二段转化炉相比，换热式转化炉系统没有转化炉燃料系统，却增加了加热炉；进转化气废热锅炉的气体温度也下降约350℃(从1000℃降到650℃左右)，因而副产高压蒸汽也减少了一半。由于换热式转化炉不是直接用火加热，因此，炉子的操作条件要温和得多。又由于换热式转化炉只承受压差，压差一般是0.4～0.7MPa，也要较普通转化管低很多，所以炉管的壁厚只有4～5mm，也可以用轧制合金钢管，不一定用离心混铸炉管。

换热式转化工艺的特点是：燃料天然气消耗少，投资较省；转化炉的操作条件温和。但蒸汽不能自身平衡，而综合能耗与传统的二段转化相差较少，每吨甲醇的能耗均在30GJ左右。

二、煤气化法

所谓的煤气化法是指用干馏热裂解、部分氧化、水煤气化、发生炉煤气反应等各种反应，把煤转换成合成气。

1. 基本原理

在气化炉中发生的煤气化反应，是一个十分复杂的反应体系，由于煤的分子结构复杂，又含有碳、氢、氧和其他元素，但碳是其最主要的元素组分，因而在讨论煤的气化反应时，仅考虑煤中的主要元素碳。

气化反应按反应物的相态不同而划分为两种类型的反应，即非均相反应和均相反应。前者是气化剂或气态反应产物与固体煤或煤焦的反应；后者是气态反应产物之间反应及与气化剂的反应。在气化装置中，由于气化剂的不同而发生不同的气化反应。

气化反应分为以下几种主要类型。

(1)碳氧间的反应。称为碳的氧化反应。以空气或纯氧为气化剂时，碳的氧化反应有：

$$C + O_2 = CO_2 + 409.07kJ$$

$$2C + O_2 = 2CO + 246.61kJ$$

$$C + CO_2 = 2CO - 172.50kJ$$

$$C + 1/2\ O_2 = CO + 236.62kJ$$

(2)碳与水蒸气的反应。在一定温度下，碳与水蒸气之间发生下列反应：

$$C + H_2O = CO + H_2 - 118.91kJ$$

$$C + 2H_2O = CO_2 + 2H_2 - 75.37kJ$$

这是制造水煤气的主要反应，也称为水蒸气分解反应。反应生成的一氧化碳可进一步和水蒸气发生如下反应：

$$CO + H_2O = CO_2 + H_2 + 41.03kJ$$

该反应称为一氧化碳变换反应，也称为均相水煤气反应或水煤气平衡反应。在有关工艺过程中，为了把一氧化碳全部或部分转变为氢气，往往在气化炉外增加一个变换炉。目前，所有的合成氨厂和煤气厂制氢装置均设有变换工序，采用专门变换催化剂。

(3)甲烷生成反应。煤气中的甲烷，一部分来自煤中挥发物的热分解，另一部分则是气化炉内的碳与煤气中的氢气反应以及气体产物之间反应的结果。

$$C + 2H_2 = CH_4 + 76.2kJ$$

$$CO + 3H_2 = CH_4 + H_2O + 206.2kJ$$

$$2CO + 2H_2 = CH_4 + CO_2 + 247.49kJ$$

$$CO_2 + 4H_2 = CH_4 + 2H_2O + 165.1kJ$$

(4)煤中其他元素与气化剂的反应。煤炭中还含有少量元素氮(N)和硫(S)。它们与气化剂 O_2、H_2O、H_2 以及反应中生成的气态反应产物之间可能进行一系列反应，由此产生了煤气中的含硫和含氮产物。这些产物有可能产生腐蚀和污染，在气体净化时必须除去。

2. 煤种选择与煤的气化

近年来，新的煤气化技术有了飞速发展，出现了一大批新型煤气化炉。它们的特点是：提高气化炉的操作压力和温度，扩大原料煤的品种来源和大小粒度范围，增加单炉生产能力，降低消耗和生产成本，减少环境污染，满足环保要求。

(1)干块煤。制造甲醇合成气采用干块煤又分为无烟块煤(包括焦炭块)和烟煤块煤。无烟块煤适用于常压固定层气化炉、间歇式气化炉、富氧连续气化炉和变压间歇气化炉；烟煤干块适用于加压 Lurgi 炉、BGCL 炉及两段炉。

(2)干煤粉。对于加压气化，采用小颗粒粉煤提高反应温度，从而大大强化反应速度。目前推广的第二代加压粉煤气化技术都是出于此目的。采用干煤粉的气化技术主要有温克勒气化炉、鲁奇循环流化床炉、美国 U - gas 炉、中国煤碳化学研究所灰熔聚炉、K - T 炉、德国 Pren - flo 和 GSP 水冷壁炉及荷兰壳牌 SCGP 水冷壁炉。

(3)水煤浆。美国煤气研究所、烟煤研究公司开发的 Hygas. Bigas 以及我国华东理工大学开发的新型多喷嘴水煤浆气化等均采用水煤浆气流床气化。

另外，煤灰中的元素组成、熔渣的高温流动性以及煤的可磨性及成浆性均对气化有影响，因此这些特性也是对煤的选择条件。

3. 煤气化工艺流程

由于煤气化炉种类繁多，因此产生了适应不同原料各具特点的气化工艺流程。这里介绍德国 Lurgi 典型加压气化工艺流程和荷兰 Shell SCGP 煤气化工艺流程。

1) 德国 Lurgi 碎煤移动床加压气化工艺流程

目前，在工业应用中较为成熟的技术为德国 Lurgi 公司所开发的碎煤移动床加压气化工艺。

碎煤加压气化有以下特点。

(1) 原料适应性。

原料适应范围广，除黏结性较强的烟煤外，从褐煤到无烟煤均可气化；由于气化压力较高，气流速度低，可气化较小粒度的碎煤；可气化水分、灰分较高的劣质煤。

(2) 生产过程。

单炉生产能力大，最高可达 75000m^3/h；气化过程是连续进行的，有利于实现自动控制；气化压力高，可缩小设备和管道尺寸，利用气化后的余压可以进行长距离输送；气化较年轻的煤时，可以得到各种有价值的焦油、轻质油及粗酚等多种副产品；通过改变压力和后续工艺流程，可以制得 H_2/CO 各种不同比例的合成气，拓宽了加压气化的应用范围。

(3) 碎煤加压气化的缺点。

①蒸汽分解率低。对于固态排渣气化炉，一般蒸汽分解率约为 40%，蒸汽消耗较大，未分解的蒸汽在后序工段冷却，造成气化废水较多，废水处理工序流程长，投资高。②需要配套相应的制氧装置，一次性投资较大。

典型的碎煤移动床加压气化工艺流程如图 8－2 所示。

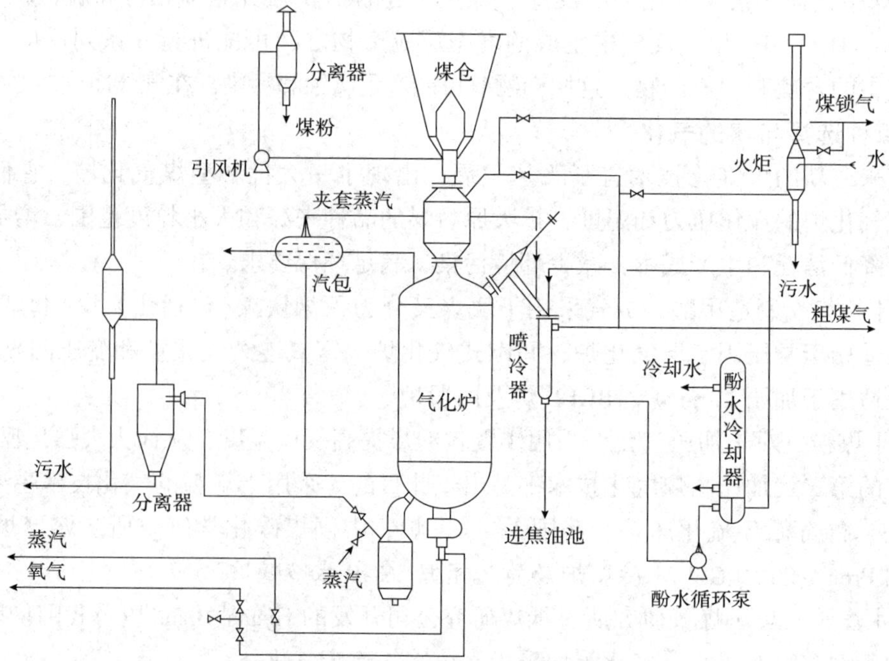

图 8－2 Lurgi 典型加压气化工艺流程

气化过程是原料煤从炉上煤斗进入，在炉内经过干燥、干馏、气化、燃烧、灰渣(固态或液态)排出五个步骤。煤斗和灰斗通过各自的上下锁斗阀，用煤气/蒸汽充压，进料/下灰利用可编程控制器(PLC)。煤锁是常压进煤，然后用冷煤气充压、炉上部热煤气二次充压平衡后打开煤锁阀向炉内加煤，然后煤锁泄压，泄压煤气进入煤锁气柜循环使用。灰锁是用高压过热蒸汽充压，一步充平气化压力，开动炉箅向灰锁排灰，灰满后关闭上灰锁阀，灰锁泄压，排出蒸汽经膨胀冷凝器冷凝后送入灰水系统。

气化炉从炉底通入气化剂(O_2+水蒸气)，经燃烧层、气化层、干馏层和干燥层，经炉顶室层引出炉外，出口煤气温度一般在230~700℃。煤气再经废热锅炉、洗涤器回收工艺余热、冷却煤气、洗涤灰尘后送后工序继续加工。

2)Shell加压气流床干煤粉气化工艺流程

Shell煤气化工艺(Shell Coal Gasfication Process)简称SCGP，是由荷兰壳牌国际石油公司(Shell International Oil Products B. V.)开发的一种加压气流床粉煤气化技术。

Shell煤气化工艺属加压气流床粉煤气化，是以干煤粉进料，纯氧作气化剂，液态排渣。干煤粉由少量的氮气(或二氧化碳)吹入气化炉，对煤粉的粒度要求也比较灵活，一般不需要过分细磨，但需要经热风干燥，以免粉煤结团，尤其对含水量高的煤种更需要干燥。气化火焰中心温度随煤种不同在1600~2200℃，内炉煤气温度为1400~1600℃。产生的高温煤气夹带的细灰尚有一定的黏结性，所以出炉需与一部分冷的循环煤气混合，将其激冷至900℃左右后再导入废热锅炉，产生高压过热蒸汽。干煤气中的有效成分($CO+H_2$)可高达90%以上，甲烷含量很低。煤中约有83%以上的热能转化为有效气，大约有15%的热能以高压蒸汽的形式回收。

Shell加压气流床粉煤气化是20世纪末实现工业化的新型煤气化技术，是21世纪煤炭气化的主要发展途径之一。其主要工艺技术特点如下。

①对煤种适应广，可使任何煤种完全转化。

②能源利用率高，在典型的操作条件下，Shell气化工艺的碳转化率高达99%。合成气对原料煤的能源转化率为80%~83%。此外尚有16%~17%的能量可以利用而转化为过热蒸汽。

③设备单位产气能力高。

④环境效益好。干粉煤加压气流床工艺属于"洁净煤"工艺。Shell煤气化工艺脱硫率可达95%以上，并生产出纯净的硫黄副产品，产品气的含尘量低于2mg/m^3(标)。气化产生的熔渣和飞灰是非活性的，对环境无危害。工艺废水易净化处理和循环使用，少量污水处理可实现达标排放。

⑤气化炉采用水冷壁设计，寿命超过25年，解决了其他气化炉内衬耐火耐高温熔蚀造成衬里寿命短的问题。

SCGP Shell干煤粉气化工艺流程见图8-3，装置采用废热锅炉流程。

来自制粉系统的干燥粉煤由氮气或二氧化碳气经浓相输送至炉前煤粉储仓及煤粉锁斗，再经由加压氮气或二氧化碳气加压将细煤粒子由煤锁斗送入周向相对布置的气化烧嘴。气化需要的氧气和水蒸气也送入烧嘴。通过控制加煤量，调节氧量和蒸汽量，使气化炉在1400~1700℃范围内运行。气化炉操作压力为2~4MPa。在气化炉内煤中的灰分以熔

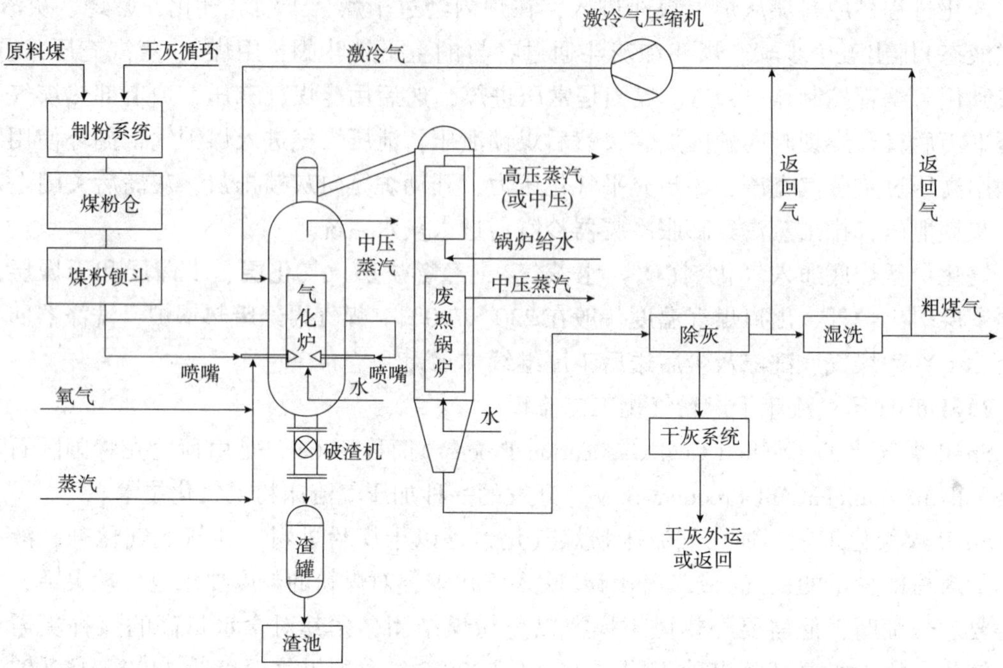

图 8-3　SCGP Shell 干煤粉气化工艺流程

渣形式排出。绝大部分熔渣从炉底离开气化炉，用水激冷，再经破渣机进入渣锁系统，最终泄压排出系统。熔渣为一种惰性玻璃状物质。

出气化炉的粗煤气夹带着飞散的熔渣粒子被循环冷却煤气激冷，使熔渣固化而不致粘在合成气冷却器壁上，然后再从煤气中脱除。合成气冷却器采用水管式废热锅炉，用来产生中压饱和蒸汽或过热蒸汽。粗煤气经省煤器进一步回收热量后进入陶瓷过滤器除去细灰（$<20mg/m^3$）。部分煤气加压循环用于出炉煤气的激冷。粗煤气经脱除氯化物、氨、氰化物和硫(H_2S、COS)，HCN 转化为 N_2 或 NH_3，硫化物转化为单质硫。工艺过程大部分水循环使用。少量废水在排放前需经生化处理。如果要将废水排放量减少到零，可用低位热将水蒸发，剩下的残渣只是无害的盐类。

三、生产合成气的其他方法

1. 以重油或渣油为原料的生产方法

以重油或渣油为原料的生产方法主要采用部分氧化法（partial oxidation），即在反应器中通入适量的氧和水蒸气，使氧与原料油中的部分烃类燃烧放出热量并产生高温；另一部分烃类则与水蒸气发生吸热反应而生成 CO 和 H_2，调节原料中油、H_2O 与 O_2 的相互比例，可达到自热平衡而不需外供热。

2. 以焦炉气为原料的生产方法

我国煤资源丰富，又是焦炭的主要出口国，利用焦炉气为原料生产合成气既可增加生产甲醇的原料又可改善环境污染，是一举两得的好事。

在炼焦中出焦炉的焦炉气常称为荒煤气，含杂质很多，如水蒸气、焦油气、粗苯、氨、硫化氢、氰化物、吡啶和萘等。这些杂质不仅会使下游的催化剂中毒结炭，也会腐蚀管道和设备，要经过一系列复杂的处理才能成为制造合成气的原料。因此用焦炉气来生产合成气，第一步是焦炉气的净化，最主要的是脱硫；第二步是将含约25% CH_4 的焦炉气转化为合成气。

生产合成气的方法还有天然气生产乙炔的尾气制合成气、电石气制合成气等。

目前来看，以天然气为原料制合成气的成本最低；重质油与煤炭制造合成气的成本差不多，重油和渣油制合成气可以使石油资源得到充分的综合利用；用轻质油来制造合成气的成本较高，而它很容易经其他方法加工成液体燃料和化工原料，不必走合成气路线。

第四节　合成气的化工利用

无论以何种方法获得的合成气，都可以根据需要调整组分比例进行合成，生产出一系列化工产品。

一、合成氨

氨是目前世界上产量最大的化工产品之一，是重要的化工原料，用途十分广泛。

氨在农业上主要用于制取化肥。农业上使用的所有氮肥，除石灰氮之外，例如尿素、硝酸铵、磷酸铵、硫酸铵、氯化铵、碳铵、氨水以及各种含氮混肥和复肥，都以氨为原料。液氨也可直接作为肥料施用。

氨在工业上主要用来制造炸药。在化纤和塑料工业中，则以氨、硝酸和尿素等作为氨源，生产已内酰胺、尼龙6单体、已二胺、人造丝、丙烯腈、酚醛树脂、脲醛树脂和蜜胺等产品。

氨还广泛作为制冷、空调、冷藏等压缩和吸收系统的制冷剂；在冶金工业中，用于废金属脱锡；在粉末冶金中，氨用作烧结过程的保护气氛；在原子氢焊中用氨气还原金属氧化物；在炼油厂和天然气加工中，氨可以作为缓蚀剂，中和石油馏分中的酸性组分，保护炼厂设备；在橡胶工业中，氨用来稳定天然橡胶和合成橡胶，以防储藏和运输过程中发生混凝；在食品和饮料工业中，氢为培养酵母和微生物的氮源，用来控制酵母生产中的pH值；在医药工业中，氨用于生产磺胺类药物；在水质处理中，氨和氯一起用来净化工业和城市用水；等等。

20世纪初德国人哈伯(F. Haber)发明了由氢气和氮气直接合成氨，并于1913年与博茨(C. Bosch)创建了合成氨工艺。含 H_2 和 N_2 的粗原料气，经精细地脱除各种杂质，得到 $H_2:N_2=3:1$(体积比)的合成氨精原料气，使其在500~600℃、17.5~20MPa及铁催化剂作用下合成为氨。近年来，该工艺过程经不断地改进和发展，已可在催化剂存在下，400~450℃、8~15MPa条件下进行。反应式为：

$$N_2+3H_2 \longrightarrow 2NH_3+Q$$

由于氮在空气中大量存在，合成氨原料气生产的主要工艺本质上是制氢。合成氨的生产工艺过程主要由原料气的制备、变换、净化、合成气的压缩、合成气中微量杂质的脱除、氨合成及余热回收等过程组成。

原料气的生产工艺因原料不同而有所差异，以天然气或石脑油为原料多采用蒸汽转化工艺；以重油为原料则采用部分氧化法工艺；以煤(焦)为原料则有多种气化工艺。

世界上早期建设的合成氨厂均采用煤(焦)为原料，后来逐步为轻质烃(天然气、石脑油)所替代。20 世纪 70 年代以后，合成氨生产中天然气和石脑油为原料已占统治地位。天然气为原料已占合成氨生产能力的 80% 以上。我国是一个煤资源丰富的国家，合成氨工业主要以煤为原料，约占合成氨生产能力的 67.4%。

二、合成甲醇

1. 甲醇的用途

甲醇不仅是重要的基础化工原料，而且是重要的液体清洁燃料和二次能源产品，应用范围不断扩大，广泛应用于有机合成、染料、医药、农药、涂料、交通和国防等工业中。甲醇是除合成氨之外，唯一以煤和天然气为原料制合成气，并大规模生产的化学品，是重要的碳一化学基础产品。甲醇便于储存和运输，是重要的能源载体。由于既可作为车用替代燃料的能源产品，又可作为高附加值化工产品的特点，甲醇成为近年来煤化工和天然气化工发展的主要产品，其合成和应用技术得到前所未有的发展。甲醇不但可以用来生产一系列深度加工的化学产品，而且随着能源结构的优化，作为一种清洁、高效的液体燃料，其需求量将十分可观。可以说，甲醇化学和甲醇化工已成为化学工业与能源工业的一个重要领域。

传统的甲醇应用主要是生产甲醛，其次是作为甲基化试剂生产甲胺、甲烷氯化物、丙烯酸甲酯、甲基丙烯酸甲酯、对苯二甲酸甲酯和硫酸二甲酯等。新的甲醇应用主要是用于生产二甲醚、醋酸、醋酐、碳酸二甲酯、甲酸甲酯等。由甲醇催化合成烃类化合物加甲醇制乙烯、丙烯和汽油等技术正在进行工业化示范，有望取得突破，实现工业化生产。甲醇汽油混合燃料和甲醇燃料电池日益受到重视和发展，已成为甲醇的新的重要应用领域。

2. 甲醇工业发展概况

甲醇最早由木材和木质素干馏制得，俗称木醇。

甲醇的大规模工业化生产以 20 世纪 20 年代高压法合成甲醇为标志。1913 年，德国 BASF 公司在其高压合成氨的试验装置上进行了一氧化碳加氢合成含氧化合物的研究，于 1923 年在德国 Leuna 建成了世界上第一座年产 3000t 合成甲醇的生产装置，并成功投产。该装置采用 Zn－Cr 氧化物为催化剂，一氧化碳和氢为原料，反应在 30～35MPa、300～400℃条件下进行。

高压法甲醇生产装置的成功投产，引起了世界各国的广泛重视，纷纷开展甲醇的实验室合成和工业生产研发。由于高压法合成甲醇工业投资大、生产成本高，为此，世界各国都在探求能够降低合成压力的工业生产方法。英国 ICI 公司和德国 Lurgi 公司分别成功地研制出中低压甲醇合成催化剂，降低了反应压力，促进了甲醇生产的高速发展。1966 年，ICI 公司使用 Cu－Zn－Al 氧化物催化剂，成功地实现了操作压力为 5MPa 的 CO 和 H_2 合成甲醇的工艺生产，该过程称为 ICI 低压法。1972 年，ICI 公司又成功地实现了 10MPa 的中压甲醇合成工业生产。1970 年，Lurgi 公司采用 Cu－Zn－Mn 或 Cu－Zn－Mn－V，Cu－Zn－Al－V 氧化物铜基催化剂，成功地建成了年产 4000t 甲醇的低压生产装置，该法称为 Lurgi 低压法。与此同时，世界其他化学公司也竞相开发自己的中低压甲醇合成工艺，建立甲醇合成装置，但 ICI 和 Lurgi 中低压法合成工艺发展最快。

我国的甲醇工业始于20世纪50年代，利用引进技术和自主技术建成了数十套甲醇和联醇生产装置，使我国的甲醇生产得到前所未有的进步。

3. 合成甲醇的反应原理

以合成气为原料在一定的条件下生产甲醇，合成反应很复杂。

主反应为：

$$CO + 2H_2 \longrightarrow CH_3OH$$
$$CO_2 + 3H_2 \longrightarrow CH_3OH + H_2O$$

可能发生的副反应为：

$$CO + 3H_2 \longrightarrow CH_4 + H_2O$$
$$2CO + 2H_2 \longrightarrow CO_2 + CH_4$$
$$CO_2 + H_2 \longrightarrow CO + H_2O$$
$$2CO + 4H_2 \longrightarrow (CH_3)_2O + H_2O$$
$$2CH_3OH \longrightarrow (CH_3)_2O + H_2O$$

这些副反应的产物还可能进一步反应，生成微量醛、酮、酯等副产物。

前已述及，工业上合成甲醇有高压法、低压法和中压法，所用催化剂和反应条件有所区别。表8－3是不同合成方法的反应条件。

表8－3　甲醇不同合成法的催化剂和反应条件

方法	催化剂	压力/MPa	温度/℃
高压法	$ZnO-Cr_2O_3$	30～32	360～420
低压法	$CuO-ZnO-Cr_2O_3$ 或 $CuO-ZnO-Al_2O_3$	5	240～270
中压法	$CuO-ZnO-Al_2O_3$	10～15	240～270

4. 高压法甲醇合成工艺流程

高压法是指压力在30～32MPa下进行的甲醇合成反应，反应温度为360～420℃，使用锌铬催化剂。出口气体中甲醇含量为3%左右。1923年高压合成甲醇成功，随后的50多年内，世界上合成甲醇生产都沿用高压法。

新鲜合成气与循环气在油分离器中汇合，进入内冷管型甲醇合成塔下部换热器，再经催化床层中冷管加热，预热至床层入口温度后进入催化剂床层。先在绝热段中进行绝热反应，再在冷却段中边反应边换热。出床层气体在塔下部换热器中与进塔气换热降温。出合成塔的气体进入水冷器，甲醇冷凝，在分离器中分离出粗甲醇，未反应气体则进入循环机，提高压力后与新鲜气汇合(见图8－4)。

5. 低压法甲醇合成工艺流程

低压法甲醇合成工艺典型的有英国ICI公司1966年开发成功的工艺和德国Lurgi公司开发的工艺。我国四川维尼纶厂引进的是ICI低压法装置，齐鲁石化公司第二化肥厂引进的是Lurgi低压工艺。

Lurgi低压工艺甲醇合成塔采用管壳型反应器。催化剂装在管内，反应热由管间的沸腾水移走，并副产高压蒸汽。过热蒸汽驱动离心式压缩机，背压低压蒸汽用作蒸馏热源，全系统热能利用合理。操作温度250～260℃，压力5～6MPa；反应过程温和，副反应少，时空收率高。目前，全世界已有近40套装置采用Lurgi低压甲醇合成技术。

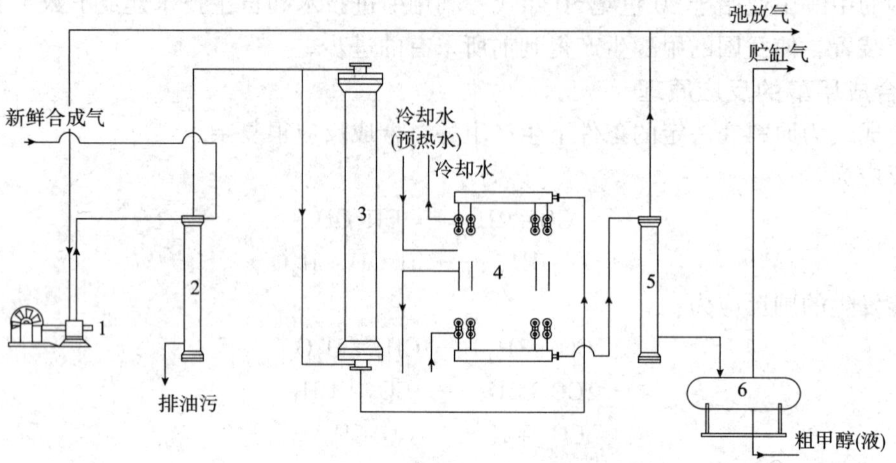

图 8-4　高压法甲醇合成工艺流程

1—循环压缩机；2—油过滤器；3—甲醇合成塔；4—水冷却器；5—分离器；6—中间储槽

Lurgi 低压法甲醇合成工艺流程见图 8-5。合成气在离心式透平压缩机内加压至 5.8MPa 与循环气以 1∶5 的比例混合。混合气在进反应器前先与反应后气体换热，升温壳程的锅炉给水是自然循环的，通过控制蒸汽压力，保持恒定的反应温度。出塔气温度约 250℃，含甲醇 7%左右，经换热冷却至 85℃，然后空气和水分别冷却，温度降至 40℃，冷凝的粗甲醇经分离器分离。分离粗甲醇后的气体适当放空，以控制系统中惰性气体的含量。这部分放空气体用作燃料，大部分气体进入透平压缩机加压后返回合成塔。合成塔副产的蒸汽及外部补充的高压蒸汽一起进入过热器，过热至 500℃左右，带动透平机。透平后的低压蒸汽作为甲醇精制工段所需的热源。甲醇工段还设有开工加热炉，开工时直接将蒸汽送入甲醇合成塔将催化剂加热升温。

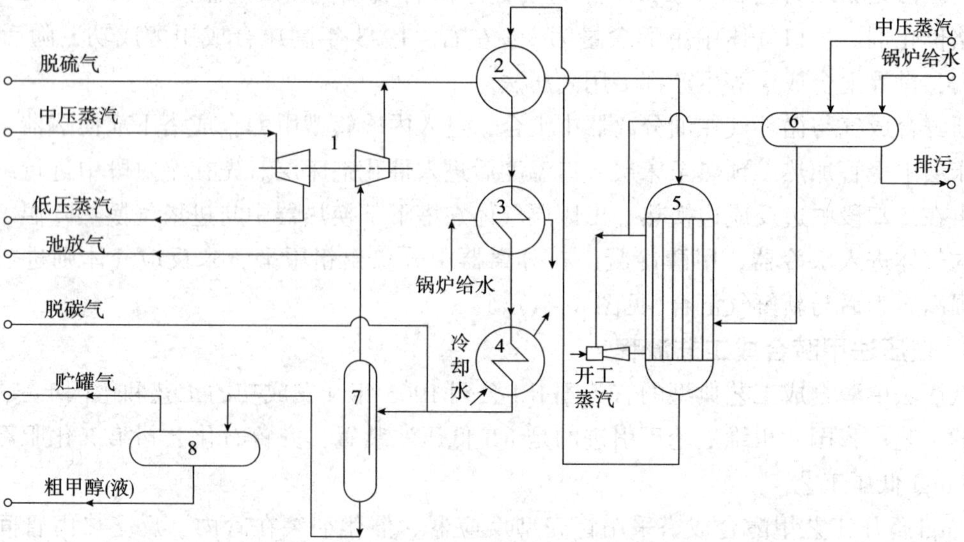

图 8-5　Lurgi 低压法甲醇合成工艺流程

1—透平循环压缩机；2—热交换器；3—锅炉水预热器；4—水冷却器；
5—甲醇合成塔；6—汽包；7—甲醇分离器；8—粗甲醇储槽

Lurgi低压法合成甲醇的主要特点是采用管束式合成塔，管内装填催化剂，管间沸腾水移走反应热，并副产蒸汽。这种合成塔温度易控制，同时，由于换热方式好，催化剂层温度分布均匀，可以防止铜催化剂过热，对催化剂寿命有利，且副反应大大减少，时空收率高达0.72t甲醇/($m^3 \cdot h$)。可以允许含CO高的新鲜气进入合成系统，因而单程转化率较高，反应器出口甲醇含量7%左右，循环气量较少，其结果是设备、管道尺寸小，动力消耗低。合成塔不需要开工炉，开工简便。在Lurgi系统中，即使循环机发生故障，系统的升温同样是允许的，只要将蒸汽通过一个喷射泵加入合成塔的水侧，保持合成塔的温度。合成塔可以副产中压蒸汽。流程中的设备和管线的材料都经过仔细选择，反应器材料不含铁，换热器的列管是不锈钢的，以防止合成气中达到露点的CO_2腐蚀；同时防止气体在110～130℃范围内与铁形成羰基铁，高于此温度又分解，使催化剂活性下降，并使生成高级烃的反应加剧。系统的管道由合成塔出口管一直到粗甲醇分离器均采用不锈钢。从分离器出口到合成塔入口的管道均采用低合金钢管，防止氢腐蚀。低合金钢内主要含Cr和Mo。由于Lurgi法粗甲醇质量高，所以大约有70%直接用于甲醛生产而不经过蒸馏。总之，Lurgi低压法合成甲醇投资和操作费用低，操作简便，但反应器结构复杂，制造难度大。

6. 中压法甲醇合成工艺流程

低压法甲醇合成工艺操作压力低，但设备体积庞大，不利于甲醇生产的大型化。因此在低压法研究基础上进一步发展了压力为10MPa左右的甲醇合成中压法。它能更有效地降低建厂费用和甲醇生产成本。例如，ICI公司研究成功了利用铜基催化剂，合成压力提高到11.0MPa的工艺，Lurgi公司也发展了8.0MPa的中压法合成甲醇工艺，日本三菱瓦斯化学公司开发了操作压力15.0MPa左右的甲醇生产技术，其流程和设备低压法均类似。

7. 粗甲醇的精馏分离

1)粗甲醇的组成与分离要求

无论采用何种催化剂、原料气和合成工艺制得的粗甲醇，均含有相当数量的有机杂质和水分，有机杂质包括醇、醛、酮、醚、酸、烷烃等数十种有机物。表8－4按照沸点顺序列出了粗甲醇中的甲醇、水和部分有机物。

表8－4 按沸点顺序排列的粗甲醇组分

组分	沸点/℃	组分	沸点/℃	组分	沸点/℃
二甲醚	－23.7	甲醇	64.7	异丁醇	107.0
乙醛	20.2	异丙烯醚	67.5	正丁醇	117.7
甲酸甲酯	31.8	正己烷	69.0	正丁醚	122.3
二乙醚	34.6	乙醇	78.4	二异丙基酮	123.7
正戊烷	36.4	甲乙酮	79.6	正辛烷	125.0
丙醛	48.0	正戊醇	97.0	异戊醇	130.0
丙烯醛	52.5	正庚烷	98.0	4－甲基戊醇	131.0
醋酸甲酯	54.1	水	100.0	正戊醇	138.0
丙酮	56.5	甲基异丙酮	101.7	正壬烷	150.7
异丁醛	64.5	醋酐	103.0	正癸烷	174.0

采用不同的原料和不同工艺方法得到的粗甲醇组成也有很大差异。表 8－5 是以石脑油为原料，不同方法合成粗甲醇的组成。

表 8－5 不同催化剂、不同合成方法制得粗甲醇的组成

组成(有机物)/% \ 合成方法	高压法 锌铬催化剂	中压法 铜系催化剂	低压法 铜系催化剂
甲醇	85～90	99.85	99.85
二甲醚	2～4	0.002～0.2	≤0.002
醛酮	＜0.1	0.002～0.2	≤0.002
高级醇	0.5～1.5	＜0.1	＜0.1
羰基铁/(mg/L)	＜1.0	＜0.5	＜0.5
酸值/(mgKOH/g CH_3OH)	0.004～0.2	0.02～0.1	0.02～0.1
酯值/(mgKOH/g CH_3OH)	0.004～0.2	0.1～0.5	0.1～0.5
高锰酸钾值/min	0.5～5	5～40	5～40

目前，使用铜系催化剂大多为低压法、中压法合成甲醇，粗甲醇的质量较锌铬催化剂高压法的质量好得多。有机杂质含量与种类减少，增加了甲醇的产率，减少了精制的难度，容易得到高质量的精甲醇，又降低了精馏过程的热负荷。因此，近年新发展的甲醇厂均为中压法、低压法，采用铜系催化剂。

甲醇作为有机化工的基础原料和碳一化学的核心产品，用以合成的产品种类繁多，有些产品生产需要高纯度的原料。如果甲醇纯度不够，就会出现各种问题。例如：用于生产甲醛时甲醇中如果含有烷烃，在甲醇氧化、脱氢反应时由于没有过量的空气，使生成的炭黑覆盖于银催化剂的表面，影响催化作用；高级醇可使生产甲醛产品中酸值过高；即使是性质稳定的杂质——水，由于在甲醇蒸发汽化时不易挥发，在蒸发器中浓缩积累，使甲醇浓度降低，引起原料配比失调而发生爆炸。此外，甲醇还被用作生产塑料、涂料、香料、农药、医药、人造纤维等甲基化的原料，都可能由于杂质的存在而影响产品的纯度和性能。所以必须对粗甲醇进行提纯，以获得满足生产需要的精甲醇。我国甲醇产品的质量标准见表 8－6。优质甲醇的指标集中体现在沸程短、纯度高、稳定性好并且有机杂质含量极少。

表 8－6 GB 338—2004 中国甲醇质量指标

项目	指标		
	优等品	一等品	合格品
色度/Hazen(铂－钴色号)≤	5	5	10
密度/[(20℃)/(g/cm^3)]	0.791～0.792	0.791～0.793	0.791～0.793
沸程[0℃，101.3kPa，在 64.0～65.5℃范围内，包括(64.6±0.1)℃]/(℃)≤	0.8	1.0	1.5
高锰酸钾值/min≥	50	30	20
水混溶性试验	通过试验(1+3)	通过试验(1+9)	
水的质量分数/%	0.10	0.15	

续表

项目	指标		
	优等品	一等品	合格品
酸的质量分数(以 HCOOH 计)/% ≤	0.0015	0.0030	0.0050
或碱的质量分数(以 HCHO 计)/% ≤	0.0002	0.0008	0.0015
羰基化合物的质量分数/% ≤	0.002	0.005	0.010
蒸发残渣的质量分数/% ≤	0.001	0.003	0.005
硫酸洗涤试验/Hazen 单位(铂-钴色号)	50	50	
乙醇的质量分数/%	供需双方协商		

2)精制甲醇的方法

将粗甲醇精制成精甲醇，主要采用精馏的方法，同时在精制过程中，也需要采用化学法与吸附法。

(1)精馏方法。利用甲醇、水、有机杂质的挥发度不同、沸点不同，通过精馏的方法将杂质、水与甲醇分离。将混合物精馏为纯组分，需要一个或几个串联的精馏塔。粗甲醇中的关键组分是甲醇与水，其余杂质根据其沸点可分为轻组分与重组分，这里轻组分和重组分是按照甲醇的沸点为界划分的。常压下，甲醇的沸点为64.7℃，通常把沸点低于64.7℃的组分叫作轻组分，沸点高于64.7℃的组分叫作重组分。一般可以在预精馏塔中加水进行萃取精馏，脱除轻组分；再于主精馏塔中，脱除重组分和水。

(2)化学方法。如采用蒸馏的方法不能将杂质降低至精甲醇所要求的指标，则需用化学净化的方法破坏掉这些杂质。如粗甲醇中的还原性杂质，虽采取萃取蒸馏的方法，但残留在甲醇中的部分仍将影响其高锰酸钾值，若继续采用蒸馏的方法，势必造成精馏设备的复杂性和增加甲醇的损失及能耗。为了保证精甲醇的稳定性，一般要求其中还原性杂质降至40×10^{-6}以下。因此，当粗甲醇中还原性杂质较多时，还需借助于化学氧化方法处理。氧化方法一般采用高锰酸钾进行氧化，将还原性物质氧化成二氧化碳逸出，或生成酸并结合成钾盐与高锰酸钾泥渣一同滤去。

为减少精制过程中的腐蚀，粗甲醇在进入精制设备前，要加入苛性钠中和其酸，这也是化学净化方法。有时，为有效清除粗甲醇中的某些杂质，或降低其电导率，也可采用加入其他化学物质或离子交换的方法进行化学处理。

至于选择何种精制方法，一般以蒸馏法为主，除去粗甲醇中的绝大部分的有机物和水分。至于化学净化方法，要取决于粗甲醇的质量是否需要。工业上，采用精制粗甲醇方法的原则是：精馏过程是必要的；粗甲醇呈酸性，需要用碱中和；根据粗甲醇中还原性杂质的含量决定是否需用化学方法进行处理。一般用锌铬催化剂以水煤气为原料合成的粗甲醇，含还原性杂质较多，可能需要用高锰酸钾进行氧化，方能获得稳定性较好的精甲醇。而铜系催化剂在较低压力和温度下合成的甲醇，含还原性杂质较少，无须化学净化，也能获得高稳定性的精甲醇。

3)甲醇精馏工艺流程

粗甲醇是甲醇、水及有机杂质组成的互溶液体混合物，将其分离为纯组分，最常用的方法是蒸馏和精馏。甲醇精馏工艺流程，因粗甲醇的合成方法不同而有所差异，精制过程的复杂程度也存在差别，但基本原理是一致的。先以精馏的方法在精馏塔的顶部，脱出较甲醇沸点低的轻组分，再以精馏的方法在塔的底部或底侧脱出水和重组分，从而获得纯净的甲醇组分。随着甲醇合成工艺的不断改进，采取低压法和中压法合成甲醇已成为世界甲醇生产的主流，由此获得的粗甲醇的精制工艺研究开发较为活跃。相继出现了甲醇精馏的单塔工艺、双塔工艺和三塔工艺，根据粗甲醇的组成和对精甲醇的指标要求选择工艺。双塔流程是最为普遍应用的甲醇精馏方式。第一塔为预精馏塔，第二塔为主精馏塔，二塔再沸器的热源均来自循环气压缩机驱动透平排出的低压蒸汽。

预精馏塔用以分离轻组分和溶解的气体，如 H_2、CO、CO_2 等，塔顶取出的气体包括不凝性气体、轻组分、水蒸气以及甲醇，经过冷凝，大部分水和甲醇回流入塔。同时从冷凝器抽一小部分冷凝液以减少挥发性较低的轻组分。为了减少塔顶排放气中甲醇的损失，塔顶冷凝器可做成二级冷凝。

主精馏塔主要除去重组分包括乙醇、水以及高级醇，同时获得产品精甲醇。含水和高沸点组分的甲醇从该塔中部进入，高级醇从加料板以下侧线引出，含微量甲醇的水从塔底排出，产品从近塔顶处取出。

图 8－6 是双塔精制流程图。脱醚和预精馏合并在预精馏塔中同时进行，有效地进行二甲醚和轻组分与甲醇的分离。预精馏塔可为常压塔操作，二甲醚、轻组分(或称初馏分)和甲醇及水由塔顶逸出，经冷凝后大部分甲醇和水及少量杂质被冷凝返回塔内，有时从回流液中采出少量的馏出物。二甲醚(气相)及不凝性气体经塔顶水封后，送至锅炉燃烧，或对二甲醚进行综合利用。为了提高预精馏后甲醇的稳定性及精制二甲醚，可在预精馏塔顶部采用两级或者多级冷凝。第一级冷凝温度较高，减少返回塔内的轻组分，以提高预精馏后甲醇的稳定性；第二级则为常温，尽可能地回收甲醇；第三级要以冷冻剂冷至更低的温度以净化二甲醚，同时又进一步回收了甲醇。

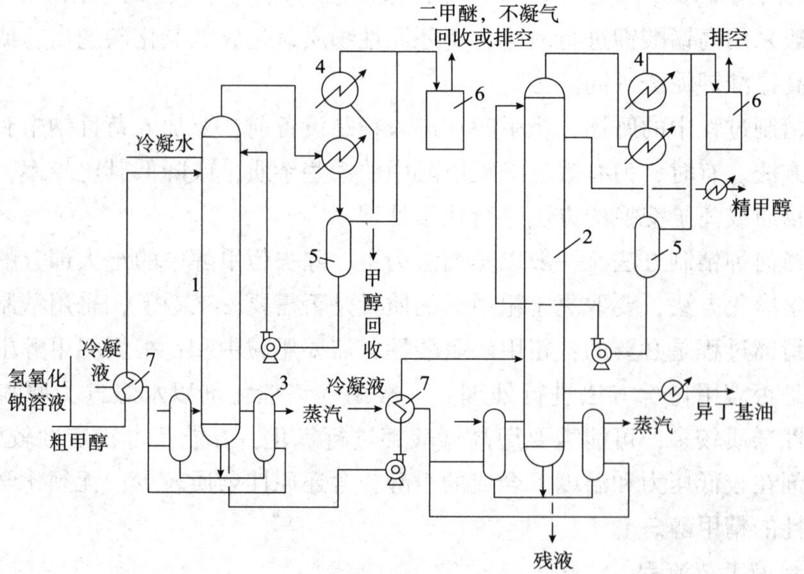

图 8－6　双塔粗甲醇精馏工艺流程图

1—预精馏塔；2—主精馏塔；3—再沸器；4—冷凝器；5—回流罐；6—液封；7—热交换器

经预精馏塔后的含水甲醇，直接由泵输送至热交换器再至主精馏塔。最终在主精馏塔将甲醇与水、重组分及残余轻组分进行有效分离，得到精甲醇产品。

三、甲醇羰化合成乙酸

1. 甲醇羰基化反应原理

工业上生产乙酸的方法有三种：乙醛法、丁烷或轻油氧化法以及甲醇羰化法。乙醛法是比较古老的生产方法。丁烷或轻油氧化法20世纪50年代初在美国首先实现工业化，由于此法反应产物多、分离困难、对设备腐蚀性强，推广应用受到限制。甲醇羰化法不但原料易得，而且生产乙酸的选择性高达99%以上，基本上无副产物，现在世界上半数以上的乙酸用该法生产。新建装置多考虑采用这一方法。

利用甲醇碳基化反应合成乙酸的可能性，早在1913年就有文献发表。该法的初期一直采用三氟化硼、磷酸等作催化剂，反应压力为70MPa，温度在300℃以上，反应条件苛刻，而且腐蚀严重，选择性低难以工业化。1914年，雷珀等人在卤素存在下，以金属(铁、钴、镍等)羰基化合物为催化剂，成功地使上述反应条件变得明显缓和。使用该催化剂系列，反应压力为20～45MPa、温度为250～280℃。1960年，德国的BASF公司将甲醇羰基化合成酯酸的工艺工业化，此法比正丁烷氧化法和乙醛氧化法工艺更经济。BASF公司的工艺需要70MPa高压，醋酸收率90%。1968年，美国Monsanto公司的鲍利克(Paulik)等推出了低压法工艺，开发出一种新型催化剂(碘化物促进的铑络合物)使甲醇羰基化反应能在180℃和3～4MPa的温和条件下进行。后经进一步改进，使反应在更温和的条件下进行，1970年实现了工业化，醋酸收率高于99%，现已成为生产工业醋酸的主要方法，占乙酸总生产能力的65%。并且，带动了有关羰基过渡金属络合物催化作用的基础研究，促进了合成气化学和碳一化学的发展。受到各国的普遍重视，采用低压法甲醇碳化合成乙酸工艺技术的国家越来越多。

甲醇羰基化的主反应：在CO存在下，甲醇发生羰基化反应生成乙酸：

$$CH_3OH + CO \longrightarrow CH_3COOH$$

副反应：乙酸可以和甲醇继续反应生成乙酸甲酯，乙酸甲酯继续发生羰基化反应生成乙酐，甲醇脱水为二甲醚等。

$$CH_3COOH + CH_3OH \longrightarrow CH_3COOCH_3 + H_2O$$

$$CH_3COOH + CO \longrightarrow (CH_3CO)_2O$$

$$2CH_3OH \longrightarrow CH_3OCH_3 + H_2O$$

2. 甲醇羰基化生产乙酸的工艺流程

1)甲醇高压羰基化生产乙酸的工艺流程

甲醇高压羰基化生产乙酸是以羰基钴为催化剂，碘甲烷为助催化剂，反应条件为250℃、70MPa，在含水的乙酸溶液中进行，生产工艺流程见图8－7。

甲醇和二甲醚与催化剂混合进入反应器中，并通入一氧化碳进行反应。反应器温度和压力控制在250℃和70MPa左右。羰基化反应放出的热量用于预热反应原料，其余部分随反应物料带出。反应物料经换热器冷却后进入高压分离器进行气液分离。液体进入中压分离和膨胀器后进一步释放其中的气体后，进入闪蒸塔。上述工序中释放的气体经过甲醇洗涤回收碘甲烷及其他含碘化合物后，进行处理回收CO气。

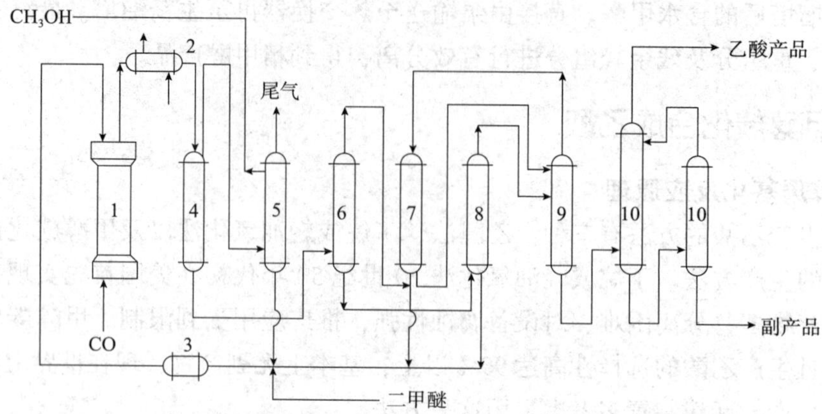

图 8－7　甲醇高压羰基化生产乙酸的工艺流程

1—反应器；2—冷却器；3—预热器；4—低压分离器；5—尾气洗涤塔；
6—脱气塔；7—分离塔；8—催化剂分离器；9—共沸蒸馏塔；10—精馏塔

由闪蒸塔出来的液体产物通过催化剂分离塔回收催化剂后进入干燥塔，塔顶轻组分和塔底物与回收的催化剂一起返回到反应器中进一步反应。干燥塔侧线出料为粗乙酸，进一步蒸馏后制得纯乙酸。

高压羰基化过程中，生成一系列的副产物，约占乙酸生成量的 4.5%，其中主要是丙酸，可回收利用。二甲醚可以和甲醇一起作为原料与一氧化碳反应生成乙酸。

2) 甲醇低压羰基化生产乙酸的工艺流程

甲醇低压羰基化生产乙酸以碘化铑为催化剂，碘甲烷为助催化剂，反应条件为 175 ~ 200℃、CO 分压为 1.01 ~ 1.52MPa，甲醇和 CO 在含水的乙酸溶液中进行反应生成乙酸，生产工艺流程见图 8－8。

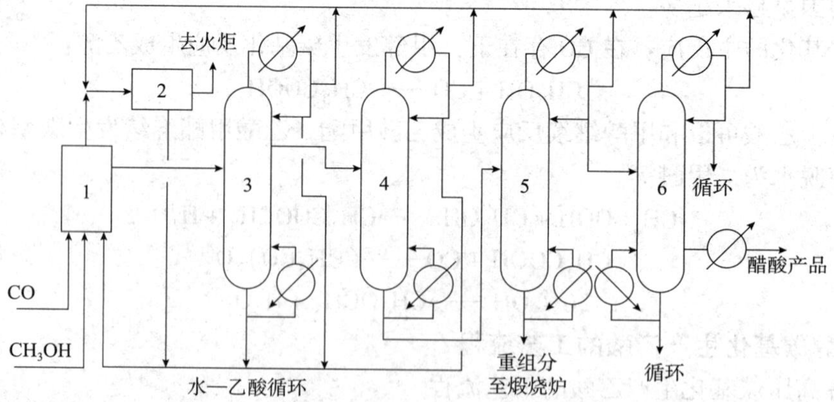

图 8－8　甲醇低压羰基化生产乙酸的工艺流程

1—反应系统；2—洗涤系统；3—脱轻组分塔；4—脱水塔；5—脱重组分塔；6—精制塔

甲醇预热后返回的催化剂溶液等一起进入反应器，与通入的 CO 反应。反应后于上部侧线引出反应器，闪蒸减压至 200kPa 左右，产物与含催化剂的母液分离后返回反应器。含有 CO、碘甲烷、氢和甲烷的反应器排出气送入洗气塔。含粗乙酸、轻馏分的反应混合液以气相送入脱轻组分塔，在 80℃左右脱出轻馏分，塔顶气含碘甲烷、乙酸甲酯、少量甲醇，进入洗气塔。脱轻塔釜液为含水精乙酸，送脱水塔。塔底无水精乙酸送入脱重组分塔，进行精馏，于塔上部侧线引出成品乙酸。塔釜液含丙酸40%及其他高级羧酸，进入废酸蒸馏塔以回收脱重组分塔底部馏分中的乙酸。塔底排出重质废酸为产量的0.2%，回收或焚烧。4个塔与反应器排出的气体汇总后的组成为CO 40%～80%，其余20%～60%为H_2、CO_2、N_2、O_2以及微量的乙酸、碘甲烷，一起在洗气塔用冷甲醇洗涤回收碘后焚烧放空。

四、羰基合成

随着碳一化学的发展，有一氧化碳参与反应的类型不断增多。一般来说，在催化剂存在下，有机化合物分子中引入羰基(C═O)的反应都属于羰基合成化学的范畴。例如：罗兰反应(Otto Rolen)，又称氢甲酰化反应，应用于制备比原烯烃多一个碳原子的醛。合成气与不同烯烃可以合成不同产品。例如，丙烯与合成气反应生成正丁醛，它除可作溶剂外，大部分用于醇醛缩合和加氢生产2－乙基己醇，后者用来制造聚乙烯的增塑剂邻苯二甲酸酯；乙烯与合成气反应生成丙醛，可制正丙醇或丙酸；长链端烯与合成气反应生成长链醇，其中$C_{13}\sim C_{15}$直链脂肪醇用于生产易被生物降解的洗涤剂。

烯烃氢甲酰化反应需要采用过渡金属的羰基配合物催化剂，过渡金属一般用钴和铑，反应在液相中进行，属于均相催化反应。使用钴催化剂$HCo(CO)_4$时，要求温度为120～140℃，压力约20MPa；使用磷改性的铑催化剂[例如$HRh(CO)(Ph_3P)_3$，其中Ph代表苯基]时，活性很高，约在100℃和1～2MPa条件下反应，而且生成直链醛的选择性很高。

$$CH_2{=\!=}CH_2 + CO + H_2 \longrightarrow CH_3CH_2CHO$$

不饱和烃在水存在下的羰基化：

$$CH_2{=\!=}CH_2 + CO + H_2O \xrightleftharpoons{Cat.} CH_3CH_2COOH$$

$$CH{\equiv}CH + CO + H_2O \xrightleftharpoons{Cat.} CH_2{=\!=}CHCOOH$$

在钴{催化剂开始主要采用八羰基二钴$Co_2(CO)_8$，后来改用有机磷配位形成的$Co_2(CO)_6[P(n-C_4H_9)_3]_2$络合物，以提高正构产物的选择性}或铑{$HRh(CO)\cdot[P(C_6H_5)_3]_3$}催化剂作用下，烯烃与合成气($H_2$和CO)进行氢甲酰化生成两种异构醛，经分离出催化剂后，在另一反应器中，再催化加氢成醇：

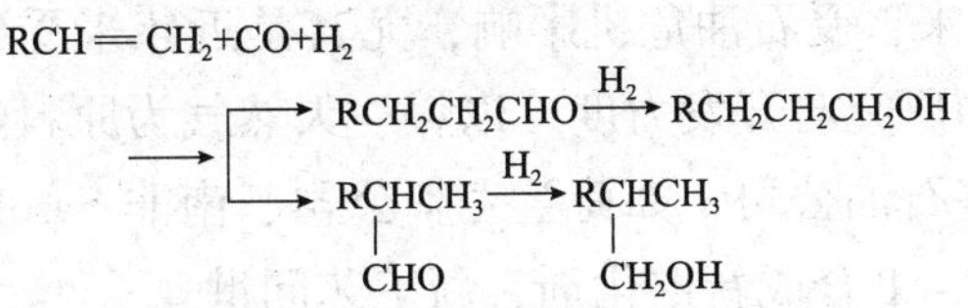

五、合成天然气、汽油和柴油

在镍催化剂作用下，CO和H_2进行甲烷化反应，生成甲烷，称为合成天然气(SNG)，热值比CO和H_2高。缺乏天然气的地区，可以以煤为原料用甲烷化法生产高热值的城市煤气替代天然气；由煤制造合成气，然后通过费托(Fischer－Tropsch)合成可生产液体烃燃料。例如在200～240℃、2.5MPa以及铁催化剂作用下合成烃类(SASOL工艺)，生成的烃类主要是由许多链长不一的烷烃组成的混合物，主要反应式为：

$$nCO + (2n+1)H_2 \longrightarrow CnH_{2n+2} + nH_2O$$

$$CO + H_2O \longrightarrow CO_2 + H_2$$

然后将这些烃类产物分离，再加工为汽油、柴油和蜡。近年来，出现了改良费托合成二段法，用钴基催化剂高选择性地合成直链烷烃馏分，然后用分子筛裂化制取高辛烷值汽油，或加氢裂化制取高十六烷值的优质柴油，国内外均有一定规模的装置新建或投产。

六、F－T合成油

1923年，德国科学家Fischer和Trospch就发现了在铁催化剂上CO和H_2可以合成液态烃燃料(简称F－T合成)，是指合成气在固体催化剂作用下，非均相氢化生成不同链长的烃类($C_1 \sim C_{25}$)混合物和含氧化合物的反应。产物包括各种烷烃和烯烃，以及醇、醛、酮、酸、酯等有机含氧化合物，并副产CO_2和H_2O。产品经深加工可得优质液体燃料如汽油、柴油、航空煤油等。由煤或天然气获得的合成气制合成油的工艺流程示意见图8－9。

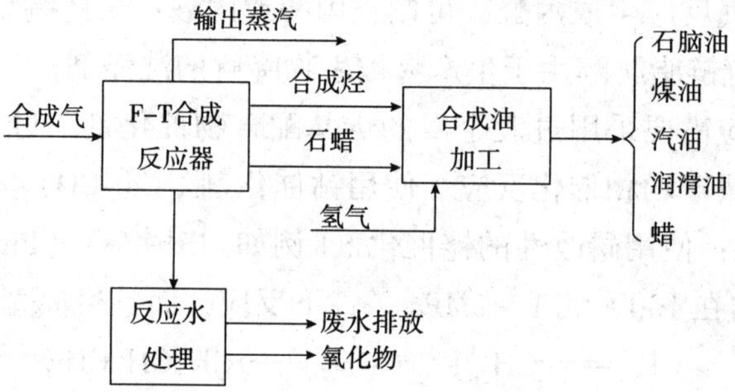

图8－9 F－T合成示意流程

1934年，德国鲁尔化学公司开始建造以煤为原料的F－T合成油厂，至第二次世界大战前，世界各国建成合成油厂15个，合成油呈现出高速发展态势。第二次世界大战后，由于石油工业的高速发展，使F－T合成油失去了竞争力，合成油厂纷纷停产。但对合成油的研究和开发并没有停止，特别是南非因受国际社会的制裁，被迫发展煤制油工业，20世纪50年代初成立了Sasol公司，相继建成多个以煤为原料的合成油厂。南非Sasol公司是目前世界上最大的煤间接液化企业。

20世纪80年代初以来，受石油危机影响，尤其是近年来受到石油资源的影响，世界各国加大了合成油技术的研究与开发力度。以煤、天然气为原料经合成气制合成油技术在世界范围快速发展。诸多石油公司，如荷兰壳牌公司、南非Sasol公司、美国Exxon公司、挪威Statoil公司等均有F－T合成新催化剂、新工艺问世。

七、合成气应用新途径

在合成气基础上制备化工产品的新途径有：将合成气转化为乙烯或其他烃类，然后再进一步加工成化工产品；先合成为甲醇，然后再将其转化为其他产品；直接将合成气转化为化工产品。在这些新应用中，有的正在研究，有的已进入工业开发阶段，有的已具一定生产规模。

1. 直接合成乙烯等低碳烯烃

近年来的研究致力于将合成气一步转化为乙烯等低碳烯烃：

$$2CO + 4H_2 \longrightarrow C_2H_4 + 2H_2O$$

因副反应多，尚未达到实用要求，需要研制活性及选择性均较高的催化剂以提高烯烃的收率。

2. 合成气经甲醇再转化成烃类

近年来开发了一类新型催化剂，对甲醇选择性转化成芳基汽油具有高活性。这是一种名为ZSM－5的择形分子筛，在370℃和大约1.5MPa下能使甲醇选择性转化，生成沸点大部分在汽油范围（$C_5 \sim C_{10}$）的烷烃和芳烃混合物，此法称为Mobil工艺。其中芳烃占汽油的38.6%，辛烷值为90～95，在质量和产量方面均高于Sasol法生产的汽油。Mobil工艺已在新西兰工业化，将甲醇转化为汽油的过程首先在两个反应器内进行，第一反应器中装有脱水催化剂，使甲醇脱水生成二甲醚；第二反应器中装有ZSM－5催化剂，将二甲醚转化为烯烃。然后，这些烯烃进行烷基化和脱氢环化生成$C_5 \sim C_{10}$链烷烃、环烷烃和芳烃的混合物，即为汽油。

3. 醇同系化制乙烯

在均相羰基金属配合物催化剂存在和200℃、20MPa条件下，甲醇与合成气反应，主要产物是乙醇。该反应称为甲醇的同系化，也可称为氢羰基化。乙醇催化脱水生成乙烯是已经成熟的技术。

乙烯是重要的有机化工原料，传统上由石油馏分热裂解制取，用合成气制取可扩大乙烯的来源。

4. 合成低碳醇

将合成甲醇的铜基催化剂加钾盐及助催化剂进行改性后，可以于250℃和6MPa下将合成气转化为$C_1 \sim C_4$单醇，称为低碳混合醇，可作汽油的掺烧燃料，也可以经脱水生成低碳烯烃。

5. 合成乙二醇

乙二醇是合成聚酯树脂、聚酯纤维、表面活性剂、增塑剂、聚乙二醇、乙醇胺等的主要原料，它还作为防冻剂，用量相当大。目前，工业上生产乙二醇的方法是乙烯环氧化生成环氧乙烷，然后水合为乙二醇。由合成气直接合成乙二醇的方法现处于研究阶段。

6. 合成气与烯烃、醛或酸的胺羰基化产物

在羰基钴或铑的配合物催化剂作用下，一些烯烃、醛和酸类能与合成气及胺化物反应，生成氨基酸、表面活性剂和食品添加剂等。

参考文献

[1]黄仲九，房鼎业．化学工艺学(精编版)[M]．北京：高等教育出版社，2011.

[2]米镇涛．化学工艺学[M].2版．北京：化学工业出版社，2006.

[3]刘晓勤．化学工艺学[M].3版．北京：化学工业出版社，2021.

[4]腾晓旭，时建伟，黄辉胜．化工工艺学[M]．北京：化学工业出版社，2022.

[5]山红红，张孔远．石油化工工艺学[M]．北京：科学出版社，2019.

[6]武向红等．石油化工设计手册[M]．北京：化学工业出版社，2001.

[7]吴指南等．基本有机化工工艺学[M]．修订版．北京：化学工业出版社，1990.

[8]周立芝，王杰．化工百科全书第3卷[M]．北京：化学工业出版社，1993.

[9]肖瑞华，白金锋．煤化学产品工艺学[M].2版．北京：冶金工业出版社，2008.

[10]黄仲九．化学工艺学概论[M]．杭州：浙江大学出版社，2006.

[11]孙兆林．催化重整[M]．北京：中国石化出版社，2006.

[12]安钢．乙烯及其部分衍生物工业基础[M]．北京：化学工业出版社，2008.

[13]王松汉．石油化工设计手册第1卷[M]．北京：化学工业出版社，2001.

[14]陆士庆．炼油工艺学[M]．北京：中国石化出版社，2003.

[15]蔡世干，王尔菲，李锐．石油化工工艺学[M]．北京：中国石化出版社，1993.

[16]薛荣书，谭世语．化工工艺学[M]，重庆：重庆大学出版社，2001.

[17]赖光愚．炼厂气体加工[M]．北京：中国石化出版社，2006.

[18]张方方．大型芳烃联合装置能耗对比与设计改进[J]．炼油技术与工程.2022，52(10)：5-9.

[19]南毅，高子祺，李佳鑫，等．催化裂化柴油加氢裂化生产轻质芳烃研究进展[J]，工业催化.2022，30(1)：10-20.

[20]陈诗瑶，申峻，王玉高．甲醇制芳烃反应及生产工艺研究进展[J]．现代化工，2022，42(2)：57-60+67.

[21]戴厚良．芳烃技术[M]．北京：中国石化出版社，2014.

[22]魏文德．有机化工原料大全(上)[M].2版．北京，化学工业出版社，1999.

[23]吴指南．基本有机化工工艺学[M]．修订版．北京：化学工业出版杜，2000.

[24]胡杰等．天然气化工技术及应用[M]．北京：化学工业出版社，2006.

[25]李淑芬．现代化工导论[M]．北京：化学工业出版社，2004.

[26]邹仁黎．石油化工裂解原理与技术[M]．北京：化学工业出版社，1982.

[27]王松汉．乙烯装置技术[M]．北京：中国石化出版社，1994.

[28]陈声宗．化工设计[M]．北京：化学工业出版社，2005.

[29]王松汉等．乙烯工艺与技术[M]．北京：中国石化出版社，2000.

[30]钱家麟等．管式加热炉[M]．北京：中国石化出版社，2003.

[31]王焕梅．石油化工工艺基础[M]．北京：中国石化出版社，2007.

[32]侯祥麟．中国炼油技术[M].2版．北京：中国石化出版社，2001.

[33]程丽华．石油炼制工艺学[M]．北京：中国石化出版社，2005.

[34]梁文杰．石油化学[M]．东营：石油大学出版社，1995.

[35]卢焕章，石油化工基础数据手册[M]．北京：化学工业出版社，1982.

[36]杨劲．基本有机原料生产工艺学[M]．东营：石油大学出版社，1994.

[37]李作政等．乙烯生产与管理[M]．北京：中国石化出版社，1992.

[38]张旭之等．乙烯衍生物工学[M]．北京：化学工业出版社，2001.

[39]张旭之等．丙烯衍生物工学[M]．北京：化学工业出版社，2001.

[40]Yang L, Liu Z, Liu Z, et al. Correlation between H－ZSM－5 crystal size and catalytic performance in the methanol－to－aromatics reaction [J]. Chinese Journal of Catalysis, 2017, 38(4): 683－690.

[41]Ni Y, Zhu W, Liu Z. Formaldehyde intermediate participating in the conversion of methanol to aromatics over zinc modified H－ZSM－5[J]. Journal of Energy Chemistry, 2021, 54: 174－178.

[42]Seddon D. Paraffin oligomerisation to aromatics[J]. Catalysis Today, 1990, 6(3): 351－372.

[43]秦岭，张秋平．芳烃抽余油生产高辛烷值异构化汽油的技术方案[J]．炼油技术与工程，2017，47(8)：33－37.

[44]李宏恩，张登前，宋启凤，等．DCC 汽油加氢生产芳烃抽提原料技术(NHTDC)的开发及应用[J]．石油炼制与化工，2018，49(5)：12－15.

[45]杨文中，蔡烈奎，张卉，等．生产高芳烃含量橡胶增塑剂的两段糠醛萃取组合工艺[J]．石油炼制与化工，2018，49(6)：37－41.

[46]安志远，朱超，刘熠斌，等．Zn/HZSM－5 分子筛催化棕榈油多产芳烃的研究[J]．化工学报，2019，70(11)：4289－4297.

[47]辛靖，高杨，侯章贵，等．以生产轻芳烃为目的的催化重整装置原料拓展研究进展[J]．无机盐工业，2019，51(7)：1－7.

[48]佛扬，淡勇，杨东元，等．轻质环油(LCO)选择性加氢生产高附加值的芳烃产品[J]．应用化工，2021，50(3)：650－653.

[49]杨明磊，徐志海，李智．芳烃生产工艺改进与经济性分析[J]．现代化工，2020，40(10)：207－211.

[50]赵永华等．轻烃在 HZSM－5 催化剂上芳构化的研究进展[J]．天然气化工，2007，32：63－67.

[51]王小强．轻烃芳构化技术进展[J]．当代化工，2018，47：1956－1960.

[52]杨秀娜，姜阳，齐慧敏．多级孔 ZSM－5 分子筛的制备及其催化甲醇芳构化反应性能[J]．化工进展，2016，35：3536－3541.

[53]Tallman M. J., Klavers R. North American olefin producers riding the shale gas wave [J]. Hydrocarbon Processing, 2013, 4: 37－40.

[54]Sanfilippo D., Miracca I. Dehydrogenation of paraffins: Synergies between catalyst design and reactor engineering [J]. Catalysis Today, 2006, 111: 133－139.

[55]Ghodasara K, Hwang S, Smith R. Catalytic propane dehydrogenation: Advanced strategies for the analysis and design of moving bed reactors[J]. Korean Journal of Chemical Engineering, 2015, 32(11): 2169－2180.

[56]张海娟，张舒冬，李江红，等．丙烷脱氢反应的热力学分析[C]．中国化工学会 2012 年石油化工学术年会，2012.

[57]刘学．丙烷催化脱氢制丙烯 Pt 系催化剂研究[D]．上海：上海师范大学，2014.

[58]Tsikoyiannis J G, Stern D L, Grasselli R K. Metal oxides as selective hydrogen combustion (SHC) catalysts

and their potential in light paraffin dehydrogenation[J]. J Catal, 1999, 184: 77 - 86.

[59]Corma A., Melo F. V., Sauvanaud L., Omega F., Different process schemes for converting light straight run and fluid catalytic cracking naphthas in a FCC unit for maximum propylene production [J]. Applied Catalysis A: General, 2004, 265: 195 - 206.

[60]刘杰，刘昌呈，马爱增，等. Pt 系催化剂在丙烷脱氢反应中的研究进展[J]. 石油学报(石油加工), 2015, 31(5): 1218 - 1231.

[61]孙迪波. 丙烷催化脱氢制丙烯催化剂专利技术综述[J]. 山东工业技术, 2016(13): 15 - 15.

[62]张海娟，高杰，张浩楠，等. 低碳烷烃深加工制烯烃技术的研究进展[J]. 石油化工, 2016, 45(12): 1411 - 1419.

[63]Baerns M, Buyevskava O. Simple chemical processes based on low molecular - mass alkanes as chemical feedstocks[J]. Catal Today, 1998, 45: 13 - 22.

[64]Vora B V. Development of dehydrogenation catalysts and processes[J]. Top Catal, 2012, 55(19/20): 1297 - 1308.

[65]杨宜年. 世界近年来新建丙烯装置概况[J], 化工进展, 2001(7): 54 - 54.

[66]朱彦儒. 基于层状前体构筑高分散 Pt 催化剂及其选择性加氢/脱氢性能研究[D]. 北京: 北京化工大学, 2018.

[67]Puurunen R L, Weckhuysen B M. Spectroscopic study on the irreversible deactivation of chromia/alumina dehydrogenatio catalysts[J]. J Catal, 2002, 210: 418 - 430.

[68]Weckhuysen B M, Schoonheydt R A. Alkane dehydrogenation over supported chromium oxide catalysts[J]. Catal Today, 1999, 51: 223 - 232.

[69]Cavani F, Koutyrev M, Trifirò F, et al. Chemical and physical characterization of alumina - supported chromia - based catalysts and their Activity in dehydrogenation of isobutane[J]. J Catal, 1996, 158: 236 - 250.

[70]Frey F E, Huppke W F. Equilibrium dehydrogenation of ethane, propane, and the butanes[J]. Ind Eng Chem, 1933, 25(1): 54 - 59.

[71]谭晓林，马波，张喜文，等. Cr 系丙烷脱氢催化剂研究进展[J]. 化工进展, 2010, 29(1): 51 - 57.

[72]Poole C P, Maclver D S. The physical - chemical properties of chromia - alumina catalysts[J]. Adv Catal, 1967, 17: 223 - 314.

[73]Hakuli A. Preparation and characterization of supported CrOx catalysts for butane dehydrogenation[D]. Finland: Helsinki University of Technology, 1999.

[74]Weckhuysen B M, Schoonheydt R A. Alkane dehydrogenation over supported chromium oxide catalysts[J]. Catal Today, 1999, 51(2): 223 - 232.

[75]Derossi S, Ferraris G, Fremiotti S, et al. Propane dehydrogenation on chromia/silica and chromia/alumina catalysts[J]. J Catal, 1994, 148(1): 36 - 46.

[76]刘乔，董秀芹，余英哲，等. 丙烷无氧脱氢制丙烯工艺和催化剂的研究进展[J]. 石油化工, 2014, 43(6): 713 - 720.

[77]Ren Yingjie, Wang Jie, Hua Weiming, et al. Ga_2O_3/HZSM - 48 for dehydrogenation of propane: Effect of acidity and poregeometry of support[J]. J Ind Eng Chem, 2012, 18(2): 731 - 736.

[78]Liu Lei, Deng Qingfang, Liu Yuping, et al. HNO3 - activated mesoporous carbon catalyst for direct dehydrogenation of propane to propylene[J]. Catal Commun, 2011, 16(1): 81 - 85.

[79] Liu Jie, Liu Changcheng, Ma Aizeng, et al. Effects of Al_2O_3 phase and Cl component on dehydrogenation of propane[J]. Appl Surf Sci, 2016, 368: 233 - 240.

[80] Kumar M S, Chen D, Holmen A, et al. Dehydrogenation of propane over Pt - SBA - 15 and Pt - Sn - SBA - 15: Effect of Sn on the dispersion of Pt and catalytic behavior [J]. Catal Today, 2009, 142(1/2): 17 - 23.

[81] Caeiro G, Carvalho R H, Wang X, et al. Activation of C_2 - C_4 alkanes over acid and bifunctional zeolite catalysts [J]. J Mol Catal A: Chem, 2006, 255(1): 131 - 158.

[82] 张海娟，王振宇，李江红，等．反应条件对丙烷脱氢催化剂积炭行为的影响[J]，天然气化工，2014，39(2)：38 - 42.

[83] Afonso J C, Aranda D A G, Schmal M, et al. The chemistry of coke deposits formed on a Pt - Sn catalyst during dehydrogenation of n - alkanes to mono - olefins[J]. Fuel Process Technol, 1994, 41(1): 13 - 25.

[84] 李庆．Pt 催化剂上丙烷脱氢反应与结焦动力学[D]．上海：华东理工大学，2012.

[85] 张琦，隋志军，顾雄毅，等．丙烷脱氢分离工艺的模拟与分析[J]．石油化工，2015，44(4)：421 - 428.

[86] 杨维慎，吴荣安，林励吾，Pt - Sn/Al_2O_3 负载型催化剂中锡的存在状态对丙烷脱氢反应的影响[J]．催化学报，1987，8：345 - 351.

[87] 薛叙明，张立新．高分子化工概论[M]．北京：化学工业出版社，2011.

[88] 潘祖仁．高分子化学(增强版)[M]．北京：化学工业出版社，2007.

[89] 周其凤，胡汉杰．高分子化学[M]．北京：化学工业出版社，2001.

[90] 赵德仁．高聚物合成工艺学[M]．北京：化学工业出版社，2004.

[91] 潘祖仁．高分子化学[M]．北京：化学工业出版社，1997.

[92] 韩冬冰．高分子科学与工艺学基础[M]．北京：中国石化出版社，2009.

[93] Birol Dindoruk, Ram R. Ratnakar, Jiajun He. Review of recent advances in petroleum fluid properties and their representation [J]. Journal of Natural Gas Science and Engineering, 2020, 83: 103541 - 103554.

[94] 朱佳．燃料油 - 润滑油型炼油企业采购进口原油方案优化研究 [J]．炼油技术与工程，2020，50(9)：50 - 53.

[95] 王小伟，章群丹，田松柏．适于生产大宗石油化工原料的原油优化选择[J]．石油学报：石油加工，2022，3：663 - 670.

[96] Shicai Sun, Linlin Gu, Zhendong Yang, et al. Thermophysical properties of natural gas hydrates: A review [J]. Natural Gas Industry B, 2022, 9(3): 246 - 263.

[97] 魏顺安，谭陆西．化工工艺学[M]．重庆：重庆大学出版社，2021.

[98] 田原宇，谢克昌，乔英云等．基于化学族组成的煤化学研究体系构建及其应用 [J]．煤炭学报，2021，46(4)：1137 - 1145.

[99] Bin Tian, Long Xu, Man Jing, et al. Formation mechanisms and molecular distributions of the major groups in the pyrolytic volatiles of two bituminous coals [J]. Fuel, 2020, 281: 118778 - 118789.

[100] 郭树才．煤化工工艺学[M]．北京：化学工业出版社，2007.

[101] 贺永德．现代煤化工技术手册[M]．北京：化学工业出版社，2004.

[102] 魏贤勇，宗志敏，秦志宏等．煤液化化学[M]．北京：科学出版社，2002.

[103] 姚强，洁净煤技术[M]．北京：化学工业出版社，2006.

[104] 刘振宇．煤化学的前沿与挑战：结构与反应 [J]．中国科学：化学，2014，44(9)：1431 - 1438.

[105] Kaliaguine Serge, Dubois Jean – Luc. Industrial Green Chemistry[M]. Berlin: De Gruyter, 2020.
[106]董雁春．苯乙烯生产工艺及技术经济分析[J]．石油化工技术与经济，2021，37(5)：10 – 14.
[107] Gaetano Iaquaniellol, Agnese Cicci. Chapter 2 – How green chemistry will change chemical engineering [J]. Studies in Surface Science and Catalysis, 2020, 179: 21 – 34.
[108]郝代军，刘林娇．乙烯生产新技术研究进展[J]．炼油技术与工程，2020，12：1 – 5.
[109]陈建设，王淑娟，李金等．环氧乙烷银催化剂的研究进展[J]．石油化工，2015，44(7)：893 – 899.
[110]全民强，杨红强，南洋等．环氧乙烷银催化剂的研究进展[J]．炼油与化工，2019，5：1 – 3.
[111]黄风林．碳一化工[M]．北京：中国石化出版社，2015.
[112]王达锐，孙洪敏，杨为民．分子筛催化剂清洁高效制备技术的进展[J]．化工进展，2021.
[113] Jorge Marchetti. Reaction Engineering, Catalyst Preparation, and Kinetics [M]. CRC Press, 2021.